#상위권문제유형의기준
#상위권진입교재
#응용유형연습
#사고력향상

최고수준S

Chunjae Makes Chunjae

[최고수준S] 초등 수학

기획총괄 박금옥
편집개발 지유경, 정소현, 조선영, 최윤석,
김장미, 유혜지, 남솔, 정하영
디자인총괄 김희정
표지디자인 윤순미, 이주영, 김주은
내지디자인 박희춘
제작 황성진, 조규영

발행일 2023년 4월 15일 초판 2023년 4월 15일 1쇄
발행인 (주)천재교육
주소 서울시 금천구 가산로9길 54
신고번호 제2001-000018호
고객센터 1577-0902

※ 정답 분실 시에는 천재교육 교재 홈페이지에서 내려받으세요.

※ KC 마크는 이 제품이 공통안전기준에 적합하였음을 의미합니다.

※ 주의

책 모서리에 다칠 수 있으니 주의하시기 바랍니다.

부주의로 인한 사고의 경우 책임지지 않습니다.

8세 미만의 어린이는 부모님의 관리가 필요합니다.

상위권 진입 비결
최고수준
S

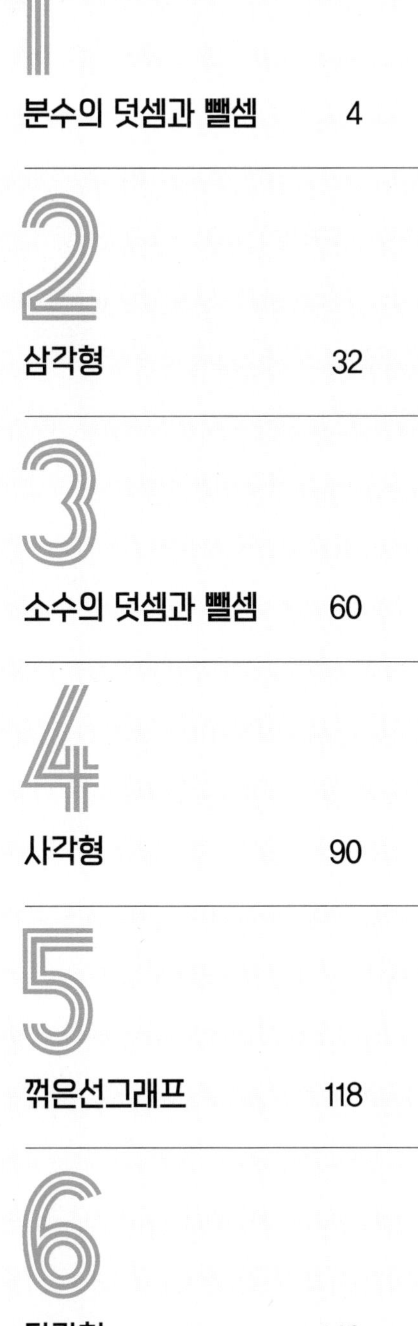

4-2

구성과 특징

본책

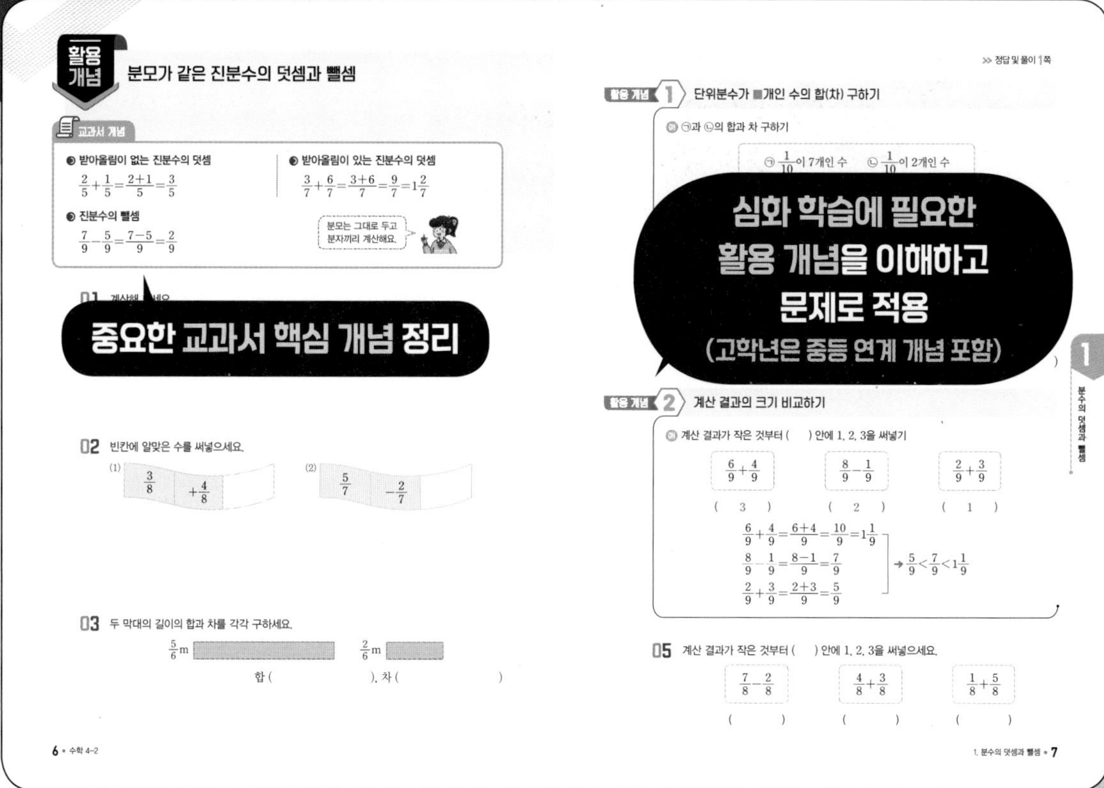

활용 개념
분모가 같은 진분수의 덧셈과 뺄셈
중요한 교과서 핵심 개념 정리
심화 학습에 필요한
활용 개념을 이해하고
문제로 적용
(고학년은 중등 연계 개념 포함)
활용 개념 1 단위분수가 ■개인 수의 합(차) 구하기
활용 개념 2 계산 결과의 크기 비교하기

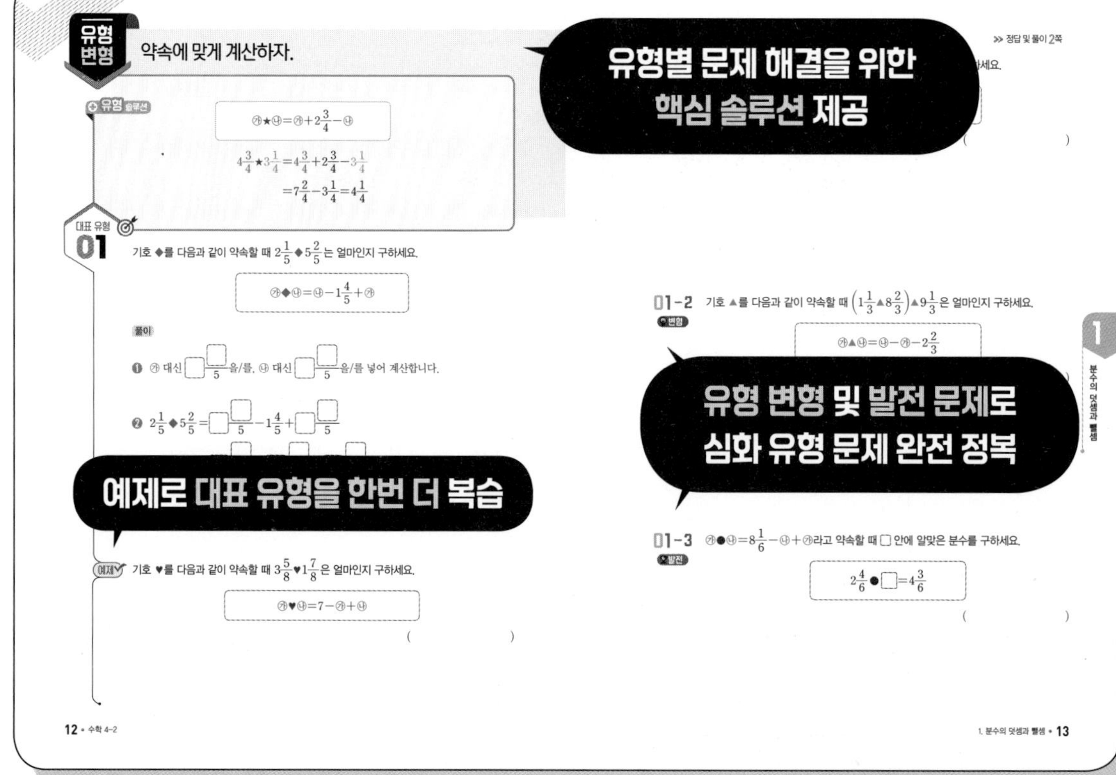

유형 변형
약속에 맞게 계산하자.
유형별 문제 해결을 위한
핵심 솔루션 제공
예제로 대표 유형을 한번 더 복습
유형 변형 및 발전 문제로
심화 유형 문제 완전 정복

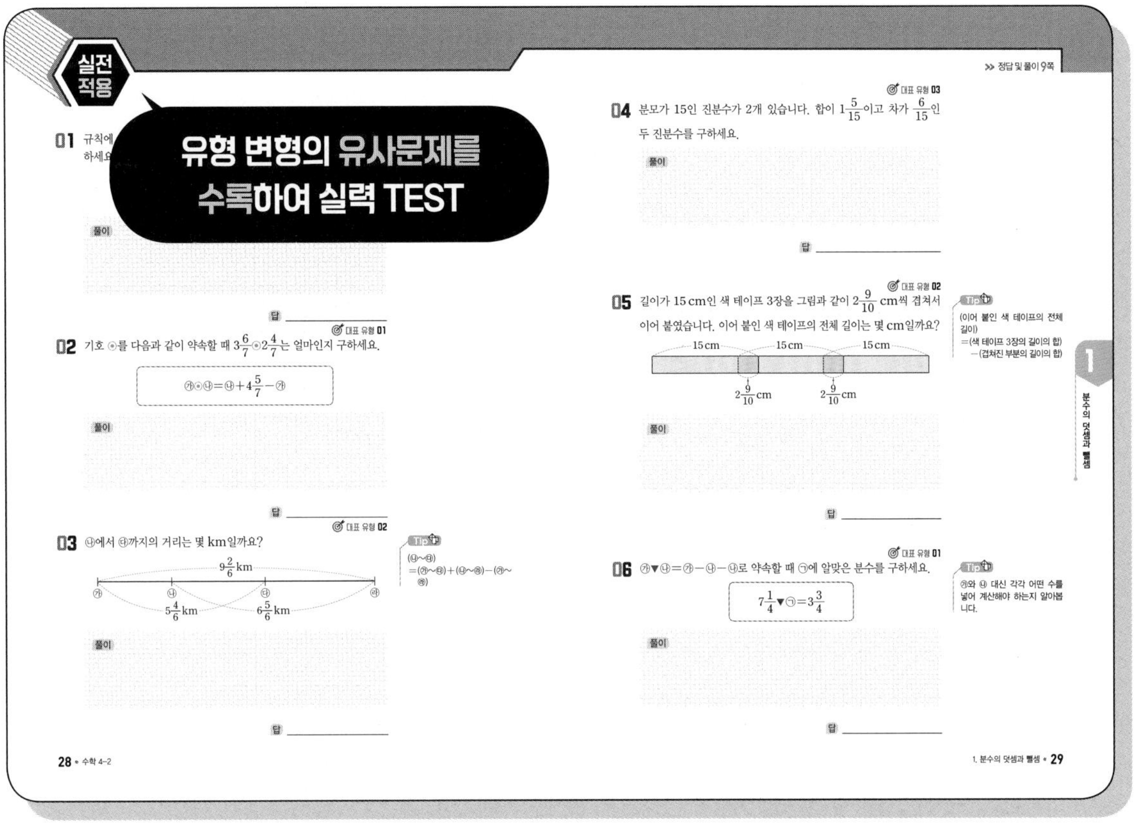

실전 적용

유형 변형의 유사문제를 수록하여 실력 TEST

>> 정답 및 풀이 9쪽

01 규칙에 ... 하세요.

풀이

답

대표 유형 01

02 기호 ⊙를 다음과 같이 약속할 때 $3\frac{6}{7}⊙2\frac{4}{7}$는 얼마인지 구하세요.

$㉮⊙㉯=㉯+4\frac{5}{7}-㉮$

풀이

답

대표 유형 02

03 ㉯에서 ㉱까지의 거리는 몇 km일까요?

$9\frac{2}{6}$km, $5\frac{4}{6}$km, $6\frac{5}{6}$km

Tip (㉯~㉱) =(㉮~㉱)+(㉯~㉰)−(㉮~㉰)

풀이

답

대표 유형 03

04 분모가 15인 진분수가 2개 있습니다. 합이 $1\frac{5}{15}$이고 차가 $\frac{6}{15}$인 두 진분수를 구하세요.

풀이

답

대표 유형 02

05 길이가 15 cm인 색 테이프 3장을 그림과 같이 $2\frac{9}{10}$ cm씩 겹쳐서 이어 붙였습니다. 이어 붙인 색 테이프의 전체 길이는 몇 cm일까요?

15 cm, 15 cm, 15 cm, $2\frac{9}{10}$cm, $2\frac{9}{10}$cm

Tip (이어 붙인 색 테이프의 전체 길이) =(색 테이프 3장의 길이의 합) −(겹쳐진 부분의 길이의 합)

풀이

답

대표 유형 01

06 ㉮▼㉯=㉮−㉯−㉯로 약속할 때 ㉠에 알맞은 분수를 구하세요.

$7\frac{1}{4}▼㉠=3\frac{3}{4}$

Tip ㉮와 ㉯ 대신 각각 어떤 수를 넣어 계산해야 하는지 알아봅니다.

풀이

답

28 • 수학 4-2 1. 분수의 덧셈과 뺄셈 • 29

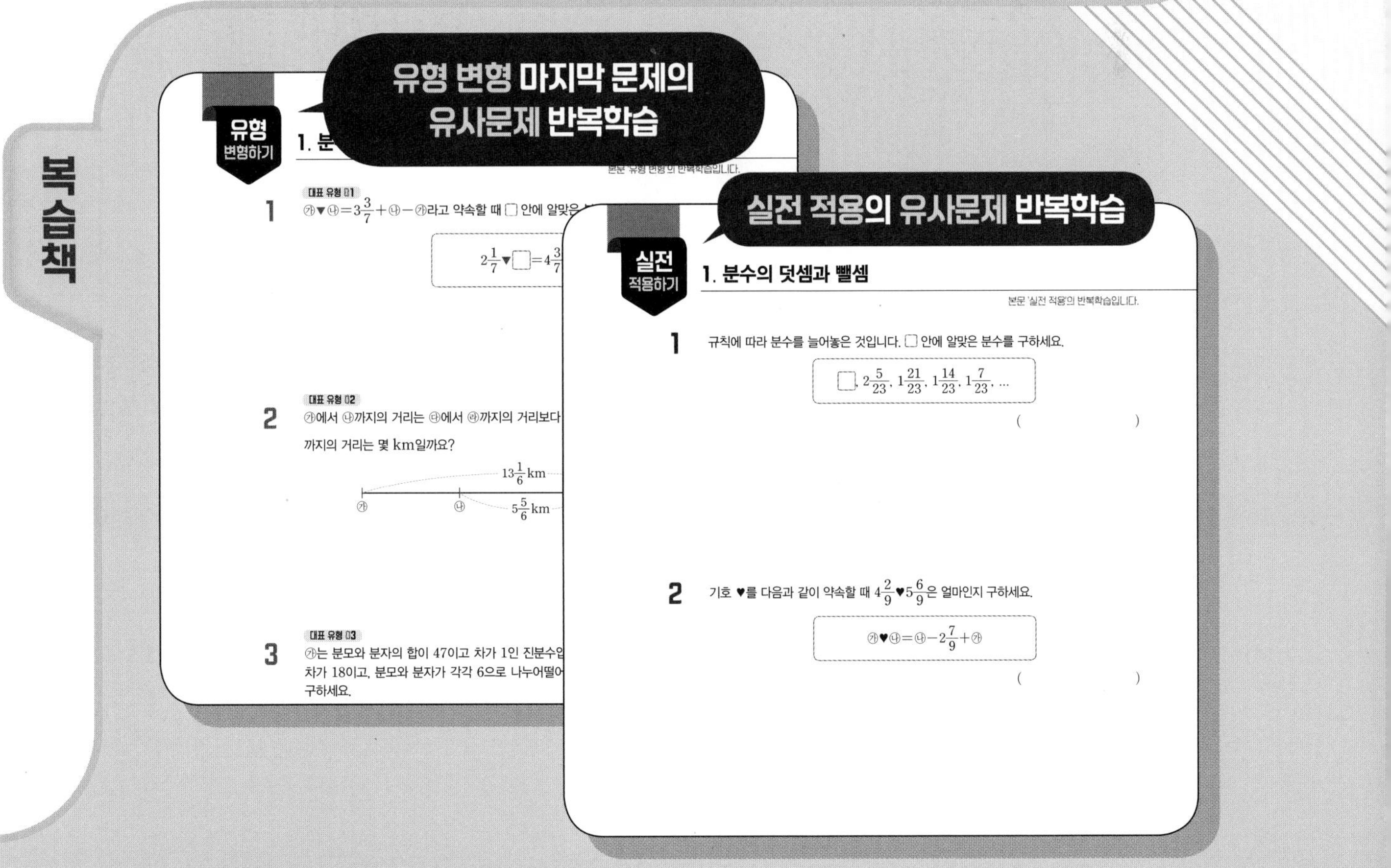

복습책

유형 변형 마지막 문제의 유사문제 반복학습

유형 변형하기 1. 분...

본문 '유형 변형'의 반복학습입니다.

대표 유형 01

1 ㉮▼㉯=$3\frac{3}{7}$+㉯−㉮라고 약속할 때 □ 안에 알맞은 ...

$2\frac{1}{7}$▼□=$4\frac{3}{7}$...

대표 유형 02

2 ㉮에서 ㉯까지의 거리는 ㉰에서 ㉱까지의 거리보다 ... 까지의 거리는 몇 km일까요?

$13\frac{1}{6}$km, $5\frac{5}{6}$km

대표 유형 03

3 ㉮는 분모와 분자의 합이 47이고 차가 1인 진분수... 차가 18이고, 분모와 분자가 각각 6으로 나누어떨어... 구하세요.

실전 적용의 유사문제 반복학습

실전 적용하기 1. 분수의 덧셈과 뺄셈

본문 '실전 적용'의 반복학습입니다.

1 규칙에 따라 분수를 늘어놓은 것입니다. □ 안에 알맞은 분수를 구하세요.

□, $2\frac{5}{23}$, $1\frac{21}{23}$, $1\frac{14}{23}$, $1\frac{7}{23}$, ...

( )

2 기호 ♥를 다음과 같이 약속할 때 $4\frac{2}{9}♥5\frac{6}{9}$은 얼마인지 구하세요.

$㉮♥㉯=㉯-2\frac{7}{9}+㉮$

( )

1

분수의 덧셈과 뺄셈

유형 변형 대표 유형

01 약속에 맞게 계산하자.
약속에 따라 계산하기

02 전체 거리에서 겹쳐진 거리를 빼자.
거리 구하기

03 합과 차를 이용하여 두 수를 구하자.
주어진 조건에 알맞은 수 구하기

04 한 시간은 ■분을 몇 번 더한 것인지 알아보자.
타고 남은 양초의 길이 구하기

05 ■일 동안 얼마나 빨라지거나 늦어지는지 알아보자.
고장 난 시계가 가리키는 시각 구하기

06 규칙을 찾아 순서에 맞는 분수를 찾아보자.
규칙을 찾아 분수의 합(차) 구하기

07 하루는 24시간이다.
밤(낮)의 길이 구하기

08 전체 일의 양을 1로 생각하자.
일을 끝내는 데 걸리는 날수 구하기

활용 개념 분모가 같은 진분수의 덧셈과 뺄셈

교과서 개념

● 합이 1보다 작은 진분수의 덧셈

$\frac{2}{5}+\frac{1}{5}=\frac{2+1}{5}=\frac{3}{5}$

● 합이 1보다 큰 진분수의 덧셈

$\frac{3}{7}+\frac{6}{7}=\frac{3+6}{7}=\frac{9}{7}=1\frac{2}{7}$

● 진분수의 뺄셈

$\frac{7}{9}-\frac{5}{9}=\frac{7-5}{9}=\frac{2}{9}$

분모는 그대로 두고
분자끼리 계산해요.

01 계산해 보세요.

(1) $\frac{2}{3}+\frac{2}{3}$

(2) $\frac{4}{5}-\frac{3}{5}$

02 빈칸에 알맞은 수를 써넣으세요.

(1) | $\frac{3}{8}$ | $+\frac{4}{8}$ | |

(2) | $\frac{5}{7}$ | $-\frac{2}{7}$ | |

03 두 막대의 길이의 합과 차를 각각 구하세요.

$\frac{5}{6}$ m　　$\frac{2}{6}$ m

합 (　　　　　　), 차 (　　　　　　)

활용 개념 1 단위분수가 ■개인 수의 합(차) 구하기

예 ㉠과 ㉡의 합과 차 구하기

㉠ $\frac{1}{10}$이 7개인 수　　㉡ $\frac{1}{10}$이 2개인 수

㉠ $\frac{1}{10}$이 7개인 수는 $\frac{7}{10}$이고 ㉡ $\frac{1}{10}$이 2개인 수는 $\frac{2}{10}$이므로

합은 $\frac{7}{10}+\frac{2}{10}=\frac{7+2}{10}=\frac{9}{10}$, 차는 $\frac{7}{10}-\frac{2}{10}=\frac{7-2}{10}=\frac{5}{10}$입니다.

04 ㉠과 ㉡의 합은 얼마일까요?

㉠ $\frac{1}{5}$이 3개인 수　　㉡ $\frac{1}{5}$이 4개인 수

(　　　　　　　)

활용 개념 2 계산 결과의 크기 비교하기

예 계산 결과가 작은 것부터 (　　) 안에 1, 2, 3을 써넣기

$\frac{6}{9}+\frac{4}{9}$	$\frac{8}{9}-\frac{1}{9}$	$\frac{2}{9}+\frac{3}{9}$
(3)	(2)	(1)

$\frac{6}{9}+\frac{4}{9}=\frac{6+4}{9}=\frac{10}{9}=1\frac{1}{9}$

$\frac{8}{9}-\frac{1}{9}=\frac{8-1}{9}=\frac{7}{9}$

$\frac{2}{9}+\frac{3}{9}=\frac{2+3}{9}=\frac{5}{9}$

→ $\frac{5}{9}<\frac{7}{9}<1\frac{1}{9}$

05 계산 결과가 작은 것부터 (　　) 안에 1, 2, 3을 써넣으세요.

$\frac{7}{8}-\frac{2}{8}$	$\frac{4}{8}+\frac{3}{8}$	$\frac{1}{8}+\frac{5}{8}$
(　　)	(　　)	(　　)

1 분수의 덧셈과 뺄셈

활용 개념

분모가 같은 대분수의 덧셈과 뺄셈

교과서 개념

분모가 같은 대분수의 덧셈

방법1 $2\frac{4}{6}+1\frac{5}{6}=(2+1)+\left(\frac{4}{6}+\frac{5}{6}\right)=3+\frac{9}{6}=3+1\frac{3}{6}=4\frac{3}{6}$

방법2 $2\frac{4}{6}+1\frac{5}{6}=\frac{16}{6}+\frac{11}{6}=\frac{27}{6}=4\frac{3}{6}$

분모가 같은 대분수의 뺄셈

방법1 $4\frac{5}{8}-1\frac{3}{8}=(4-1)+\left(\frac{5}{8}-\frac{3}{8}\right)=3+\frac{2}{8}=3\frac{2}{8}$

방법2 $4\frac{5}{8}-1\frac{3}{8}=\frac{37}{8}-\frac{11}{8}=\frac{26}{8}=3\frac{2}{8}$

01 계산해 보세요.

(1) $3\frac{3}{4}+2\frac{2}{4}$

(2) $5\frac{8}{9}-2\frac{4}{9}$

02 빈칸에 알맞은 수를 써넣으세요.

(1) ⊕

$1\frac{2}{5}$	$4\frac{4}{5}$	

(2)

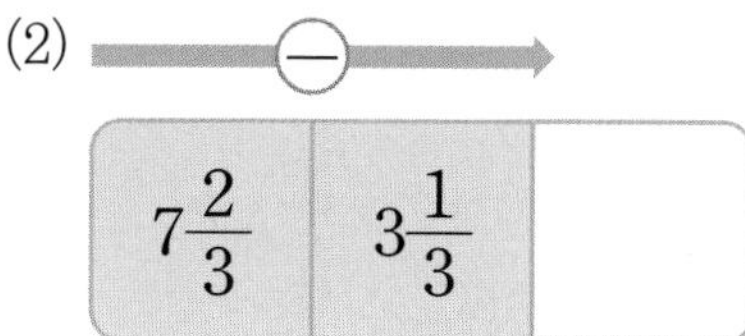

03 계산 결과가 5와 6 사이에 있는 식을 찾아 기호를 써 보세요.

㉠ $3\frac{2}{5}+2\frac{4}{5}$ ㉡ $8\frac{5}{8}-2\frac{3}{8}$ ㉢ $1\frac{6}{7}+3\frac{2}{7}$

( )

활용 개념 1 크기 비교하여 차 구하기

예 가장 큰 수와 가장 작은 수의 차 구하기

$6\frac{5}{7}$ $3\frac{4}{7}$ $8\frac{6}{7}$ $5\frac{6}{7}$

→ $8\frac{6}{7}>6\frac{5}{7}>5\frac{6}{7}>3\frac{4}{7}$이므로

가장 큰 수와 가장 작은 수의 차는 $8\frac{6}{7}-3\frac{4}{7}=5\frac{2}{7}$입니다.

04 가장 큰 수와 가장 작은 수의 차를 구하세요.

$4\frac{1}{9}$ $7\frac{8}{9}$ $4\frac{2}{9}$ $3\frac{4}{9}$

( )

활용 개념 2 수직선에서 나타내는 수의 합 구하기

예 ㉠과 ㉡이 나타내는 수의 합 구하기

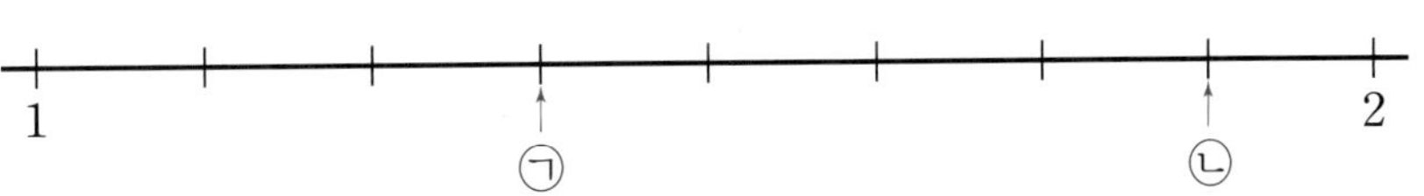

→ 수직선에서 작은 눈금 한 칸의 크기는 $\frac{1}{8}$이므로

㉠이 나타내는 분수는 $1\frac{3}{8}$, ㉡이 나타내는 분수는 $1\frac{7}{8}$입니다.

따라서 $1\frac{3}{8}+1\frac{7}{8}=2\frac{10}{8}=3\frac{2}{8}$입니다.

05 ㉠과 ㉡이 나타내는 수의 합을 구하세요.

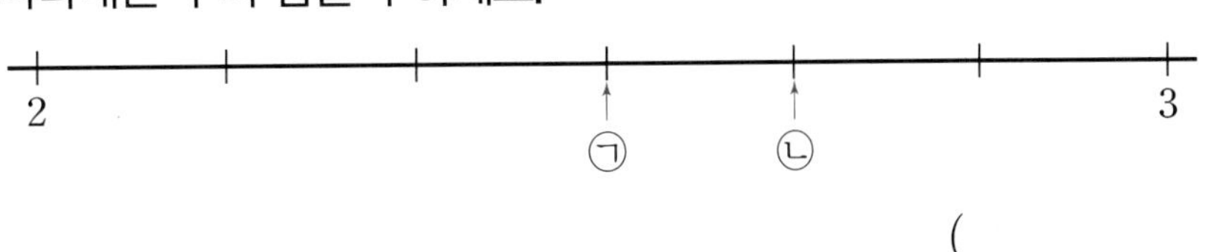

( )

활용 개념 (자연수)－(분수), 받아내림이 있고 분모가 같은 대분수의 뺄셈

교과서 개념

(자연수)－(분수)

방법1 $6-1\frac{1}{2}=5\frac{2}{2}-1\frac{1}{2}=(5-1)+\left(\frac{2}{2}-\frac{1}{2}\right)=4+\frac{1}{2}=4\frac{1}{2}$

방법2 $6-1\frac{1}{2}=\frac{12}{2}-\frac{3}{2}=\frac{9}{2}=4\frac{1}{2}$

받아내림이 있고 분모가 같은 대분수의 뺄셈

방법1 $5\frac{3}{7}-2\frac{5}{7}=4\frac{10}{7}-2\frac{5}{7}=(4-2)+\left(\frac{10}{7}-\frac{5}{7}\right)=2+\frac{5}{7}=2\frac{5}{7}$

방법2 $5\frac{3}{7}-2\frac{5}{7}=\frac{38}{7}-\frac{19}{7}=\frac{19}{7}=2\frac{5}{7}$

01 계산해 보세요.

(1) $8-\frac{3}{4}$

(2) $5\frac{1}{6}-1\frac{5}{6}$

02 빈칸에 알맞은 수를 써넣으세요.

(1) 5 → $-2\frac{2}{9}$ → □

(2) $7\frac{1}{3}$ → $-4\frac{2}{3}$ → □

03 계산 결과를 비교하여 ○ 안에 >, =, <를 알맞게 써넣으세요.

$7-3\frac{2}{5}$ ○ $9\frac{1}{5}-5\frac{3}{5}$

활용 개념 1 도형에서 변의 길이의 차 구하기

예 직사각형에서 긴 변과 짧은 변의 길이의 차 구하기

9 cm

$6\frac{1}{3}$ cm

➜ (긴 변의 길이)−(짧은 변의 길이)

$=9-6\frac{1}{3}=8\frac{3}{3}-6\frac{1}{3}=2\frac{2}{3}$ (cm)

04 오른쪽 삼각형에서 가장 긴 변은 가장 짧은 변보다 몇 cm 더 길까요?

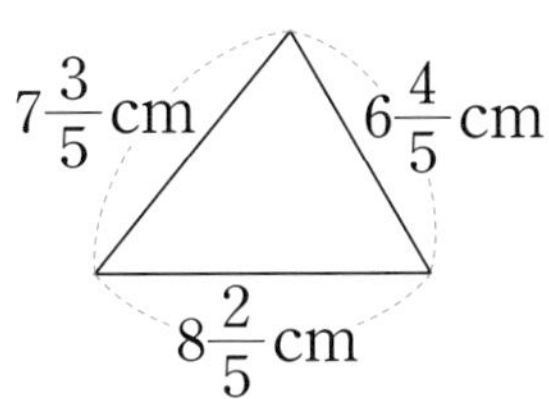

( )

활용 개념 2 계산 결과가 가장 작은 뺄셈식 만들기

예 2, 4, 6 중 두 수를 골라 □ 안에 써넣어 계산 결과가 가장 작은 뺄셈식을 만들고 계산하기

$8\frac{\square}{7}-4\frac{\square}{7}$

2<4<6이므로 빼지는 분수의 분자에 2를, 빼는 분수의 분자에 6을 써넣어 계산합니다.

➜ $8\frac{2}{7}-4\frac{6}{7}=7\frac{9}{7}-4\frac{6}{7}=3\frac{3}{7}$

05 3, 5, 7 중 두 수를 골라 □ 안에 써넣어 계산 결과가 가장 작은 뺄셈식을 만들고 계산해 보세요.

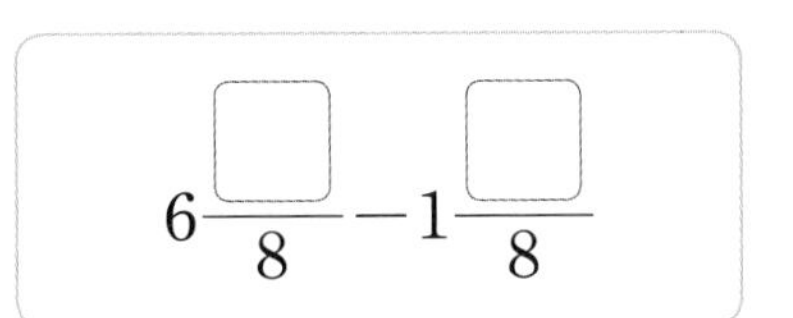

( )

유형 변형

약속에 맞게 계산하자.

유형 솔루션

$㉮★㉯=㉮+2\frac{3}{4}-㉯$

$4\frac{3}{4}★3\frac{1}{4}=4\frac{3}{4}+2\frac{3}{4}-3\frac{1}{4}$

$=7\frac{2}{4}-3\frac{1}{4}=4\frac{1}{4}$

대표 유형 **01**

기호 ◆를 다음과 같이 약속할 때 $2\frac{1}{5}$◆$5\frac{2}{5}$는 얼마인지 구하세요.

$㉮◆㉯=㉯-1\frac{4}{5}+㉮$

풀이

❶ ㉮ 대신 $\square\frac{\square}{5}$을/를, ㉯ 대신 $\square\frac{\square}{5}$을/를 넣어 계산합니다.

❷ $2\frac{1}{5}◆5\frac{2}{5}=\square\frac{\square}{5}-1\frac{4}{5}+\square\frac{\square}{5}$

$=\square\frac{\square}{5}+\square\frac{\square}{5}=\square\frac{\square}{5}$

답 ____________

예제 기호 ♥를 다음과 같이 약속할 때 $3\frac{5}{8}$♥$1\frac{7}{8}$은 얼마인지 구하세요.

$㉮♥㉯=7-㉮+㉯$

(　　　　　　　　)

01-1 변형

기호 ■를 다음과 같이 약속할 때 $\frac{7}{10}$■$1\frac{1}{10}$은 얼마인지 구하세요.

㉮■㉯$=$㉮$+\frac{9}{10}-$㉯

(　　　　　　　　)

01-2 변형

기호 ▲를 다음과 같이 약속할 때 $\left(1\frac{1}{3}\right.$▲$\left.8\frac{2}{3}\right)$▲$9\frac{1}{3}$은 얼마인지 구하세요.

㉮▲㉯$=$㉯$-$㉮$-2\frac{2}{3}$

(　　　　　　　　)

01-3 발전

㉮●㉯$=8\frac{1}{6}-$㉯$+$㉮라고 약속할 때 □ 안에 알맞은 분수를 구하세요.

$2\frac{4}{6}$●□$=4\frac{3}{6}$

(　　　　　　　　)

1 분수의 덧셈과 뺄셈

유형 변형

전체 거리에서 겹쳐진 거리를 빼자.

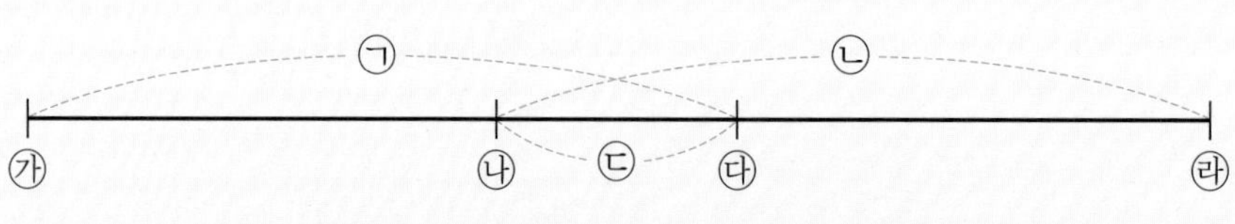

(㉮에서 ㉱까지의 거리)=㉠−㉢+㉡

대표 유형 02

㉮에서 ㉱까지의 거리는 몇 km일까요?

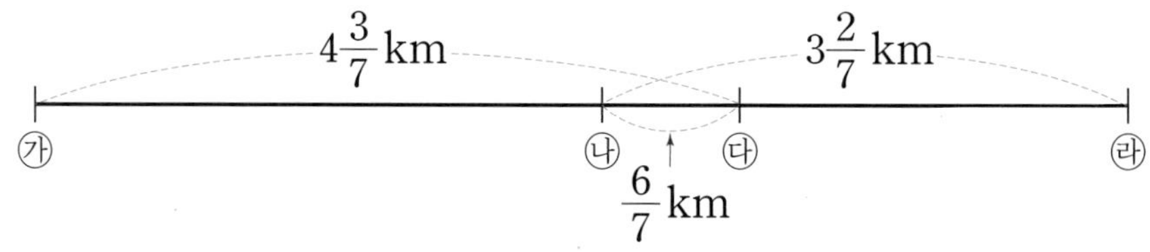

풀이

❶ (㉮에서 ㉯까지의 거리)$=4\frac{3}{7}-\frac{6}{7}=3\frac{\square}{7}-\frac{6}{7}=3\frac{\square}{7}$ (km)

❷ (㉮에서 ㉱까지의 거리)$=3\frac{\square}{7}+3\frac{2}{7}$

$=(3+3)+\left(\frac{\square}{7}+\frac{2}{7}\right)$

$=\square+\frac{\square}{7}=\square\frac{\square}{7}$ (km)

답 ______________

예제 ㉮에서 ㉱까지의 거리는 몇 km일까요?

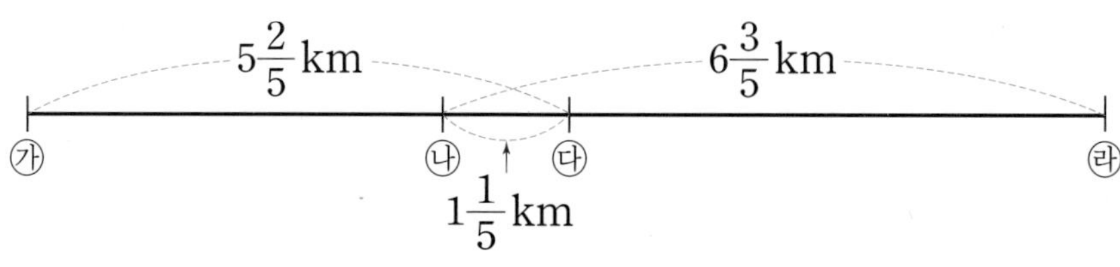

(　　　　　　　　)

>> 정답 및 풀이 2~3쪽

02-1 변형

학교에서 공원까지의 거리는 몇 km일까요?

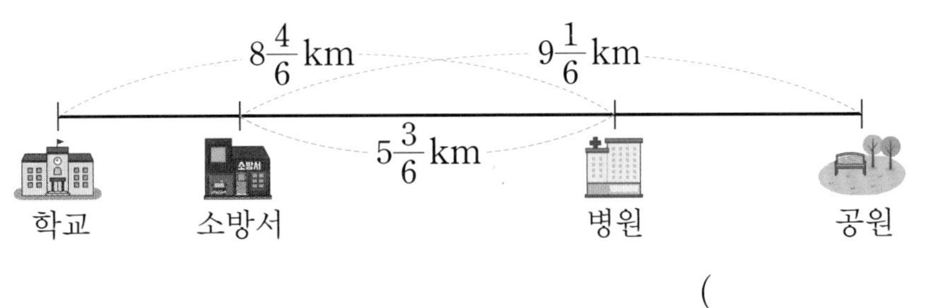

( )

02-2 변형

㉮에서 ㉱까지의 거리는 몇 km일까요?

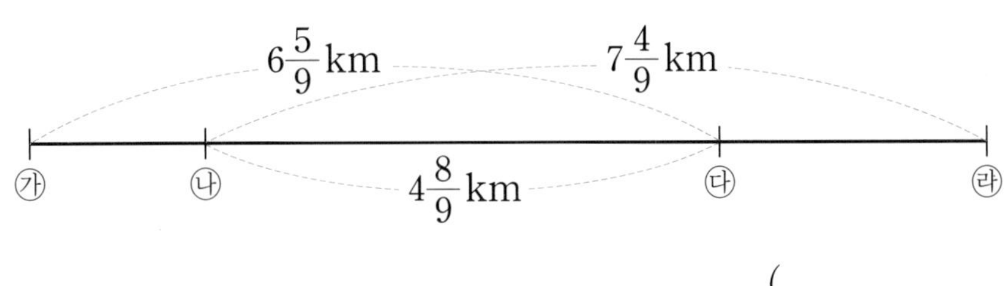

( )

02-3 발전

㉮에서 ㉯까지의 거리는 ㉰에서 ㉱까지의 거리보다 $\frac{5}{8}$ km 더 멀다고 할 때 ㉮에서 ㉯까지의 거리는 몇 km일까요?

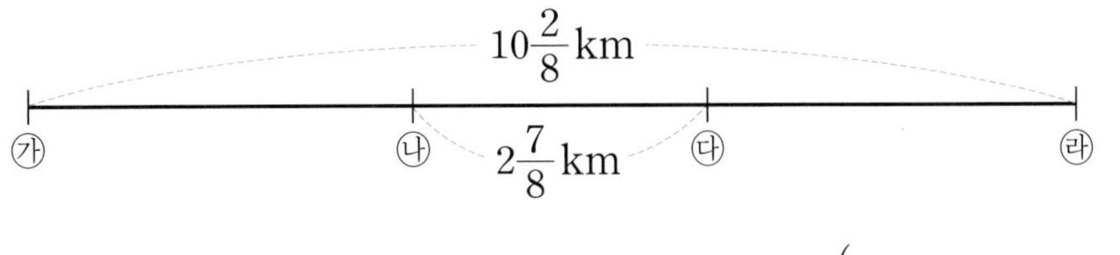

( )

1 분수의 덧셈과 뺄셈

유형 변형

합과 차를 이용하여 두 수를 구하자.

유형 솔루션

진분수 $\frac{㉡}{㉠}$에서 ㉠+㉡=7, ㉠−㉡=1
(㉠+㉡: 분모와 분자의 합, ㉠−㉡: 분모와 분자의 차)

㉠=4, ㉡=3 → $\frac{㉡}{㉠}=\frac{3}{4}$

대표 유형 03

㉮는 분모와 분자의 합이 9이고 차가 3인 진분수입니다. ㉯는 ㉮와 분모가 같고 분자가 1 작습니다. ㉮+㉯의 값을 구하세요.

풀이

❶ ㉮=$\frac{㉡}{㉠}$이라 할 때 ㉠>㉡이고 ㉠+㉡=9, ㉠−㉡=3이므로

㉠=□, ㉡=□입니다. → ㉮=$\frac{□}{□}$

❷ ㉯는 분모가 ㉮와 같으므로 □이고, 분자가 ㉮보다 1 작으므로 □입니다.

→ ㉯=$\frac{□}{□}$

❸ ㉮+㉯=$\frac{□}{□}+\frac{□}{□}=\frac{□}{□}$

답 ______________

예제 ㉮는 분모와 분자의 합이 8이고 차가 2인 진분수입니다. ㉯는 ㉮와 분모가 같고 분자가 1 큽니다. ㉮+㉯의 값을 구하세요.

(   )

>> 정답 및 풀이 3~4쪽

03-1 변형

두 진분수 ㉮와 ㉯가 있습니다. ㉠+㉡=8, ㉠−㉡=6일 때 ㉮+㉯의 값을 구하세요.

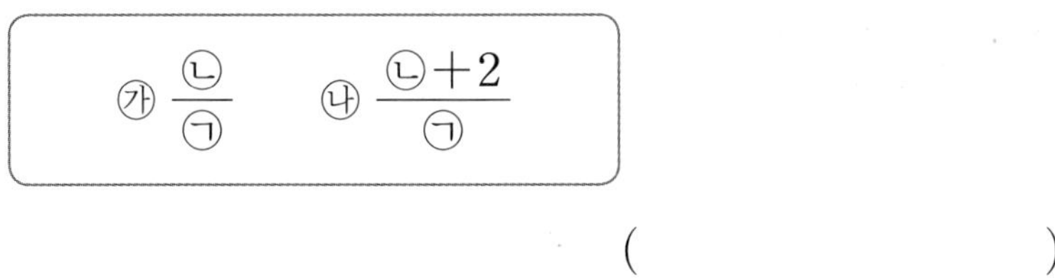

(　　　　　　　　)

03-2 변형

㉮는 분모와 분자의 합이 11이고 차가 5인 진분수입니다. ㉯는 ㉮와 분모가 같고 분자가 2배입니다. ㉮+㉯의 값을 구하세요.

(　　　　　　　　)

03-3 변형

㉮는 분모와 분자의 합이 17이고 차가 7인 진분수입니다. ㉯는 ㉮와 분모가 같고 분자가 2배보다 1 큽니다. ㉮+㉯의 값을 구하세요.

(　　　　　　　　)

03-4 발전

㉮는 분모와 분자의 합이 35이고 차가 1인 진분수입니다. ㉯는 분모와 분자의 합이 30이고 차가 6인 진분수입니다. ㉮−㉯의 값을 구하세요.

(　　　　　　　　)

유형 변형

한 시간은 ■분을 몇 번 더한 것인지 알아보자.

유형 솔루션

15분 동안 $2\frac{1}{3}$ cm씩 타들어 가는 양초가 있습니다.

15+15+15+15=60(분) 동안
$2\frac{1}{3}+2\frac{1}{3}+2\frac{1}{3}+2\frac{1}{3}=9\frac{1}{3}$ (cm) 타들어 갑니다.

대표 유형 04

길이가 $18\frac{3}{4}$ cm인 양초가 있습니다. 이 양초는 일정한 빠르기로 30분 동안 $3\frac{1}{4}$ cm씩 타들어 갑니다. 양초에 불을 붙이고 한 시간 후 양초의 길이는 몇 cm가 될까요?

풀이

❶ (한 시간 동안 타는 양초의 길이)$=3\frac{1}{4}+3\frac{1}{4}=\square\frac{\square}{\square}$ (cm)

❷ (한 시간 후 양초의 길이)
=(처음 양초의 길이)−(한 시간 동안 타는 양초의 길이)
$=18\frac{3}{4}-\square\frac{\square}{\square}=\square\frac{\square}{\square}$ (cm)

답 ____________

예제 길이가 $20\frac{4}{5}$ cm인 양초가 있습니다. 이 양초는 일정한 빠르기로 30분 동안 $2\frac{1}{5}$ cm씩 타들어 갑니다. 양초에 불을 붙이고 한 시간 후 양초의 길이는 몇 cm가 될까요?

(　　　　　　)

≫ 정답 및 풀이 4~5쪽

04-1 변형

길이가 $19\frac{1}{8}$ cm인 양초가 있습니다. 이 양초는 일정한 빠르기로 10분 동안 $1\frac{3}{8}$ cm씩 타들어 갑니다. 양초에 불을 붙이고 한 시간 후 양초의 길이는 몇 cm가 될까요?

(　　　　　　　)

04-2 변형

길이가 $21\frac{1}{3}$ cm인 양초가 있습니다. 이 양초는 일정한 빠르기로 12분 동안 $1\frac{1}{3}$ cm씩 타들어 갑니다. 양초에 불을 붙이고 한 시간 후 양초의 길이는 몇 cm가 될까요?

(　　　　　　　)

04-3 변형

길이가 $25\frac{3}{4}$ cm인 양초가 있습니다. 이 양초는 일정한 빠르기로 40분 동안 $2\frac{3}{4}$ cm씩 타들어 갑니다. 양초에 불을 붙이고 2시간 후 양초의 길이는 몇 cm가 될까요?

(　　　　　　　)

04-4 발전

길이가 23 cm인 양초에 불을 붙이고 15분 후 양초의 길이를 재었더니 $20\frac{3}{5}$ cm였습니다. 양초가 일정한 빠르기로 탈 때 불을 붙이고 한 시간 후 양초의 길이는 몇 cm가 될까요?

(　　　　　　　)

유형 변형

■일 동안 얼마나 빨라지거나 늦어지는지 알아보자.

유형 솔루션

■일 뒤 가리키는 시각 구하기

빨라지는 시계	늦어지는 시계
↓	↓
(정확한 시각)+(빨라지는 시간)	(정확한 시각)−(늦어지는 시간)

대표 유형 05

하루 동안 $\frac{1}{2}$분씩 늦어지는 시계를 어느 날 오전 8시에 정확히 맞추어 놓았습니다. 이틀 뒤 오전 8시에 이 시계는 오전 몇 시 몇 분을 가리킬까요?

풀이

❶ (이틀 동안 늦어지는 시간)$=\frac{1}{2}+\frac{1}{\square}=\frac{\square}{2}=\square$(분)

❷ (이틀 뒤 오전 8시에 이 시계가 가리키는 시각)

=오전 8시−□분=오전 □시 □분

답 ______________

예제 하루 동안 $1\frac{1}{2}$분씩 늦어지는 시계를 어느 날 오후 3시에 정확히 맞추어 놓았습니다. 이틀 뒤 오후 3시에 이 시계는 오후 몇 시 몇 분을 가리킬까요?

(　　　　　　　　)

» 정답 및 풀이 5~6쪽

05-1 변형

하루 동안 $\frac{3}{4}$분씩 빨라지는 시계를 어느 날 오후 7시에 정확히 맞추어 놓았습니다. 8일 뒤 오후 7시에 이 시계는 오후 몇 시 몇 분을 가리킬까요?

( )

05-2 변형

하루 동안 $2\frac{1}{3}$분씩 늦어지는 시계를 어느 날 오전 10시에 정확히 맞추어 놓았습니다. 6일 뒤 오전 10시에 이 시계는 오전 몇 시 몇 분을 가리킬까요?

( )

05-3 변형

하루 동안 $1\frac{3}{5}$분씩 빨라지는 시계를 어느 날 오후 2시에 정확히 맞추어 놓았습니다. 10일 뒤 오후 2시에 이 시계는 오후 몇 시 몇 분을 가리킬까요?

( )

05-4 발전

이틀 동안 $2\frac{1}{6}$분씩 늦어지는 시계를 어느 날 오후 12시에 정확히 맞추어 놓았습니다. 12일 뒤 오후 12시에 이 시계는 오전 몇 시 몇 분을 가리킬까요?

( )

유형 변형

규칙을 찾아 순서에 맞는 분수를 찾아보자.

$1\frac{1}{9}$, $1\frac{8}{9}$, $2\frac{6}{9}$, $3\frac{4}{9}$, $4\frac{2}{9}$, ...

주어진 분수를 모두 가분수로 나타내면 $\frac{10}{9}$, $\frac{17}{9}$, $\frac{24}{9}$, $\frac{31}{9}$, $\frac{38}{9}$, ...

→ $\frac{7}{9}$씩 커지는 규칙입니다.

$+\frac{7}{9}$ $+\frac{7}{9}$ $+\frac{7}{9}$ $+\frac{7}{9}$

대표 유형 06

규칙에 따라 분수를 늘어놓은 것입니다. 여섯째 수와 아홉째 수의 합을 구하세요.

$\frac{2}{13}$, $\frac{6}{13}$, $\frac{10}{13}$, $1\frac{1}{13}$, $1\frac{5}{13}$, ...

풀이

❶ 주어진 분수 중 대분수를 모두 가분수로 나타내면

$\frac{2}{13}$, $\frac{6}{13}$, $\frac{10}{13}$, $\frac{\square}{13}$, $\frac{\square}{13}$, ...이므로 $\frac{\square}{13}$씩 커지는 규칙입니다.

❷ (여섯째 수)$=1\frac{5}{13}+\frac{\square}{13}=1\frac{\square}{13}$

(아홉째 수)$=1\frac{\square}{13}+\frac{\square}{13}+\frac{\square}{13}+\frac{\square}{13}=\square\frac{\square}{13}$

❸ (여섯째 수)+(아홉째 수)$=1\frac{\square}{13}+\square\frac{\square}{13}=\square\frac{\square}{13}$

답 ____________________

예제 규칙에 따라 분수를 늘어놓은 것입니다. 여섯째 수와 여덟째 수의 합을 구하세요.

$\frac{3}{10}$, $\frac{7}{10}$, $1\frac{1}{10}$, $1\frac{5}{10}$, $1\frac{9}{10}$, ...

(   )

06-1 변형

규칙에 따라 분수를 늘어놓은 것입니다. 여섯째 수와 여덟째 수의 합을 구하세요.

$$1\frac{3}{7},\ 1\frac{6}{7},\ 2\frac{2}{7},\ 2\frac{5}{7},\ 3\frac{1}{7},\ \dots$$

(　　　　　　　)

06-2 변형

규칙에 따라 분수를 늘어놓은 것입니다. 일곱째 수와 열째 수의 합을 구하세요.

$$\frac{9}{11},\ 1\frac{3}{11},\ 1\frac{8}{11},\ 2\frac{2}{11},\ 2\frac{7}{11},\ \dots$$

(　　　　　　　)

06-3 발전

규칙에 따라 분수를 늘어놓은 것입니다. 늘어놓은 분수들의 합을 구하세요.

$$1\frac{1}{17},\ 2\frac{3}{17},\ 3\frac{5}{17},\ \dots,\ 7\frac{13}{17}$$

(　　　　　　　)

유형 변형

하루는 24시간이다.

하루는 24시간입니다. → (낮의 길이)=24−(밤의 길이)
(밤의 길이)=24−(낮의 길이)

대표 유형 07

어느 날 밤의 길이는 $14\frac{7}{60}$시간이었습니다. 이날 낮의 길이는 밤의 길이보다 몇 시간 몇 분 더 짧았을까요?

풀이

❶ (낮의 길이)$=24-14\frac{7}{60}=\square\frac{\square}{60}$(시간)

❷ (밤의 길이)−(낮의 길이)$=14\frac{7}{60}-\square\frac{\square}{60}=\square\frac{\square}{60}$(시간)

❸ $\square\frac{\square}{60}$시간=□시간 □분이므로

이날 낮의 길이는 밤의 길이보다 □시간 □분 더 짧았습니다.

답 ____________

예제 어느 날 밤의 길이는 $13\frac{43}{60}$시간이었습니다. 이날 낮의 길이는 밤의 길이보다 몇 시간 몇 분 더 짧았을까요?

(　　　　　　　)

>> 정답 및 풀이 7~8쪽

07-1 변형

어느 날 낮의 길이는 $11\frac{23}{60}$시간이었습니다. 이날 밤의 길이는 낮의 길이보다 몇 시간 몇 분 더 길었을까요?

( )

07-2 변형

어느 날 밤의 길이는 $10\frac{59}{60}$시간이었습니다. 이날 낮의 길이는 밤의 길이보다 몇 시간 몇 분 더 길었을까요?

( )

07-3 변형

어느 날 밤의 길이는 $12\frac{11}{60}$시간이었습니다. 이날 낮의 길이는 밤의 길이보다 몇 분 더 짧았을까요?

( )

07-4 발전

어느 날 낮의 길이는 $13\frac{14}{60}$시간이었습니다. 다음 날 낮의 길이는 전날보다 $\frac{5}{60}$시간 길었습니다. 다음 날 밤의 길이는 다음 날 낮의 길이보다 몇 시간 몇 분 더 짧았을까요?

( )

유형 변형

전체 일의 양을 1로 생각하자.

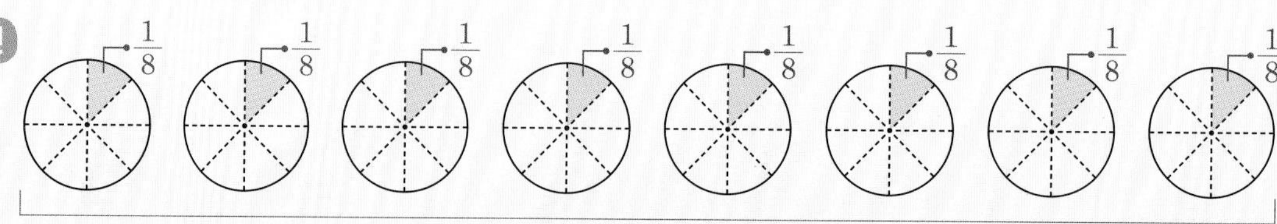

대표 유형 08

어떤 일을 하루 동안 소미는 전체의 $\frac{1}{8}$을 할 수 있고, 태희는 전체의 $\frac{3}{8}$을 할 수 있습니다. 두 사람이 함께 일을 하면 일을 모두 끝내는 데 며칠이 걸릴까요?

풀이

❶ 전체 일의 양을 1이라 하면

(두 사람이 하루 동안 하는 일의 양)$=\frac{1}{8}+\frac{3}{8}=\frac{\square}{8}$입니다.

❷ $1-\frac{\square}{8}-\frac{\square}{8}=0$이므로 두 사람이 함께 일을 하면 일을 모두 끝내는 데 $\square$일이 걸립니다.

답 ______

예제 어떤 일을 하루 동안 민재는 전체의 $\frac{2}{9}$를 할 수 있고, 경서는 전체의 $\frac{1}{9}$을 할 수 있습니다. 두 사람이 함께 일을 하면 일을 모두 끝내는 데 며칠이 걸릴까요?

(　　　　　)

>> 정답 및 풀이 8~9쪽

08-1 변형

어떤 일을 하루 동안 정아는 전체의 $\frac{2}{15}$를 할 수 있고, 현우는 전체의 $\frac{1}{15}$을 할 수 있습니다. 두 사람이 함께 일을 하면 일을 모두 끝내는 데 며칠이 걸릴까요?

( )

08-2 변형

어떤 일을 하루 동안 성미는 전체의 $\frac{1}{20}$을 할 수 있고, 태오는 전체의 $\frac{3}{20}$을 할 수 있습니다. 두 사람이 함께 일을 하면 일을 모두 끝내는 데 며칠이 걸릴까요?

( )

08-3 변형

어떤 일을 하루 동안 진호는 전체의 $\frac{2}{24}$를 할 수 있고, 유리는 전체의 $\frac{4}{24}$를 할 수 있습니다. 두 사람이 함께 일을 하면 일을 모두 끝내는 데 며칠이 걸릴까요?

( )

08-4 발전

어떤 일을 하루 동안 재규는 전체의 $\frac{3}{16}$을 할 수 있고, 민아는 전체의 $\frac{2}{16}$를 할 수 있습니다. 두 사람이 함께 2일 동안 일을 하고 남은 일을 민아가 혼자 끝내려면 며칠이 더 걸릴까요?

( )

실전 적용

대표 유형 06

01 규칙에 따라 □ 안에 알맞은 분수를 구하세요.

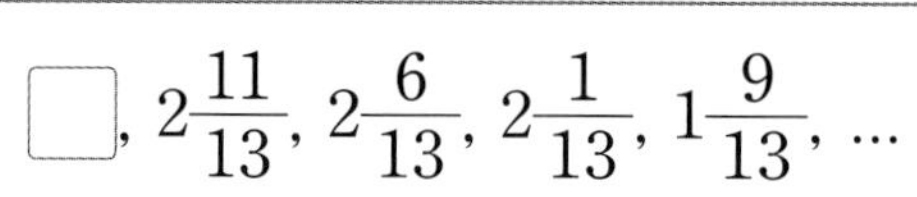

$\square,\ 2\frac{11}{13},\ 2\frac{6}{13},\ 2\frac{1}{13},\ 1\frac{9}{13},\ \cdots$

> **Tip** 먼저 주어진 분수를 모두 가분수로 나타냅니다.

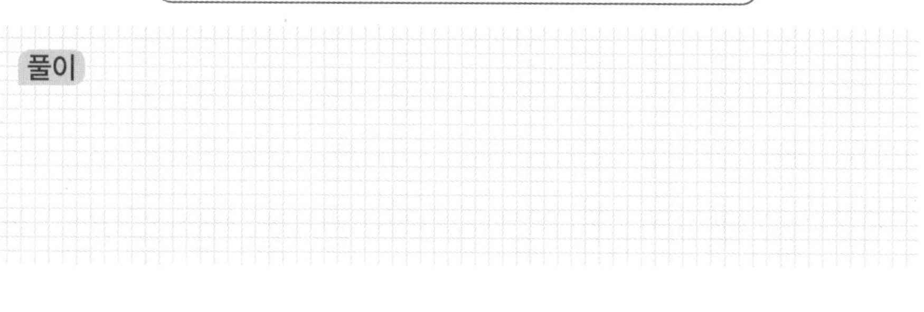

풀이

답 ______________

대표 유형 01

02 ㉮◉㉯=㉯$+4\frac{5}{7}-$㉮와 같이 약속할 때 $3\frac{6}{7}$◉$2\frac{4}{7}$는 얼마인지 구하세요.

풀이

답 ______________

대표 유형 02

03 ㉯에서 ㉰까지의 거리는 몇 km일까요?

> **Tip** (㉯~㉰)
=(㉮~㉰)+(㉯~㉱)
−(㉮~㉱)

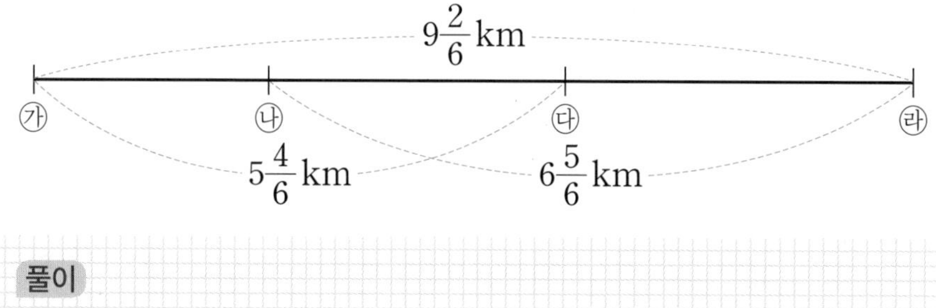

풀이

답 ______________

대표 유형 03

04 분모가 15인 진분수가 2개 있습니다. 합이 $1\frac{5}{15}$이고 차가 $\frac{6}{15}$인 두 진분수를 구하세요.

풀이

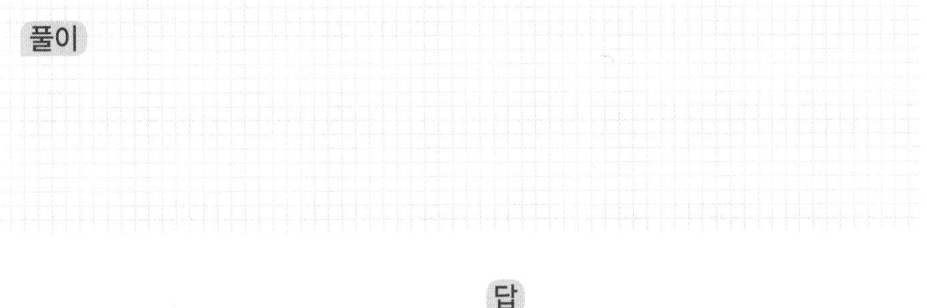

답 ____________________

대표 유형 02

05 길이가 15 cm인 색 테이프 3장을 그림과 같이 $2\frac{9}{10}$ cm씩 겹쳐서 이어 붙였습니다. 이어 붙인 색 테이프의 전체 길이는 몇 cm일까요?

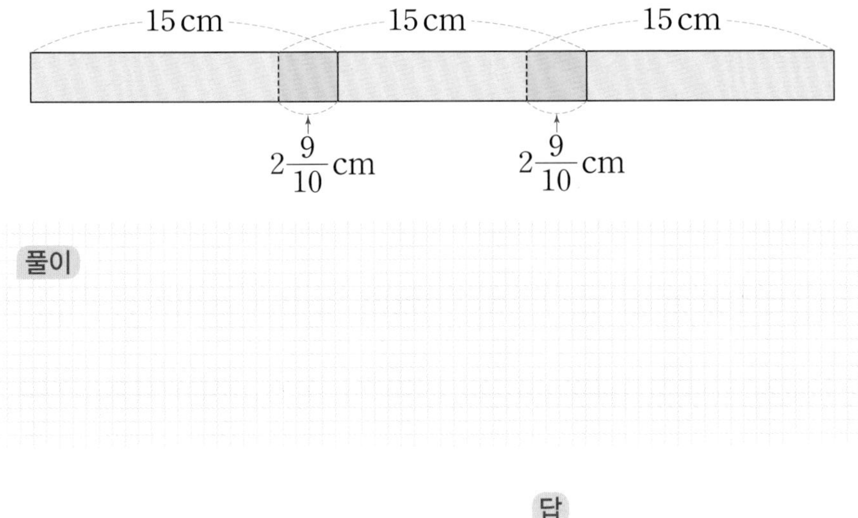

풀이

답 ____________________

Tip

(이어 붙인 색 테이프의 전체 길이)
=(색 테이프 3장의 길이의 합)
−(겹쳐진 부분의 길이의 합)

대표 유형 01

06 ㉮▼㉯=㉮−㉯−㉯로 약속할 때 ㉠에 알맞은 분수를 구하세요.

$7\frac{1}{4}$▼㉠$=3\frac{3}{4}$

풀이

답 ____________________

Tip

㉮와 ㉯ 대신 각각 어떤 수를 넣어 계산해야 하는지 알아봅니다.

1

분수의 덧셈과 뺄셈

실전 적용

대표 유형 03

07 ㉮는 분모와 분자의 합이 13이고 차가 5인 진분수입니다. ㉯는 ㉮와 분모가 같고 분자가 3 큽니다. ㉯－㉮의 값을 구하세요.

답 ____________

대표 유형 04

08 길이가 $17\frac{1}{10}$ cm인 양초가 있습니다. 이 양초는 일정한 빠르기로 15분 동안 $1\frac{3}{10}$ cm씩 타들어 갑니다. 양초에 불을 붙이고 한 시간 후 양초의 길이는 몇 cm가 될까요?

Tip
1시간(60분)은 15분을 4번 더한 것과 같습니다.

답 ____________

대표 유형 05

09 하루 동안 $\frac{4}{5}$분씩 늦어지는 시계를 어느 날 오후 4시에 정확히 맞추어 놓았습니다. 10일 뒤 오후 4시에 이 시계는 오후 몇 시 몇 분을 가리킬까요?

Tip
10일 동안 늦어지는 시간은 $\frac{4}{5}$분을 10번 더한 것과 같습니다.

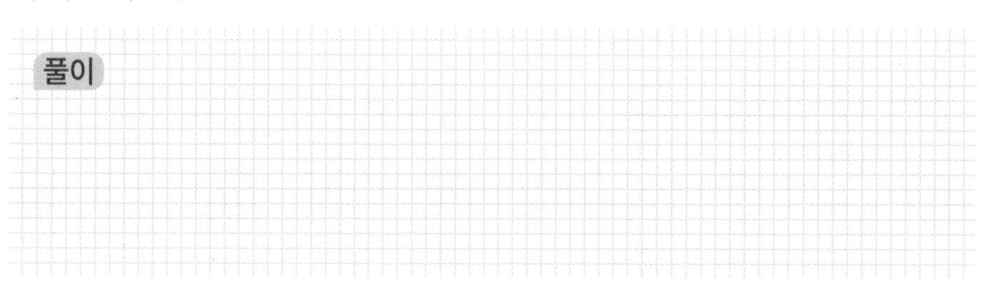

답 ____________

대표 유형 06

10 규칙에 따라 분수를 늘어놓은 것입니다. 여섯째 수와 아홉째 수의 합을 구하세요.

$$\frac{3}{12},\ \frac{8}{12},\ 1\frac{1}{12},\ 1\frac{6}{12},\ 1\frac{11}{12},\ \cdots$$

풀이

답 ________________

대표 유형 07

11 어느 날 낮의 길이는 $13\frac{29}{60}$시간이었습니다. 이날 밤의 길이는 낮의 길이보다 몇 시간 몇 분 더 짧았을까요?

(낮의 길이)+(밤의 길이)
=24시간

풀이

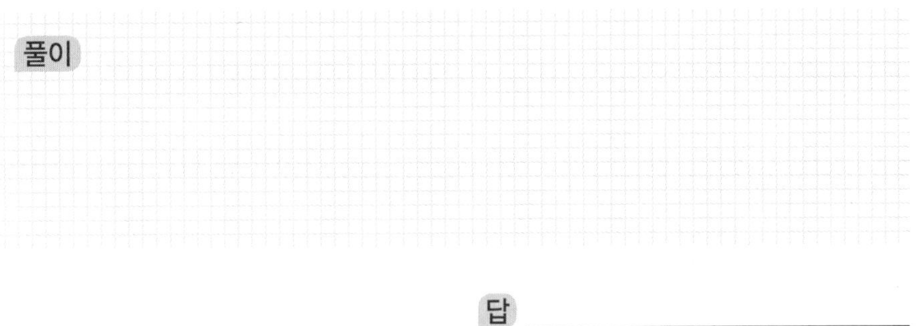

답 ________________

대표 유형 08

12 어떤 일을 하루 동안 가희는 전체의 $\frac{1}{12}$을 할 수 있고, 민규는 전체의 $\frac{2}{12}$를 할 수 있습니다. 두 사람이 함께 3일 동안 일을 하고 남은 일을 가희가 혼자 끝내려면 며칠이 더 걸릴까요?

전체 일의 양을 1이라 합니다.

풀이

답 ________________

1

분수의 덧셈과 뺄셈

삼각형

유형 변형

대표 유형

01 더하거나 빼면서 모르는 변의 길이를 구하자.
정삼각형을 겹친 모양에서 길이 구하기

02 삼각형의 성질을 이용하여 각의 크기를 구하자.
삼각형을 이어 붙인 도형에서 각의 크기 구하기

03 길이가 같은 변이 어디인지 알아보자.
색칠한 부분의 모든 변의 길이의 합 구하기

04 접은 모양에서 각의 크기가 같은 부분은 어디인지 알아보자.
종이를 접은 모양에서 각의 크기 구하기

05 도형을 돌려도 각의 크기는 변하지 않는다.
돌려서 만든 도형에서 각의 크기 구하기

06 도형 ■개짜리로 이루어진 삼각형을 모두 찾는다.
크고 작은 삼각형의 개수 구하기

07 조건에 알맞은 삼각형을 만들어 보자.
세 점을 연결하여 삼각형 만들기

08 삼각형의 변의 길이에서 규칙을 찾아보자.
규칙에 따라 색칠한 모양에서 모든 변의 길이의 합 구하기

변의 길이에 따라 삼각형 분류하기

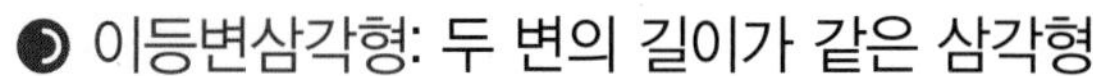

● 이등변삼각형: 두 변의 길이가 같은 삼각형

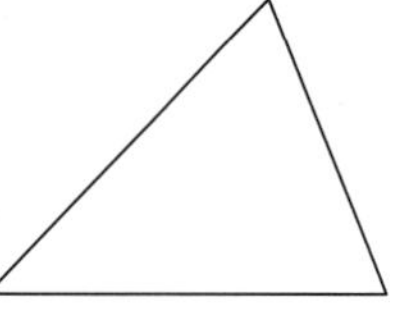 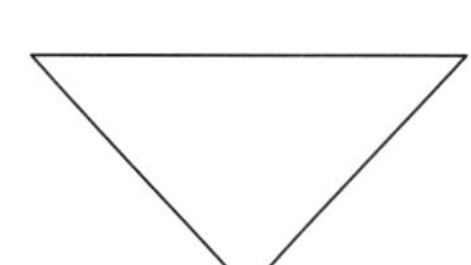 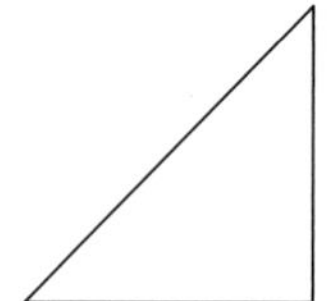

● 정삼각형: 세 변의 길이가 같은 삼각형

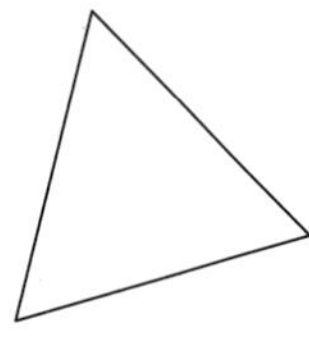 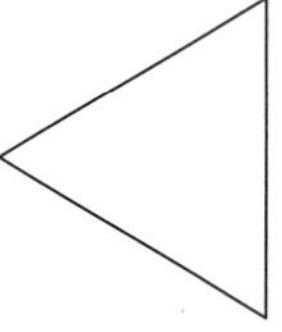 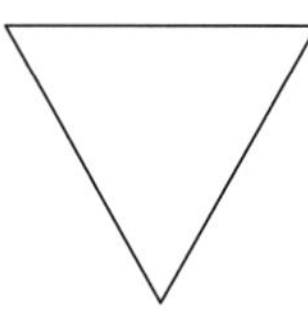

01 이등변삼각형입니다. □ 안에 알맞은 수를 써넣으세요.

(1)

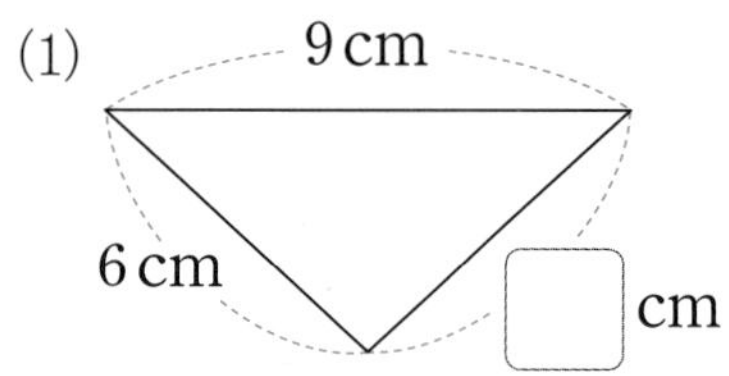

(2)

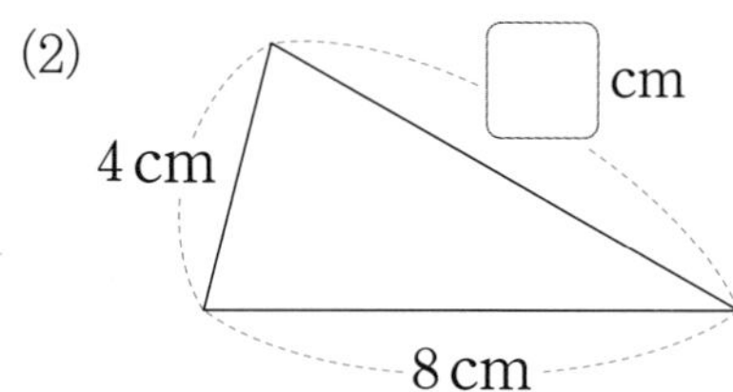

02 정삼각형입니다. 세 변의 길이의 합은 몇 cm일까요?

(1)

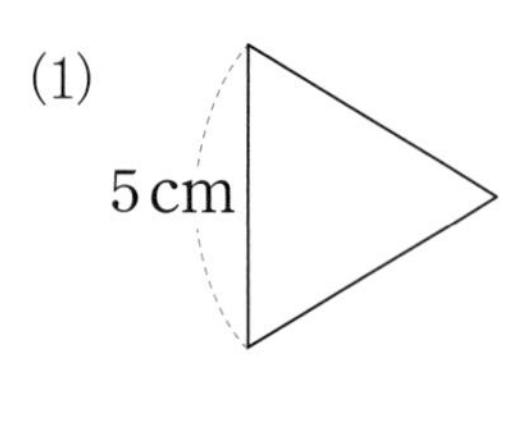

(　　　　　　　　)

(2) 3 cm

(　　　　　　　　)

03 세 변의 길이가 다음과 같은 이등변삼각형이 있습니다. ♥가 될 수 있는 수를 모두 써 보세요.

♥cm, 4 cm, 7 cm

(　　　　　　　　)

>> 정답 및 풀이 11쪽

활용 개념 1 세 변의 길이의 합을 이용하여 한 변의 길이 구하기

예 세 변의 길이의 합이 18 cm인 이등변삼각형에서 변 ㄴㄷ의 길이 구하기

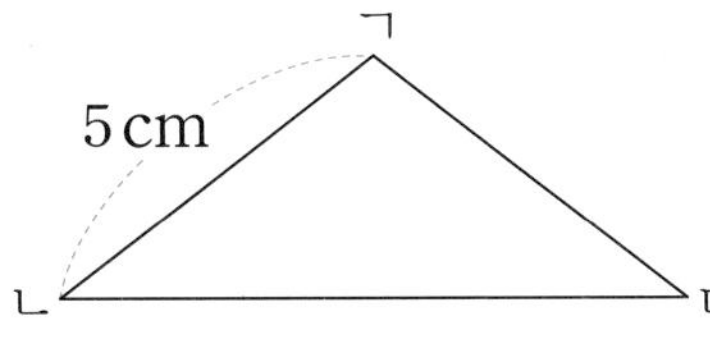

(변 ㄱㄷ)=(변 ㄱㄴ)=5 cm

→ (변 ㄴㄷ)=18−5−5=8 (cm)

04 이등변삼각형의 세 변의 길이의 합이 26 cm입니다. □ 안에 알맞은 수를 써넣으세요.

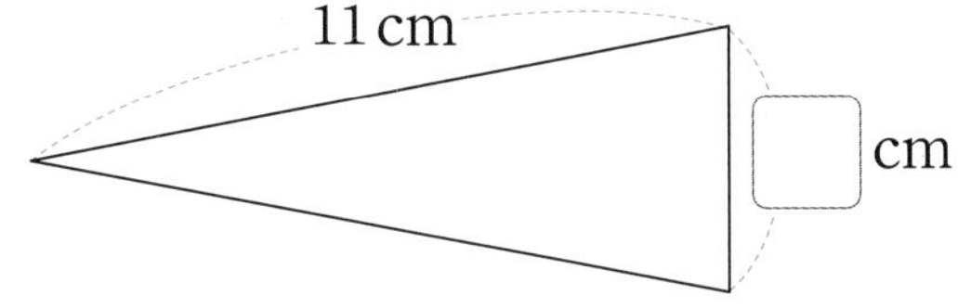

05 정삼각형의 세 변의 길이의 합이 18 cm입니다. □ 안에 알맞은 수를 써넣으세요.

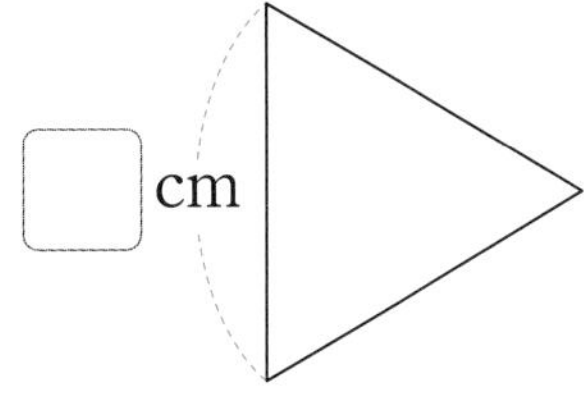

06 이등변삼각형 가와 정삼각형 나의 세 변의 길이의 합이 같습니다. □ 안에 알맞은 수를 써넣으세요.

가

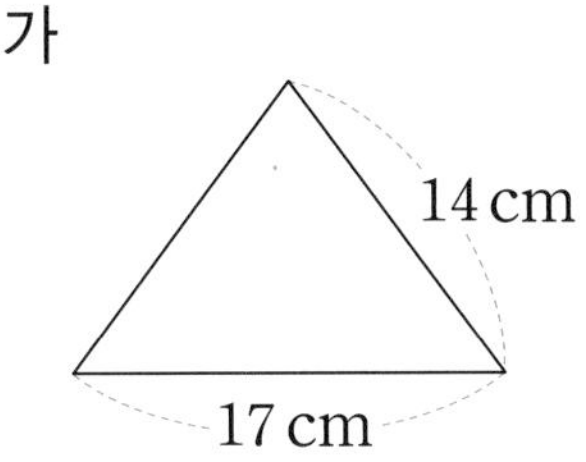

나

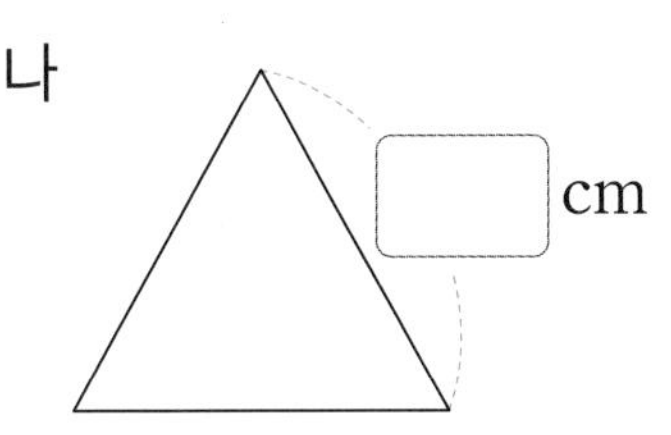

2 삼각형

이등변삼각형의 성질, 정삼각형의 성질

교과서 개념

이등변삼각형의 성질

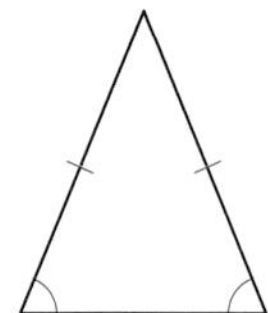

① 두 변의 길이가 같습니다.
② 길이가 같은 두 변에 있는 두 각의 크기가 같습니다.

정삼각형의 성질

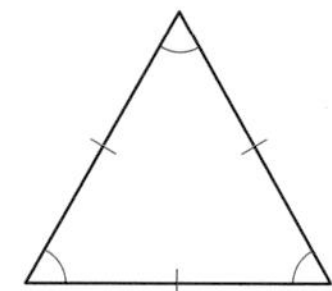

① 세 변의 길이가 같습니다.
② 세 각의 크기가 모두 60°로 같습니다.

01 이등변삼각형입니다.  안에 알맞은 수를 써넣으세요.

(1)

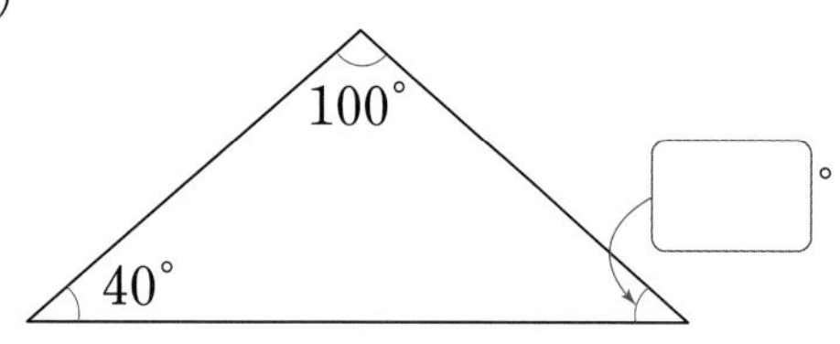

(2)

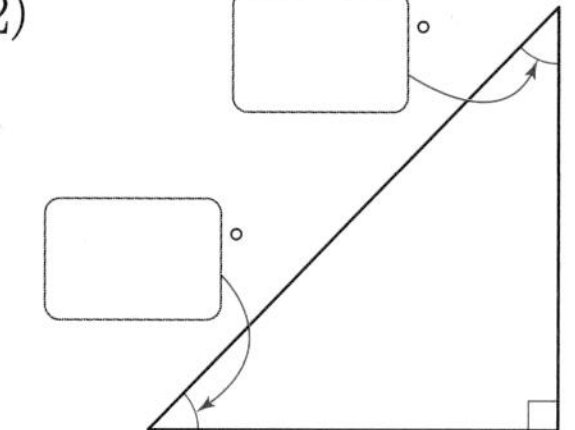

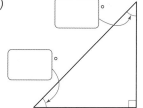

02 정삼각형입니다. □ 안에 알맞은 수를 써넣으세요.

(1)

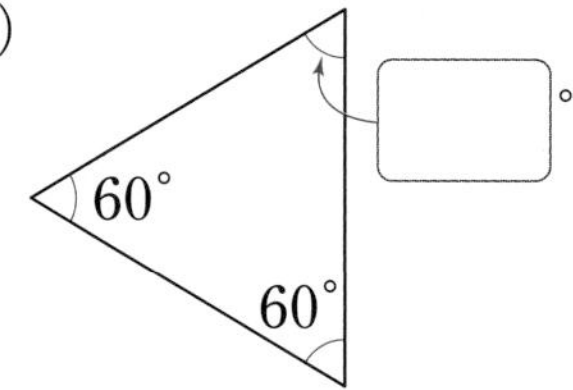

(2)

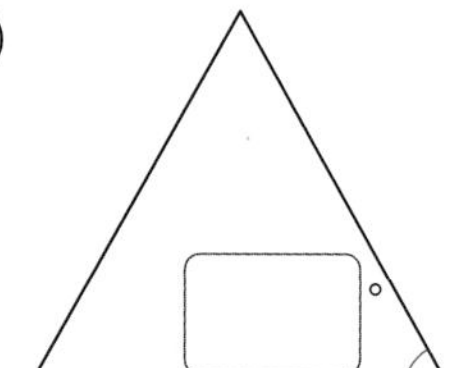

03 □ 안에 알맞은 수를 써넣으세요.

(1)

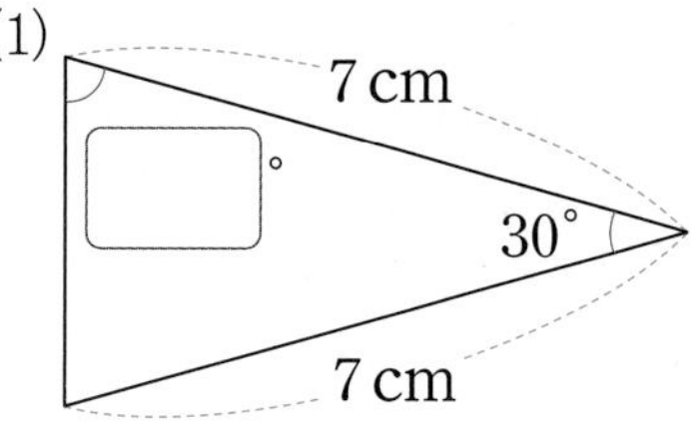

(2)

4 cm

4 cm

°

4 cm

활용 개념 1 삼각형의 세 변의 길이의 합 구하기

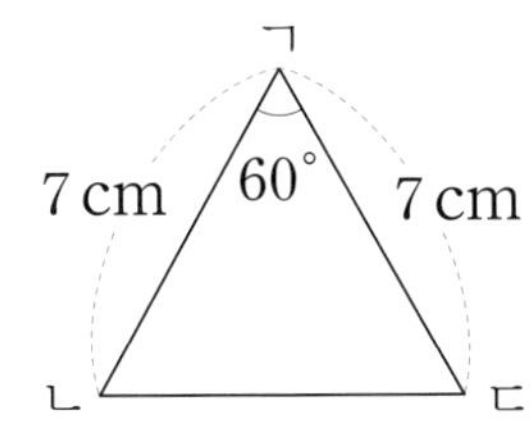

(각 ㄱㄴㄷ)+(각 ㄱㄷㄴ)=180°−60°=120°이므로
(각 ㄱㄴㄷ)=(각 ㄱㄷㄴ)=120°÷2=60°
➔ 세 각의 크기가 모두 60°인 정삼각형이므로
(세 변의 길이의 합)=7×3=21 (cm)입니다.

04 삼각형의 세 변의 길이의 합은 몇 cm일까요?

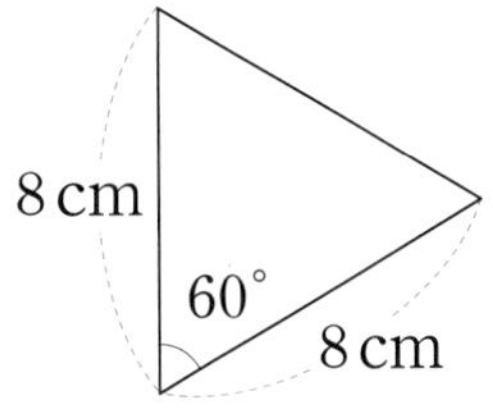

(　　　　　　　　)

활용 개념 2 삼각형의 바깥쪽의 각의 크기 구하기

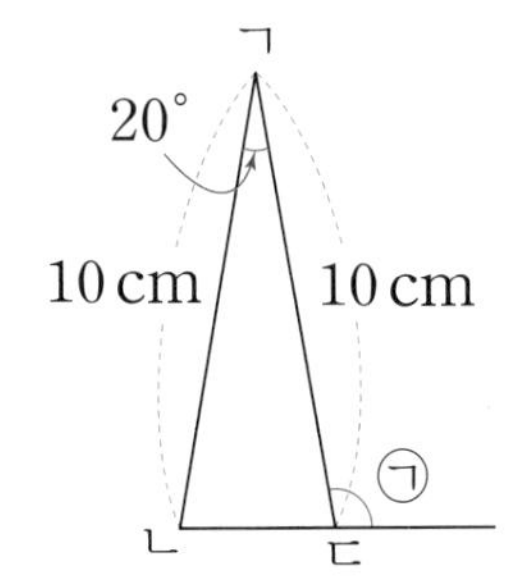

(변 ㄱㄴ)=(변 ㄱㄷ)이므로 삼각형 ㄱㄴㄷ은 이등변삼각형입니다.
(각 ㄱㄴㄷ)+(각 ㄱㄷㄴ)=180°−20°=160°이므로
(각 ㄱㄷㄴ)=160°÷2=80°
➔ ㉠=180°−80°=100°

05 ㉠의 각도는 몇 도일까요?

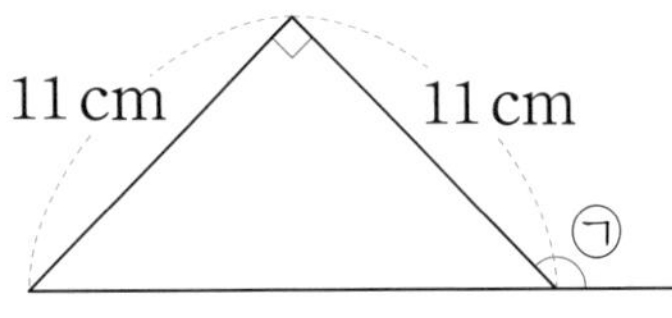

(　　　　　　　　)

각의 크기에 따라 삼각형 분류하기, 삼각형을 두 가지 기준으로 분류하기

교과서 개념

예각삼각형: 세 각이 모두 예각인 삼각형

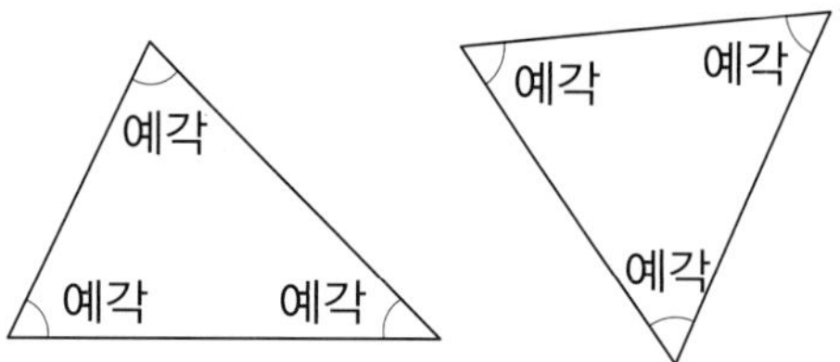

둔각삼각형: 한 각이 둔각인 삼각형

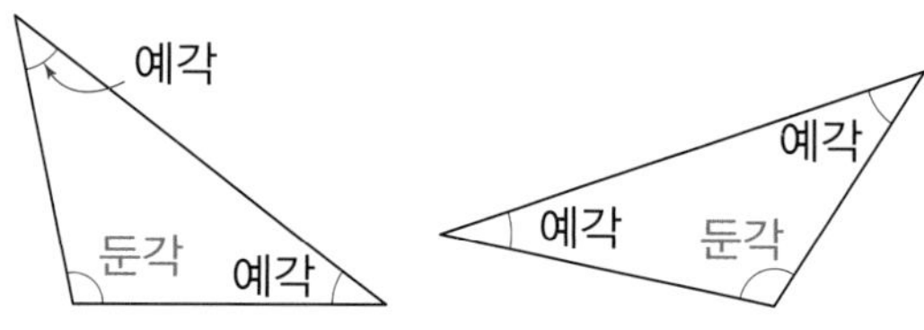

삼각형을 두 가지 기준으로 분류하기

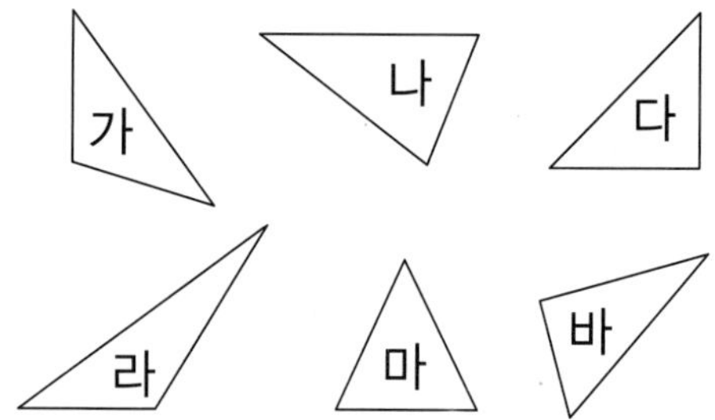

	예각 삼각형	직각 삼각형	둔각 삼각형
이등변삼각형	마	다	가
세 변의 길이가 모두 다른 삼각형	나	바	라

01 삼각형을 분류하여 빈칸에 알맞은 기호를 써넣으세요.

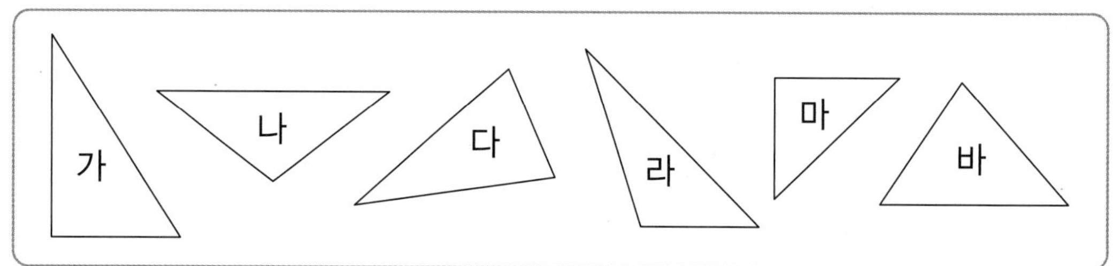

	예각삼각형	직각삼각형	둔각삼각형
이등변삼각형			
세 변의 길이가 모두 다른 삼각형			

02 오각형의 꼭짓점을 이었을 때 생기는 예각삼각형과 둔각삼각형은 각각 몇 개일까요?

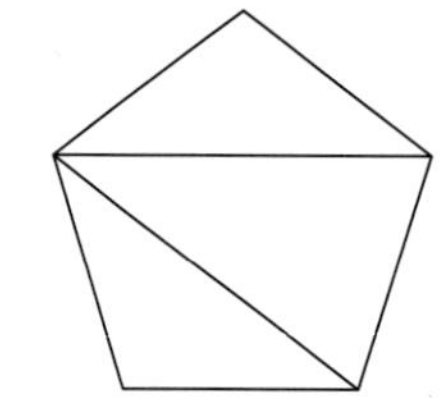

예각삼각형 ( )

둔각삼각형 ( )

>> 정답 및 풀이 11쪽

활용 개념 1 두 각을 보고 삼각형 분류하기

예 두 각의 크기가 각각 $85°$, $15°$인 삼각형 분류하기
(나머지 한 각의 크기)$=180°-85°-15°=80°$
➜ 세 각의 크기가 각각 $85°, 15°, 80°$이므로 예각삼각형입니다.
└모두 예각

03 두 각의 크기가 각각 $45°$, $40°$인 삼각형이 있습니다. 이 삼각형의 이름이 될 수 있는 것에 ○표 하세요.

(예각삼각형 , 직각삼각형 , 둔각삼각형)

04 두 각의 크기가 각각 $35°$, $55°$인 삼각형이 있습니다. 이 삼각형의 이름이 될 수 있는 것에 ○표 하세요.

(예각삼각형 , 직각삼각형 , 둔각삼각형)

2 삼각형

활용 개념 2 선분을 그어 조건을 만족하는 삼각형 만들기

예 도형의 꼭짓점을 지나는 선분을 1개 그어서 삼각형 만들기

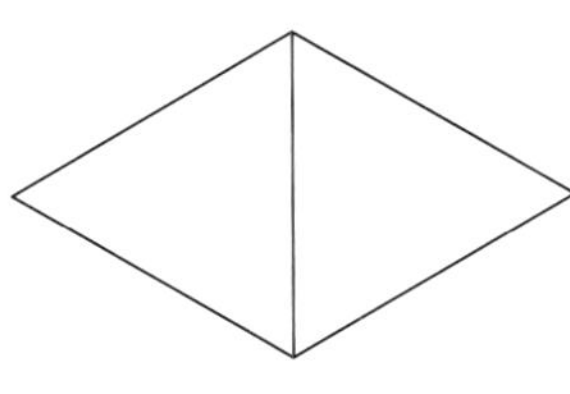

➜ 예각삼각형 2개

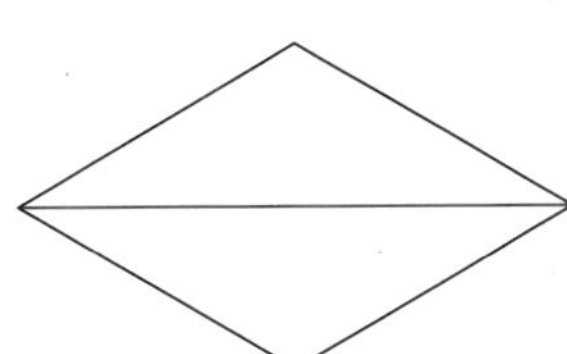

➜ 둔각삼각형 2개

05 오른쪽 도형의 꼭짓점을 지나는 선분을 2개 그어서 둔각삼각형 3개를 만들어 보세요.

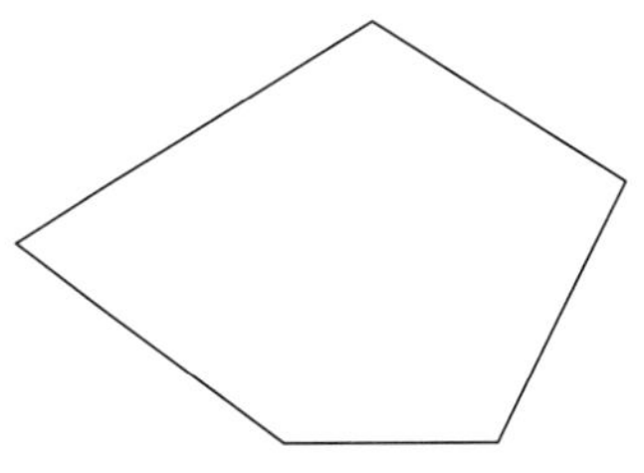

유형 변형 더하거나 빼면서 모르는 변의 길이를 구하자.

• 정삼각형을 겹친 모양에서 길이 구하기

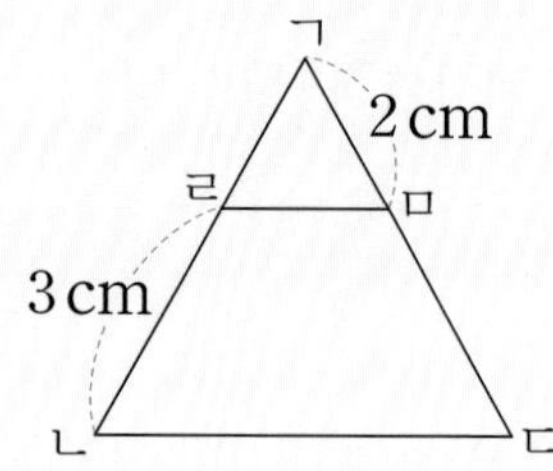

① 정삼각형 ㄱㄹㅁ에서
(변 ㄱㄹ)=(변 ㄹㅁ)=(변 ㅁㄱ)=2 cm

② 정삼각형 ㄱㄴㄷ에서
(변 ㄱㄴ)=(변 ㄴㄷ)=(변 ㄷㄱ)
=2+3=5 (cm)

대표 유형 01

오른쪽 그림에서 삼각형 ㄱㄴㄷ과 삼각형 ㄹㄴㅁ은 정삼각형입니다. 선분 ㅁㄷ의 길이는 변 ㄴㅁ의 길이의 3배일 때 사각형 ㄱㄹㅁㄷ의 네 변의 길이의 합은 몇 cm일까요?

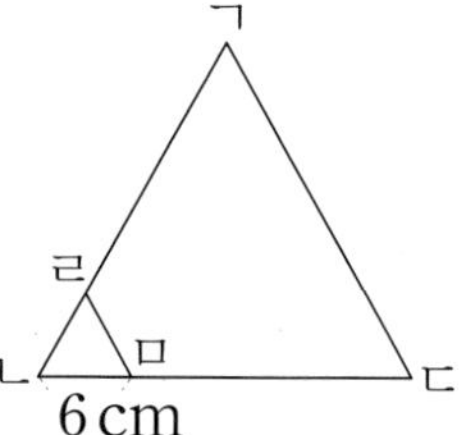

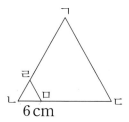

풀이

❶ 정삼각형은 세 변의 길이가 같으므로
(변 ㄹㅁ)=(변 ㄹㄴ)=(변 ㄴㅁ)=☐ cm입니다.

❷ (선분 ㅁㄷ)=(선분 ㄹㄱ)=(변 ㄴㅁ)×3=6×3=☐ (cm)

❸ (변 ㄱㄷ)=(변 ㄱㄴ)=(변 ㄴㄷ)=6+☐=☐ (cm)

❹ (사각형 ㄱㄹㅁㄷ의 네 변의 길이의 합)=☐+6+☐+☐
=☐ (cm)

답 ____________

예제 오른쪽 그림에서 삼각형 ㄱㄴㄷ과 삼각형 ㄹㄴㅁ은 정삼각형입니다. 선분 ㅁㄷ의 길이는 변 ㄴㅁ의 길이의 2배일 때 사각형 ㄱㄹㅁㄷ의 네 변의 길이의 합은 몇 cm일까요?

( )

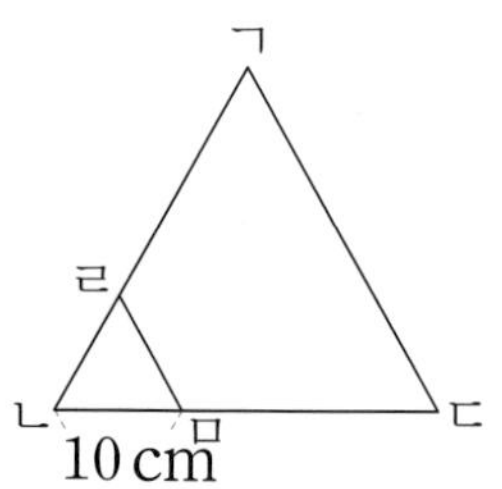

>> 정답 및 풀이 11~12쪽

01-1 변형

오른쪽 그림에서 삼각형 ㄱㄴㄷ과 삼각형 ㄹㅁㄷ은 정삼각형입니다. 사각형 ㄱㄴㅁㄹ의 네 변의 길이의 합은 몇 cm일까요?

( )

01-2 변형

오른쪽 그림에서 삼각형 ㄱㄴㄷ과 삼각형 ㄱㄹㅁ은 정삼각형입니다. 사각형 ㄹㄴㄷㅁ의 네 변의 길이의 합은 몇 cm일까요?

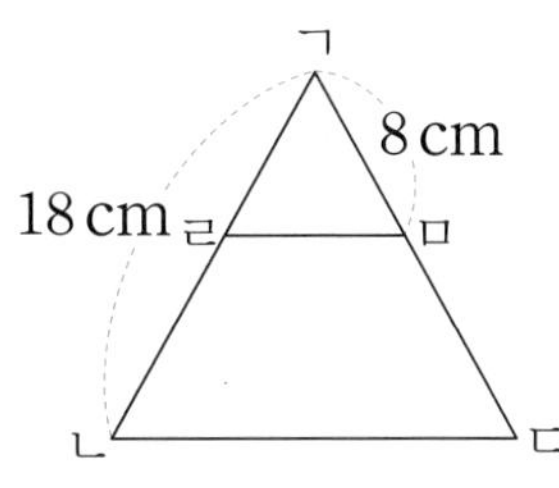

( )

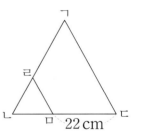

01-3 발전

오른쪽 그림에서 삼각형 ㄱㄴㄷ과 삼각형 ㄹㄴㅁ은 정삼각형입니다. 삼각형 ㄱㄴㄷ의 세 변의 길이의 합이 108 cm일 때 삼각형 ㄹㄴㅁ의 세 변의 길이의 합은 몇 cm일까요?

( )

유형 변형

삼각형의 성질을 이용하여 각의 크기를 구하자.

유형 솔루션

삼각형 ㄱㄴㄹ은 정삼각형이고 삼각형 ㄱㄹㄷ은 이등변삼각형입니다.

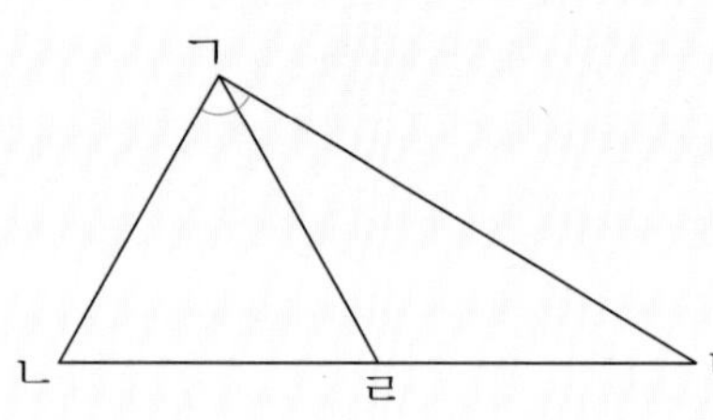

(각 ㄴㄱㄹ)=(각 ㄱㄴㄹ)=(각 ㄴㄹㄱ)=60°

(각 ㄱㄹㄷ)=180°−60°=120°

180°−120°=60°, (각 ㄹㄱㄷ)=60°÷2=30°

└각 ㄱㄹㄷ의 크기

➔ (각 ㄴㄱㄷ)=60°+30°=90°

대표 유형 **02**

오른쪽 그림과 같이 정삼각형 ㄱㄴㄷ과 이등변삼각형 ㄱㄷㄹ을 겹치지 않게 이어 붙여서 사각형 ㄱㄴㄷㄹ을 만들었습니다. 각 ㄴㄱㄹ의 크기는 몇 도일까요?

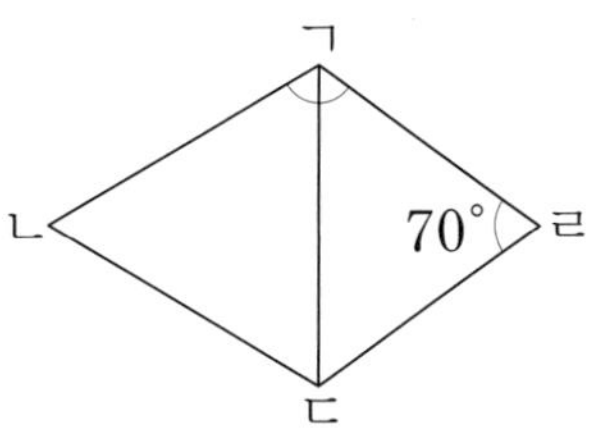

풀이

❶ 삼각형 ㄱㄴㄷ은 정삼각형이므로

(각 ㄴㄱㄷ)=(각 ㄱㄴㄷ)=(각 ㄴㄷㄱ)=□°입니다.

❷ 삼각형 ㄱㄷㄹ은 이등변삼각형이므로

(각 ㄷㄱㄹ)+(각 ㄱㄷㄹ)=180°−70°=□°,

(각 ㄷㄱㄹ)=(각 ㄱㄷㄹ)=□°÷2=□°입니다.

❸ (각 ㄴㄱㄹ)=(각 ㄴㄱㄷ)+(각 ㄷㄱㄹ)=□°+□°=□°

답 ____________

예제 오른쪽 그림과 같이 이등변삼각형 ㄱㄴㄷ과 정삼각형 ㄱㄷㄹ을 겹치지 않게 이어 붙여서 사각형 ㄱㄴㄷㄹ을 만들었습니다. 각 ㄴㄷㄹ의 크기는 몇 도일까요?

ㄱ, 30°, ㄹ, ㄴ, ㄷ

(   )

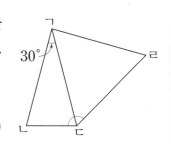

>> 정답 및 풀이 12~13쪽

02-1 변형

그림과 같이 이등변삼각형 ㄱㄹㄷ과 이등변삼각형 ㄹㄴㄷ을 겹치지 않게 이어 붙여서 삼각형 ㄱㄴㄷ을 만들었습니다. 각 ㄹㄴㄷ의 크기는 몇 도일까요?

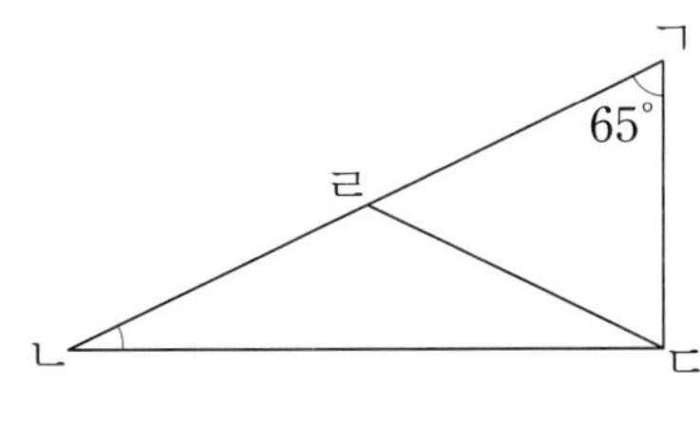

(　　　　　　　　)

02-2 변형

그림과 같이 이등변삼각형 ㄱㄴㄹ과 이등변삼각형 ㄱㄹㄷ을 겹치지 않게 이어 붙여서 삼각형 ㄱㄴㄷ을 만들었습니다. 각 ㄴㄱㄹ의 크기는 몇 도일까요?

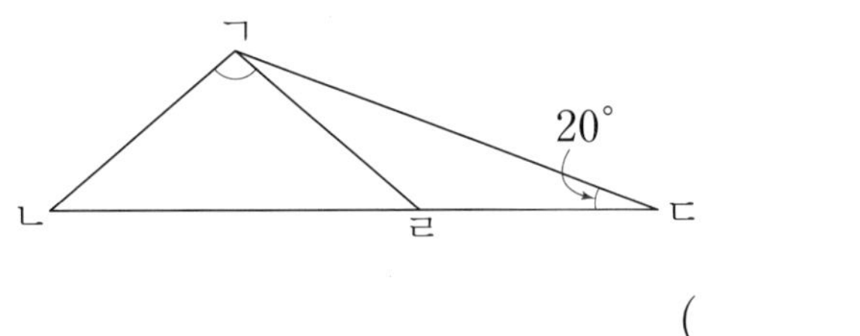

(　　　　　　　　)

02-3 발전

오른쪽 그림과 같이 이등변삼각형 ㄹㄴㄷ과 이등변삼각형 ㄱㄹㄷ을 겹치지 않게 이어 붙여서 삼각형 ㄱㄴㄷ을 만들었습니다. 각 ㄱㄷㄴ의 크기는 75°이고 각 ㄴㄷㄹ의 크기는 각 ㄹㄷㄱ의 크기의 2배일 때 각 ㄹㄴㄷ의 크기는 몇 도일까요?

(　　　　　　　　)

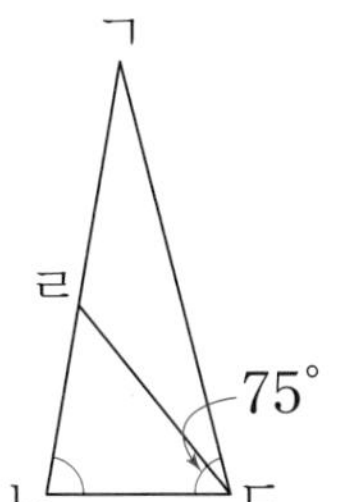

2 삼각형

유형 변형 길이가 같은 변이 어디인지 알아보자.

유형 솔루션

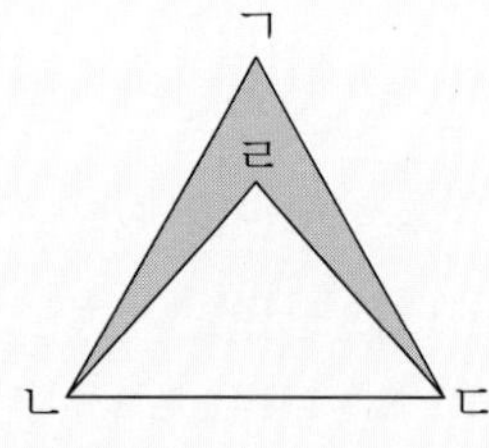

(색칠한 부분의 모든 변의 길이의 합)
=(변 ㄱㄴ)+(변 ㄴㄹ)+(변 ㄹㄷ)+(변 ㄷㄱ)

대표 유형 03

오른쪽 그림에서 삼각형 ㄱㄴㄷ은 정삼각형이고 삼각형 ㄹㄴㄷ은 이등변삼각형입니다. 삼각형 ㄱㄴㄷ의 세 변의 길이의 합이 24 cm일 때 색칠한 부분의 모든 변의 길이의 합은 몇 cm일까요?

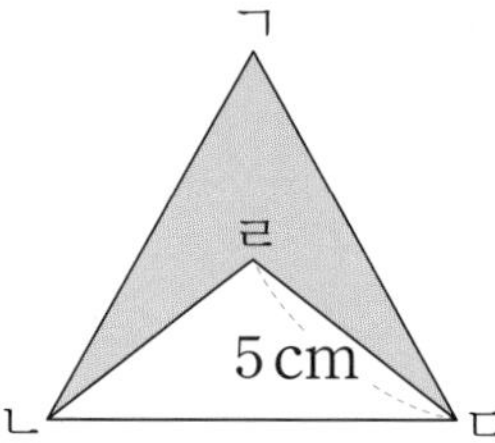

풀이

❶ 정삼각형은 세 변의 길이가 같으므로
(변 ㄱㄴ)=(변 ㄴㄷ)=(변 ㄷㄱ)=24÷3=☐(cm)입니다.

❷ 이등변삼각형은 두 변의 길이가 같으므로 (변 ㄹㄴ)=(변 ㄹㄷ)=☐cm입니다.

❸ (색칠한 부분의 모든 변의 길이의 합)
=(변 ㄱㄴ)+(변 ㄴㄹ)+(변 ㄹㄷ)+(변 ㄷㄱ)
=☐+5+5+☐=☐(cm)

답 ____________

예제 오른쪽 그림에서 삼각형 ㄱㄴㄷ은 정삼각형이고 삼각형 ㄱㄹㄷ은 이등변삼각형입니다. 삼각형 ㄱㄴㄷ의 세 변의 길이의 합이 21 cm일 때 색칠한 부분의 모든 변의 길이의 합은 몇 cm일까요?

(   )

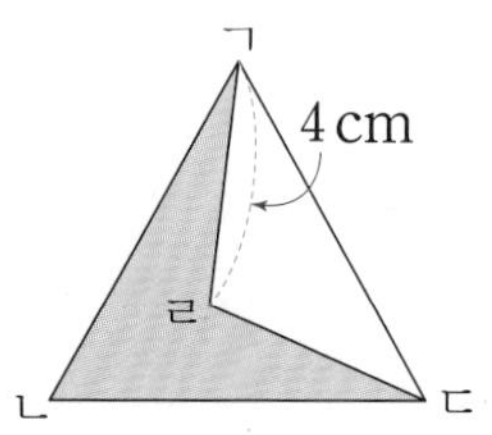

>> 정답 및 풀이 13~14쪽

03-1 변형

오른쪽 그림에서 삼각형 ㄹㄴㄷ은 정삼각형이고 삼각형 ㄱㄴㄷ의 세 변의 길이의 합은 29 cm입니다. 색칠한 부분의 모든 변의 길이의 합은 몇 cm일까요?

ㄱ
ㄹ
ㄴ ㄷ
8 cm

( )

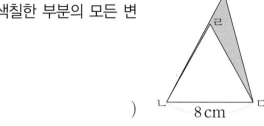

03-2 변형

삼각형 ㄱㄴㄹ은 정삼각형이고 삼각형 ㄱㄴㄷ의 세 변의 길이의 합은 25 cm입니다. 색칠한 부분의 모든 변의 길이의 합은 몇 cm일까요?

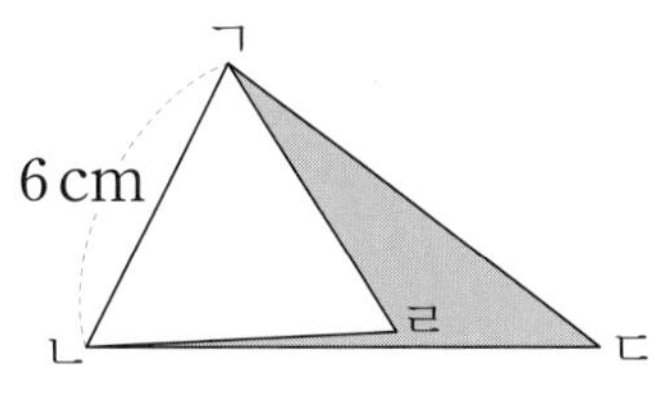

( )

03-3 발전

삼각형 ㄱㄴㄷ과 삼각형 ㄱㄹㄷ은 이등변삼각형입니다. 삼각형 ㄱㄴㄷ의 세 변의 길이의 합이 26 cm이고 삼각형 ㄱㄹㄷ의 세 변의 길이의 합이 14 cm입니다. 색칠한 부분의 모든 변의 길이의 합은 몇 cm일까요?

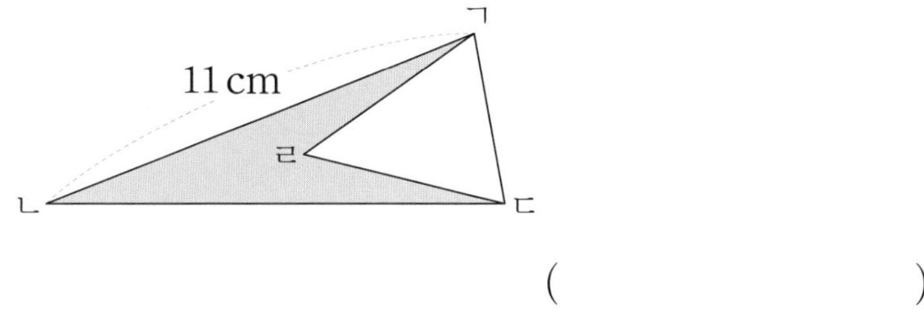

( )

2
삼각형

유형 변형 접은 모양에서 각의 크기가 같은 부분은 어디인지 알아보자.

유형 솔루션

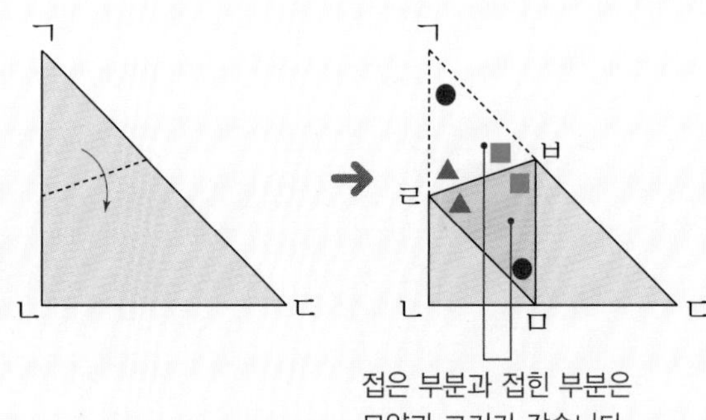

접은 부분과 접힌 부분은 모양과 크기가 같습니다.

(각 ㄹㄱㅂ)=(각 ㄹㅁㅂ)
(각 ㄱㄹㅂ)=(각 ㅁㄹㅂ)
(각 ㄱㅂㄹ)=(각 ㅁㅂㄹ)

대표 유형 04

오른쪽 그림과 같이 정삼각형 모양의 종이를 접었습니다. 각 ㄹㅂㅁ의 크기를 구하세요.

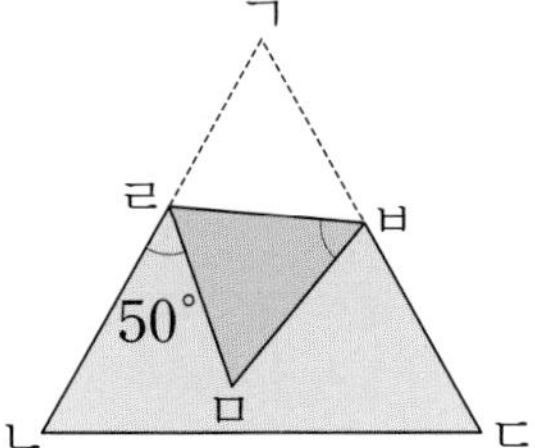

풀이

❶ 삼각형 ㄱㄴㄷ은 정삼각형이므로

(각 ㄹㅁㅂ)=(각 ㄹㄱㅂ)=□°입니다.

❷ (각 ㄱㄹㅂ)+(각 ㅁㄹㅂ)=180°−50°=□°이므로

(각 ㅁㄹㅂ)=(각 ㄱㄹㅂ)=□°÷2=□°입니다.

❸ (각 ㄹㅂㅁ)=180°−60°−□°=□°

답 ______________

예제 오른쪽 그림과 같이 정삼각형 모양의 종이를 접었습니다. 각 ㄹㅁㅂ의 크기를 구하세요.

( )

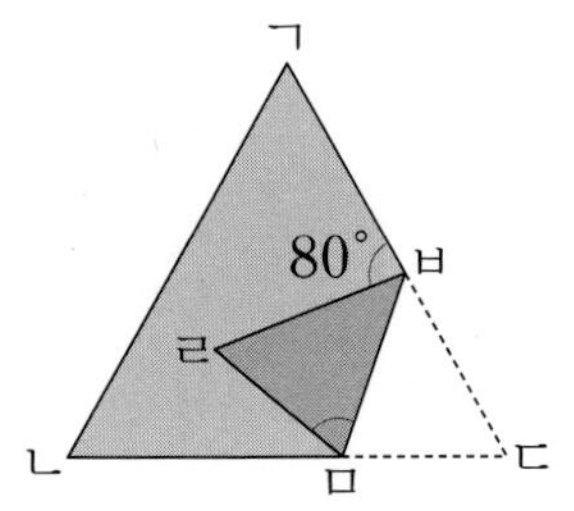

>> 정답 및 풀이 14쪽

04-1 변형

그림과 같이 삼각형 모양의 종이를 접었습니다. 각 ㄱㄹㅂ의 크기를 구하세요.

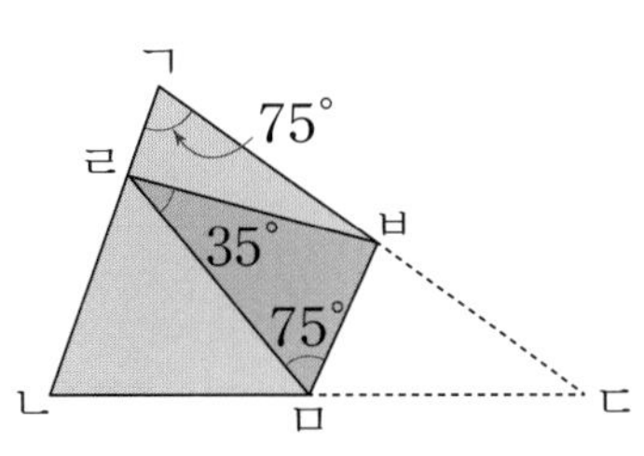

(　　　　　　　　　)

04-2 변형

그림과 같이 이등변삼각형 모양의 종이를 접었습니다. 각 ㄱㅂㄹ의 크기를 구하세요.

(　　　　　　　　　)

04-3 발전

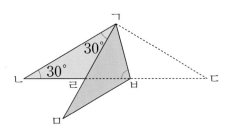

오른쪽 그림은 정사각형 모양의 종이를 선분 ㄱㅁ을 접는 선으로 하여 접었을 때 생긴 점 ㅂ을 점 ㄹ과 연결한 것입니다. 각 ㅂㄹㄷ의 크기를 구하세요.

(　　　　　　　　　)

유형 변형

도형을 돌려도 각의 크기는 변하지 않는다.

유형 솔루션

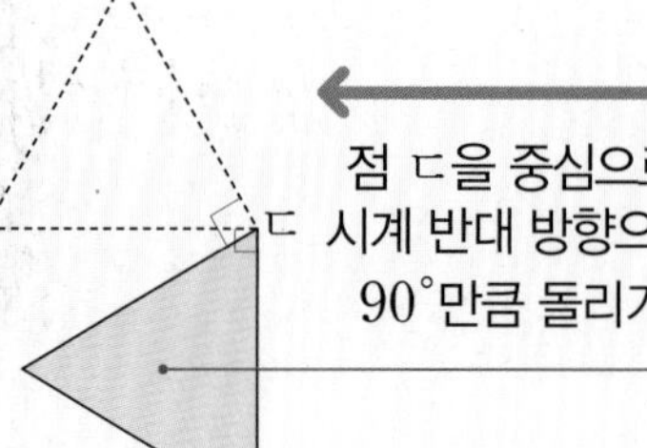

점 ㄷ을 중심으로 시계 반대 방향으로 90°만큼 돌리기

ㄱ ㄴ ㄷ

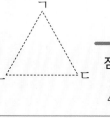

점 ㄷ을 중심으로 시계 방향으로 45°만큼 돌리기

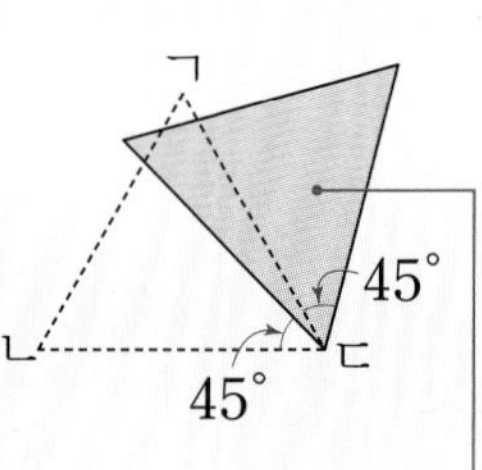

돌려서 만든 도형은 처음 도형과 모양과 크기가 같습니다.

대표 유형 05

오른쪽 그림과 같이 이등변삼각형 ㄱㄴㄷ을 점 ㄱ을 중심으로 하여 시계 반대 방향으로 60°만큼 돌려서 삼각형 ㄱㄹㅁ을 만들었습니다. 각 ㄱㅂㄷ의 크기를 구하세요.

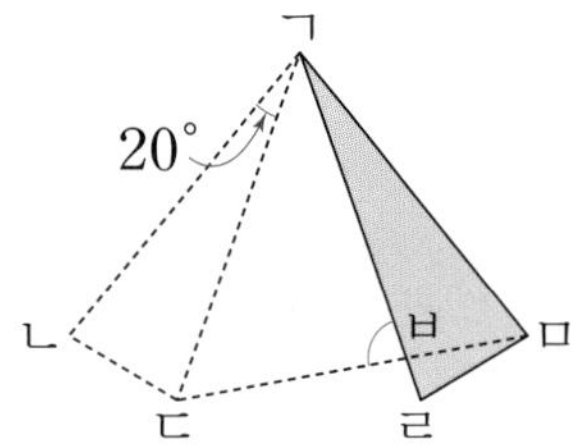

풀이

❶ 삼각형 ㄱㄷㅁ에서 (변 ㄱㄷ)=(변 ㄱㅁ)이고 (각 ㄷㄱㅁ)=☐°이므로

(각 ㄱㄷㅁ)=(각 ㄱㅁㄷ)=☐°입니다.

❷ (각 ㄹㄱㅁ)=(각 ㄴㄱㄷ)=20°이므로

(각 ㄷㄱㅂ)=☐°−20°=☐°입니다.

❸ 삼각형 ㄱㄷㅂ에서 (각 ㄱㅂㄷ)=180°−☐°−60°=☐°

답 ____________

예제 오른쪽 그림과 같이 이등변삼각형 ㄱㄴㄷ을 점 ㄱ을 중심으로 하여 시계 방향으로 90°만큼 돌려서 삼각형 ㄱㄹㅁ을 만들었습니다. 각 ㄱㅂㄴ의 크기를 구하세요.

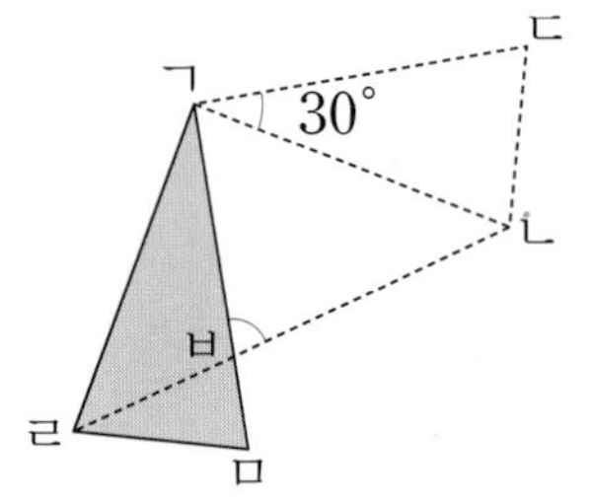

(　　　　　　　　)

>> 정답 및 풀이 15쪽

05-1 변형 그림과 같이 정삼각형 ㄱㄴㄷ을 점 ㄴ을 중심으로 하여 시계 반대 방향으로 90°만큼 돌려서 삼각형 ㄹㅁㄴ을 만들었습니다. 각 ㅁㅂㄴ의 크기를 구하세요.

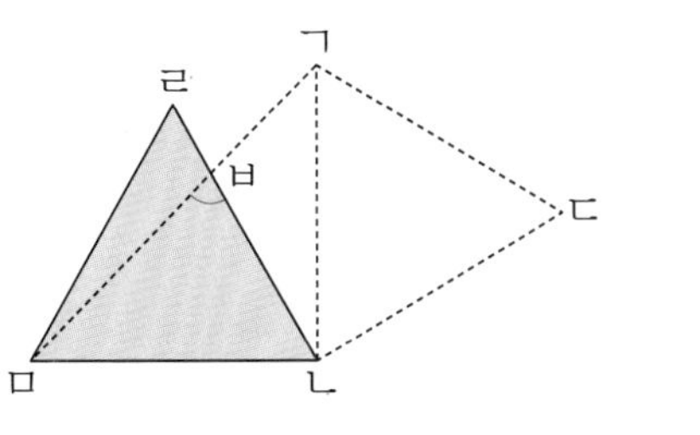

( )

05-2 변형 그림과 같이 삼각형 ㄱㄴㄷ을 점 ㄴ을 중심으로 하여 시계 반대 방향으로 30°만큼 돌려서 삼각형 ㄹㄴㅁ을 만들었습니다. 각 ㄱㄴㅂ의 크기를 구하세요.

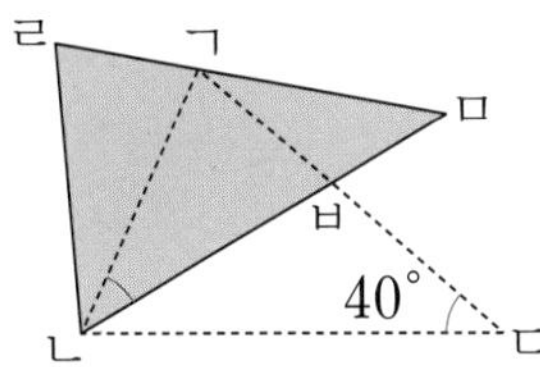

( )

2 삼각형

05-3 발전 그림과 같이 이등변삼각형 ㄱㄴㄷ을 점 ㄴ을 중심으로 하여 시계 방향으로 돌려서 삼각형 ㄹㄴㅁ을 만들었습니다. 삼각형 ㄱㄴㄷ을 시계 방향으로 몇 도만큼 돌린 것일까요?

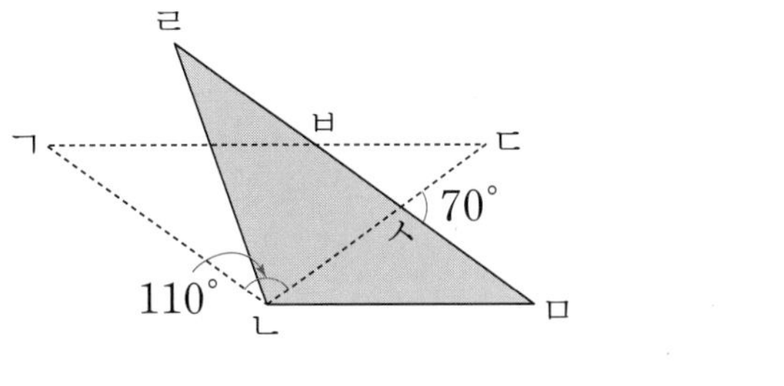

( )

유형 변형 도형 ■개짜리로 이루어진 삼각형을 모두 찾는다.

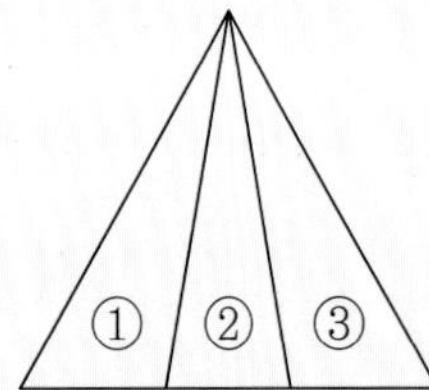

삼각형 1개짜리: ①, ②, ③ → 3개
삼각형 2개짜리: ①+②, ②+③ → 2개
삼각형 3개짜리: ①+②+③ → 1개
➔ (크고 작은 삼각형의 개수)=3+2+1=6(개)

대표 유형 06

오른쪽 그림에서 찾을 수 있는 크고 작은 정삼각형은 모두 몇 개일까요?

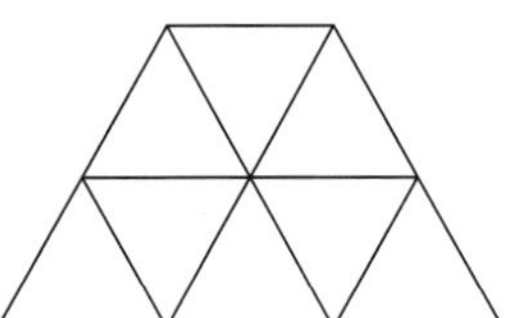

풀이

❶ 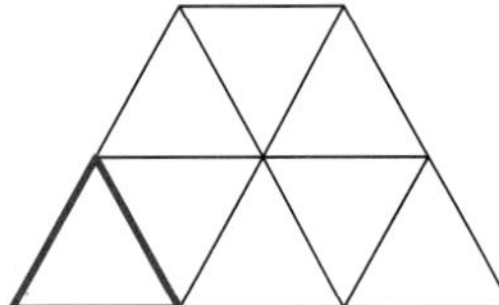

삼각형 1개짜리인 정삼각형의 개수는 ☐개입니다.

❷ 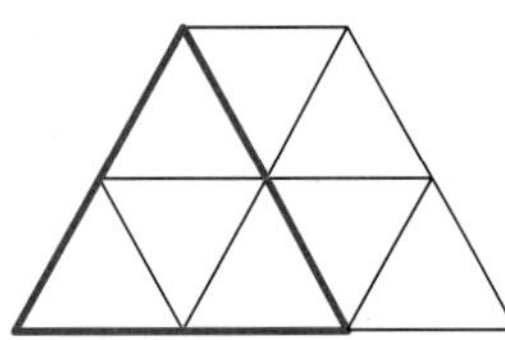

삼각형 4개짜리인 정삼각형의 개수는 ☐개입니다.

❸ 크고 작은 정삼각형은 모두 ☐+☐=☐(개)입니다.

답 ____________

예제 그림에서 찾을 수 있는 크고 작은 정삼각형은 모두 몇 개일까요?

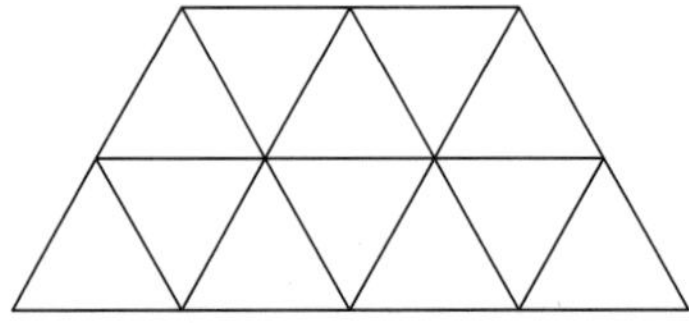

(   )

>> 정답 및 풀이 15~16쪽

06-1 변형

그림에서 찾을 수 있는 크고 작은 둔각삼각형은 모두 몇 개일까요?

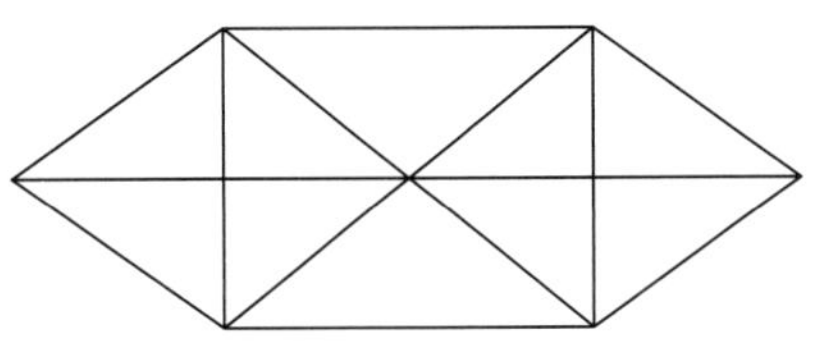

(　　　　　　　　)

06-2 변형

그림에서 찾을 수 있는 크고 작은 이등변삼각형은 모두 몇 개일까요?

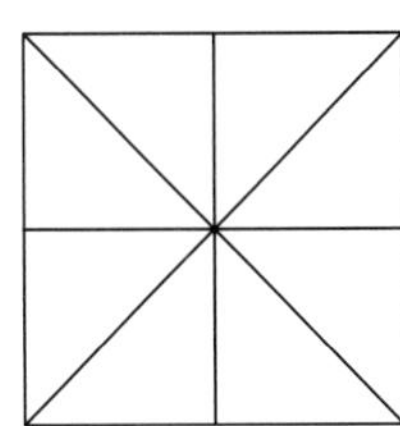

(　　　　　　　　)

06-3 발전

그림에서 찾을 수 있는 크고 작은 이등변삼각형은 모두 몇 개일까요?

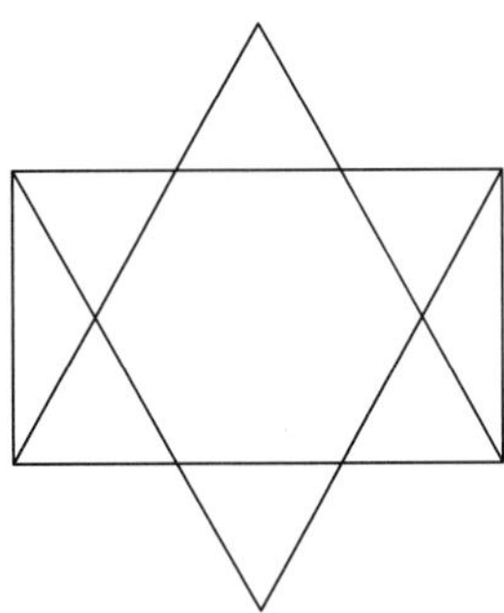

(　　　　　　　　)

유형 변형

조건에 알맞은 삼각형을 만들어 보자.

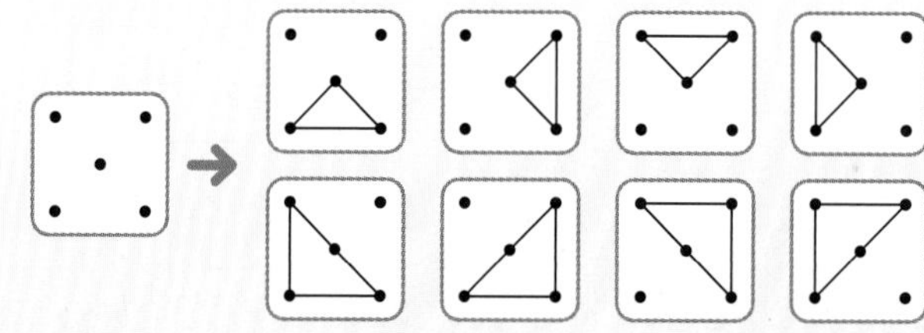

세 점을 꼭짓점으로 하여 만들 수 있는 삼각형은 모두 8개입니다.

대표 유형 07

오른쪽은 원 위에 같은 간격으로 8개의 점을 놓은 것입니다. 이 점들을 꼭짓점으로 하여 만들 수 있는 이등변삼각형은 모두 몇 개일까요?

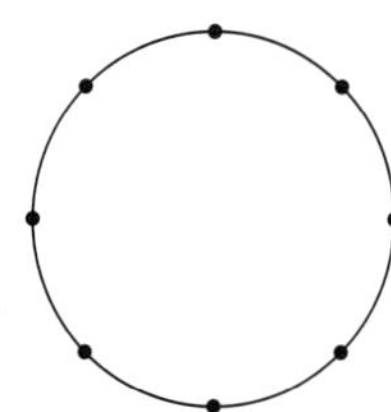

풀이

❶

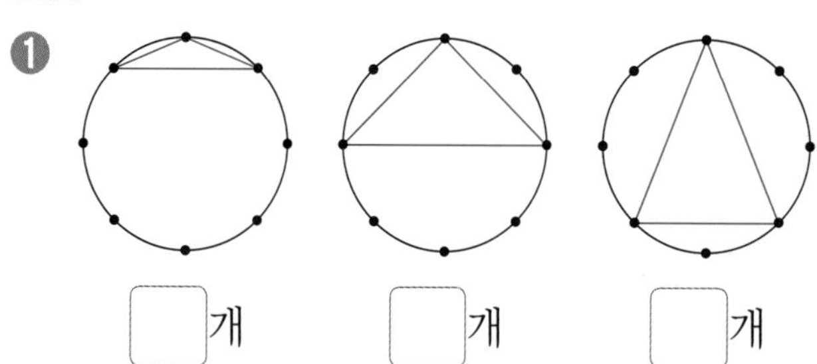

□개 □개 □개

❷ 만들 수 있는 이등변삼각형은 모두 □+□+□=□(개)입니다.

답 ______

예제 오른쪽은 원 위에 같은 간격으로 12개의 점을 놓은 것입니다. 이 점들을 꼭짓점으로 하여 만들 수 있는 이등변삼각형은 모두 몇 개일까요?

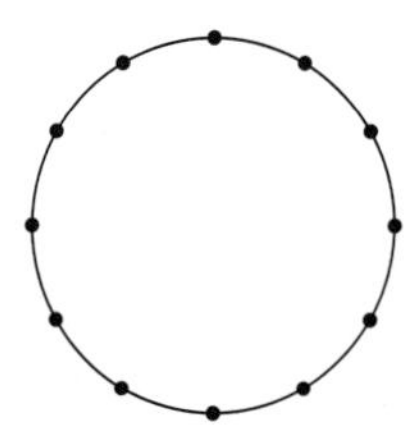

( )

07-1 변형

같은 간격으로 10개의 점을 정삼각형 모양으로 놓은 것입니다. 이 점들을 꼭짓점으로 하여 만들 수 있는 정삼각형은 모두 몇 개일까요?

(　　　　　　　　)

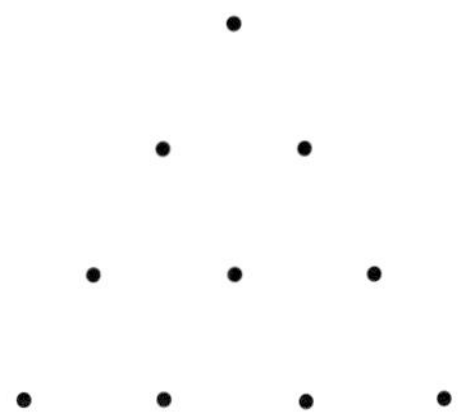

07-2 변형

오른쪽은 원 위에 같은 간격으로 10개의 점을 놓은 것입니다. 이 점들을 꼭짓점으로 하여 만들 수 있는 이등변삼각형이면서 둔각삼각형은 모두 몇 개일까요?

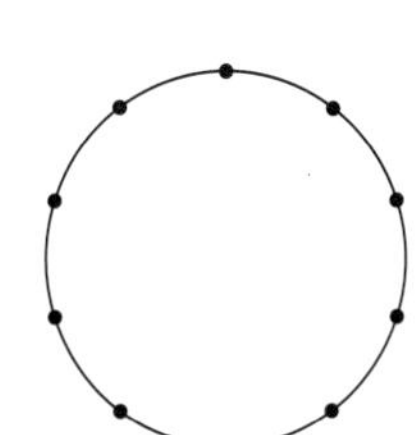

(　　　　　　　　)

07-3 발전

오른쪽은 정사각형 위에 같은 간격으로 12개의 점을 놓은 것입니다. 이 점들을 꼭짓점으로 하여 만들 수 있는 이등변삼각형이면서 예각삼각형은 모두 몇 개일까요?

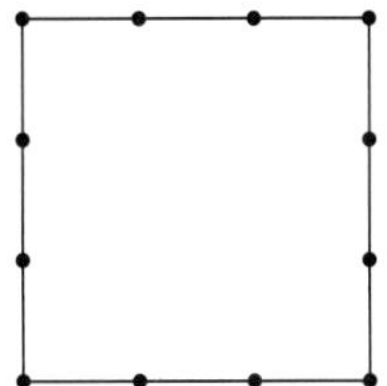

(　　　　　　　　)

유형 변형 삼각형의 변의 길이에서 규칙을 찾아보자.

유형 솔루션

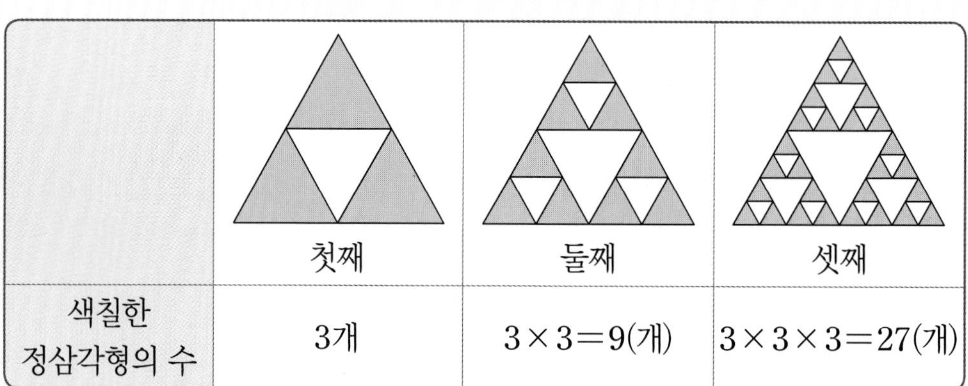

	첫째	둘째	셋째
색칠한 정삼각형의 수	3개	$3\times3=9$(개)	$3\times3\times3=27$(개)

대표 유형 **08**

그림과 같이 한 변의 길이가 24 cm인 정삼각형의 각 변의 한가운데 점을 이어 정삼각형을 그렸습니다. 같은 방법으로 계속 정삼각형을 그렸을 때 셋째 모양에서 색칠한 삼각형의 모든 변의 길이의 합은 몇 cm일까요?

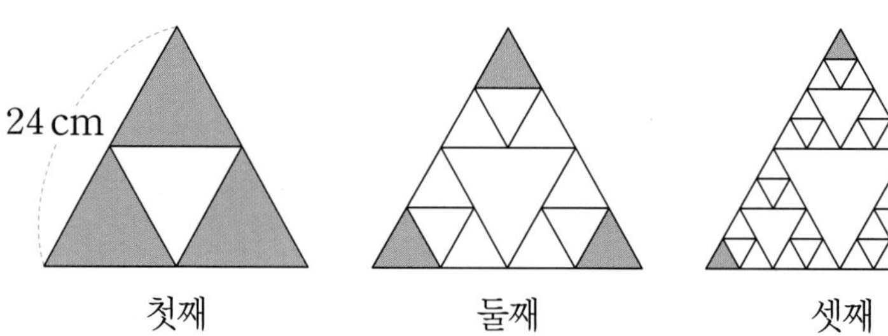

풀이

❶ 셋째 모양에서

(색칠한 정삼각형의 한 변의 길이)$=24\div2\div2\div2=$ ☐ (cm)이고

(색칠한 정삼각형의 수)$=$ ☐ 개입니다.

❷ 셋째 모양에서 색칠한 삼각형의 모든 변의 길이의 합은

☐ $\times3\times$ ☐ $=$ ☐ (cm)입니다.

답 ____________

예제 그림과 같이 한 변의 길이가 32 cm인 정삼각형의 각 변의 한가운데 점을 이어 정삼각형을 그렸습니다. 같은 방법으로 계속 정삼각형을 그렸을 때 셋째 모양에서 색칠한 삼각형의 모든 변의 길이의 합은 몇 cm일까요?

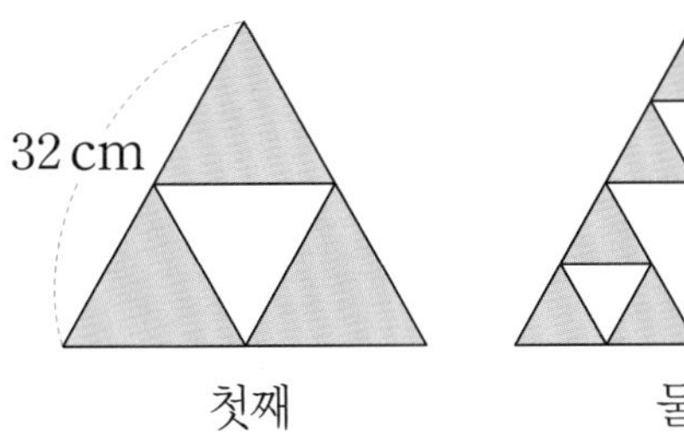

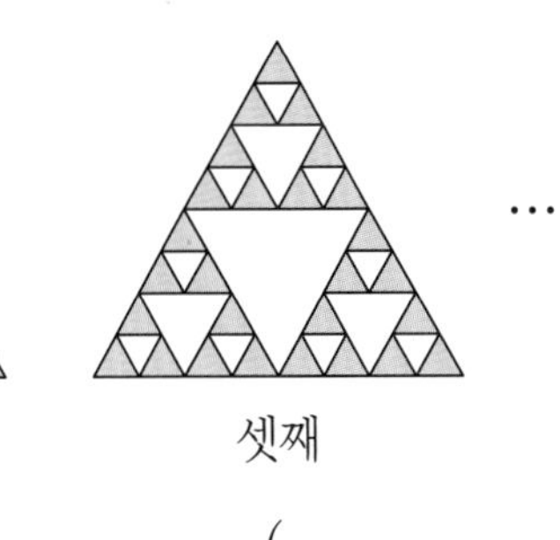

(　　　　　　　　　)

08-1 변형

그림과 같이 한 변의 길이가 16 cm인 정삼각형의 각 변의 한가운데 점을 이어 정삼각형을 그렸습니다. 같은 방법으로 계속 정삼각형을 그렸을 때 넷째 모양에서 색칠한 삼각형의 모든 변의 길이의 합은 몇 cm일까요?

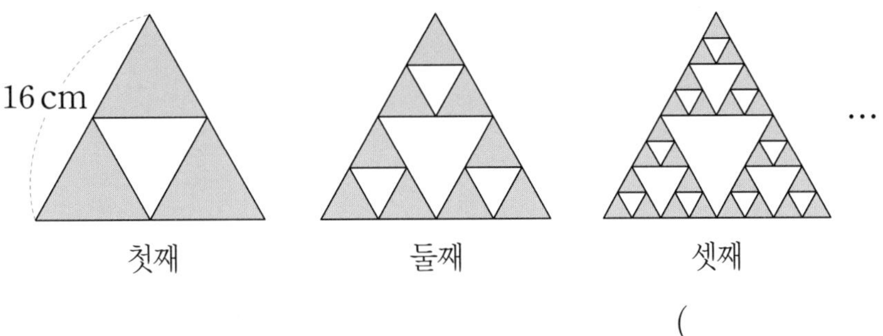

(　　　　　　　　　)

08-2 발전

그림과 같이 이등변삼각형의 각 변의 한가운데 점을 이어 이등변삼각형을 계속 그렸습니다. 셋째 모양에서 색칠한 삼각형의 모든 변의 길이의 합은 몇 cm일까요?

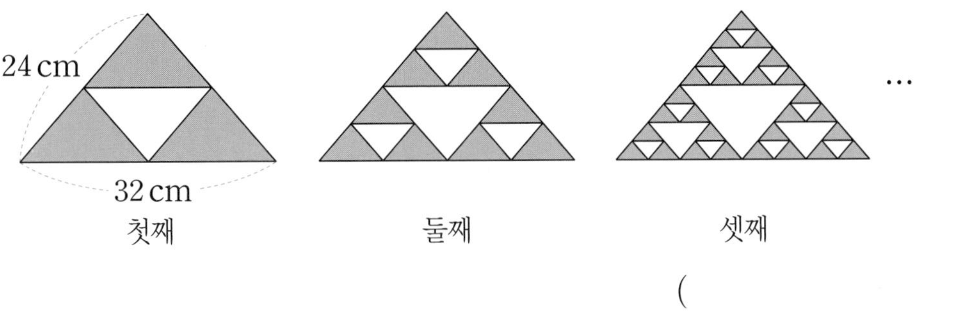

(　　　　　　　　　)

실전 적용

대표 유형 02

01 그림에서 각 ㄱㄷㅁ의 크기를 구하세요.

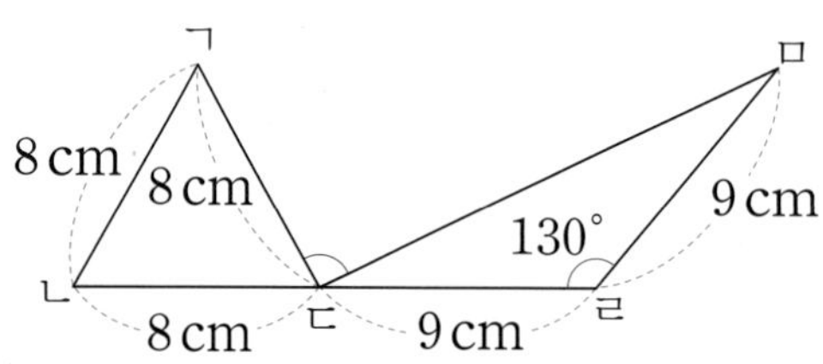

풀이

답 ______________

Tip 한 직선이 이루는 각의 크기는 180°입니다.

대표 유형 08

02 오른쪽 그림은 정삼각형의 각 변의 한가운데 점을 이어 가면서 정삼각형을 만든 것입니다. 정삼각형 ㄱㄴㄷ의 한 변의 길이가 20 cm일 때 정삼각형 ㅅㅇㅈ의 세 변의 길이의 합은 몇 cm일까요?

풀이

답 ______________

대표 유형 07

03 오른쪽은 원 위에 같은 간격으로 8개의 점을 놓은 것입니다. 이 점들을 꼭짓점으로 하여 만들 수 있는 이등변삼각형이면서 예각삼각형은 모두 몇 개일까요?

풀이

답 ______________

Tip 조건에 맞는 삼각형의 모양을 그려 봅니다.

대표 유형 01

04 오른쪽 그림에서 삼각형 ㄱㄴㄷ과 삼각형 ㄱㄹㅁ은 정삼각형입니다. 변 ㄹㄴ의 길이는 변 ㄱㄹ의 길이의 4배일 때 사각형 ㄹㄴㄷㅁ의 네 변의 길이의 합은 몇 cm일까요?

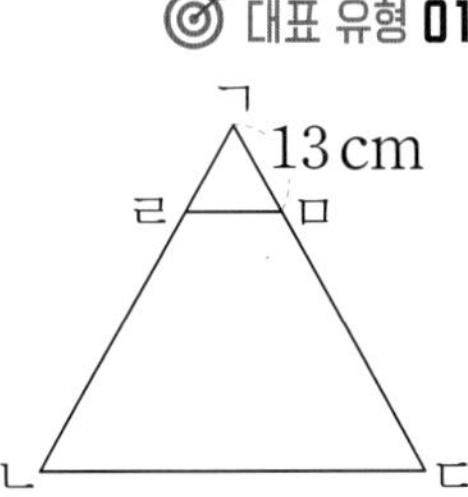

풀이

답 ______________

대표 유형 02

05 오른쪽 그림과 같이 정삼각형 ㄱㄴㄷ과 이등변삼각형 ㄱㄷㄹ을 겹치지 않게 이어 붙여서 사각형 ㄱㄴㄷㄹ을 만들었습니다. 각 ㄴㄷㄹ의 크기는 몇 도일까요?

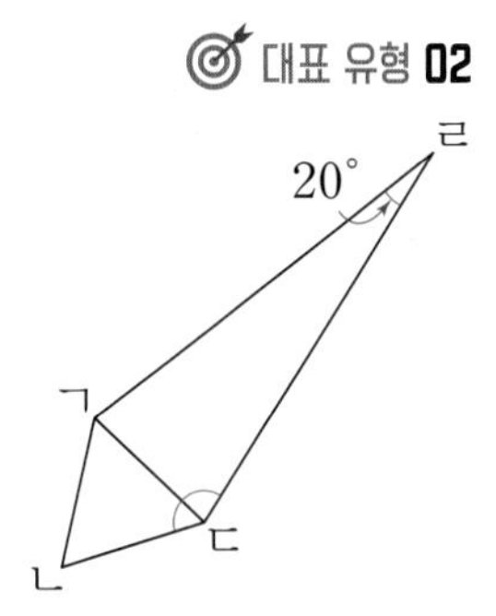

Tip
정삼각형의 한 각의 크기는 $180° \div 3 = 60°$입니다.

풀이

답 ______________

대표 유형 03

06 오른쪽 그림에서 삼각형 ㄱㄴㄷ은 정삼각형이고 삼각형 ㄱㄴㄹ은 이등변삼각형입니다. 삼각형 ㄱㄴㄷ의 세 변의 길이의 합이 27 cm일 때 색칠한 부분의 모든 변의 길이의 합은 몇 cm일까요?

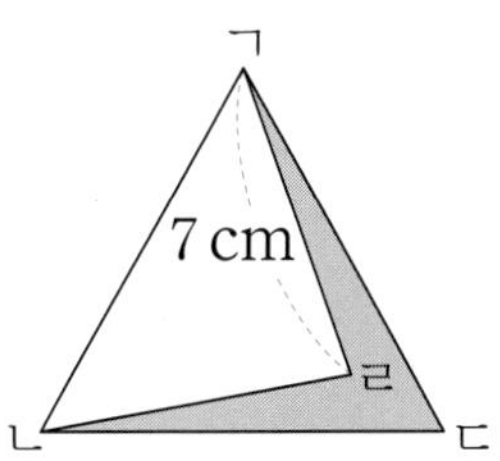

Tip
(정삼각형의 한 변의 길이)
=(정삼각형의 세 변의 길이의 합)÷3

풀이

답 ______________

2 삼각형

실전 적용

대표 유형 04

07 오른쪽 그림과 같이 정삼각형 모양의 종이를 접었습니다. 각 ㅂㄹㅁ의 크기를 구하세요.

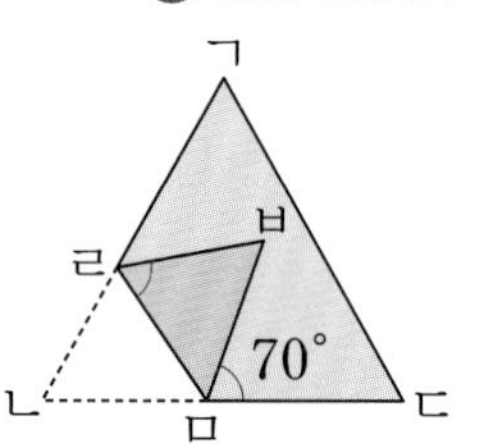

풀이

답 ____________

Tip 접은 부분과 접힌 부분은 모양과 크기가 같습니다.

대표 유형 05

08 오른쪽 그림과 같이 이등변삼각형 ㄱㄴㄷ을 점 ㄱ을 중심으로 하여 시계 방향으로 80°만큼 돌려서 삼각형 ㄱㄹㅁ을 만들었습니다. 각 ㄱㅂㄴ의 크기를 구하세요.

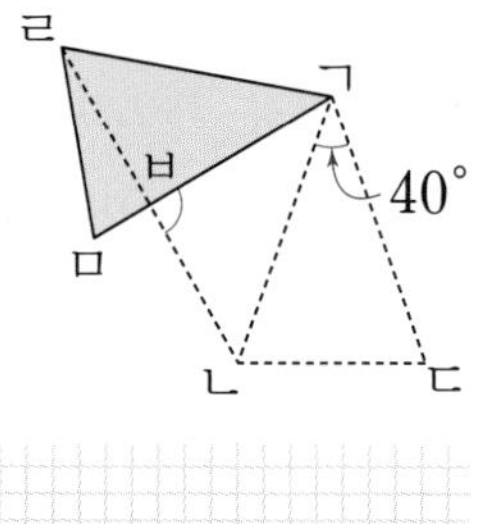

풀이

답 ____________

대표 유형 06

09 그림에서 찾을 수 있는 크고 작은 정삼각형은 모두 몇 개일까요?

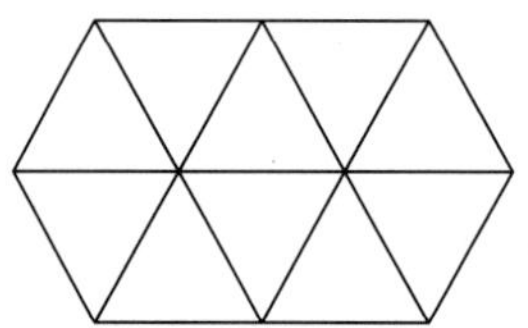

풀이

답 ____________

Tip 삼각형 1개짜리인 정삼각형과 삼각형 4개짜리인 정삼각형을 찾을 수 있습니다.

≫ 정답 및 풀이 18쪽

대표 유형 07

10 같은 간격으로 10개의 점을 정삼각형 모양으로 놓은 것입니다. 이 점들을 꼭짓점으로 하여 만들 수 있는 이등변삼각형은 모두 몇 개일까요?

풀이

답 ____________

대표 유형 08

11 그림과 같이 한 변의 길이가 40 cm인 정삼각형의 각 변의 한가운데 점을 이어 정삼각형을 그렸습니다. 같은 방법으로 계속 정삼각형을 그렸을 때 셋째 모양에서 색칠한 삼각형의 모든 변의 길이의 합은 몇 cm일까요?

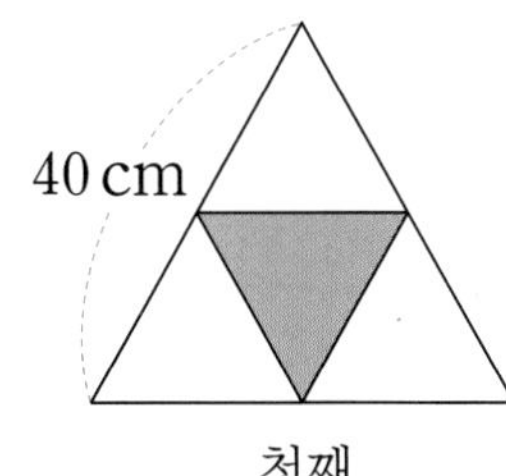

첫째

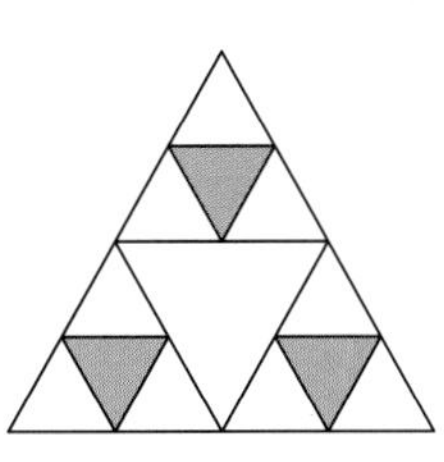
둘째

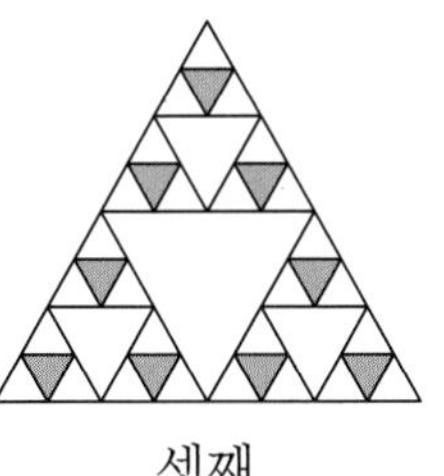
셋째

…

답 ____________

Tip

셋째 모양에서 색칠한 정삼각형의 한 변의 길이는 첫째 모양의 정삼각형의 한 변의 길이를 2로 3번 나눈 것과 같습니다.

2 삼각형

소수의 덧셈과 뺄셈

유형 변형 대표 유형

01 자릿수에 맞춰 먼저 소수로 나타내자.
조건을 만족하는 수 구하기

02 높은 자리 수부터 생각하자.
카드로 소수 만들어 계산하기

03 소수 사이의 관계를 이용하여 어떤 수를 구하자.
어떤 수 구하기

04 먼저 색 테이프의 길이를 모두 더하자.
겹쳐진 부분의 길이 구하기

05 시작점부터 공이 튀어 오른 순서대로 높이를 구하자.
튀어 오른 공의 높이 구하기

06 두 수의 차를 작게 만들자.
■에 가장 가까운 소수 구하기

07 가장 작은 수와 가장 큰 수를 넣어 비교하자.
□가 있는 소수들의 크기 비교하기

08 값이 같은 경우를 생각하여 수를 구하자.
합과 차를 이용하여 빈 곳에 알맞은 소수 구하기

소수 두 자리 수와 소수 세 자리 수

교과서 개념

소수 두 자리 수

쓰기 $\frac{1}{100}=0.01$ 읽기 영 점 영일

소수 세 자리 수

쓰기 $\frac{1}{1000}=0.001$ 읽기 영 점 영영일

0.746의 각 자리 숫자가 나타내는 수

일의 자리		소수 첫째 자리	소수 둘째 자리	소수 셋째 자리
0	.	7		
0	.	0	4	
0	.	0	0	6

참고

- $\frac{■▲}{100}=0.■▲$

  예 쓰기 $\frac{23}{100}=0.23$ 읽기 영 점 이삼

- $\frac{■▲★}{1000}=0.■▲★$

  예 쓰기 $\frac{389}{1000}=0.389$ 읽기 영 점 삼팔구

01 □ 안에 알맞은 수를 써넣으세요.

4.28은 1이 4개, 0.1이 □개, 0.01이 8개인 수와 같습니다.

02 밑줄 친 숫자 7이 나타내는 수를 구하세요.

5.20<u>7</u>

(   )

03 소수 셋째 자리 숫자가 5인 소수를 찾아 써 보세요.

2.546   4.875   9.523   3.754

(   )

04 3이 나타내는 수가 큰 수부터 차례대로 기호를 써 보세요.

㉠ 0.253	㉡ 24.137	㉢ 8.362

(　　　　　　　　)

05 유선이가 시장에서 산 물건의 양입니다. □ 안에 알맞은 소수를 써넣으세요.

감자: 2 kg 137 g
식혜: 874 mL

→ 감자: □ kg
식혜: □ L

활용 개념 1 소수와 소수 사이에 있는 수 구하기

예 0.4와 0.5 사이에 있는 소수 두 자리 수 구하기
0.4와 0.5 사이에 있는 소수 두 자리 수는 0.41부터 0.49까지입니다.
→ 0.41, 0.42, 0.43, 0.44, 0.45, ..., 0.49로 모두 9개입니다.

06 0.7과 0.8 사이에 있는 소수 두 자리 수는 모두 몇 개일까요?

(　　　　　　　　)

07 0.87과 0.9 사이에 있는 소수 두 자리 수는 모두 몇 개일까요?

(　　　　　　　　)

소수의 크기 비교, 소수 사이의 관계

교과서 개념

- **0.3을 0.30과 같이 필요한 경우 소수의 오른쪽 끝자리에 0을 붙여서 나타낼 수 있습니다.**
- **소수의 크기 비교**

  높은 자리부터 같은 자리 수끼리 차례대로 비교합니다.

  예 $2.348 < 2.359$ ($4<5$)

- **소수 사이의 관계**

1	← 10배 / $\frac{1}{10}$ →	0.1	← 10배 / $\frac{1}{10}$ →	0.01	← 10배 / $\frac{1}{10}$ →	0.001

01 왼쪽과 크기가 같은 수에 ○표 하세요.

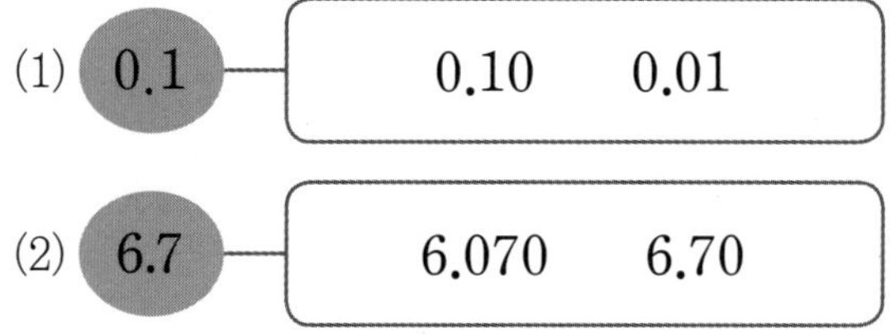

02 □ 안에 알맞은 수를 써넣으세요.

(1) 2.758의 10배는 □이고, 100배는 □입니다.

(2) 3.5의 $\frac{1}{10}$은 □이고, $\frac{1}{100}$은 □입니다.

03 큰 수부터 차례대로 기호를 써 보세요.

㉠ 5.102 ㉡ 5.012 ㉢ 5.221

( )

활용 개념 1 가장 큰 소수 찾기

• 가장 큰 소수를 찾으려면 높은 자리부터 차례대로 수의 크기를 비교합니다.

예 8.012, 8.168, 8.568의 크기 비교하기

→ 일의 자리 수가 8로 모두 같고, 소수 첫째 자리 수의 크기를 비교하면 5>1>0이므로 8.568이 가장 큰 수입니다.

04 가장 큰 소수를 찾아 써 보세요.

2.179 2.169 2.189

( )

05 가장 큰 수에 ○표, 가장 작은 수에 △표 하세요.

3.578 1.894 3.625

활용 개념 2 자릿값의 몇 배인지 알아보기

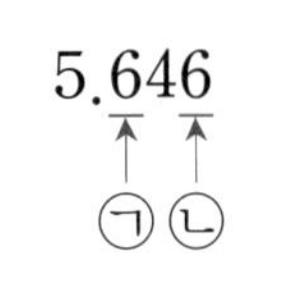

㉠은 소수 첫째 자리 숫자이므로 0.6을 나타내고,
㉡은 소수 셋째 자리 숫자이므로 0.006을 나타냅니다.
→ ㉠이 나타내는 수는 ㉡이 나타내는 수의 100배입니다.

06 ㉠이 나타내는 수는 ㉡이 나타내는 수의 몇 배일까요?

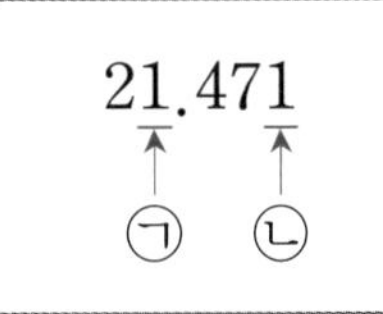

( )

소수 한 자리 수의 덧셈과 뺄셈

소수 한 자리 수의 덧셈

- 0.4+0.5의 계산 (받아올림이 없는 경우)

$$\begin{array}{r} 0.4 \\ +\ 0.5 \\ \hline 0.9 \end{array}$$

- 3.4+1.7의 계산 (받아올림이 있는 경우)

$$\begin{array}{r} {\scriptstyle 1} \\ 3.4 \\ +\ 1.7 \\ \hline 5.1 \end{array}$$

4+7=11

소수 한 자리 수의 뺄셈

- 0.8−0.3의 계산 (받아내림이 없는 경우)

$$\begin{array}{r} 0.8 \\ -\ 0.3 \\ \hline 0.5 \end{array}$$

- 3.4−1.5의 계산 (받아내림이 있는 경우)

$$\begin{array}{r} {\scriptstyle 2\ \ 10} \\ \not{3}.4 \\ -\ 1.5 \\ \hline 1.9 \end{array}$$

4+10−5=9

01 계산해 보세요.

(1) $\begin{array}{r} 0.2 \\ +\ 0.9 \\ \hline \end{array}$ (2) $\begin{array}{r} 4.1 \\ +\ 5.2 \\ \hline \end{array}$ (3) $\begin{array}{r} 0.7 \\ -\ 0.2 \\ \hline \end{array}$ (4) $\begin{array}{r} 6.2 \\ -\ 2.8 \\ \hline \end{array}$

02 ㉠과 ㉡의 차를 구하세요.

㉠ 0.1이 298개인 수
㉡ 십육 점 오

( )

03 혜미가 가지고 있던 리본 끈 14.5 m 중에서 친구에게 11.7 m를 잘라 주었다면 남은 리본 끈의 길이는 몇 m일까요?

( )

활용 개념 1 수직선에서 나타내는 수의 합(차) 구하기

예 ㉠과 ㉡에 알맞은 수의 차 구하기

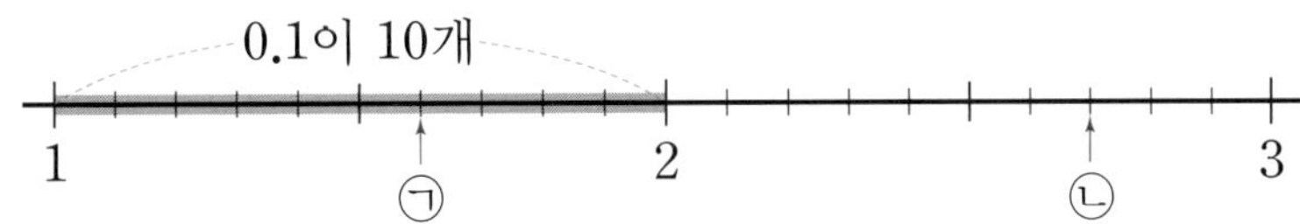

→ ㉠은 1.6, ㉡은 2.7이므로 ㉡－㉠＝2.7－1.6＝1.1입니다.

04 수직선을 보고 ㉠과 ㉡에 알맞은 수의 차를 구하세요.

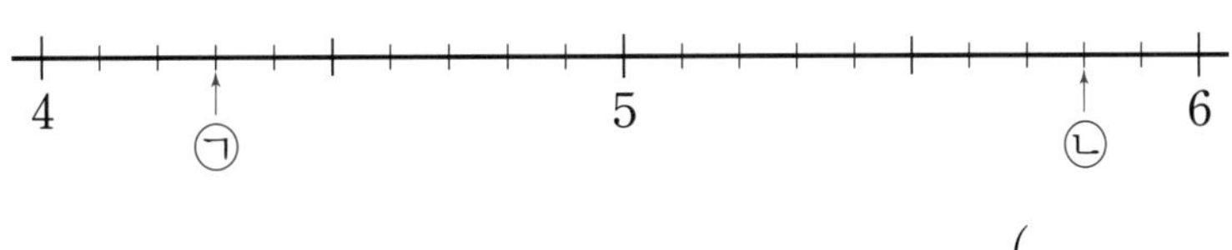

(　　　　　　　)

05 수직선을 보고 ㉠과 ㉡에 알맞은 수의 합을 구하세요.

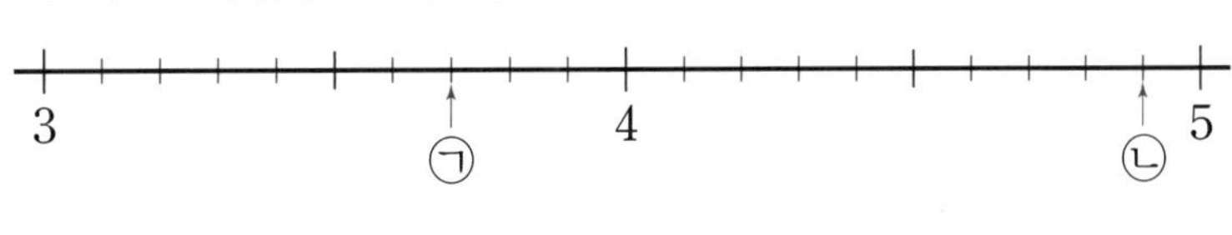

(　　　　　　　)

활용 개념 2 어떤 수 구하기

예 어떤 수에 3.8을 더하면 7.5가 되는 어떤 수 구하기
●　　＋3.8　　＝7.5

→ 식으로 나타내면 ●＋3.8＝7.5입니다.
●＝7.5－3.8＝3.7이므로 어떤 수는 3.7입니다.

06 어떤 수에서 2.9를 빼면 4.7입니다. 어떤 수를 구하세요.

(　　　　　　　)

07 어떤 수에 5.4를 더하면 9.9입니다. 어떤 수에서 2.7을 빼면 얼마인지 구하세요.

(　　　　　　　)

소수 두 자리 수의 덧셈과 뺄셈

◉ 소수 두 자리 수의 덧셈

• 0.17＋0.62의 계산 (받아올림이 없는 경우)

$$\begin{array}{r} 0.17 \\ +\ 0.62 \\ \hline 0.79 \end{array}$$

• 2.59＋1.83의 계산 (받아올림이 있는 경우)

$$\begin{array}{r} {\scriptstyle 1\ 1} \\ 2.59 \\ +\ 1.83 \\ \hline 4.42 \end{array}$$

1＋5＋8＝14 9＋3＝12

◉ 소수 두 자리 수의 뺄셈

• 0.46－0.24의 계산 (받아내림이 없는 경우)

$$\begin{array}{r} 0.46 \\ -\ 0.24 \\ \hline 0.22 \end{array}$$

• 3.51－1.69의 계산 (받아내림이 있는 경우)

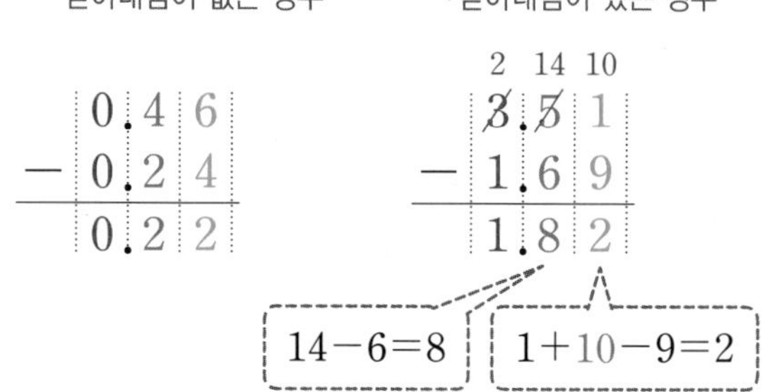

$$\begin{array}{r} {\scriptstyle 2\ \ 14\ \ 10} \\ \not{3}.\not{5}1 \\ -\ 1.69 \\ \hline 1.82 \end{array}$$

14－6＝8 1＋10－9＝2

01 □ 안에 알맞은 수를 써넣으세요.

8.51은 0.01이 □개, 5.74는 0.01이 □개이므로

8.51－5.74는 0.01이 □개입니다.

➔ 8.51－5.74＝□

02 계산해 보세요.

(1) $\begin{array}{r} 0.31 \\ +\ 0.54 \\ \hline \end{array}$ (2) $\begin{array}{r} 3.28 \\ +\ 6.45 \\ \hline \end{array}$ (3) $\begin{array}{r} 0.79 \\ -\ 0.56 \\ \hline \end{array}$ (4) $\begin{array}{r} 4.31 \\ -\ 1.96 \\ \hline \end{array}$

03 공이 들어 있는 바구니의 무게는 14.35 kg입니다. 빈 바구니의 무게가 5.18 kg일 때 바구니에 들어 있는 공의 무게는 몇 kg일까요?

( )

>> 정답 및 풀이 20쪽

활용 개념 1 규칙을 찾아 빈칸에 알맞은 수 구하기

0.35	0.5	0.65	0.8	◆

$0.5-0.35=0.15$, $0.65-0.5=0.15$, $0.8-0.65=0.15$이므로
0.15씩 커지는 규칙입니다.
→ $0.8+0.15=$◆, ◆$=0.95$

04 수를 일정하게 뛰어 센 것입니다. ★에 알맞은 수를 구하세요.

0.21	0.49	0.77	1.05	★

(　　　　　　　　)

05 규칙에 따라 수를 순서대로 나열하였습니다. 다섯 번째 소수를 구하세요.

9.46, 8.65, 7.84, ...

(　　　　　　　　)

활용 개념 2 세로셈에서 □ 안에 알맞은 수 구하기

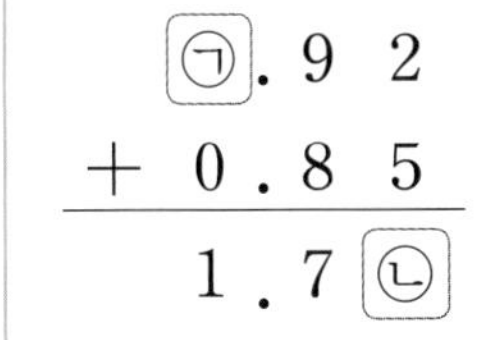

받아올림(받아내림)을 생각하며 낮은 자리부터 차례대로 계산합니다.
→ 소수 둘째 자리: $2+5=$㉡, ㉡$=7$
소수 첫째 자리: $9+8=17$
일의 자리: $1+$㉠$+0=1$, ㉠$=0$

06 ㉠과 ㉡에 알맞은 수를 각각 구하세요.

```
   ㉠. 6 5
 -  3 . 8 3
 ----------
    5 . 8 ㉡
```

㉠ (　　　　　　　　)
㉡ (　　　　　　　　)

유형 변형

자릿수에 맞춰 먼저 소수로 나타내자.

10이 4개 ··········	4	0.		
1이 6개 ···········		6.		
0.1이 13개 ·······		1.	3	
0.01이 9개 ·······		0.	0	9
	4	7.	3	9

대표 유형 01

◆의 100배인 수를 구하세요.

◆은 10이 5개, 1이 4개, 0.1이 3개, 0.01이 26개인 수

풀이

❶ ◆는 50+4+☐+☐=☐입니다.

❷ ☐의 100배인 수는 ☐입니다.

답 ____________

예제 ■의 $\frac{1}{10}$인 수를 구하세요.

■는 10이 7개, 1이 1개, 0.1이 54개, 0.01이 2개인 수

(　　　　　　　　)

>> 정답 및 풀이 20~21쪽

01-1 변형

10이 2개, 1이 2개, 0.1이 68개, 0.01이 4개인 수의 $\frac{1}{10}$인 수를 구하세요.

(　　　　　　　　)

01-2 변형

10이 6개, 1이 7개, $\frac{1}{10}$이 41개, $\frac{1}{100}$이 95개인 수의 10배인 수를 구하세요.

(　　　　　　　　)

01-3 발전

●와 ◎의 합을 구하세요.

●: 0.01이 4581개인 수
◎: 0.1이 50개, 0.01이 452개인 수

(　　　　　　　　)

01-4 발전

㉠과 ㉡의 차를 구하세요.

㉠ 0.01이 685개인 수
㉡ 4.8과 6.73의 합인 수

(　　　　　　　　)

유형 변형

높은 자리 수부터 생각하자.

유형 솔루션

. 2 6 8

가장 큰 소수 한 자리 수 □.□: 8 > 6 > 2 → 8.6
(가장 큰 수, 두 번째로 큰 수)

가장 작은 소수 한 자리 수 □.□: 2 < 6 < 8 → 2.6
(가장 작은 수, 두 번째로 작은 수)

대표 유형 02

4장의 카드를 모두 한 번씩 사용하여 만들 수 있는 수 중 가장 큰 소수 두 자리 수와 가장 작은 소수 두 자리 수의 합을 구하세요.

. 5 7 4

풀이

❶ 7 > 5 > 4이므로 가장 큰 소수 두 자리 수는 □이고,

가장 작은 소수 두 자리 수는 □입니다.

❷ (가장 큰 소수 두 자리 수) + (가장 작은 소수 두 자리 수)

= □ + □ = □

답 ______

예제 4장의 카드를 모두 한 번씩 사용하여 만들 수 있는 수 중 가장 큰 소수 두 자리 수와 가장 작은 소수 두 자리 수의 합을 구하세요.

. 1 3 9

(　　　　　　)

>> 정답 및 풀이 21쪽

02-1 변형

5장의 카드를 모두 한 번씩 사용하여 만들 수 있는 수 중 가장 큰 소수 두 자리 수와 가장 작은 소수 두 자리 수의 합을 구하세요.

. 2 5 8 7

(　　　　　　　　)

02-2 변형

6장의 카드를 모두 한 번씩 사용하여 만들 수 있는 수 중 가장 큰 소수 두 자리 수와 가장 작은 소수 두 자리 수의 차를 구하세요.

. 5 4 3 7 2

(　　　　　　　　)

02-3 발전

6장의 카드를 모두 한 번씩 사용하여 만들 수 있는 수 중 두 번째로 큰 소수 두 자리 수와 두 번째로 작은 소수 두 자리 수의 차를 구하세요.

. 7 4 6 9 8

(　　　　　　　　)

유형 변형

소수 사이의 관계를 이용하여 어떤 수를 구하자.

어떤 수 ← 10배 — 5.21

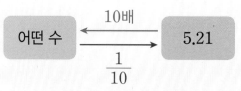

어떤 수 — $\frac{1}{10}$ → 5.21

어떤 수는 5.21의 10배

➜ (어떤 수)=52.1

대표 유형 03

어떤 수의 $\frac{1}{10}$은 1이 6개, 0.1이 16개, 0.01이 8개인 수입니다. 어떤 수는 얼마인지 구하세요.

풀이

❶ 1이 6개, 0.1이 16개, 0.01이 8개인 수는

☐+☐+☐=☐입니다.

❷ 어떤 수의 $\frac{1}{10}$은 ☐이므로

어떤 수는 ☐의 10배인 ☐입니다.

답 ______________

예제 어떤 수의 $\frac{1}{10}$은 1이 8개, 0.1이 7개, 0.01이 49개인 수입니다. 어떤 수는 얼마인지 구하세요.

(   )

>> 정답 및 풀이 21~22쪽

03-1 변형

어떤 수의 $\frac{1}{10}$은 0.1이 69개, 0.01이 15개, 0.001이 8개인 수입니다. 어떤 수의 10배인 수를 구하세요.

(　　　　　　　　)

03-2 변형

어떤 수의 10배는 1이 120개, 0.1이 85개, 0.01이 24개인 수입니다. 어떤 수보다 5.131 작은 수를 구하세요.

(　　　　　　　　)

3
소수의 덧셈과 뺄셈

03-3 발전

어떤 수의 $\frac{1}{10}$을 구해야 하는데 잘못하여 어떤 수의 $\frac{1}{100}$을 구했더니 1이 2개, 0.1이 47개, 0.01이 21개인 수가 되었습니다. 바르게 구한 값을 구하세요.

(　　　　　　　　)

03-4 발전

어떤 수의 $\frac{1}{100}$을 구해야 하는데 잘못하여 어떤 수의 $\frac{1}{10}$을 구했더니 1이 6개, 0.1이 2개, 0.01이 93개인 수가 되었습니다. 바르게 구한 값을 구하세요.

(　　　　　　　　)

유형 변형

먼저 색 테이프의 길이를 모두 더하자.

유형 솔루션

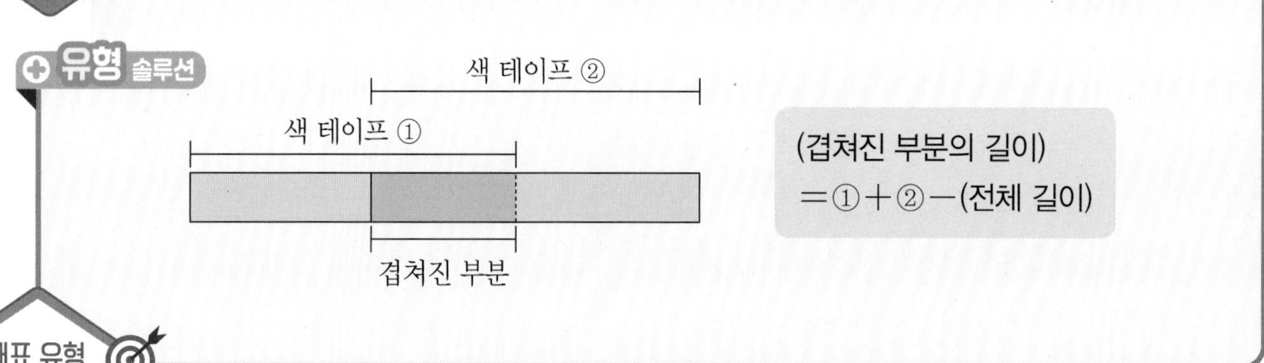

대표 유형 04

길이가 5.73 cm인 색 테이프 2장을 그림과 같이 겹쳐서 이어 붙였습니다. 겹쳐진 부분은 몇 cm인지 구하세요.

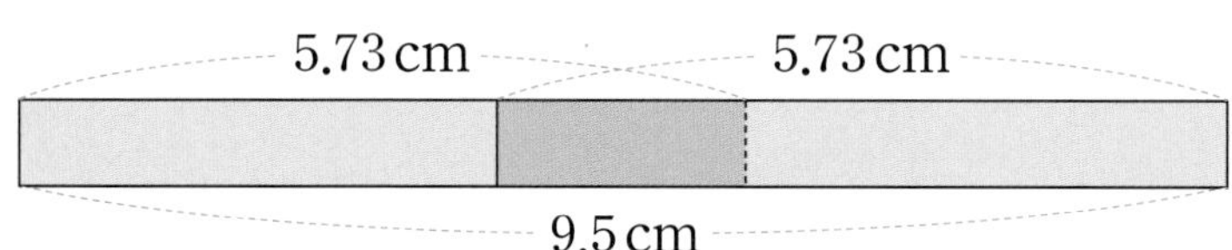

풀이

❶ (색 테이프 2장의 길이의 합)=5.73+5.73=□(cm)

❷ (겹쳐진 부분의 길이)

=(색 테이프 □장의 길이의 합)−(이어 붙인 색 테이프의 전체 길이)

=□−9.5=□(cm)

답 ______

예제 길이가 8.43 cm인 색 테이프 2장을 그림과 같이 겹쳐서 이어 붙였습니다. 겹쳐진 부분은 몇 cm인지 구하세요.

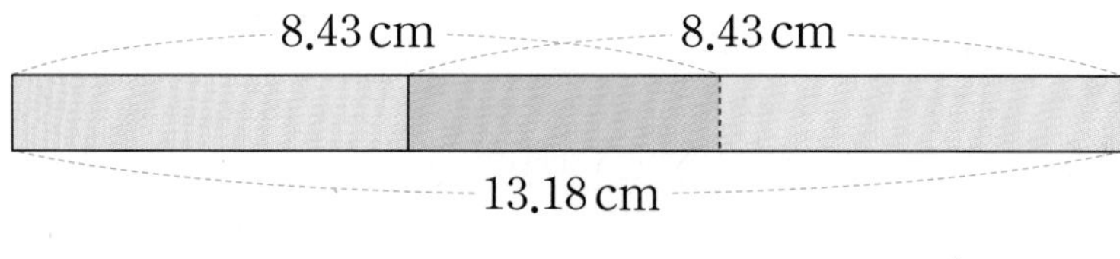

(　　　　　　)

>> 정답 및 풀이 22~23쪽

04-1 변형

그림을 보고 선분 ㄴㄷ의 길이는 몇 cm인지 구하세요.

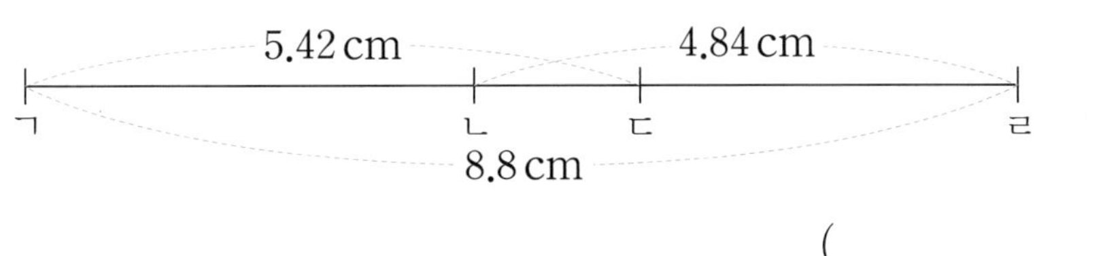

(　　　　　　　　)

04-2 변형

색 테이프 2장을 그림과 같이 겹쳐서 이어 붙였습니다. 겹쳐진 부분은 몇 cm인지 구하세요.

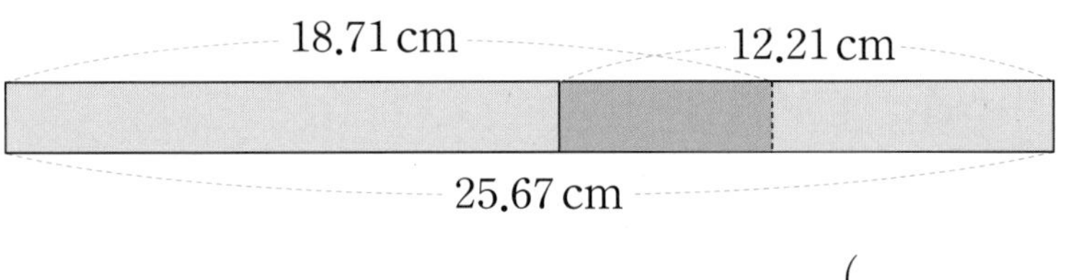

(　　　　　　　　)

04-3 변형

길이가 8.67 m인 끈 2개를 묶어서 이었더니 전체 길이가 16.29 m가 되었습니다. 매듭짓는 데 사용한 끈은 몇 m인지 구하세요.

(　　　　　　　　)

04-4 발전

색 테이프 3장을 똑같은 길이만큼 겹쳐서 이어 붙였습니다. 몇 cm씩 겹쳐 붙였는지 구하세요.

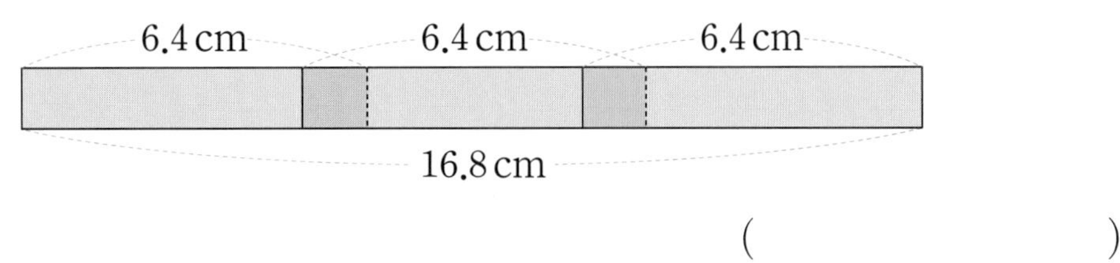

(　　　　　　　　)

유형 변형

시작점부터 공이 튀어 오른 순서대로 높이를 구하자.

• 떨어진 높이의 $\frac{1}{10}$만큼 튀어 오르는 공이 있다면,

① (첫 번째로 튀어 오른 공의 높이)=■의 $\frac{1}{10}$

② (두 번째로 튀어 오른 공의 높이)=①의 $\frac{1}{10}$

⋮

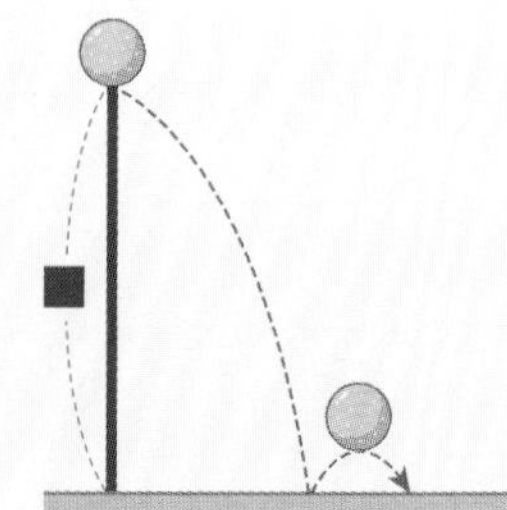

대표 유형 05

떨어진 높이의 $\frac{1}{10}$만큼 튀어 오르는 공이 있습니다. 이 공을 30 m 높이에서 떨어뜨렸습니다. 두 번째로 튀어 오른 공의 높이는 몇 m일까요?

풀이

❶ 첫 번째로 튀어 오른 공의 높이: 30 m의 $\frac{1}{10}$인 ☐ m

❷ 두 번째로 튀어 오른 공의 높이: ☐ m의 $\frac{1}{10}$인 ☐ m

답 ____________

예제 떨어진 높이의 $\frac{1}{10}$만큼 튀어 오르는 공이 있습니다. 이 공을 45 m 높이에서 떨어뜨렸습니다. 두 번째로 튀어 오른 공의 높이는 몇 m일까요?

(　　　　　　)

>> 정답 및 풀이 23쪽

05-1 변형

떨어진 높이의 $\frac{1}{10}$만큼 튀어 오르는 공이 있습니다. 이 공을 오른쪽 그림과 같이 높이가 58 m인 건물에서 떨어뜨렸습니다. 세 번째로 튀어 오른 공의 높이는 몇 m일까요?

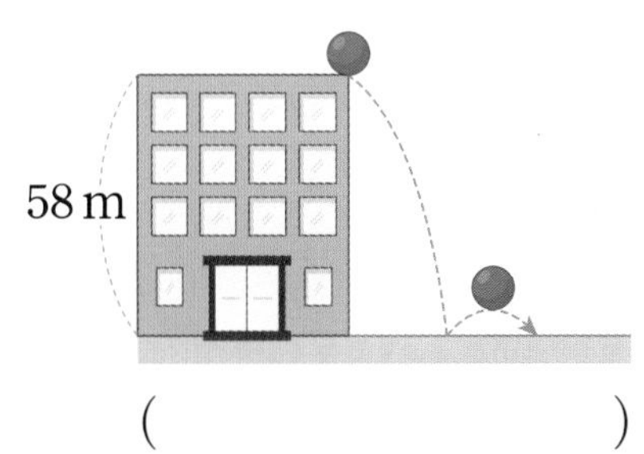

(　　　　　　　　)

05-2 변형

떨어진 높이의 $\frac{1}{10}$만큼 튀어 오르는 공이 있습니다. 이 공을 71 m 높이에서 떨어뜨렸습니다. 세 번째로 튀어 오른 공의 높이는 몇 m일까요?

(　　　　　　　　)

05-3 변형

떨어진 높이의 $\frac{1}{10}$만큼 튀어 오르는 공이 있습니다. 두 번째로 튀어 오른 공의 높이가 0.021 m라면 첫 번째로 튀어 오른 공의 높이는 몇 m일까요?

(　　　　　　　　)

05-4 발전

떨어진 높이의 $\frac{1}{10}$만큼 튀어 오르는 공이 있습니다. 세 번째로 튀어 오른 공의 높이가 0.973 m라면 첫 번째로 튀어 오른 공의 높이는 몇 m일까요?

(　　　　　　　　)

유형 변형

두 수의 차를 작게 만들자.

유형 솔루션

• 2, 3, 4를 사용하여 3에 가장 가까운 소수 두 자리 수 만들기

3보다 작으면서 3에 가장 가까운 소수 두 자리 수: 2.43
3보다 크면서 3에 가장 가까운 소수 두 자리 수: 3.24

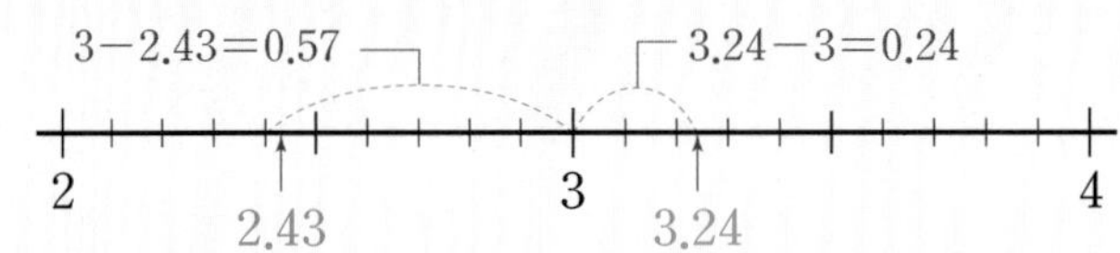

➔ 3에 가장 가까운 소수 두 자리 수는 3.24입니다.

대표 유형 06

수를 모두 한 번씩 사용하여 20에 가장 가까운 소수 두 자리 수를 구하세요.

2	5	8	1

풀이

❶ 20보다 작으면서 20에 가장 가까운 소수 두 자리 수는 1□.□□

➔ 20−□=□ ⋯ (1)

❷ 20보다 크면서 20에 가장 가까운 소수 두 자리 수는 2□.□□

➔ □−20=□ ⋯ (2)

❸ (1) ○ (2)이므로 20에 가장 가까운 소수 두 자리 수는 □입니다.

답 ______

예제 수를 모두 한 번씩 사용하여 30에 가장 가까운 소수 두 자리 수를 구하세요.

9	3	2	1

(   )

06-1 변형

수를 모두 한 번씩 사용하여 40에 가장 가까운 소수 두 자리 수를 구하세요.

7 4 1 3

( )

06-2 변형

수를 모두 한 번씩 사용하여 15에 가장 가까운 소수 두 자리 수를 구하세요.

5 4 1 6

( )

06-3 변형

보기 의 수 중에서 4개를 골라 94에 가장 가까운 소수 두 자리 수를 구하세요.

보기

3 5 9 4 8

( )

06-4 발전

보기 의 수 중에서 4개씩 골라 소수 두 자리 수를 만들려고 합니다. 만들 수 있는 수 중 16에 가장 가까운 소수 두 자리 수와 45에 가장 가까운 소수 두 자리 수의 합을 구하세요.

보기

1 4 6 5 8

( )

유형변형 가장 작은 수와 가장 큰 수를 넣어 비교하자.

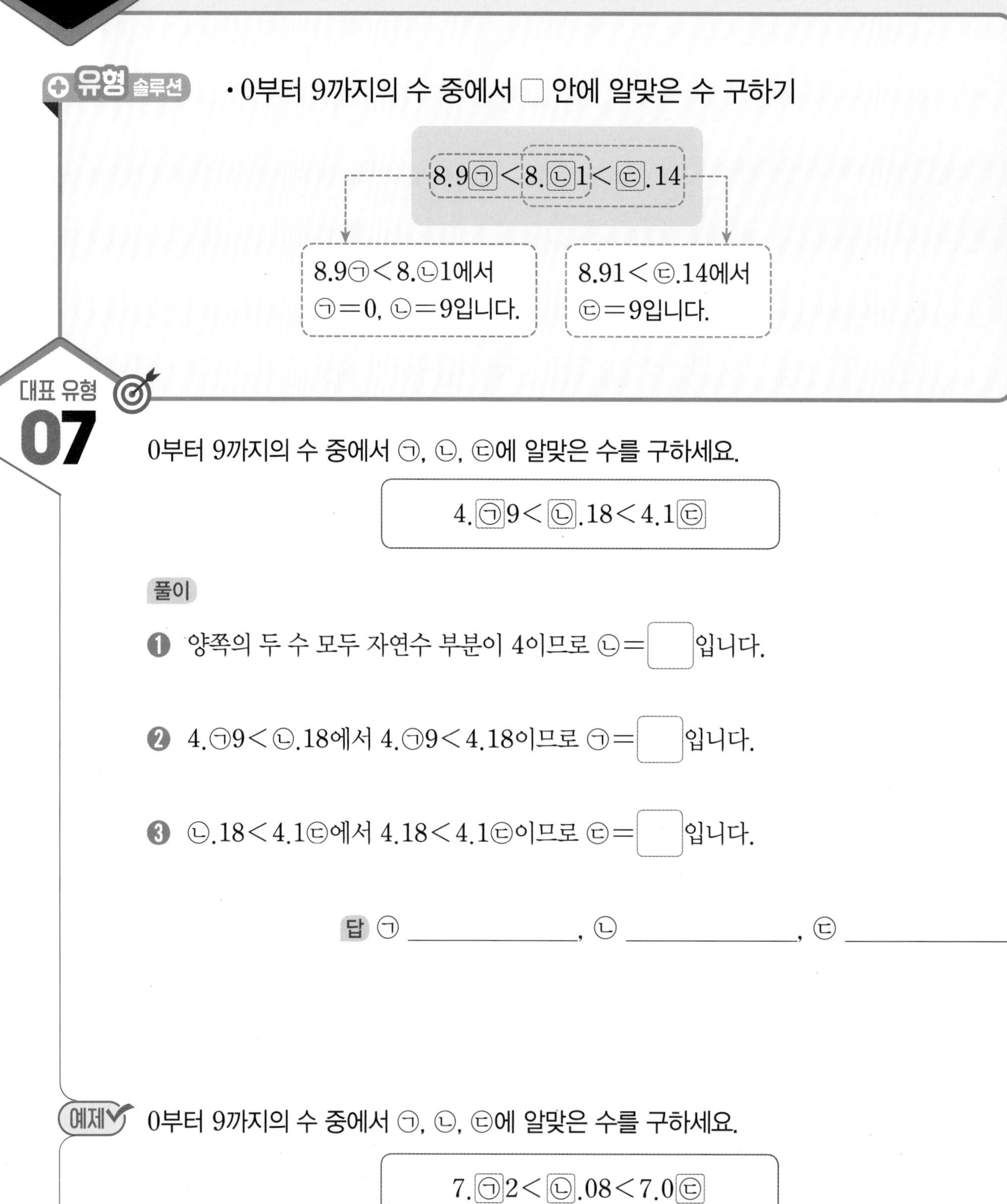

유형 솔루션 • 0부터 9까지의 수 중에서 □ 안에 알맞은 수 구하기

8.9㉠ < 8.㉡1 < ㉢.14

8.9㉠ < 8.㉡1에서 ㉠=0, ㉡=9입니다.

8.91 < ㉢.14에서 ㉢=9입니다.

대표 유형 07

0부터 9까지의 수 중에서 ㉠, ㉡, ㉢에 알맞은 수를 구하세요.

4.㉠9 < ㉡.18 < 4.1㉢

풀이

❶ 양쪽의 두 수 모두 자연수 부분이 4이므로 ㉡= □ 입니다.

❷ 4.㉠9 < ㉡.18에서 4.㉠9 < 4.18이므로 ㉠= □ 입니다.

❸ ㉡.18 < 4.1㉢에서 4.18 < 4.1㉢이므로 ㉢= □ 입니다.

답 ㉠ ________, ㉡ ________, ㉢ ________

예제 0부터 9까지의 수 중에서 ㉠, ㉡, ㉢에 알맞은 수를 구하세요.

7.㉠2 < ㉡.08 < 7.0㉢

㉠ (   ), ㉡ (   ), ㉢ (   )

07-1 변형

0부터 9까지의 수 중에서 ㉠, ㉡, ㉢에 알맞은 수를 구하세요.

30.㉠88 < 30.08㉡ < 30.0㉢2

㉠ (　　　　　　)
㉡ (　　　　　　)
㉢ (　　　　　　)

07-2 변형

㉠, ㉡, ㉢에 0부터 9까지의 수가 들어갈 수 있습니다. ㉠, ㉡, ㉢의 합을 구하세요.

8.5㉠8 < 8.50㉡ < ㉢.298

(　　　　　　)

07-3 변형

소수 세 자리 수를 크기가 작은 것부터 차례대로 쓴 것입니다. ㉠, ㉡, ㉢에 0부터 9까지의 수가 들어갈 수 있을 때 ㉠, ㉡, ㉢의 합을 구하세요.

19.㉠68　　19.06㉡　　1㉢.264

(　　　　　　)

07-4 발전

●, ▲, ■에 0부터 9까지의 수가 들어갈 수 있습니다. 큰 수부터 차례대로 기호를 써 보세요.

㉠ 1●.095　　㉡ 10.0▲2　　㉢ 19.12■

(　　　　　　)

유형 변형

값이 같은 경우를 생각하여 수를 구하자.

유형 솔루션

0.8−0.15>□+0.2의 □ 안에 들어갈 수 있는 수 중
└0.8−0.15=0.65
가장 큰 소수 두 자리 수 구하기

0.65>□+0.2에서
>를 =로 바꾸면
0.65=□+0.2, □=0.45

□ 안에 들어갈 수 있는 수는
0.45보다 작아야 합니다.
➔ 가장 큰 소수 두 자리 수: 0.44

대표 유형 **08**

■에 들어갈 수 있는 수 중 가장 큰 소수 두 자리 수를 구하세요.

0.24+0.28>■−0.1

풀이

❶ 0.24+0.28=□이므로 >를 =로 바꾸면

□=■−0.1 ➔ ■=□

❷ ■에 들어갈 수 있는 수는 □보다 작아야 하므로

가장 큰 소수 두 자리 수는 □입니다.

답 ____________

예제 □ 안에 들어갈 수 있는 수 중 가장 큰 소수 두 자리 수를 구하세요.

1.76−0.18>□+0.21

(　　　　　　)

08-1 변형

□ 안에 들어갈 수 있는 수 중 가장 작은 소수 두 자리 수를 구하세요.

$$26.57-\square<12.86+12.36$$

(　　　　　　　　)

08-2 변형

에 들어갈 수 있는 수 중 가장 큰 소수 세 자리 수를 구하세요.

$$\square-7.21<5.16$$

(　　　　　　　　)

08-3 변형

에 들어갈 수 있는 수 중 가장 작은 소수 세 자리 수를 구하세요.

$$5.17+4.25>16.89-\square$$

(　　　　　　　　)

08-4 발전

□ 안에 공통으로 들어갈 수 있는 수 중 가장 큰 소수 세 자리 수를 구하세요.

- $\square<5-0.82$
- $0.2+2.18<6.41-\square$

(　　　　　　　　)

실전 적용

대표 유형 01

01 1이 25개, $\frac{1}{10}$이 36개, $\frac{1}{100}$이 4개인 수의 $\frac{1}{10}$인 수를 구하세요.

풀이

답 ____________

Tip $\frac{1}{10}=0.1$, $\frac{1}{100}=0.01$ 입니다.

대표 유형 01

02 ㉠과 ㉡의 합을 구하세요.

> ㉠ 0.01이 5197개인 수
> ㉡ 0.1이 71개, 0.01이 461개인 수

풀이

답 ____________

대표 유형 03

03 어떤 수의 $\frac{1}{10}$은 0.001이 4351개인 수입니다. 어떤 수의 100배인 수를 구하세요.

풀이

답 ____________

Tip 어떤 수의 $\frac{1}{10}$이 ★이라면 어떤 수는 ★의 10배입니다.

>> 정답 및 풀이 26~27쪽

대표 유형 05

04 떨어진 높이의 $\frac{1}{10}$만큼 튀어 오르는 공이 있습니다. 두 번째로 튀어 오른 공의 높이가 0.05 m라면 첫 번째로 튀어 오른 공의 높이는 몇 m일까요?

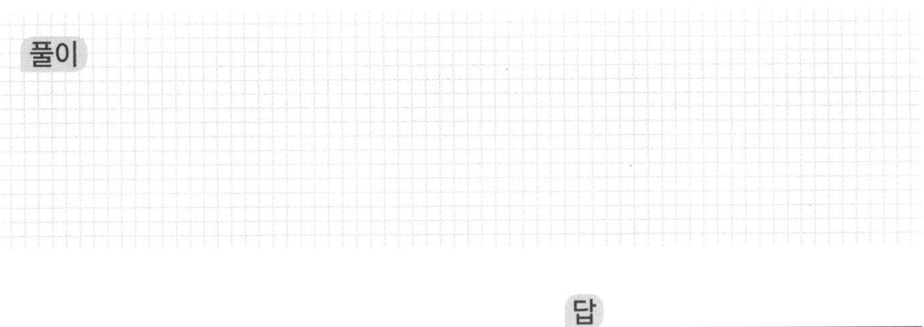

답 ____________

대표 유형 03

05 어떤 수의 $\frac{1}{100}$을 구해야 하는데 잘못하여 어떤 수의 $\frac{1}{10}$을 구했더니 1이 4개, 0.1이 2개, 0.01이 23개인 수가 되었습니다. 바르게 구한 값을 구하세요.

Tip 먼저 어떤 수를 구합니다.

답 ____________

대표 유형 04

06 길이가 34.4 cm인 끈 2개를 묶어서 이었더니 전체 길이가 42.6 cm가 되었습니다. 매듭짓는 데 사용한 끈은 몇 cm일까요?

Tip (매듭짓는 데 사용한 끈의 길이)
=(끈 2개의 길이의 합)
−(이은 끈의 전체 길이)

답 ____________

실전 적용

대표 유형 07

07 소수 세 자리 수를 크기가 작은 것부터 차례대로 쓴 것입니다. 0부터 9까지의 수 중에서 □ 안에 알맞은 수를 써넣으세요.

89.2□8　　89.20□　　8□.899

풀이

대표 유형 08

08 □ 안에 들어갈 수 있는 수 중 가장 작은 소수 세 자리 수를 구하세요.

$12.81+3.16<10+\square$

풀이

답 ______

Tip
왼쪽 식을 계산하고, 왼쪽 식과 오른쪽 식이 같은 경우를 생각해 봅니다.

대표 유형 02

09 5장의 카드를 모두 한 번씩 사용하여 소수 두 자리 수를 만들려고 합니다. 만들 수 있는 두 소수의 합이 가장 작을 때의 값을 구하세요.

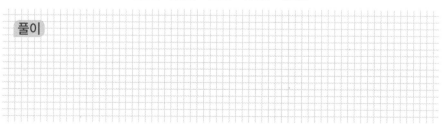

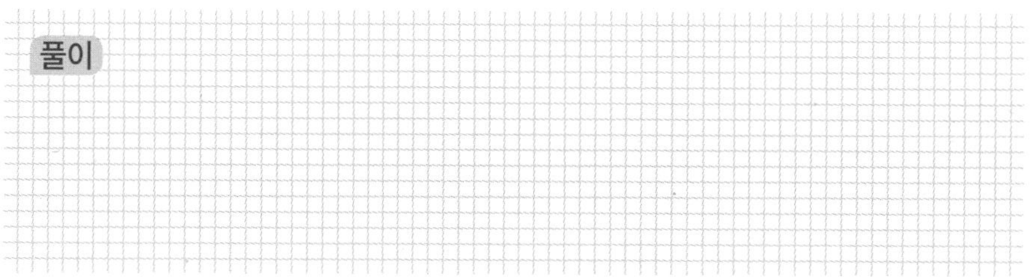

풀이

답 ______

Tip
합이 가장 작은 덧셈식은 (가장 작은 소수 두 자리 수)+(두 번째로 작은 소수 두 자리 수)입니다.

대표 유형 04

10 색 테이프 3장을 똑같은 길이만큼 겹쳐서 이어 붙였습니다. 몇 cm씩 겹쳐 붙였는지 구하세요.

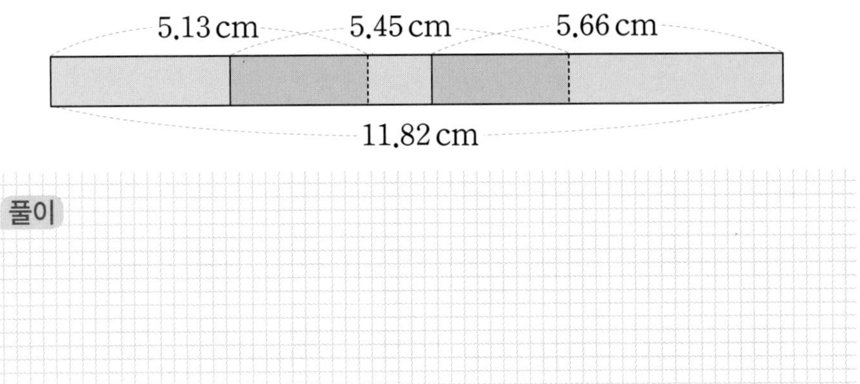

풀이

답 ____________

대표 유형 02

11 5장의 수 카드 7, 2, 9, 3, 5를 모두 한 번씩 사용하여 □ 안을 채우려고 합니다. 차가 가장 크게 되도록 뺄셈식을 만들고 차를 구하세요.

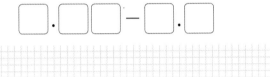

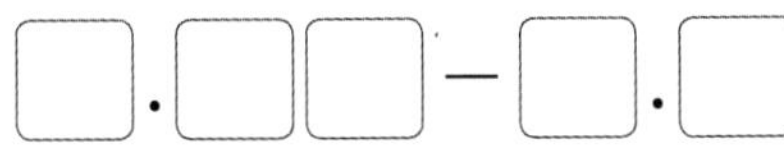

풀이

답 ____________

Tip
계산 결과가 가장 큰 뺄셈식은 (가장 큰 소수 두 자리 수) −(가장 작은 소수 한 자리 수) 입니다.

대표 유형 06

12 보기의 수 중에서 4개씩 골라 소수 두 자리 수를 만들려고 합니다. 만들 수 있는 수 중 20에 가장 가까운 소수 두 자리 수와 두 번째로 가까운 소수 두 자리 수의 합을 구하세요.

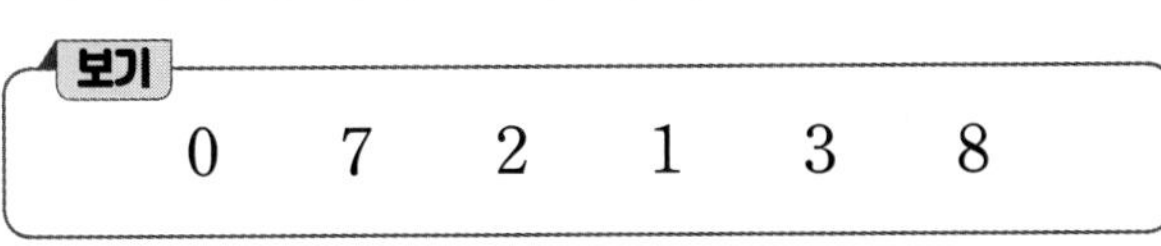

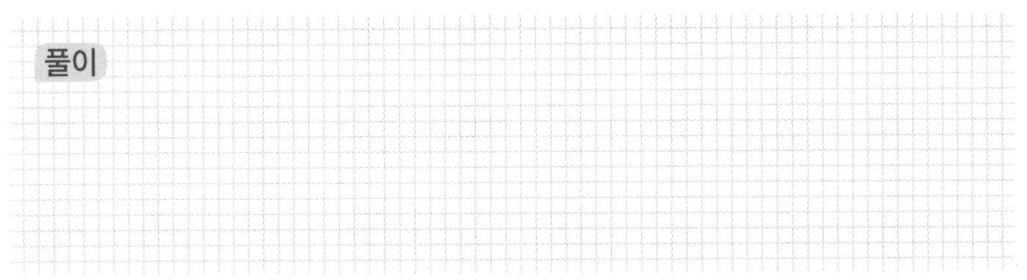

풀이

답 ____________

Tip
20과의 차가 작을수록 20에 가깝습니다.

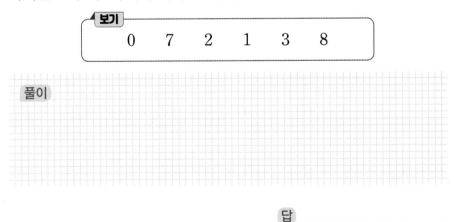

4
사각형

유형 변형

대표 유형

01 한 직선이 이루는 각의 크기는 180°이다.
수직을 이용하여 각도 구하기

02 접은 모양을 펼치면 양쪽의 모양과 크기가 같다.
만들어지는 사각형 알아보기

03 긴 변과 짧은 변의 길이의 합을 이용하자.
가장 먼 평행선 사이의 거리 구하기

04 수직인 선분을 그어 사각형을 만들자.
사각형의 네 각의 크기의 합을 이용하여 각도 구하기

05 사각형의 각의 성질을 이용하자.
이어 붙인 도형에서 각도 구하기

06 접은 부분과 접힌 부분의 모양과 크기가 같다.
사각형 모양의 종이를 접었을 때 각도 구하기

07 작은 도형이 모여 이루어진 큰 도형을 찾자.
크고 작은 사각형의 개수 구하기

08 짧은 변의 길이를 ■ cm라 하자.
사각형의 성질을 이용하여 변의 길이 구하기

수직

교과서 개념

수직

- 두 직선이 만나서 이루는 각이 직각일 때, 두 직선은 서로 수직이라고 합니다.
- 두 직선이 서로 수직으로 만나면 한 직선을 다른 직선에 대한 수선이라고 합니다.

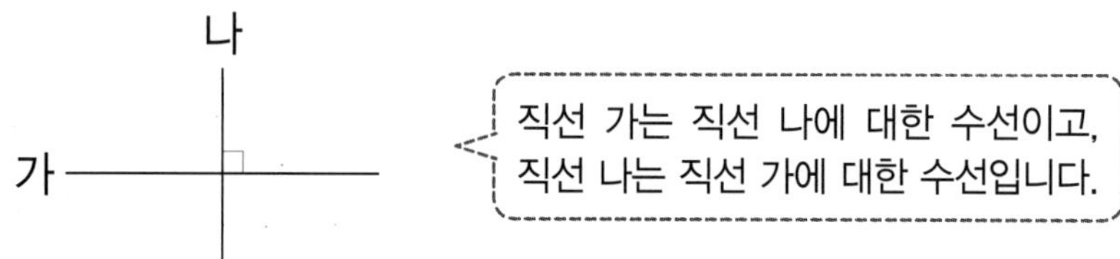

나
가
직선 가는 직선 나에 대한 수선이고,
직선 나는 직선 가에 대한 수선입니다.

01 직선 가에 대한 수선을 찾아 써 보세요.

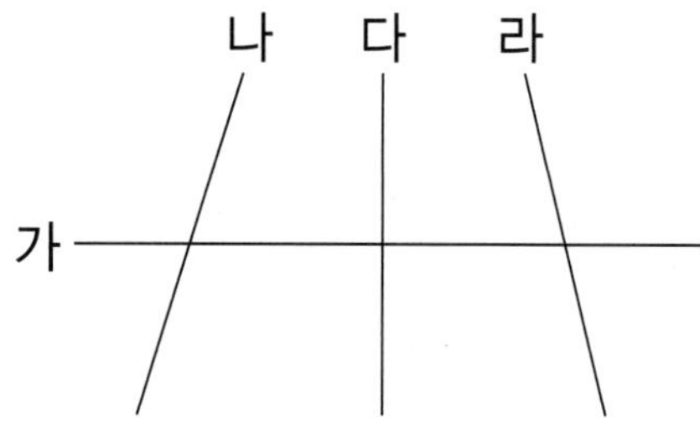

( )

02 서로 수직인 변이 있는 도형을 찾아 기호를 써 보세요.

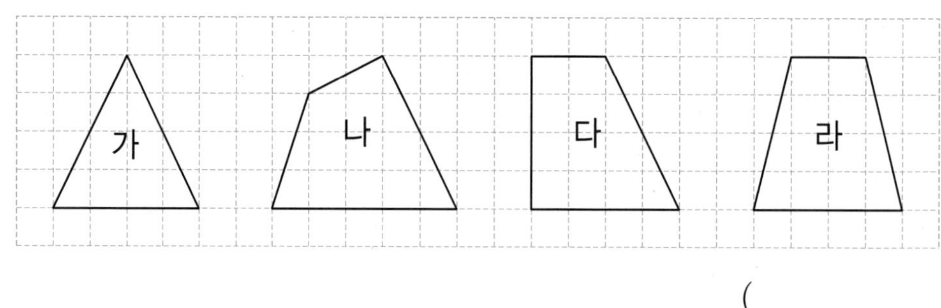

( )

03 사각형에서 변 ㄴㄷ에 수직인 변은 모두 몇 개일까요?

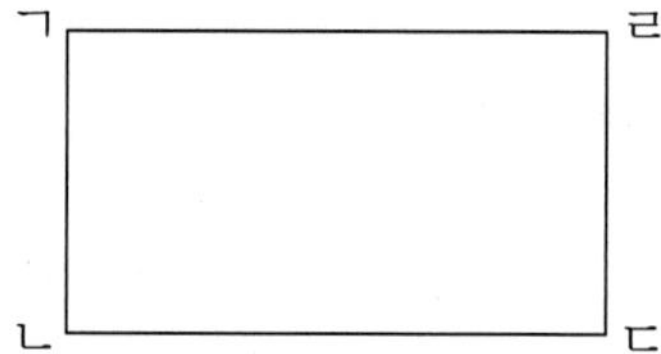

( )

04 왼쪽 그림을 보고 바르게 설명한 것을 찾아 기호를 써 보세요.

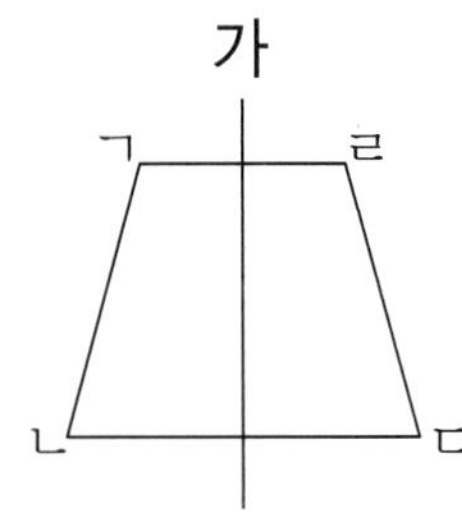

㉠ 선분 ㄹㄷ은 직선 가에 수직입니다.
㉡ 선분 ㄱㄴ과 선분 ㄱㄹ은 서로 수직입니다.
㉢ 선분 ㄴㄷ은 직선 가에 대한 수선입니다.

( )

활용 개념 1 삼각자를 사용하여 수선 긋기

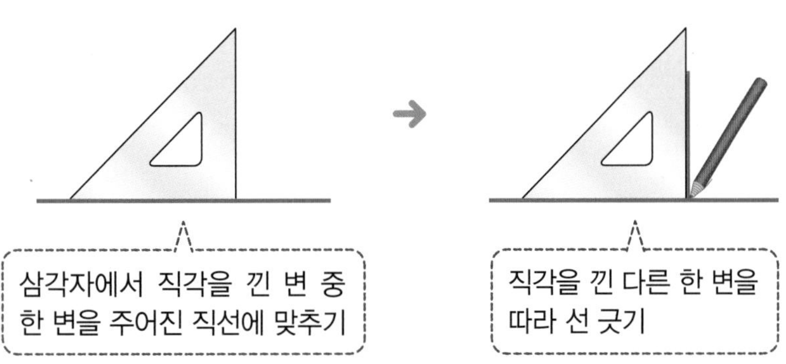

삼각자에서 직각을 낀 변 중 한 변을 주어진 직선에 맞추기

직각을 낀 다른 한 변을 따라 선 긋기

05 삼각자를 사용하여 주어진 직선에 대한 수선을 그어 보세요.

(1)
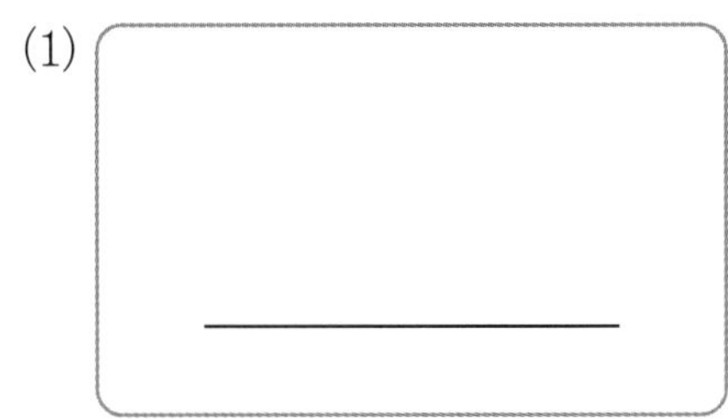

(2)
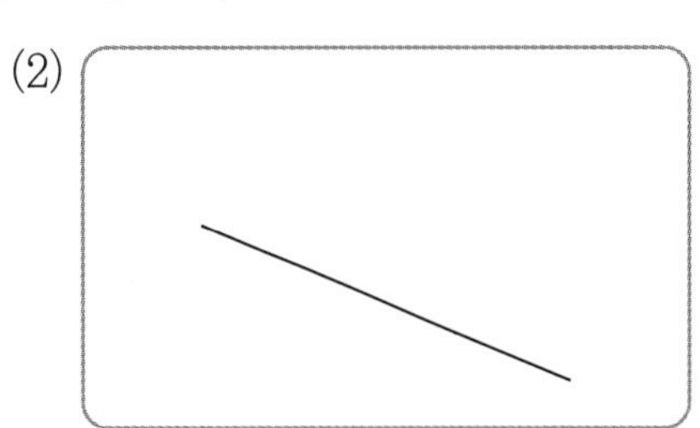

06 삼각자를 사용하여 점 ㄱ을 지나고 직선 ㄴㄷ에 수직인 직선을 그어 보세요.

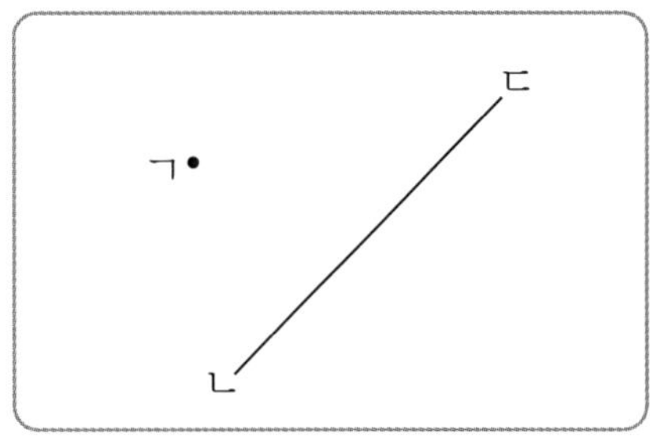

평행, 평행선 사이의 거리

평행

- 한 직선에 수직인 두 직선을 그었을 때, 그 두 직선은 서로 만나지 않습니다. 이와 같이 서로 만나지 않는 두 직선을 평행하다고 합니다.
- 평행선: 평행한 두 직선

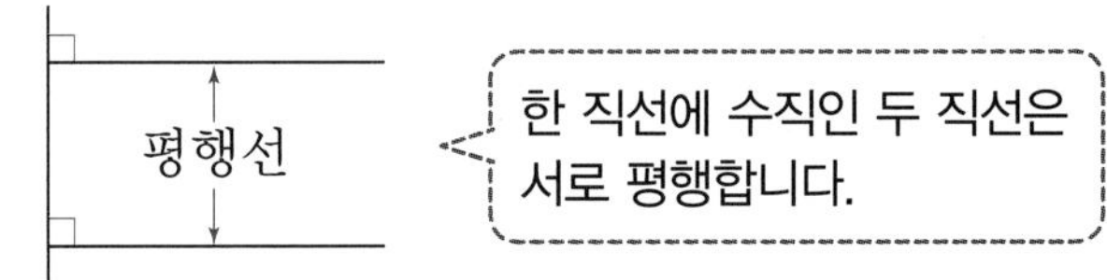

평행선
한 직선에 수직인 두 직선은
서로 평행합니다.

평행선 사이의 거리

- 평행선의 한 직선에서 다른 직선에 수선을 긋습니다. 이때 이 수선의 길이를 평행선 사이의 거리라고 합니다.

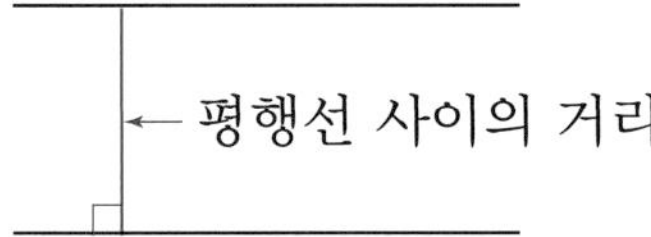

01 직선 다와 평행한 직선을 찾아 써 보세요.

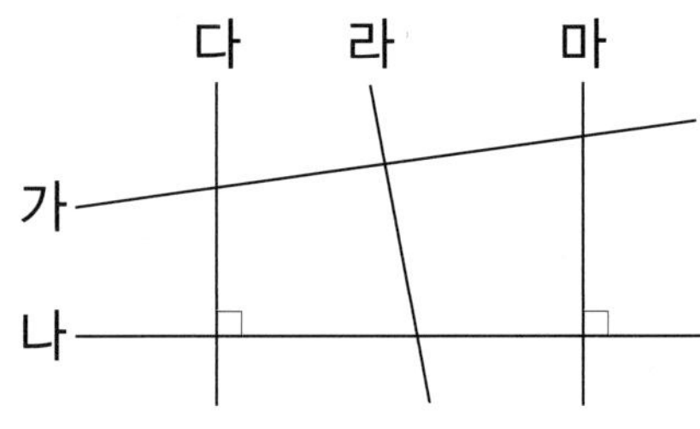

( )

02 도형에서 평행선 사이의 거리는 몇 cm일까요?

(1)

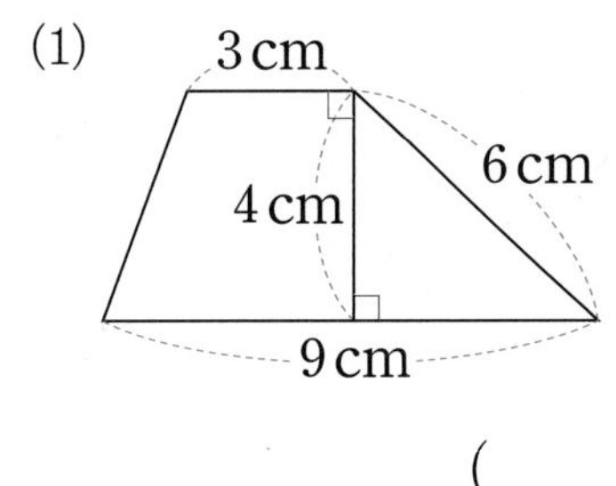

( )

(2)

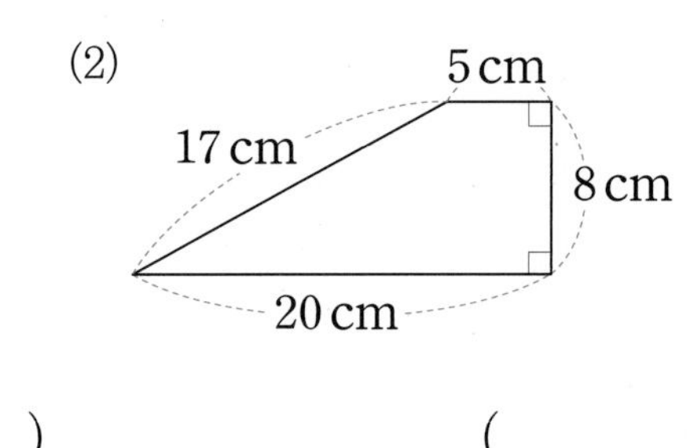

( )

03 도형에서 변 ㄱㄴ과 평행한 변은 모두 몇 개일까요?

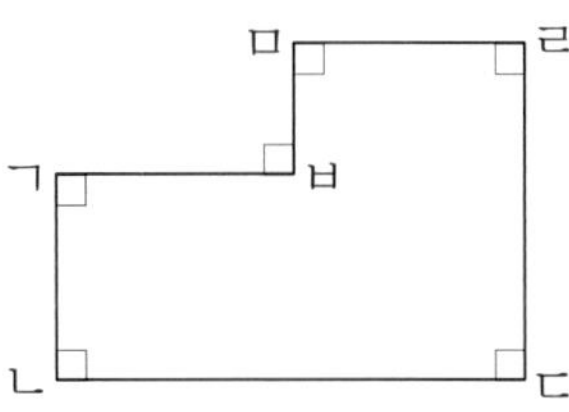

( )

활용 개념 1

삼각자를 사용하여 평행선 긋기

• 삼각자를 사용하여 점 ㄱ을 지나고 주어진 직선과 평행한 직선 긋기

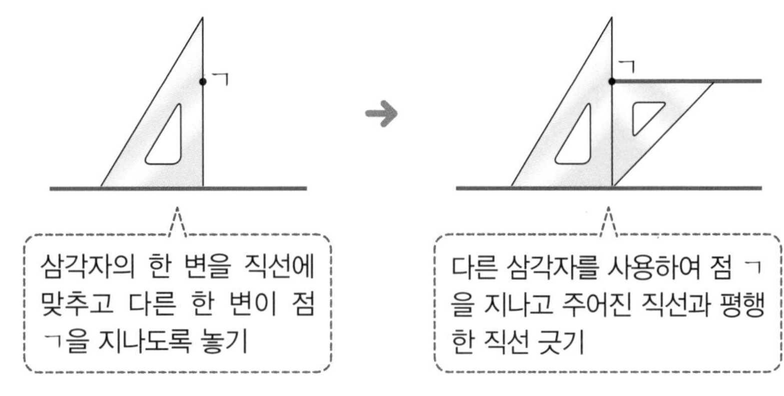

ㄱ
ㄱ
삼각자의 한 변을 직선에 맞추고 다른 한 변이 점 ㄱ을 지나도록 놓기
다른 삼각자를 사용하여 점 ㄱ을 지나고 주어진 직선과 평행한 직선 긋기

04 삼각자를 사용하여 점 ㄱ을 지나고 직선 가와 평행한 직선을 그어 보세요.

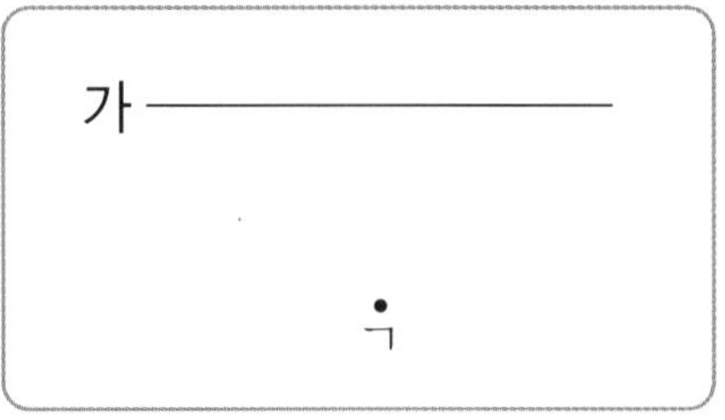

05 평행선 사이의 거리가 3 cm가 되도록 주어진 직선과 평행한 직선을 그어 보세요.

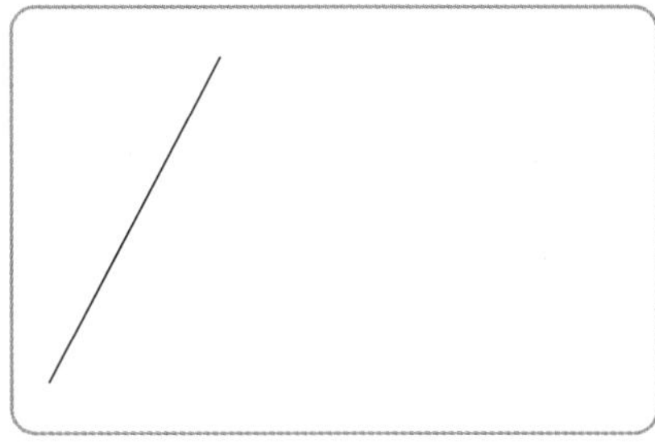

여러 가지 사각형

교과서 개념

- 사다리꼴: 평행한 변이 한 쌍이라도 있는 사각형
- 평행사변형: 마주 보는 두 쌍의 변이 서로 평행한 사각형
- 마름모: 네 변의 길이가 모두 같은 사각형

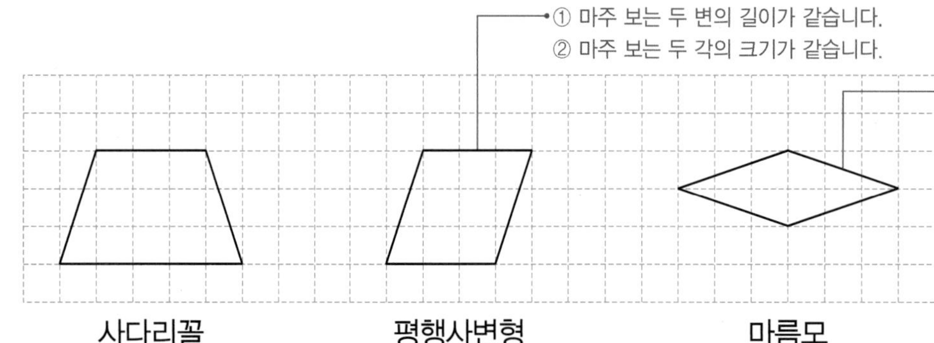

01 사다리꼴을 모두 찾아 기호를 써 보세요.

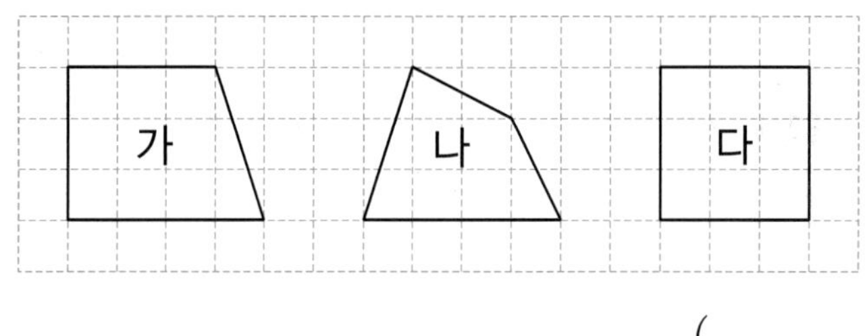

( )

02 평행사변형입니다. □ 안에 알맞은 수를 써넣으세요.

(1)

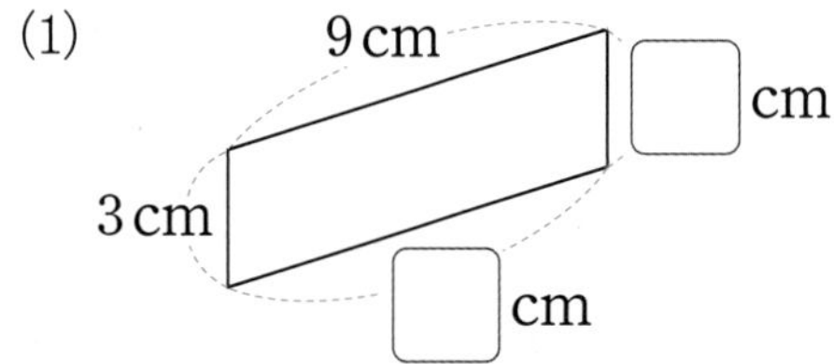

(2)

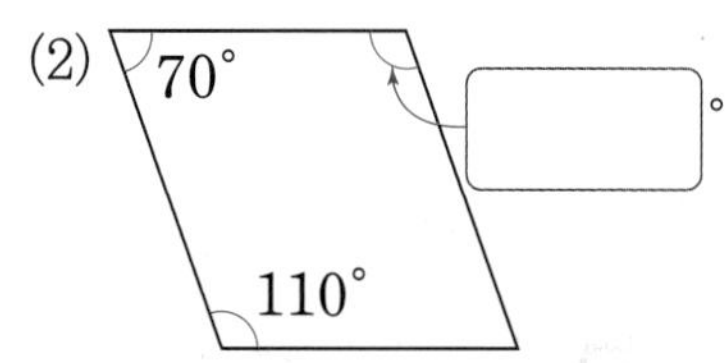

03 마름모입니다. □ 안에 알맞은 수를 써넣으세요.

(1)

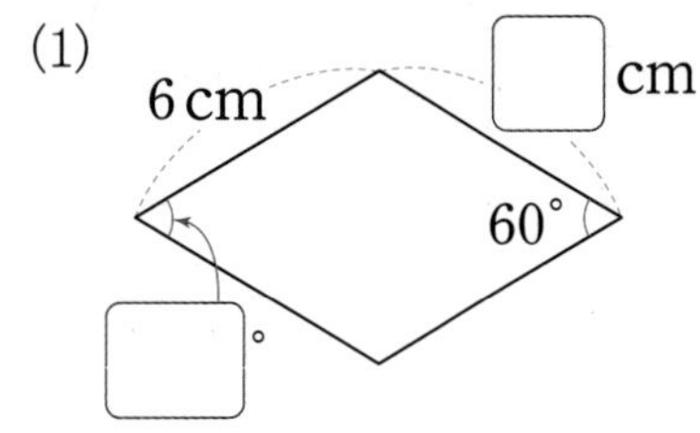

(2)

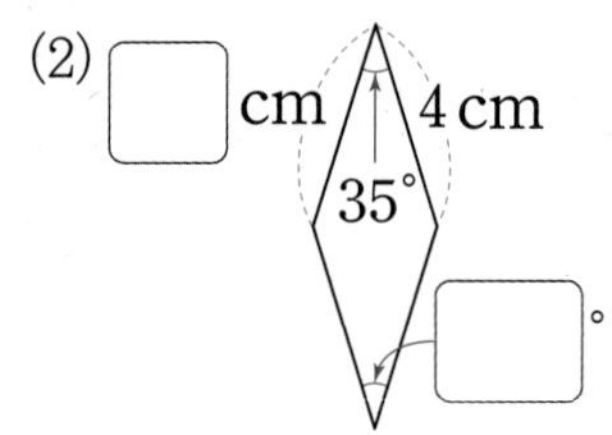

>> 정답 및 풀이 28쪽

활용 개념 1 종이띠를 잘랐을 때 만들어지는 사각형의 개수

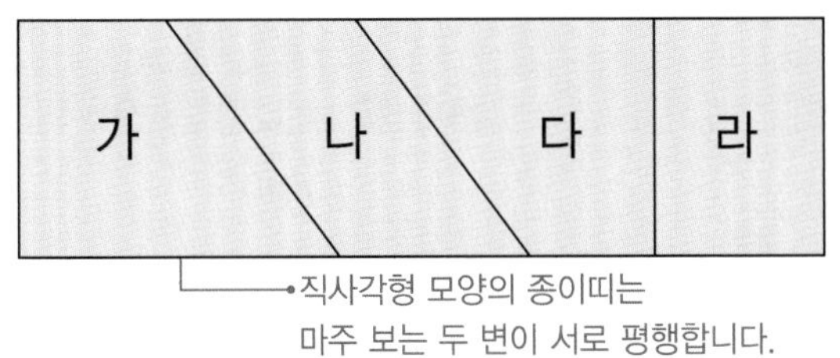

→ 사다리꼴: 가, 나, 다, 라 (4개)
평행사변형: 나, 라 (2개)

[04~05] 직사각형 모양의 종이띠를 선을 따라 자르려고 합니다. 물음에 답하세요.

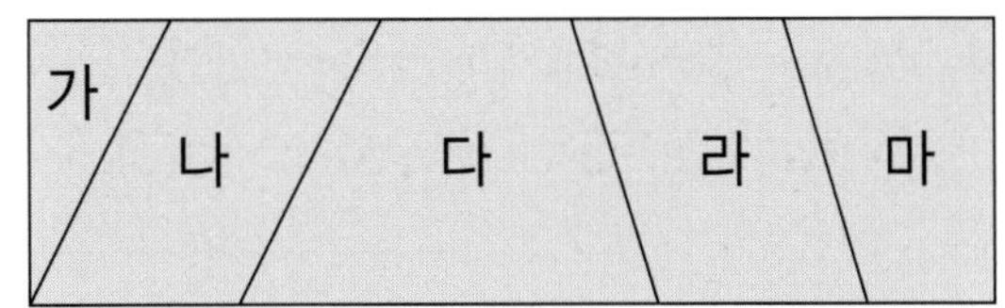

04 잘라 낸 도형 중 사다리꼴을 모두 찾아 기호를 써 보세요.

( )

05 잘라 낸 도형 중 평행사변형은 모두 몇 개일까요?

( )

4 사각형

활용 개념 2 여러 가지 사각형의 관계

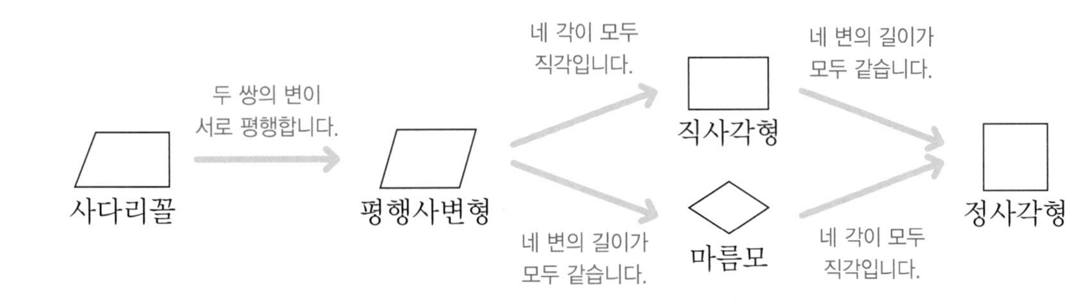

06 직사각형과 정사각형의 공통점을 찾아 기호를 써 보세요.

㉠ 마름모라고 할 수 있습니다.
㉡ 마주 보는 꼭짓점끼리 이은 선분이 서로 수직으로 만납니다.
㉢ 평행사변형이라고 할 수 있습니다.

( )

유형 변형

한 직선이 이루는 각의 크기는 180°이다.

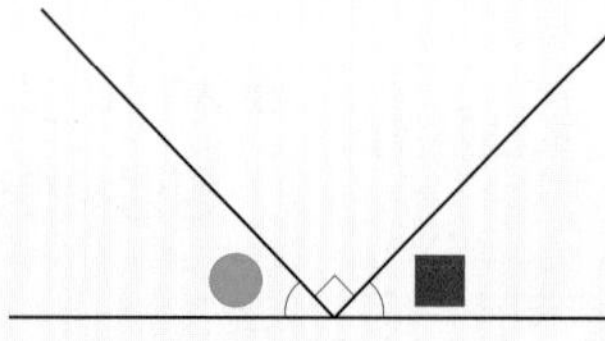

●+■$=180^\circ-90^\circ$
$=90^\circ$

대표 유형 01

선분 ㄷㅇ과 선분 ㄹㅇ은 서로 수직입니다. 각 ㄱㅇㄷ의 크기는 몇 도일까요?

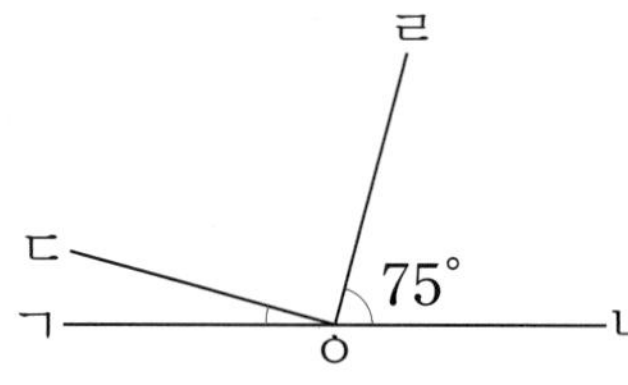

풀이

❶ 선분 ㄷㅇ과 선분 ㄹㅇ이 서로 수직이므로

(각 ㄷㅇㄹ)$=\square^\circ$

❷ 한 직선이 이루는 각의 크기는 180°이므로

(각 ㄱㅇㄷ)$=180^\circ-$(각 ㄷㅇㄹ)$-$(각 ㄹㅇㄴ)

$=180^\circ-\square^\circ-\square^\circ=\square^\circ$

답 

예제 선분 ㄷㅇ과 선분 ㄹㅇ은 서로 수직입니다. 각 ㄹㅇㄴ의 크기는 몇 도일까요?

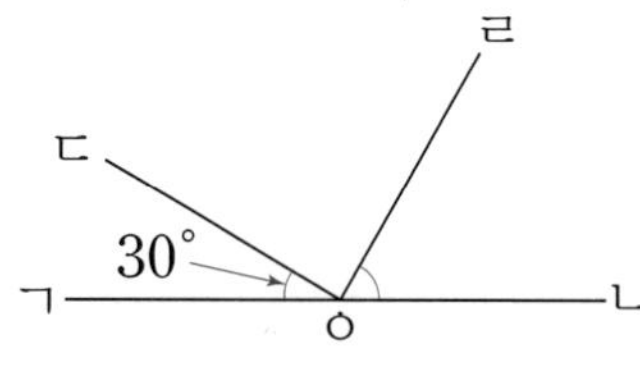

( )

01-1 변형

선분 ㄷㅇ과 선분 ㄹㅇ은 서로 수직입니다. 각 ㅁㅇㄴ의 크기는 몇 도일까요?

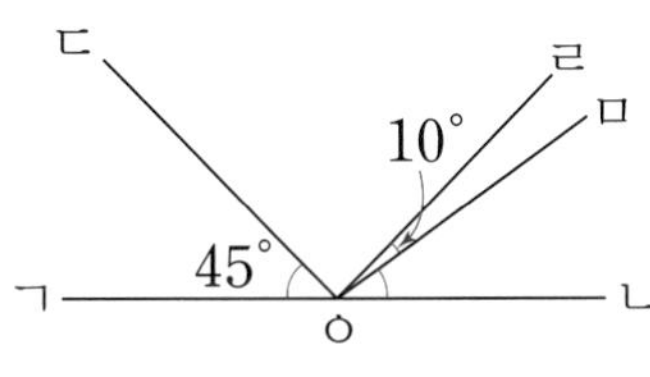

(   )

01-2 변형

직선 ㄱㄴ과 직선 ㅁㅂ은 서로 수직입니다. 각 ㅂㅇㄹ의 크기는 몇 도일까요?

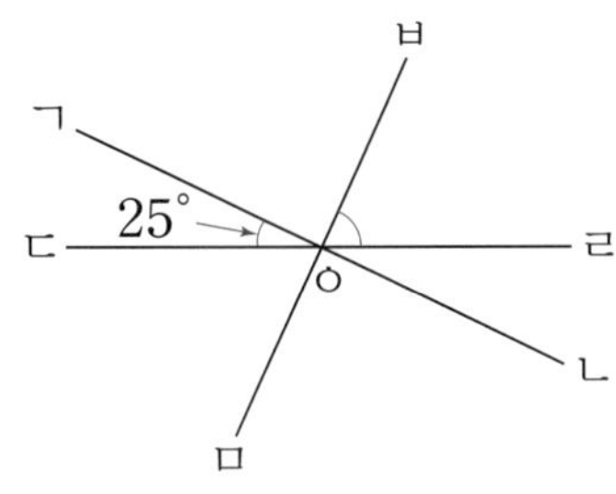

(   )

01-3 발전

선분 ㅁㅇ은 직선 ㄱㄴ에 대한 수선입니다. ㉠과 ㉡의 각도를 각각 구하세요.

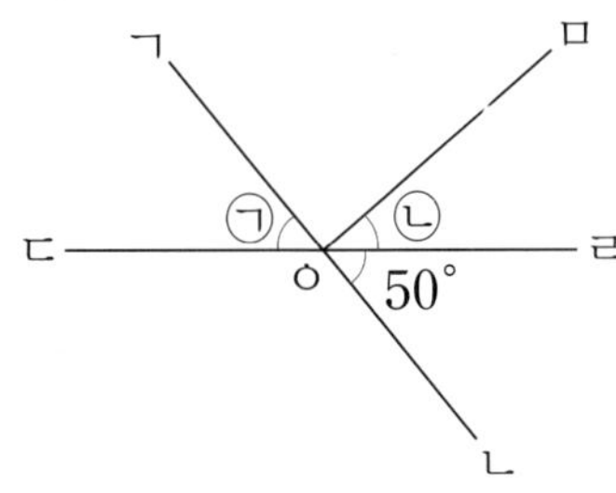

㉠ (   ), ㉡ (   )

접은 모양을 펼치면 양쪽의 모양과 크기가 같다.

유형 솔루션

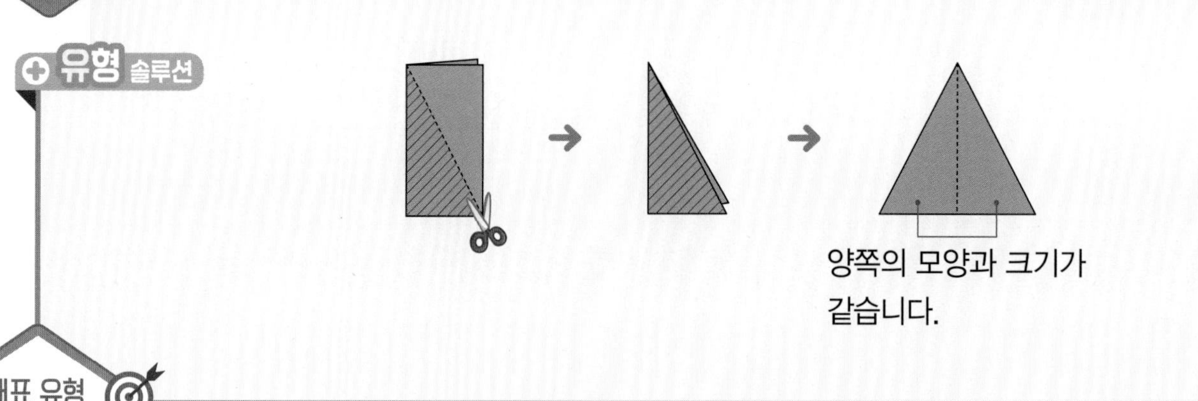

대표 유형 02

다음과 같이 직사각형 모양의 종이를 접어서 자른 후 빗금 친 부분을 펼쳤을 때 만들어지는 사각형의 이름을 써 보세요.

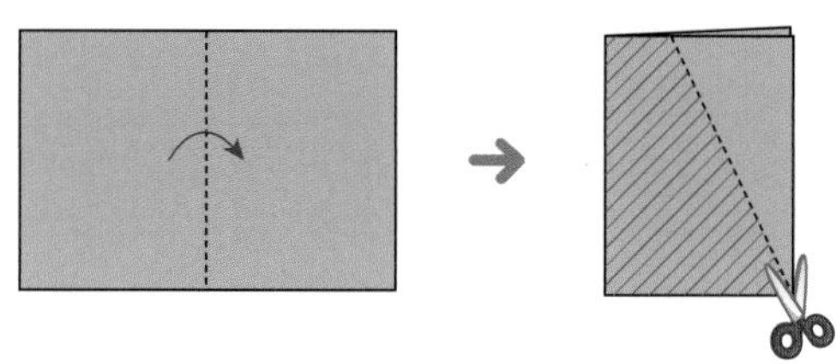

풀이

❶ 종이를 접어서 자른 후 펼쳤을 때 만들어지는 사각형을 오른쪽에 그려 봅니다.

❷ 이 사각형은 한 쌍의 변이 평행하므로 [   ] 입니다.

답 ____________

예제 다음과 같이 직사각형 모양의 종이를 접어서 자른 후 빗금 친 부분을 펼쳤을 때 만들어지는 사각형의 이름을 써 보세요.

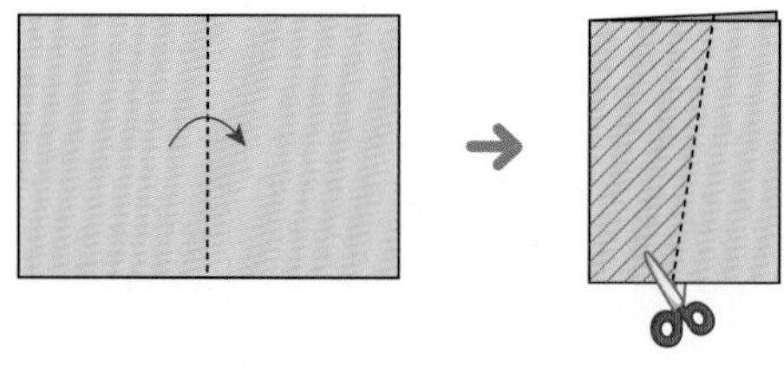

(   )

>> 정답 및 풀이 29쪽

02-1 변형

다음과 같이 직사각형 모양의 종이를 접어서 자른 후 빗금 친 부분을 펼쳤을 때 만들어지는 사각형의 이름을 써 보세요.

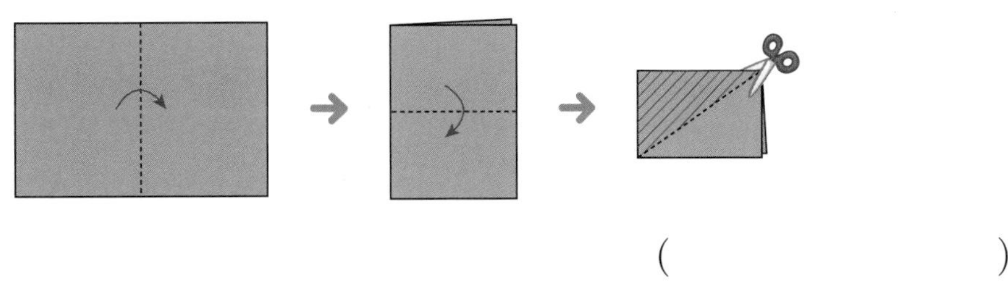

( )

02-2 변형

다음과 같이 정사각형 모양의 종이를 접어서 자른 후 빗금 친 부분을 펼쳤을 때 만들어지는 사각형의 이름을 써 보세요.

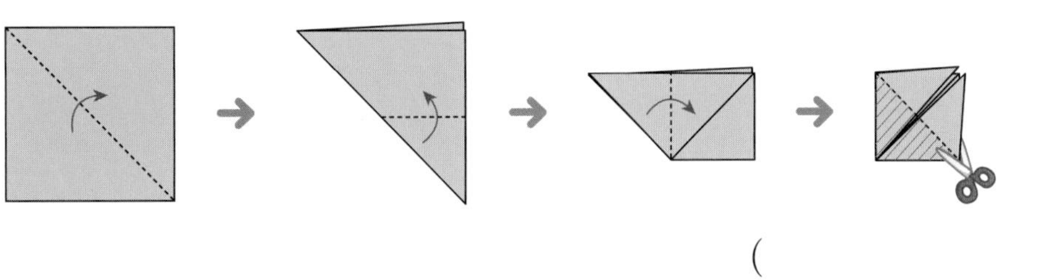

( )

02-3 발전

다음과 같이 정사각형 모양의 종이를 접어서 자른 후 빗금 친 부분을 펼쳤을 때 만들어지는 사각형의 네 변의 길이의 합은 몇 cm일까요?

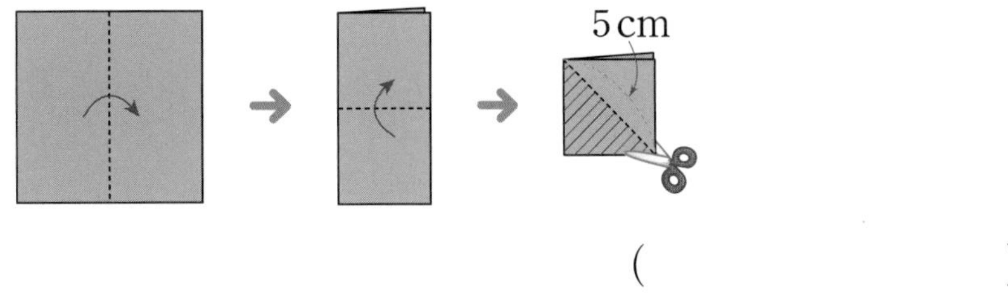

( )

유형 변형

긴 변과 짧은 변의 길이의 합을 이용하자.

유형 솔루션

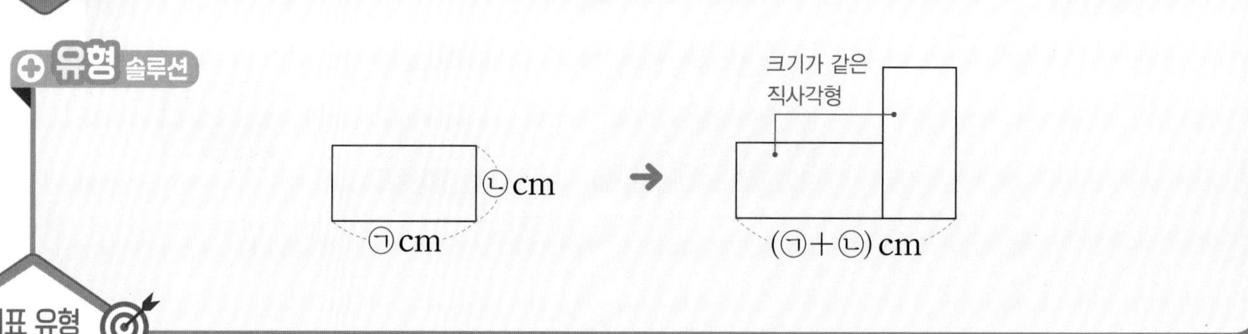

대표 유형 03

크기가 같은 직사각형 3개를 겹치지 않게 이어 붙인 것입니다. 변 ㄱㄴ과 변 ㄹㄷ이 서로 평행할 때, 변 ㄱㄴ과 변 ㄹㄷ 사이의 거리는 몇 cm인지 구하세요.

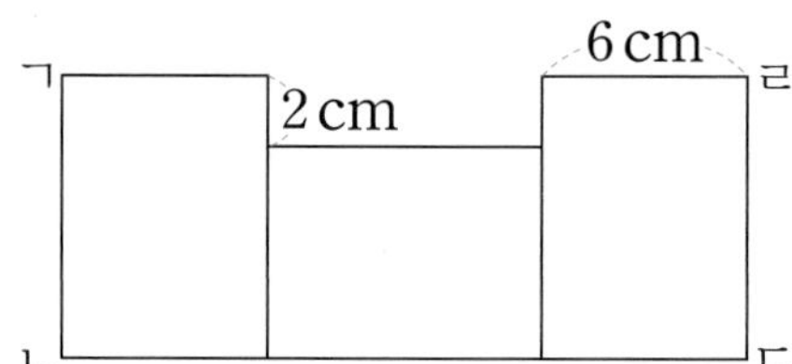

풀이

❶ (직사각형의 짧은 변의 길이)=6 cm

(직사각형의 긴 변의 길이)=6+☐=☐(cm)

❷ (변 ㄱㄴ과 변 ㄹㄷ 사이의 거리)=6+☐+☐=☐(cm)

답 ________________

예제 크기가 같은 직사각형 3개를 겹치지 않게 이어 붙인 것입니다. 변 ㄱㄴ과 변 ㄹㄷ이 서로 평행할 때, 변 ㄱㄴ과 변 ㄹㄷ 사이의 거리는 몇 cm인지 구하세요.

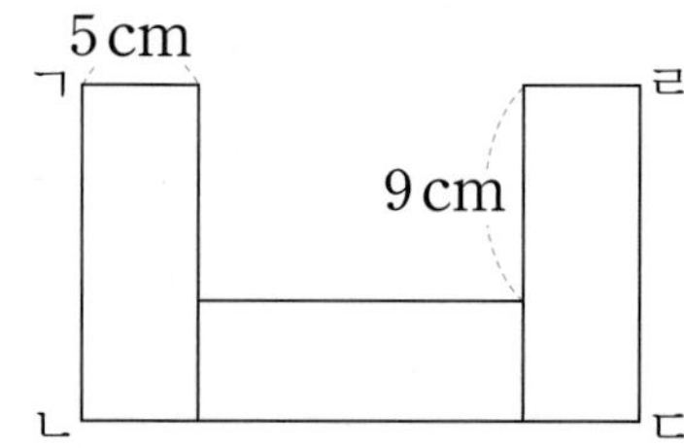

(   )

>> 정답 및 풀이 29~30쪽

03-1 변형

크기가 같은 직사각형 4개를 겹치지 않게 이어 붙인 것입니다. 그림에서 가장 먼 평행선 사이의 거리는 몇 cm인지 구하세요.

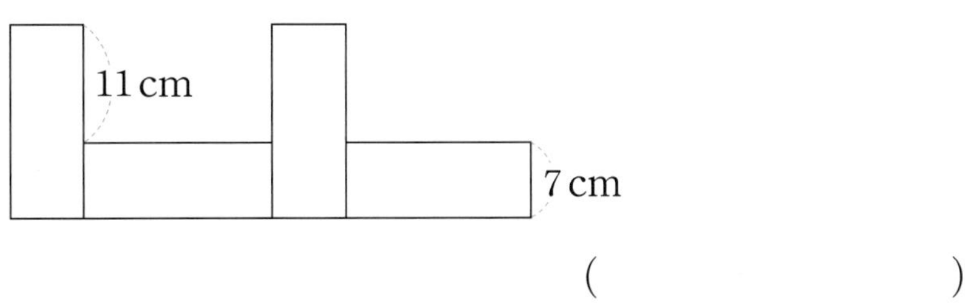

( )

03-2 변형

크기가 다른 정사각형 3개를 겹치지 않게 이어 붙인 것입니다. 그림에서 가장 먼 평행선 사이의 거리는 몇 cm인지 구하세요.

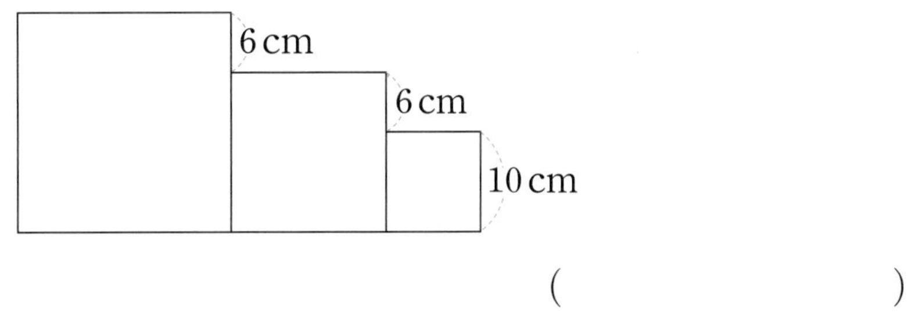

( )

03-3 발전

크기가 같은 직사각형 4개를 그림과 같이 겹치지 않게 이어 붙였을 때 가장 먼 평행선 사이의 거리가 48 cm입니다. 직사각형의 긴 변의 길이가 짧은 변의 길이의 2배일 때 직사각형의 짧은 변의 길이는 몇 cm인지 구하세요.

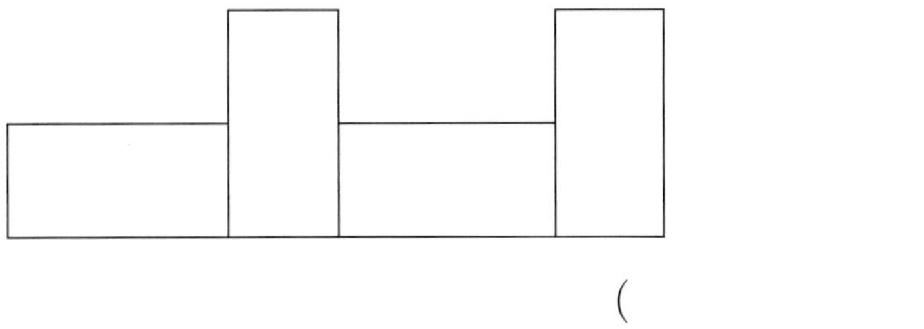

( )

유형 변형

수직인 선분을 그어 사각형을 만들자.

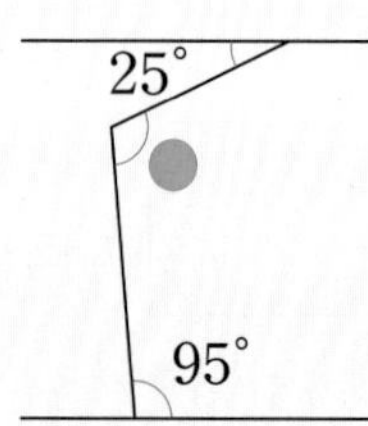

수직인 선분을 긋습니다.

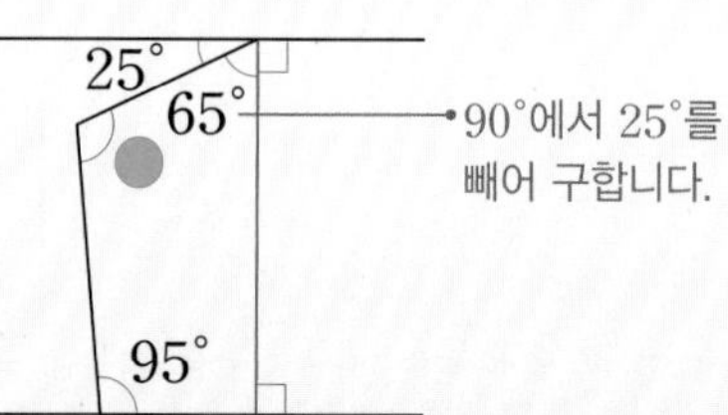

사각형의 네 각의 크기의 합은 360°이므로
● $=360^\circ-65^\circ-95^\circ-90^\circ=110^\circ$

대표 유형 **04**

직선 가와 직선 나는 서로 평행합니다. 각 ㄱㄴㄷ의 크기를 구하세요.

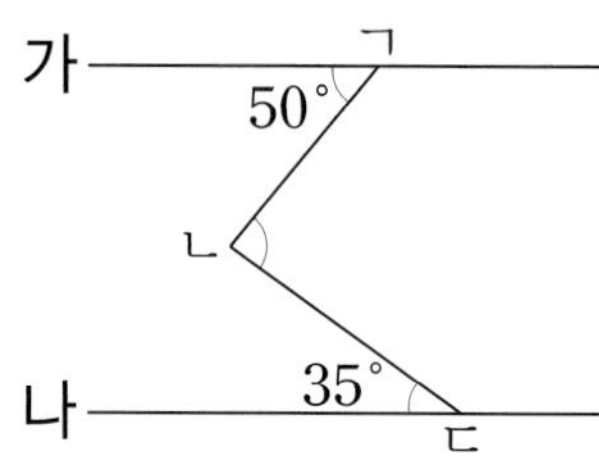

풀이

❶ 오른쪽 그림과 같이 점 ㄷ에서 직선 가에 수선을 그어 만나는 점을 점 ㄹ이라 합니다.

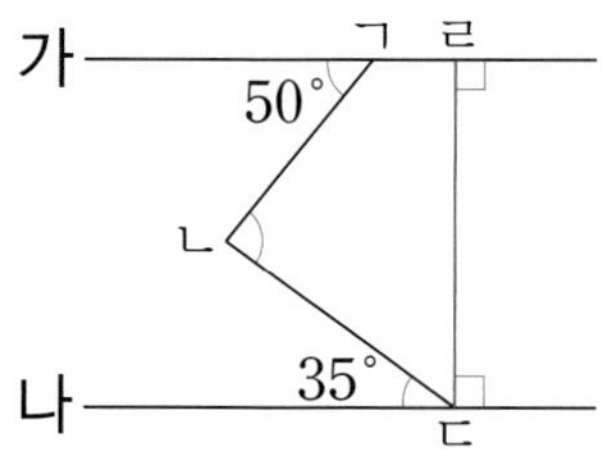

❷ (각 ㄴㄱㄹ)$=180^\circ-$☐$^\circ=$☐$^\circ$

(각 ㄴㄷㄹ)$=90^\circ-$☐$^\circ=$☐$^\circ$

❸ 사각형의 네 각의 크기의 합은 360°이므로

(각 ㄱㄴㄷ)$=360^\circ-$(각 ㄴㄱㄹ)$-$(각 ㄴㄷㄹ)-90°

$=360^\circ-$☐$^\circ-$☐$^\circ-90^\circ=$☐$^\circ$

답 ____________

예제 직선 가와 직선 나는 서로 평행합니다. 각 ㄱㄴㄷ의 크기를 구하세요.

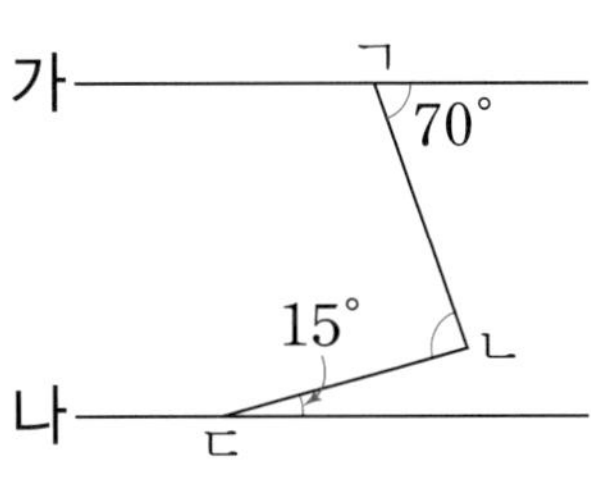

(   )

04-1 직선 가와 직선 나는 서로 평행합니다. 각 ㄱㄴㄷ의 크기를 구하세요.

변형

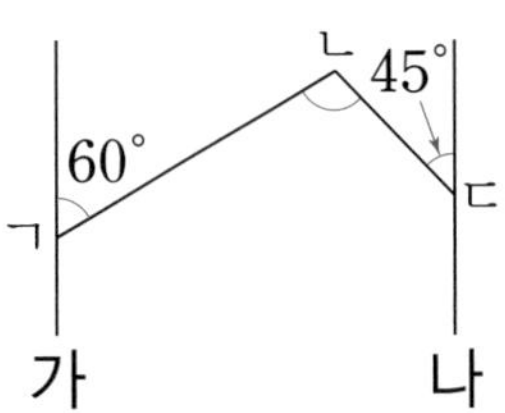

(   )

04-2 직선 가와 직선 나는 서로 평행합니다. ㉠의 각도를 구하세요.

변형

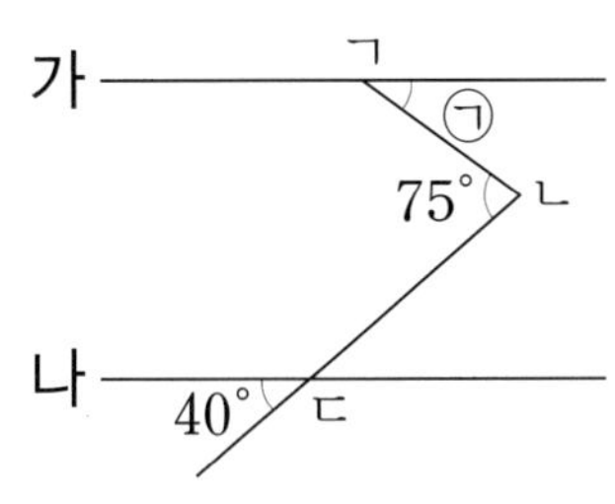

(   )

04-3 직선 가와 직선 나는 서로 평행합니다. 각 ㄴㄷㄹ의 크기를 구하세요.

발전

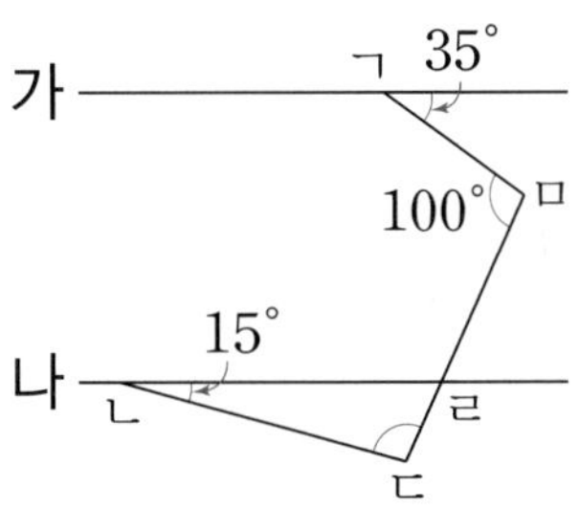

(   )

유형 변형 사각형의 각의 성질을 이용하자.

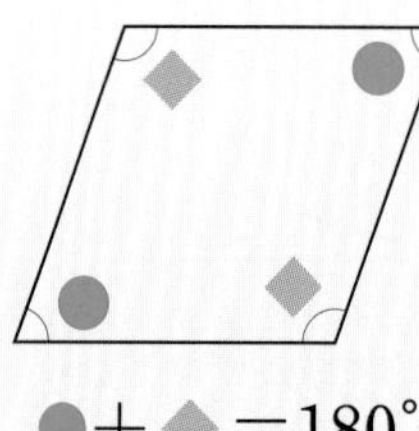

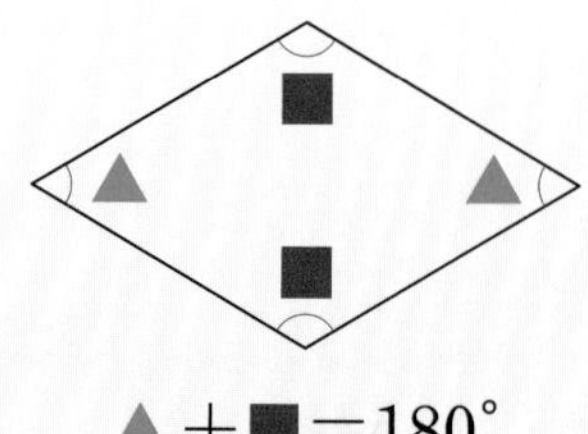

●+◆=180°　　▲+■=180°

평행사변형과 마름모에서 이웃한 두 각의 크기의 합은 180°입니다.

대표 유형 05

마름모 ㄱㄴㄷㄹ과 평행사변형 ㄱㄹㅁㅂ을 겹치지 않게 이어 붙인 것입니다. 각 ㄹㅁㅂ의 크기를 구하세요.

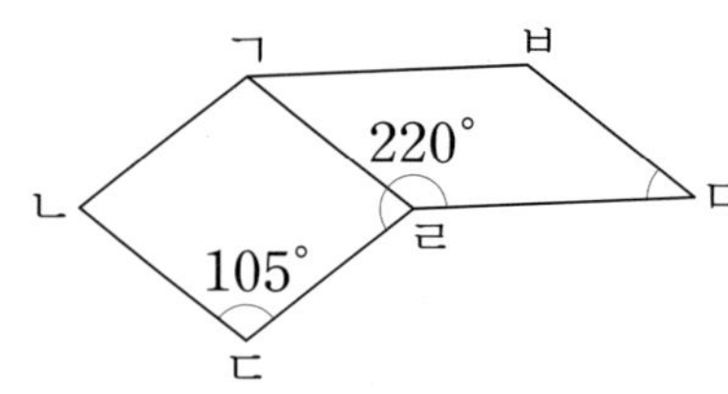

풀이

❶ 마름모에서 이웃한 두 각의 크기의 합은 180°이므로

(각 ㄱㄹㄷ)=180°−□°=□°

→ (각 ㄱㄹㅁ)=220°−□°=□°

❷ 평행사변형에서 이웃한 두 각의 크기의 합은 180°이므로

(각 ㄹㅁㅂ)=180°−□°=□°

답 ______________

예제 평행사변형 ㄱㄴㅁㅂ과 직사각형 ㄴㄷㄹㅁ을 겹치지 않게 이어 붙인 것입니다. 각 ㄱㄴㄷ의 크기를 구하세요.

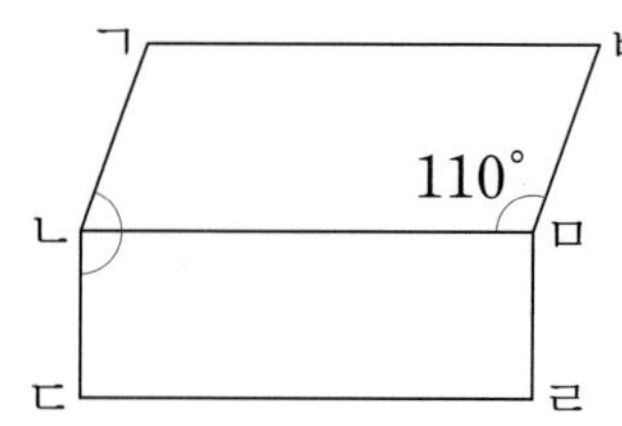

(　　　　　　　)

>> 정답 및 풀이 31~32쪽

05-1 변형

이등변삼각형 ㄱㄴㄷ과 마름모 ㄴㄹㅁㄷ을 겹치지 않게 이어 붙인 것입니다. 변 ㄱㄹ과 변 ㄷㅁ이 서로 평행할 때 각 ㄱㄷㄴ의 크기를 구하세요.

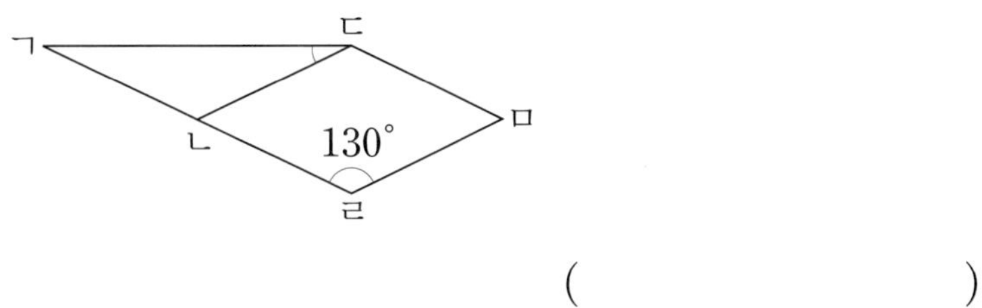

(　　　　　　　)

05-2 변형

사다리꼴 ㄱㄴㄷㄹ과 삼각형 ㄹㄷㅁ을 겹치지 않게 이어 붙여 평행사변형을 만든 것입니다. 각 ㄴㄷㄹ과 각 ㄹㄷㅁ의 크기가 같을 때 각 ㄱㄹㄷ의 크기를 구하세요.

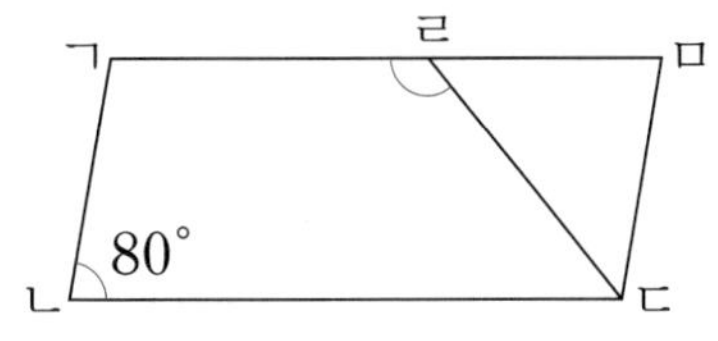

(　　　　　　　)

05-3 발전

정삼각형 ㄱㄴㄷ과 마름모 ㄱㄷㄹㅁ을 겹치지 않게 이어 붙인 것입니다. 각 ㄱㅁㄴ의 크기를 구하세요.

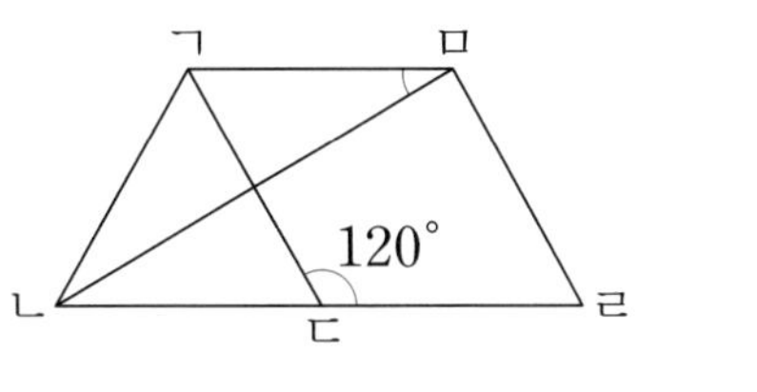

(　　　　　　　)

유형 변형

접은 부분과 접힌 부분의 모양과 크기가 같다.

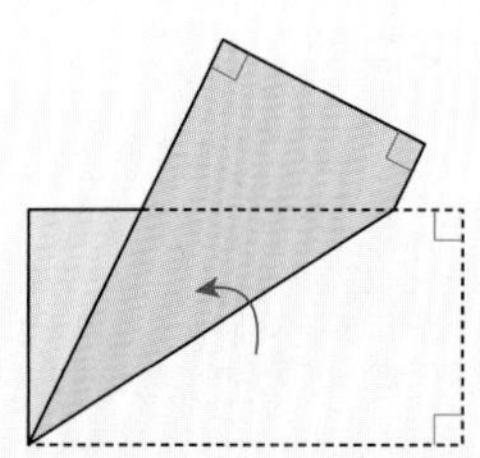

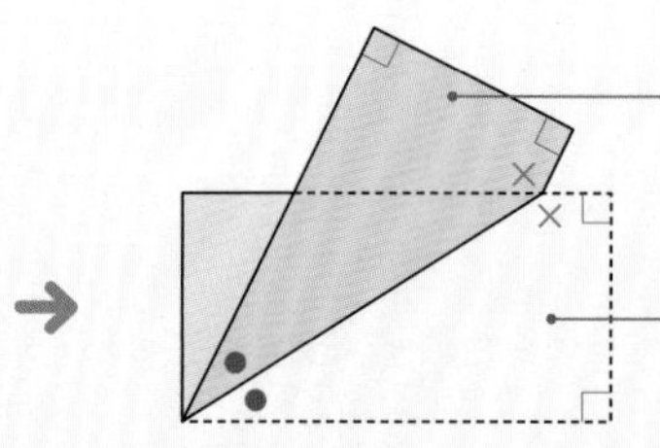

접은 부분과 접힌 부분은 모양과 크기가 같습니다.

대표 유형 06

그림과 같이 직사각형 모양의 종이를 접었습니다. 각 ㄴㅂㅅ의 크기를 구하세요.

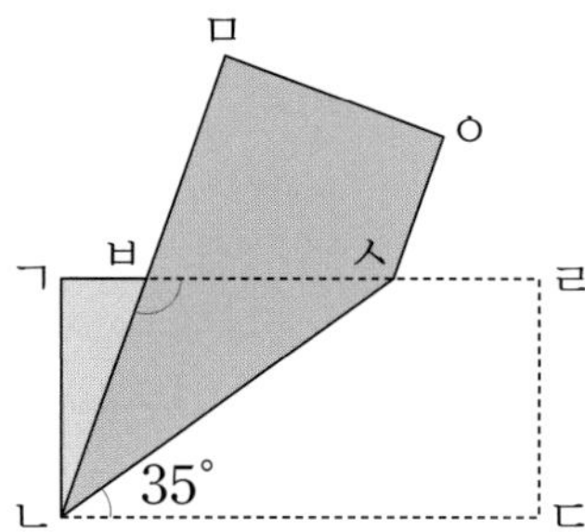

풀이

❶ 사각형 ㅁㄴㅅㅇ과 사각형 ㄷㄴㅅㄹ은 모양과 크기가 같으므로

(각 ㅁㄴㅅ)=(각 ㄷㄴㅅ)=☐°

❷ 사각형 ㅂㄴㄷㄹ에서 (각 ㅂㄹㄷ)=(각 ㄴㄷㄹ)=90°이므로

(각 ㄴㅂㅅ)=360°−35°−☐°−90°−90°=☐°

답 ____________

예제 그림과 같이 직사각형 모양의 종이를 접었습니다. 각 ㅇㅂㅅ의 크기를 구하세요.

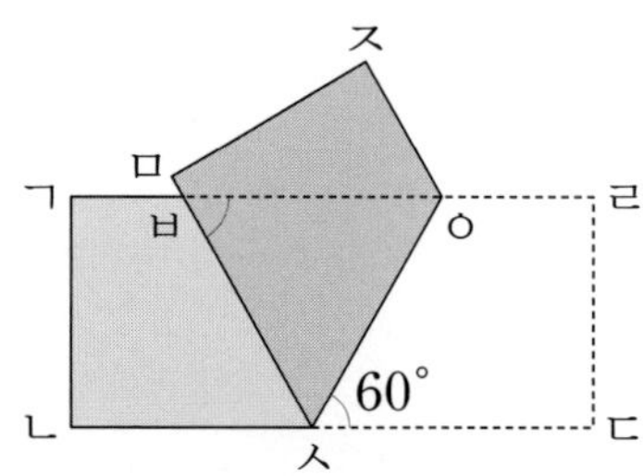

(　　　　　　　)

06-1 그림과 같이 직사각형 모양의 종이를 접었습니다. 각 ㅁㄱㅅ의 크기를 구하세요.

변형

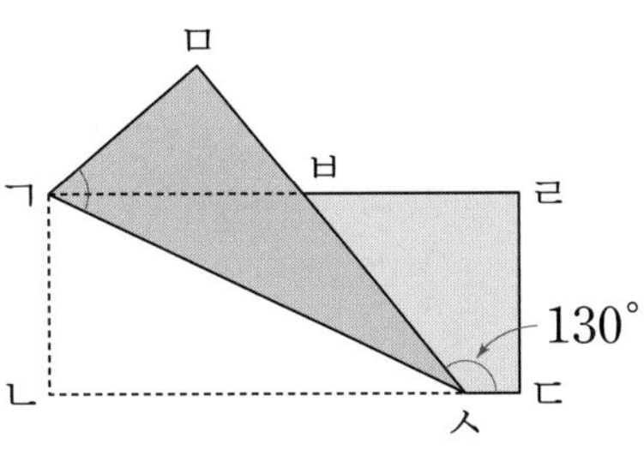

(　　　　　　　　)

06-2 그림과 같이 직사각형 모양의 종이를 접었습니다. 각 ㄴㅅㅂ의 크기를 구하세요.

변형

(　　　　　　　　)

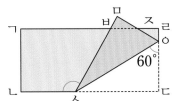

06-3 그림과 같이 평행사변형 모양의 종이를 접었습니다. 각 ㄱㅂㄷ의 크기를 구하세요.

발전

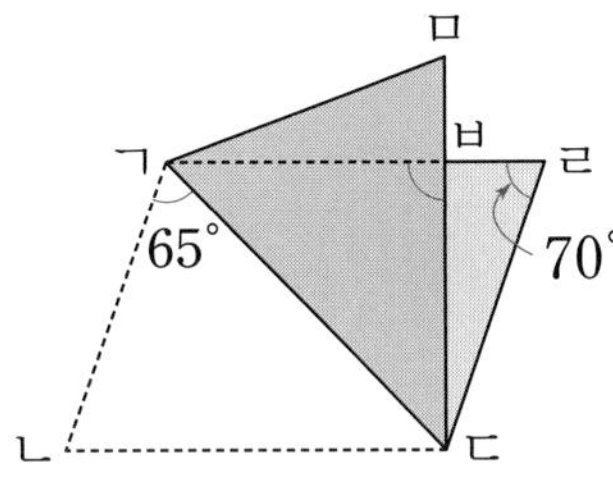

(　　　　　　　　)

유형 변형

작은 도형이 모여 이루어진 큰 도형을 찾자.

유형 솔루션

①	②	③

사각형 1개짜리: ①, ②, ③ (3개)
사각형 2개짜리: ①+②, ②+③ (2개)
사각형 3개짜리: ①+②+③ (1개)
➜ 3+2+1=6(개)

대표 유형 07

그림에서 찾을 수 있는 크고 작은 사다리꼴은 모두 몇 개일까요?

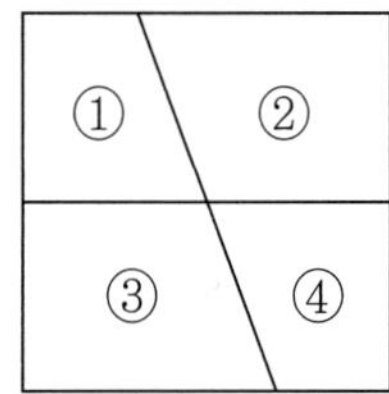

풀이

❶ 사각형 1개짜리: ①, ②, ③, ④ ➜ ☐개

사각형 2개짜리: ①+②, ③+④, ①+☐, ②+☐ ➜ ☐개

사각형 4개짜리: ①+②+☐+☐ ➜ ☐개

❷ 그림에서 찾을 수 있는 크고 작은 사다리꼴은 모두

☐+☐+☐=☐(개)입니다.

답 ____________

예제 그림에서 찾을 수 있는 크고 작은 사다리꼴은 모두 몇 개일까요?

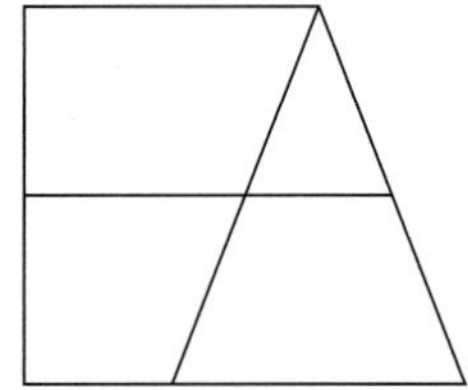

(   )

>> 정답 및 풀이 32~33쪽

07-1 변형

그림에서 찾을 수 있는 크고 작은 평행사변형은 모두 몇 개일까요?

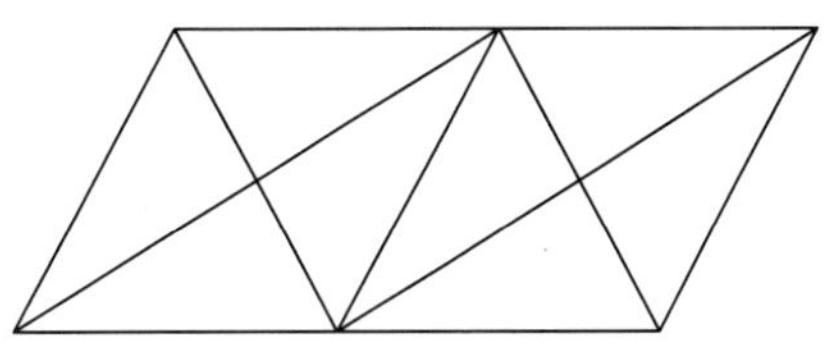

(　　　　　　　　　)

07-2 변형

그림에서 찾을 수 있는 크고 작은 마름모는 모두 몇 개일까요?

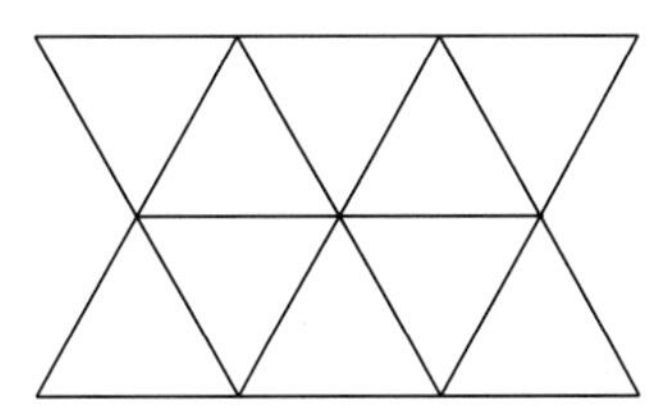

(　　　　　　　　　)

07-3 발전

그림에서 찾을 수 있는 크고 작은 사각형 중에서 ♥를 포함하는 사각형은 모두 몇 개일까요?

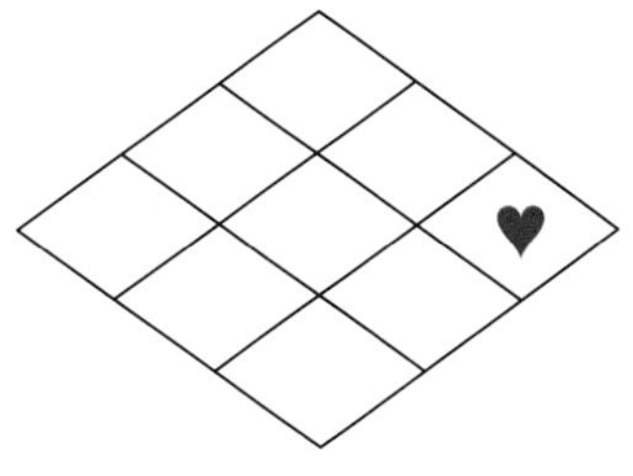

(　　　　　　　　　)

유형 변형

짧은 변의 길이를 ■ cm라 하자.

유형 솔루션 정사각형을 모양과 크기가 같은 직사각형 2개로 나누었을 때

(■+■) cm

■ cm ■ cm

(직사각형의 짧은 변의 길이)=■ cm
➔ (직사각형의 긴 변의 길이)
=(■+■) cm

대표 유형 08

오른쪽은 정사각형을 모양과 크기가 같은 직사각형 2개로 나눈 것입니다. 작은 직사각형 한 개의 네 변의 길이의 합이 24 cm일 때 정사각형의 네 변의 길이의 합은 몇 cm일까요?

풀이

❶ 작은 직사각형의 짧은 변의 길이를 ■ cm라 하면
긴 변의 길이는 (■+■) cm이므로
■+(■+■)+■+(■+■)=☐, ■×☐=☐, ■=☐

❷ (정사각형의 한 변의 길이)=☐+☐=☐(cm)

❸ (정사각형의 네 변의 길이의 합)=☐×4=☐(cm)

답 ____________

예제 오른쪽은 정사각형을 모양과 크기가 같은 직사각형 3개로 나눈 것입니다. 가장 작은 직사각형 한 개의 네 변의 길이의 합이 16 cm일 때 정사각형의 네 변의 길이의 합은 몇 cm일까요?

(　　　　　)

>> 정답 및 풀이 33~34쪽

08-1 변형

마름모를 모양과 크기가 같은 평행사변형 4개로 나눈 것입니다. 가장 작은 평행사변형 한 개의 네 변의 길이의 합이 50 cm일 때 마름모의 네 변의 길이의 합은 몇 cm일까요?

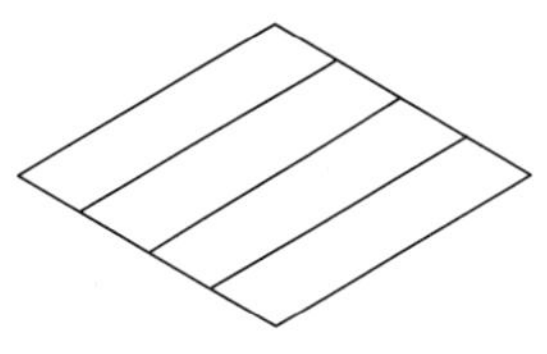

(   )

08-2 변형

정사각형을 모양과 크기가 같은 정사각형 9개로 나눈 것입니다. 가장 작은 정사각형의 네 변의 길이의 합이 36 cm일 때 가장 큰 정사각형 한 개의 네 변의 길이의 합은 몇 cm일까요?

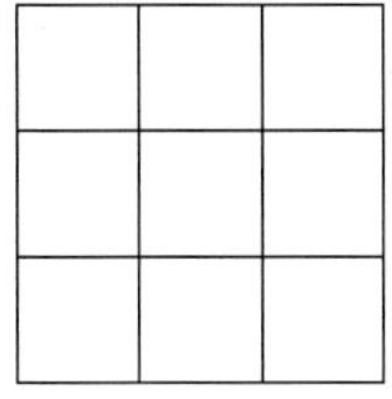

(   )

08-3 발전

마름모를 모양과 크기가 같은 평행사변형 6개로 나눈 것입니다. 마름모의 네 변의 길이의 합이 120 cm일 때 가장 작은 평행사변형 한 개의 네 변의 길이의 합은 몇 cm일까요?

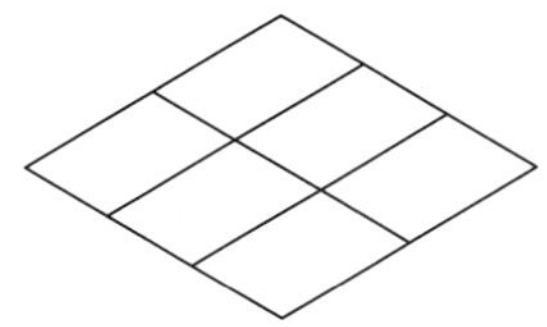

(   )

실전 적용

대표 유형 01

01 오른쪽 그림에서 직선 ㄱㄴ과 직선 ㅁㅂ은 서로 수직입니다. 각 ㄱㅇㄷ의 크기를 구하세요.

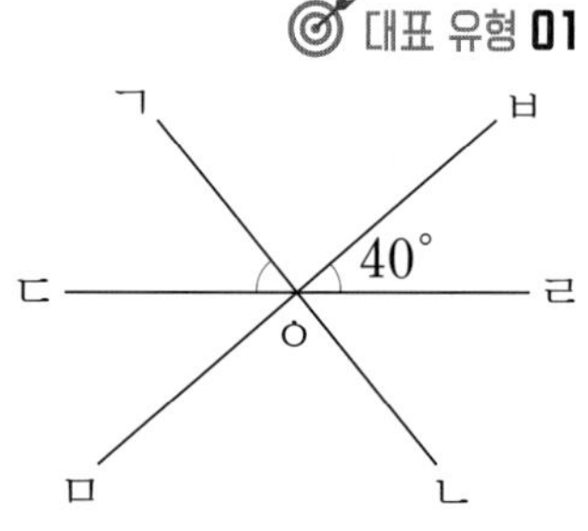

Tip 한 직선이 이루는 각의 크기는 180°입니다.

풀이

답 ____________

대표 유형 03

02 크기가 같은 직사각형 5개를 그림과 같이 겹치지 않게 이어 붙였을 때 생기는 평행선 중 가장 먼 평행선 사이의 거리는 몇 cm인지 구하세요.

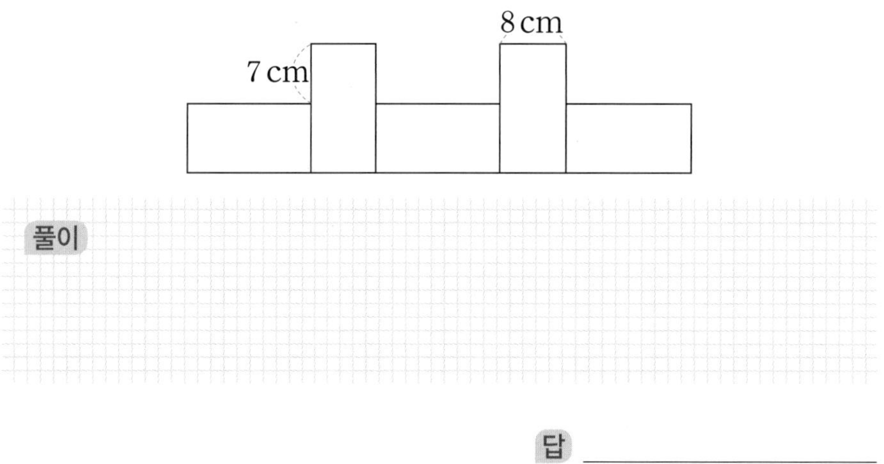

풀이

답 ____________

대표 유형 02

03 다음과 같이 정사각형 모양의 종이를 접어서 자른 후 빗금 친 부분을 펼쳤을 때 만들어지는 사각형의 네 변의 길이의 합은 몇 cm일까요?

Tip 마름모는 네 변의 길이가 모두 같습니다.

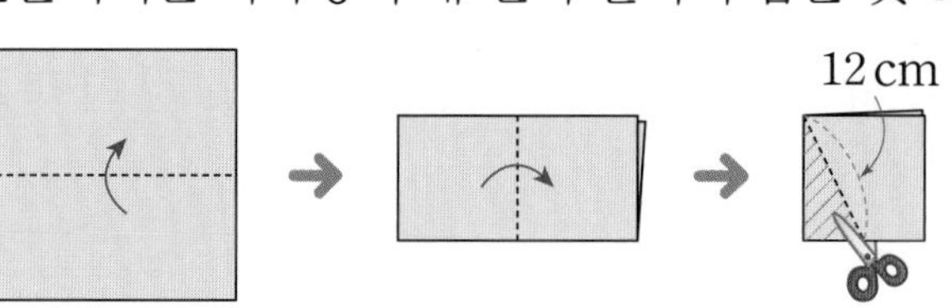

풀이

답 ____________

>> 정답 및 풀이 34~35쪽

대표 유형 06

04 오른쪽 그림과 같이 직사각형 모양의 종이를 접었습니다. 각 ㅁㄹㅅ의 크기를 구하세요.

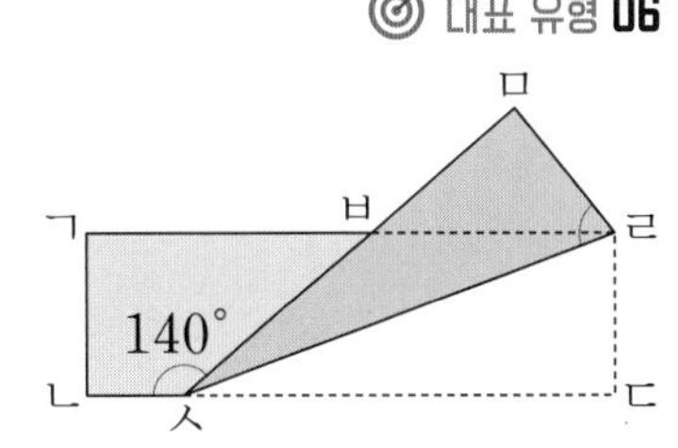

Tip 접은 부분과 접힌 부분은 모양과 크기가 같습니다.

풀이

답 ______________

대표 유형 05

05 삼각형 ㄱㄴㄷ과 사다리꼴 ㄷㄴㄹㅁ을 겹치지 않게 이어 붙여서 평행사변형을 만든 것입니다. 각 ㄱㄴㄷ과 각 ㄷㄴㄹ의 크기가 같을 때 각 ㄴㄷㅁ의 크기를 구하세요.

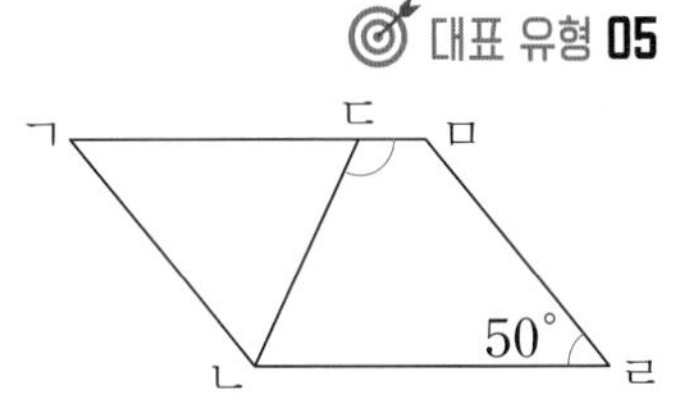

Tip 평행사변형에서 이웃한 두 각의 크기의 합은 180°입니다.

풀이

답 ______________

대표 유형 08

06 오른쪽은 마름모를 모양과 크기가 같은 평행사변형 3개로 나눈 것입니다. 가장 작은 평행사변형 한 개의 네 변의 길이의 합이 64 cm일 때 마름모의 네 변의 길이의 합은 몇 cm일까요?

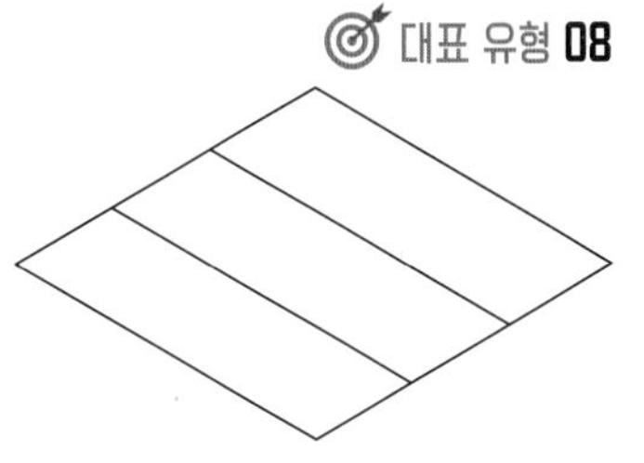

Tip (마름모의 한 변의 길이) =(평행사변형의 긴 변의 길이)

풀이

답 ______________

4 사각형

실전 적용

대표 유형 07

07 그림에서 찾을 수 있는 크고 작은 정사각형은 모두 몇 개일까요?

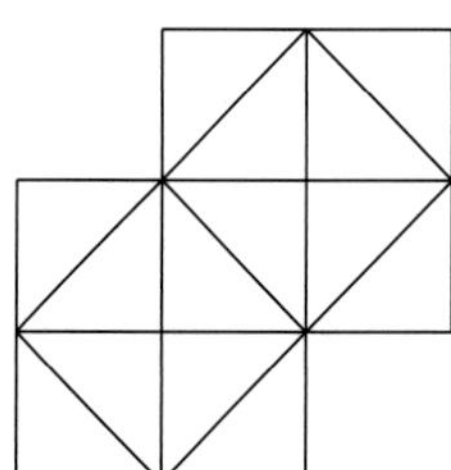

풀이

답 ______________

대표 유형 01

08 오른쪽 그림에서 선분 ㄱㅇ은 직선 ㄷㅁ에 대한 수선입니다. 각 ㄴㅇㄱ과 각 ㄱㅇㅂ의 크기가 같을 때, 각 ㅂㅇㄹ의 크기를 구하세요.

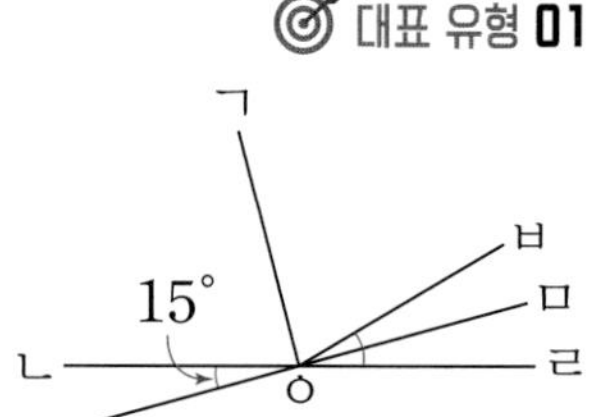

Tip
두 직선이 서로 수직으로 만나면 한 직선을 다른 직선에 대한 수선이라고 합니다.

풀이

답 ______________

대표 유형 05

09 오른쪽 그림은 마름모 ㄱㄴㄷㄹ과 정사각형 ㄹㄷㅁㅂ을 겹치지 않게 이어 붙인 것입니다. 각 ㄹㅂㄱ의 크기를 구하세요.

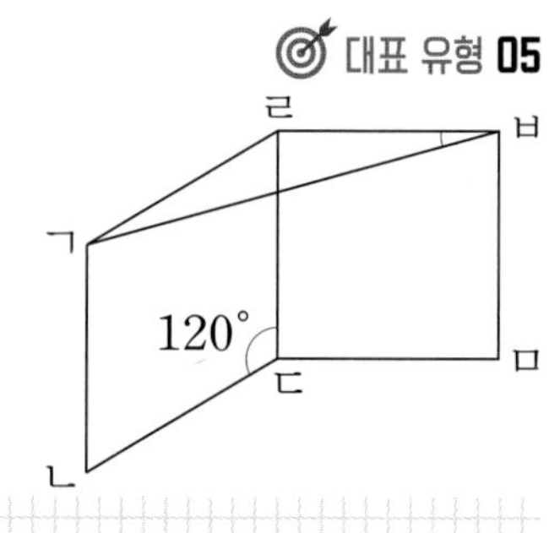

Tip
마름모에서 이웃한 두 각의 크기의 합은 180°입니다.

풀이

답 ______________

>> 정답 및 풀이 35쪽

대표 유형 06

10 그림과 같이 마름모 모양의 종이를 접었습니다. 각 ㄴㄱㅁ의 크기를 구하세요.

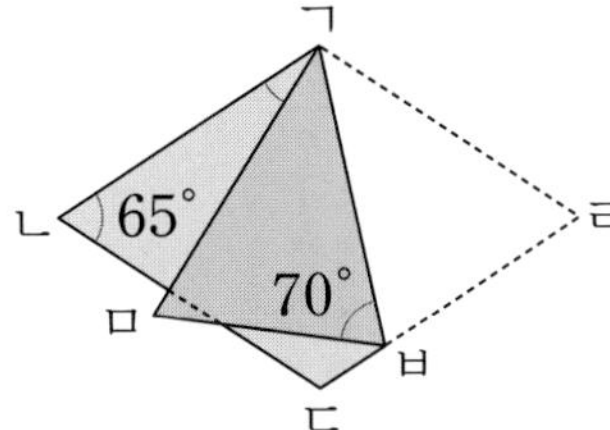

Tip
마름모는 마주 보는 두 각의 크기가 같습니다.

풀이

답 ____________________

대표 유형 04

11 직선 가와 직선 나는 서로 평행합니다. 각 ㄴㄱㅁ의 크기를 구하세요.

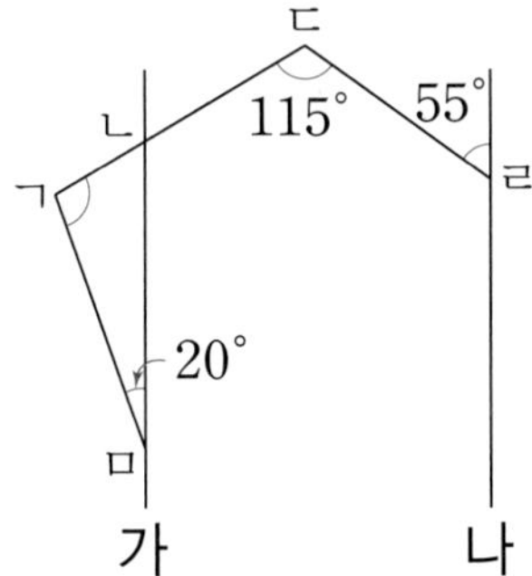

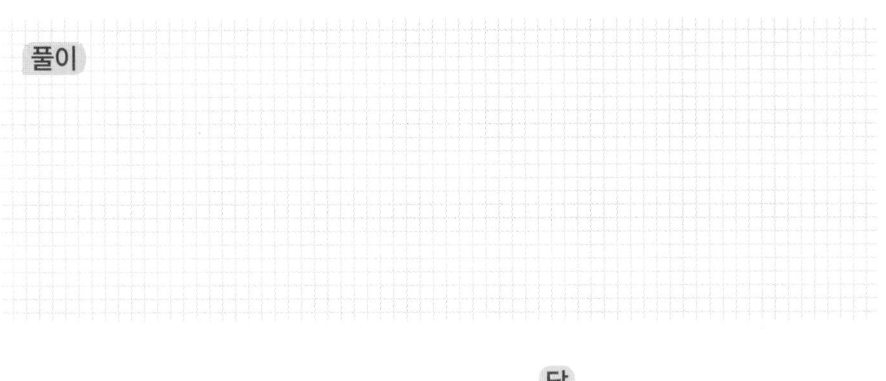
풀이

답 ____________________

4 사각형

꺾은선그래프

유형 변형

대표 유형

01 가지고 있는 정보를 주고받자.
표와 꺾은선그래프 완성하기

02 주어진 자료값을 이용해 눈금 한 칸의 크기를 구하자.
한 항목의 자료값을 알 때 다른 항목의 자료값 구하기

03 전체에서 알고 있는 정보를 빼자.
꺾은선그래프 완성하기

04 눈금 한 칸의 크기가 커지면 칸 수의 차는 줄어든다.
눈금의 크기를 바꾸어 나타낸 그래프에서 눈금의 차 구하기

05 두 꺾은선 사이의 간격을 비교하자.
두 가지 항목을 나타낸 꺾은선그래프에서 정보 찾기

06 같은 항목의 정보를 찾자.
두 그래프를 보고 자료의 변화량 구하기

꺾은선그래프 알아보기

교과서 개념

◐ 꺾은선그래프: 수량을 점으로 표시하고, 그 점들을 선분으로 이어 그린 그래프

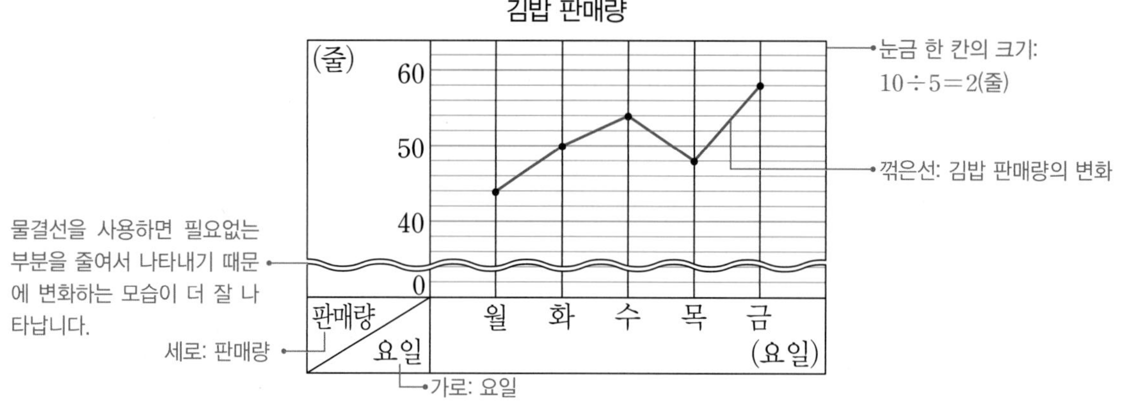

- 김밥 판매량이 가장 적은 요일은 점이 가장 낮게 찍힌 월요일입니다.
- 전날에 비해 김밥 판매량이 가장 많이 늘어난 요일은 금요일입니다.

[01~03] 어느 마을의 강수량을 조사하여 나타낸 꺾은선그래프입니다. 물음에 답하세요.

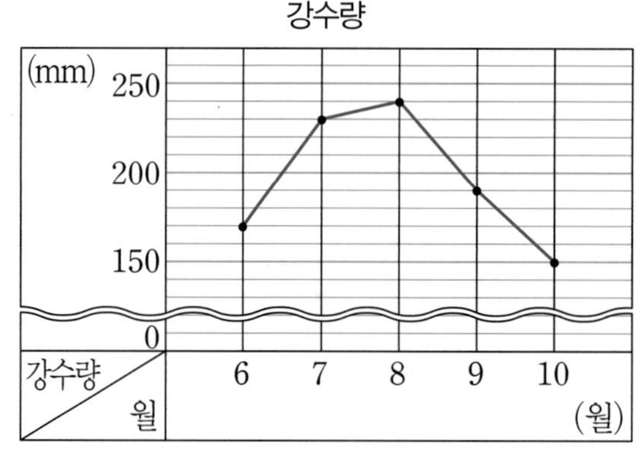

01 그래프에서 가로와 세로는 각각 무엇을 나타낼까요?

가로 ( )
세로 ( )

02 세로 눈금 한 칸은 몇 mm를 나타낼까요?

( )

03 강수량이 가장 많은 때는 몇 월일까요?

( )

>> 정답 및 풀이 36쪽

활용 개념 1 꺾은선그래프에서 변화하는 모양과 정도

• 변화하는 모양

• 변화하는 정도

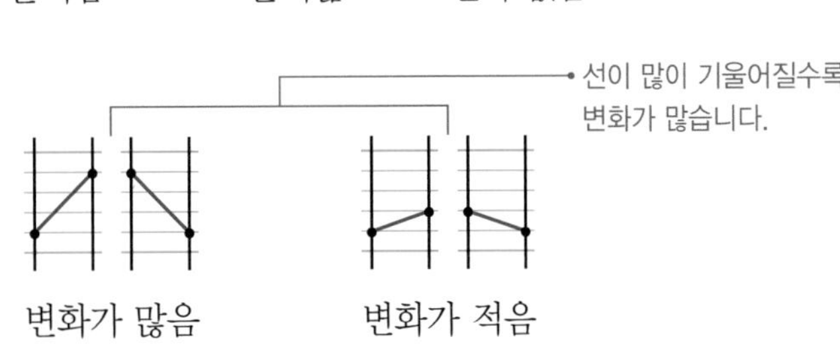

[04~06] 민지의 저금액을 조사하여 나타낸 꺾은선그래프입니다. 물음에 답하세요.

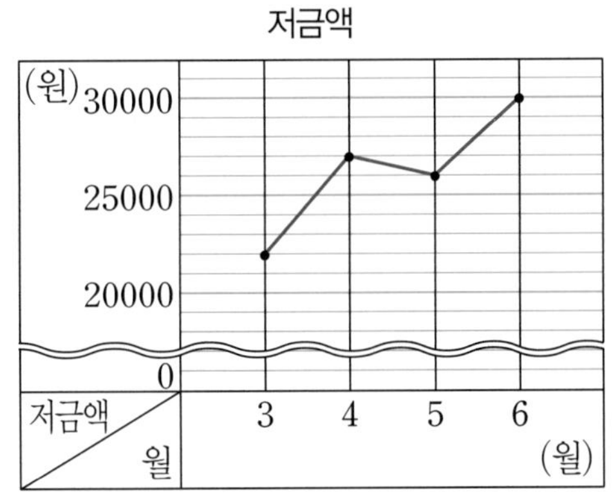

04 저금액이 줄어드는 때는 몇 월과 몇 월 사이일까요?

( )

05 전월에 비해 저금액이 가장 많이 변한 때는 몇 월과 몇 월 사이일까요?

( )

06 전월에 비해 저금액이 가장 적게 변한 때의 변화량은 얼마인지 구하세요.

( )

꺾은선그래프 그리기

교과서 개념

꺾은선그래프 그리는 방법

기온

시각	오전 11시	낮 12시	오후 1시	오후 2시	오후 3시
기온(℃)	11	12	15	20	18

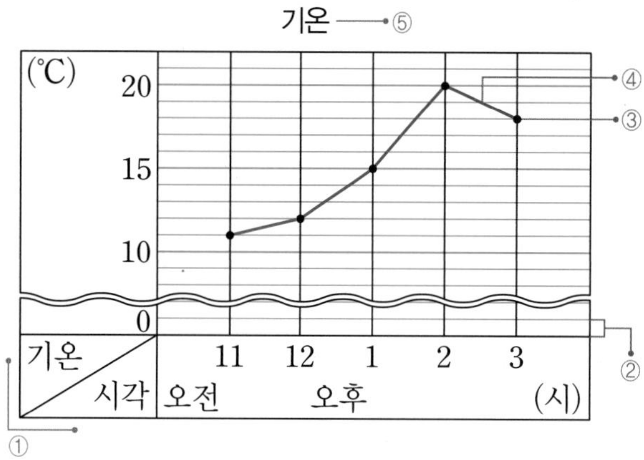

① 가로와 세로 눈금 정하기
② 눈금 한 칸의 크기 정하기
③ 점 찍기
④ 선분으로 잇기
⑤ 알맞은 제목 붙이기

[01~02] 연수가 강낭콩의 키를 조사하여 나타낸 표를 꺾은선그래프로 나타내려고 합니다. 물음에 답하세요.

강낭콩의 키

날짜(일)	9	10	11	12	13
키(cm)	3	4	5	7	10

01 꺾은선그래프의 가로에 날짜를 나타낸다면 세로에는 무엇을 나타내야 할까요?

( )

02 표를 보고 꺾은선그래프로 나타내 보세요.

강낭콩의 키

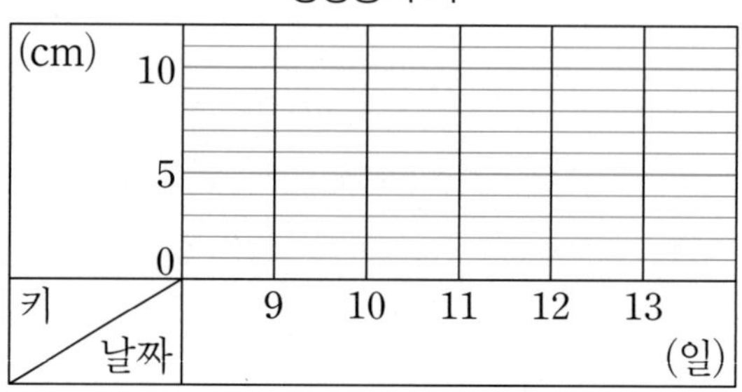

활용 개념 1 자료값의 합이 주어질 때 꺾은선그래프 완성하기

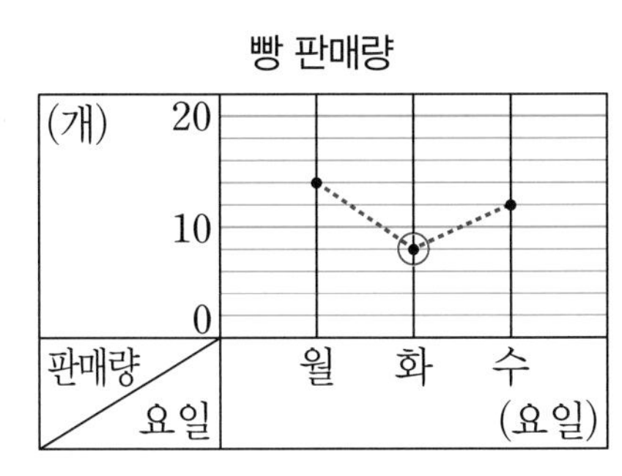

3일 동안의 빵 판매량은 모두 34개

① 월요일: 14개, 수요일: 12개

② 3일 동안의 빵 판매량이 모두 34개이므로
(화요일의 빵 판매량)=34−14−12=8(개)

03 어느 지역의 강수량을 조사하여 나타낸 꺾은선그래프입니다. 5일 동안의 강수량이 모두 90 mm일 때 꺾은선그래프를 완성해 보세요.

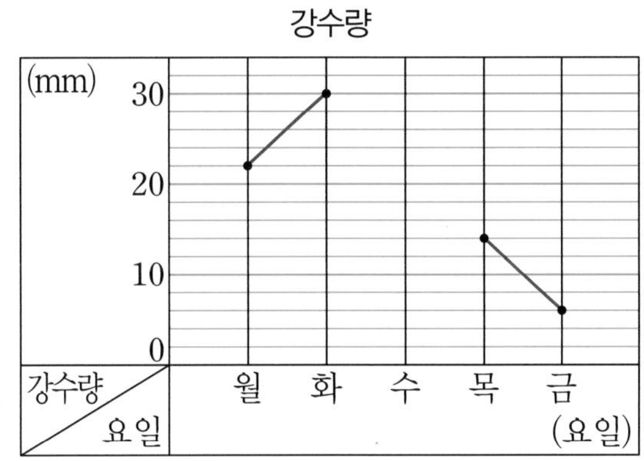

04 어느 박물관의 관람객 수를 조사하여 나타낸 꺾은선그래프입니다. 10일부터 14일까지의 관람객이 모두 173명일 때 꺾은선그래프를 완성해 보세요.

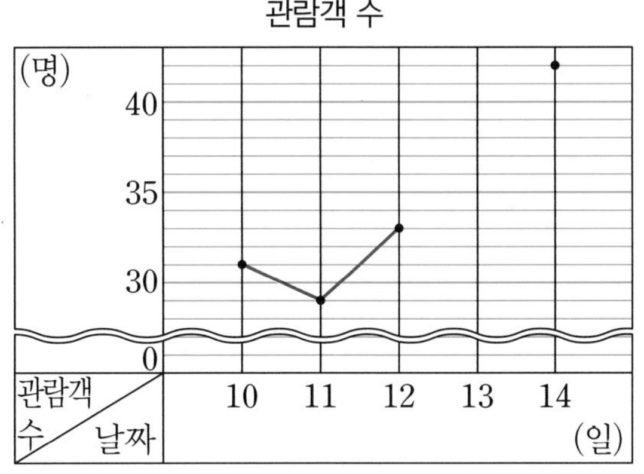

유형 변형

가지고 있는 정보를 주고받자.

유형 솔루션

강아지의 무게

월(월)	무게(kg)
1	4
6	7
11	9

① 그래프를 보고 표를 채웁니다.

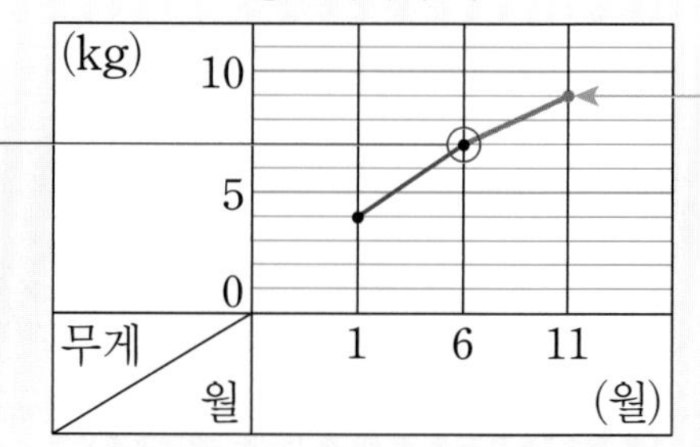

② 표를 보고 그래프의 알맞은 곳에 점을 찍고 선분으로 잇습니다.

대표 유형 01

어느 미술관의 방문객 수를 조사하여 나타낸 것입니다. 표와 꺾은선그래프를 완성해 보세요.

방문객 수

요일(요일)	방문객 수(명)
수	120
목	
금	
토	170
일	100

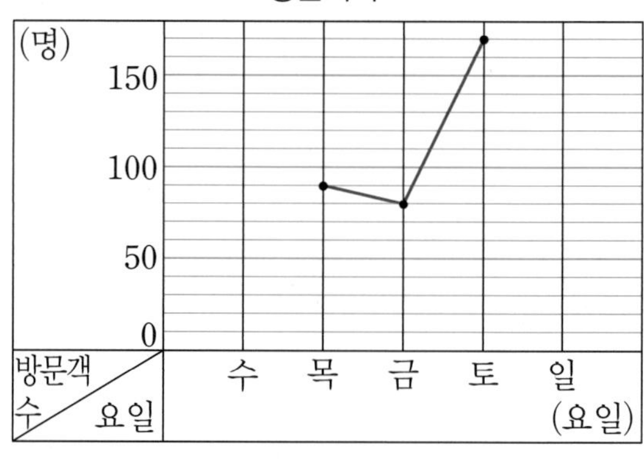

풀이

❶ 꺾은선그래프에서 세로 눈금 한 칸은 $50 \div 5 =$ ☐(명)을 나타내므로

목요일의 방문객 수는 ☐명,

금요일의 방문객 수는 ☐명입니다.

❷ 표를 보고 수요일의 방문객 수인 120명은 ☐칸인 곳에,

일요일의 방문객 수인 100명은 ☐칸인 곳에 점을 찍고,

점들을 ☐(으)로 잇습니다.

» 정답 및 풀이 36~37쪽

예제 어느 문구점의 공책 판매량을 조사하여 나타낸 것입니다. 표와 꺾은선그래프를 완성해 보세요.

공책 판매량

월(월)	판매량(권)
3	
4	
5	16
6	28
7	22

공책 판매량

(권) 30 20 10 0
판매량 / 월
3 4 5 6 7 (월)

01-1 변형 어느 공장의 불량품 수를 조사하여 나타낸 것입니다. 1월과 5월의 불량품 수가 같을 때 표와 꺾은선그래프를 완성해 보세요.

불량품 수

월(월)	불량품 수(개)
1	
2	
3	56
4	58
5	

불량품 수

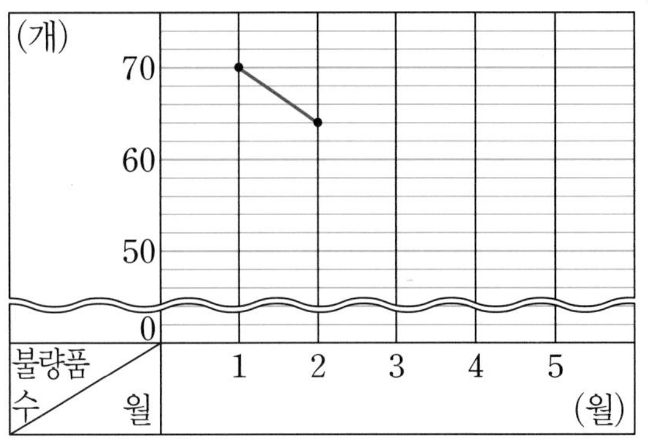

01-2 변형 지호의 몸무게를 매년 1월에 조사하여 나타낸 것입니다. 10살 때 지호의 몸무게가 9살 때보다 3 kg 늘어났다고 할 때 표와 꺾은선그래프를 완성해 보세요.

지호의 몸무게

나이(살)	몸무게(kg)
7	20
8	
9	
10	
11	31

지호의 몸무게

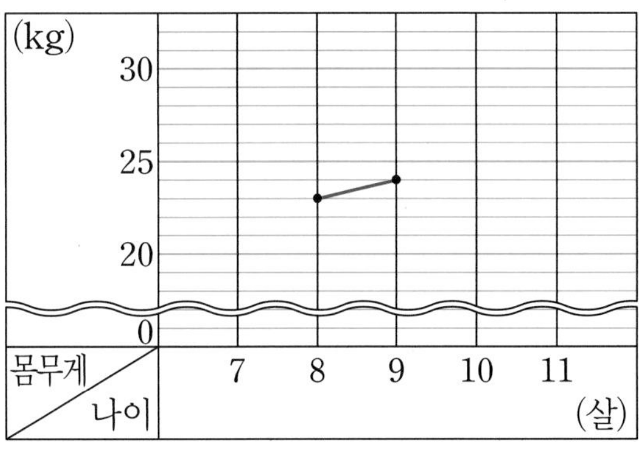

유형 변형 주어진 자료값을 이용해 눈금 한 칸의 크기를 구하자.

유형 솔루션

양초의 길이

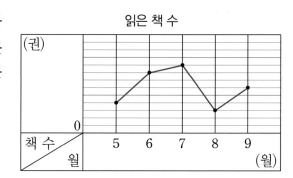

(mm), 16 mm, 8칸, 0, 2, 4, 길이/시간, (분)

(세로 눈금 한 칸) $=16\div8=2$ (mm)

대표 유형 02

오른쪽은 혜주가 읽은 책 수를 조사하여 나타낸 꺾은선그래프입니다. 혜주가 9월에 읽은 책이 12권일 때 혜주가 책을 가장 많이 읽은 달에 읽은 책은 몇 권일까요?

읽은 책 수

(권), 0, 책 수/월, 5, 6, 7, 8, 9, (월)

풀이

❶ 9월의 세로 눈금 ☐칸이 12권을 나타내므로

세로 눈금 한 칸은 $12\div$ ☐ $=$ ☐ (권)을 나타냅니다.

❷ 혜주가 책을 가장 많이 읽은 달은 ☐월이므로

(7월에 읽은 책 수)$=2\times$ ☐ $=$ ☐ (권)

답 ________________

예제 오른쪽은 어느 가게의 김밥 판매량을 조사하여 나타낸 꺾은선그래프입니다. 화요일의 김밥 판매량이 32줄일 때 김밥이 가장 많이 판매된 날의 김밥 판매량은 몇 줄일까요?

(   )

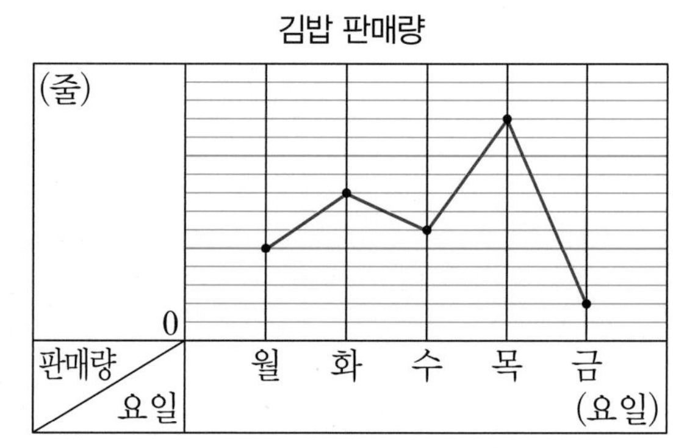

>> 정답 및 풀이 38쪽

02-1 변형

연우의 팔 굽혀 펴기 횟수를 조사하여 나타낸 꺾은선그래프입니다. 수요일의 팔 굽혀 펴기 횟수가 20회일 때 팔 굽혀 펴기를 두 번째로 많이 한 날의 팔 굽혀 펴기 횟수는 몇 회일까요?

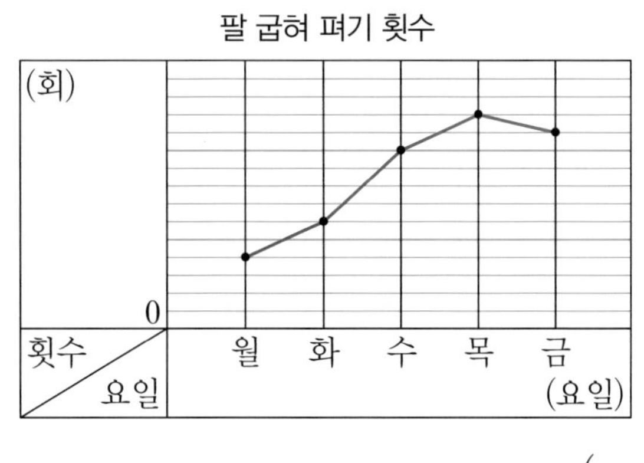

( )

02-2 변형

어느 공장의 인형 생산량을 조사하여 나타낸 꺾은선그래프입니다. 4월의 인형 생산량이 140개일 때 인형을 두 번째로 많이 생산한 달의 인형 생산량은 몇 개일까요?

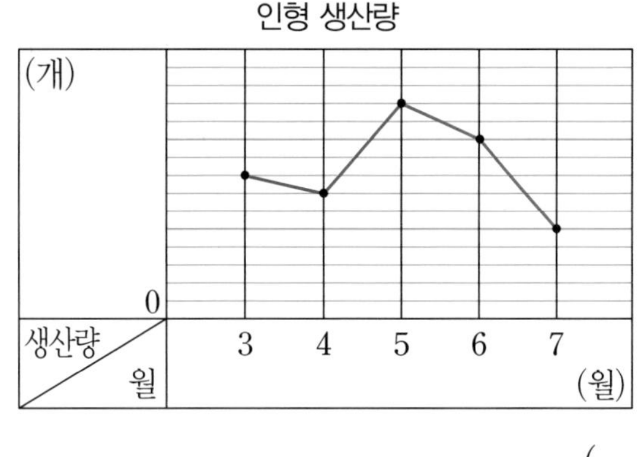

( )

02-3 발전

어느 가게의 아이스크림 판매량을 조사하여 나타낸 꺾은선그래프입니다. 6월과 9월의 아이스크림 판매량의 합이 90개일 때 7월의 아이스크림 판매량은 몇 개일까요?

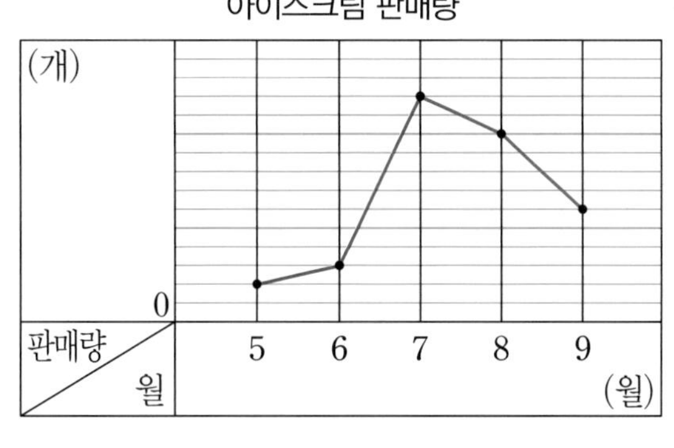

( )

5 꺾은선그래프

유형 변형 전체에서 알고 있는 정보를 빼자.

유형 솔루션

3월부터 5월까지의 과자 판매량은 모두 18상자

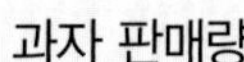

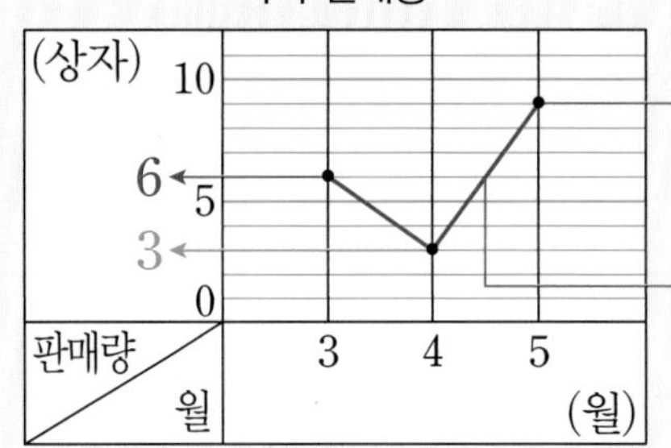

① (5월의 과자 판매량)$=18-6-3$
$=9$(상자)

② 점들을 선분으로 잇습니다.

대표 유형 03

오른쪽은 어느 과수원의 사과 수확량을 조사하여 나타낸 꺾은선그래프입니다. 8월부터 10월까지의 사과 수확량이 모두 62 kg일 때 꺾은선그래프를 완성해 보세요.

사과 수확량

(kg) 20, 10, 0 / 수확량, 월: 8, 9, 10 (월)

풀이

❶ 세로 눈금 5칸이 10 kg을 나타내므로
세로 눈금 한 칸은 $10 \div$ [ ] $=$ [ ] (kg)을
나타냅니다.

❷ 사과를 8월에는 [ ] kg, 9월에는 [ ] kg 수확했습니다.

❸ (10월의 사과 수확량)$=62-$ [ ] $-$ [ ] $=$ [ ] (kg)

❹ 10월의 세로 눈금이 [ ] $\div$ [ ] $=$ [ ] (칸)이 되도록 위 꺾은선그래프를 완성합니다.

예제

오른쪽은 어느 초등학교의 졸업생 수를 조사하여 나타낸 꺾은선그래프입니다. 2020년부터 2022년까지의 졸업생 수가 모두 250명일 때 꺾은선그래프를 완성해 보세요.

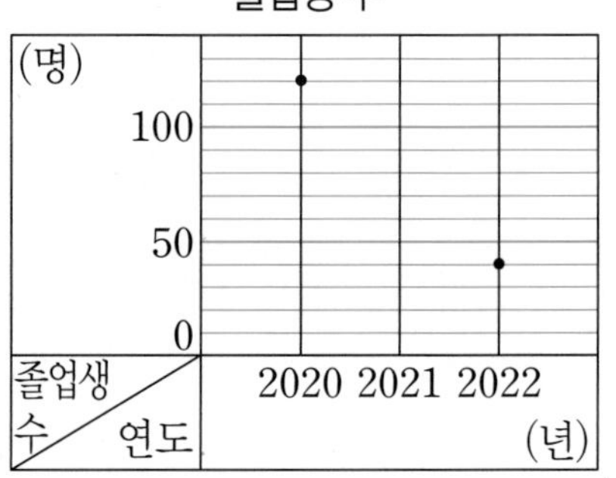

>> 정답 및 풀이 38~40쪽

03-1 변형

어느 지역의 비 온 날수를 조사하여 나타낸 꺾은선그래프입니다. 8월부터 11월까지의 비 온 날수는 모두 70일이고 8월에 비 온 날수가 9월보다 4일 더 많습니다. 꺾은선그래프를 완성해 보세요.

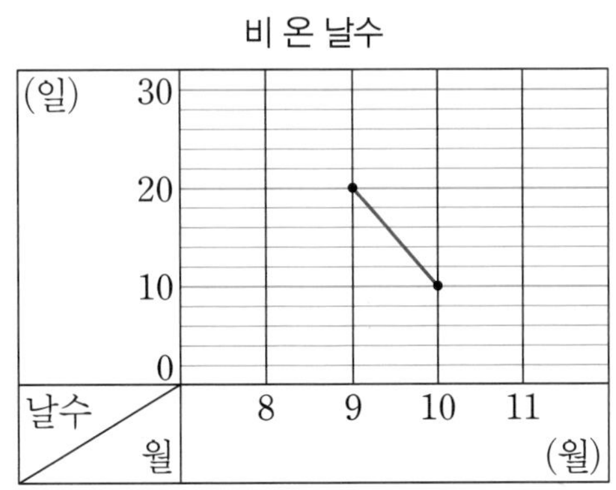

03-2 변형

어느 서점의 책 판매량을 조사하여 나타낸 꺾은선그래프입니다. 월요일부터 목요일까지의 책 판매량은 모두 43권이고 수요일의 책 판매량이 목요일보다 3권 더 적습니다. 꺾은선그래프를 완성해 보세요.

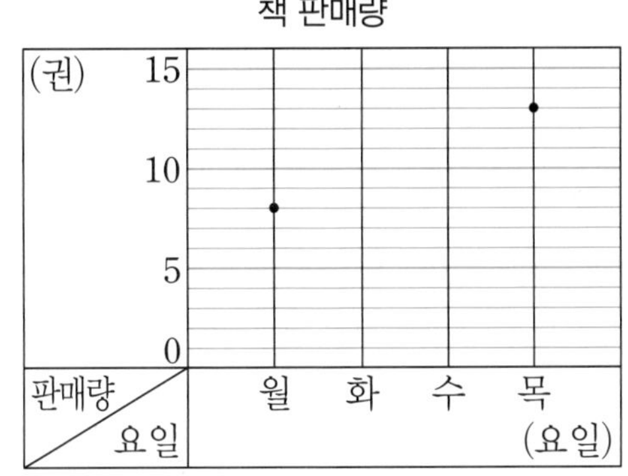

03-3 발전

지아의 휴대 전화 데이터 사용량을 매월 마지막날에 조사하여 나타낸 꺾은선그래프입니다. 1월부터 4월까지 지아가 사용한 데이터가 모두 1650 MB이고 3월에는 데이터를 1월의 2배만큼 사용했습니다. 꺾은선그래프를 완성해 보세요.

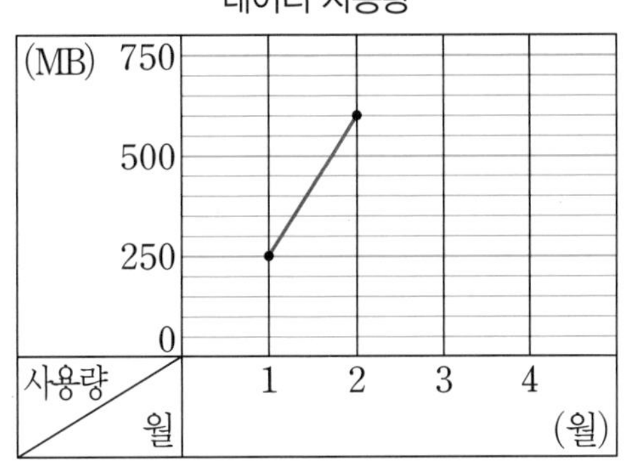

5 꺾은선그래프

유형 변형

눈금 한 칸의 크기가 커지면 칸 수의 차는 줄어든다.

유형 솔루션

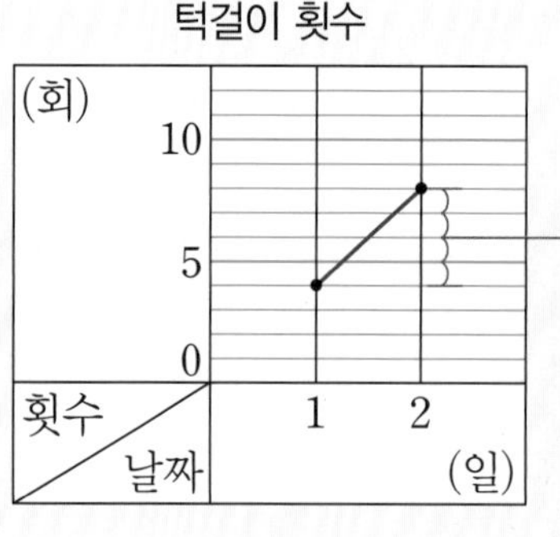

세로 눈금 한 칸의 크기: 1회
칸 수의 차: 4칸

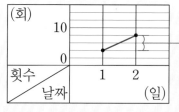

→

턱걸이 횟수
(회)
10
0
횟수
날짜
1 2
(일)

세로 눈금 한 칸의 크기: 2회
칸 수의 차: 2칸

대표 유형 04

오른쪽은 콩나물의 키를 조사하여 나타낸 꺾은선그래프입니다. 이 꺾은선그래프의 세로 눈금 한 칸의 크기를 2 cm로 하여 다시 그린다면 4일과 5일의 세로 눈금은 몇 칸 차이가 나는지 구하세요.

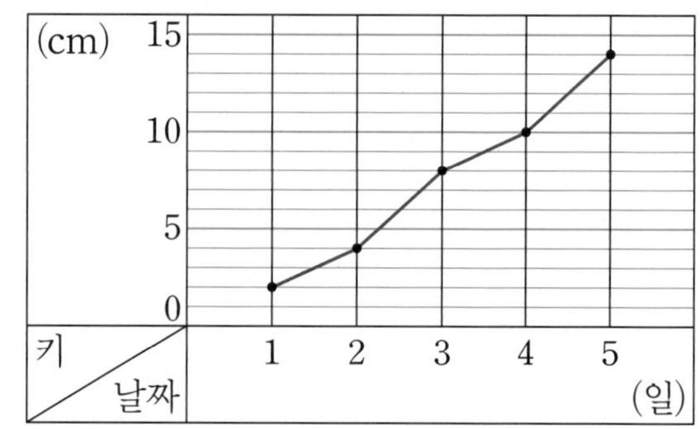

풀이

❶ 세로 눈금 5칸이 5 cm를 나타내므로 세로 눈금 한 칸은 5÷□=□(cm)를 나타냅니다.

❷ 콩나물의 키는 4일에 □cm, 5일에 □cm입니다.

❸ (콩나물의 키의 차)=(5일의 콩나물의 키)−(4일의 콩나물의 키)

=□−□=□(cm)

❹ 세로 눈금 한 칸의 크기를 2 cm로 하면

세로 눈금은 □÷2=□(칸) 차이가 납니다.

답 ____________

예제 오른쪽은 어느 지역의 편의점 수를 조사하여 나타낸 꺾은선그래프입니다. 이 꺾은선그래프의 세로 눈금 한 칸의 크기를 20곳으로 하여 다시 그린다면 2020년과 2021년의 세로 눈금은 몇 칸 차이가 나는지 구하세요.

편의점 수

(곳)
200
150
100
0
편의점 수 / 연도
2018 2019 2020 2021 2022
(년)

(   )

04-1 변형 오른쪽은 어느 지역의 초등학생 수를 조사하여 나타낸 꺾은선그래프입니다. 이 꺾은선그래프의 세로 눈금 한 칸의 크기를 10명으로 하여 다시 그린다면 초등학생 수가 가장 많은 때와 가장 적은 때의 세로 눈금은 몇 칸 차이가 나는지 구하세요.

(   )

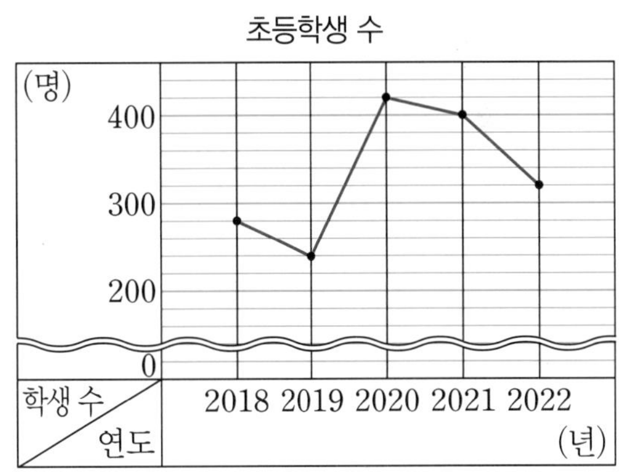

04-2 발전 오른쪽은 어느 도서관에서 빌려 간 책 수를 조사하여 나타낸 꺾은선그래프입니다. 이 꺾은선그래프의 세로 눈금 한 칸의 크기를 다르게 하여 다시 그렸더니 빌려 간 책 수가 가장 많은 때와 가장 적은 때의 세로 눈금의 차가 18칸이었습니다. 다시 그린 그래프는 세로 눈금 한 칸의 크기를 몇 권으로 한 것인지 구하세요.

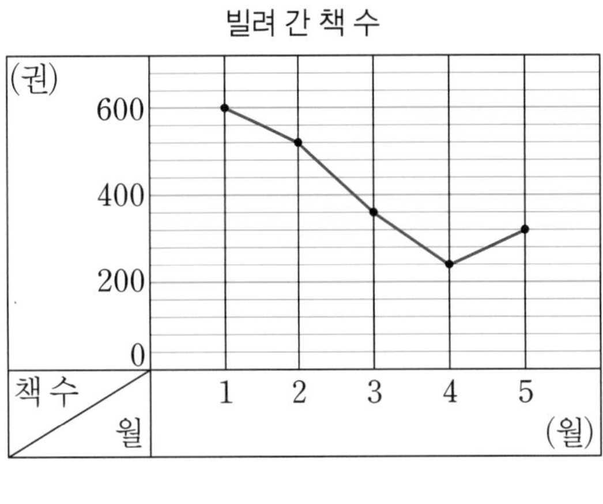

(   )

유형 변형 두 꺾은선 사이의 간격을 비교하자.

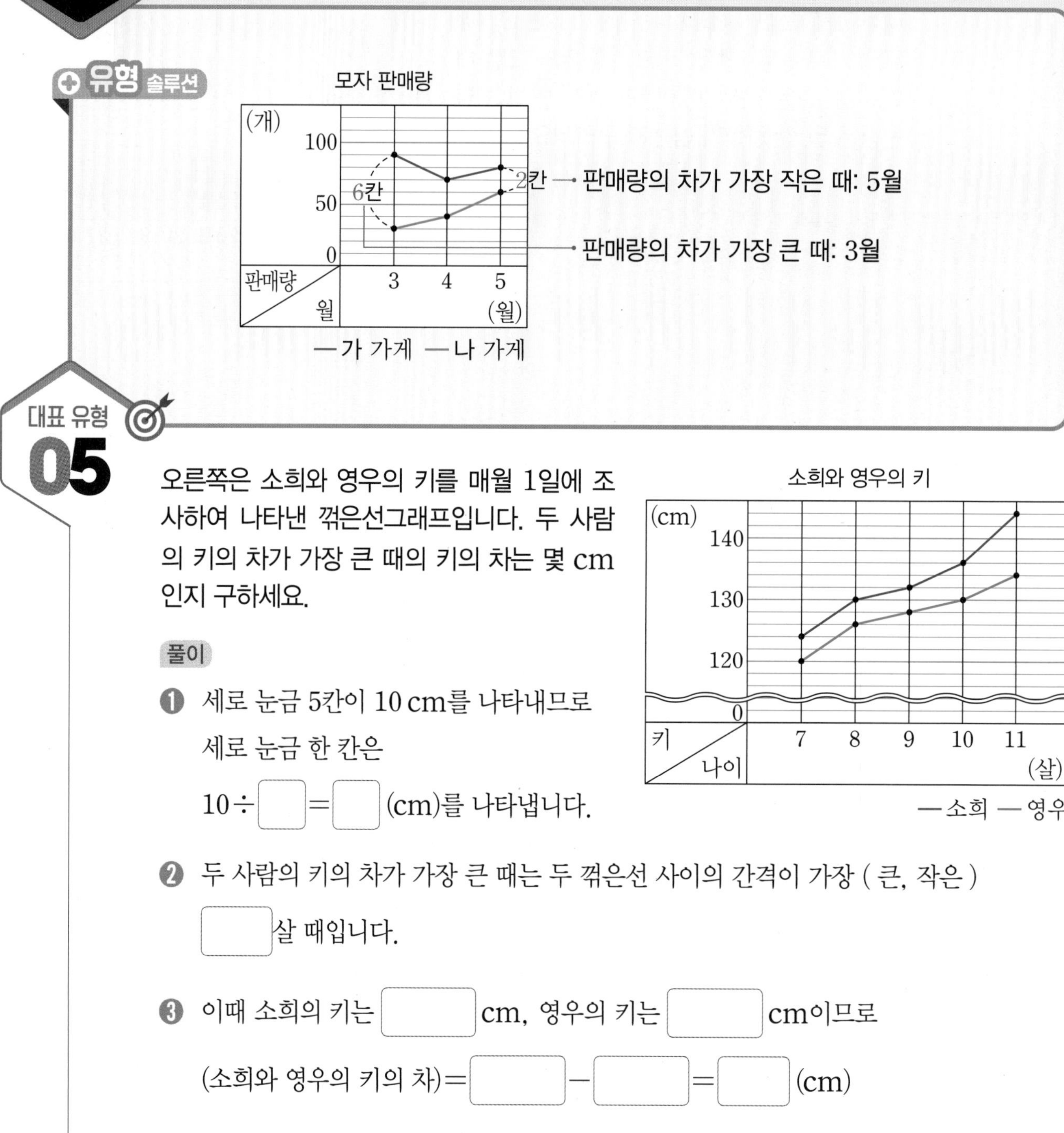

대표 유형 05

오른쪽은 소희와 영우의 키를 매월 1일에 조사하여 나타낸 꺾은선그래프입니다. 두 사람의 키의 차가 가장 큰 때의 키의 차는 몇 cm인지 구하세요.

풀이

❶ 세로 눈금 5칸이 10 cm를 나타내므로 세로 눈금 한 칸은
10÷☐=☐(cm)를 나타냅니다.

❷ 두 사람의 키의 차가 가장 큰 때는 두 꺾은선 사이의 간격이 가장 (큰, 작은)
☐살 때입니다.

❸ 이때 소희의 키는 ☐cm, 영우의 키는 ☐cm이므로
(소희와 영우의 키의 차)=☐−☐=☐(cm)

답 ______________

예제 위 대표 유형 05에서 두 사람의 키의 차가 두 번째로 큰 때의 키의 차는 몇 cm인지 구하세요.

(　　　　　　　　)

>> 정답 및 풀이 41쪽

05-1 변형

오른쪽은 가 마을과 나 마을의 자두 생산량을 조사하여 나타낸 꺾은선그래프입니다. 두 마을의 자두 생산량의 차가 가장 큰 때의 자두 생산량의 합은 몇 kg인지 구하세요.

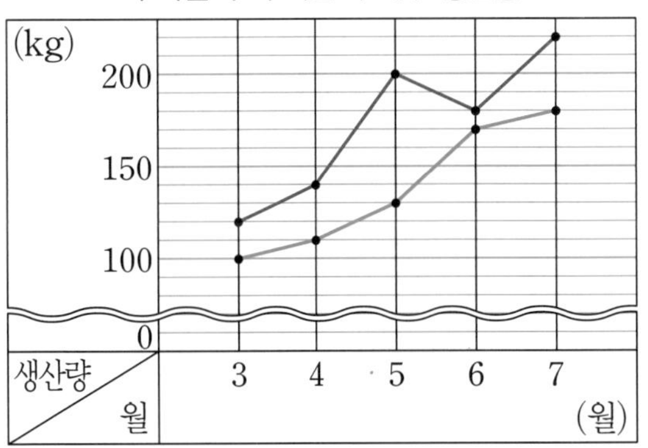

(   )

05-2 변형

오른쪽은 서우와 연준이의 윗몸 일으키기 기록을 조사하여 나타낸 꺾은선그래프입니다. 두 사람의 윗몸 일으키기 기록의 차가 가장 큰 때의 윗몸 일으키기 기록의 합은 몇 회인지 구하세요.

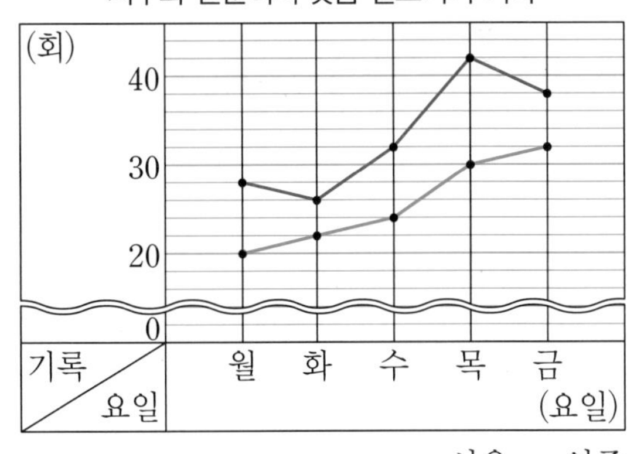

(   )

05-3 발전

오른쪽은 가 도시와 나 도시의 인구수를 조사하여 나타낸 꺾은선그래프입니다. 두 도시의 인구수의 차가 가장 큰 때와 가장 작은 때의 가 도시의 인구수의 차는 몇 명인지 구하세요.

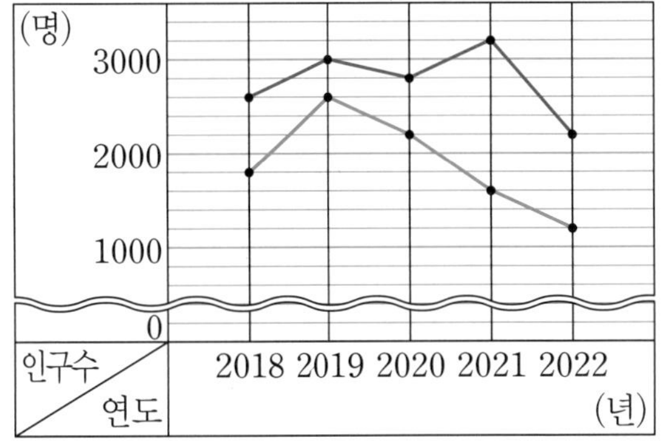

(   )

5 꺾은선그래프

유형 변형 같은 항목의 정보를 찾자.

유형 솔루션

공원의 온도

(°C) 25 20 0 26

온도 / 시각 오후 1 2 (시)

공원의 습도

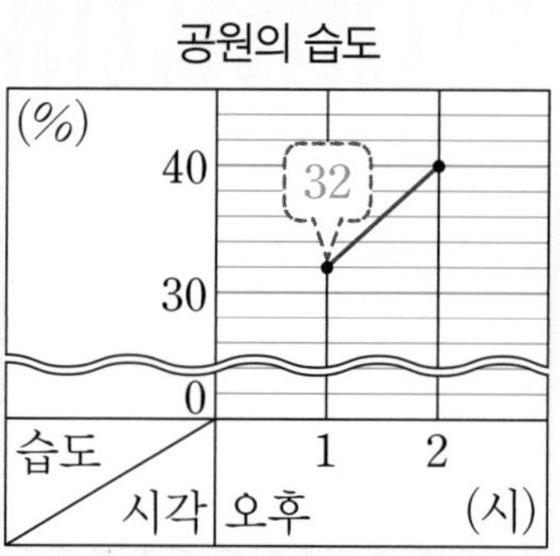

오후 1시 공원의 온도: 26 °C 공원의 습도: 32 %

대표 유형 06

어느 도시의 관광객 수와 관광 수입액을 각각 조사하여 나타낸 꺾은선그래프입니다. 전년에 비해 관광객 수가 가장 많이 늘어난 때의 관광 수입액은 전년에 비해 몇 만 달러 늘어났는지 구하세요.

관광객 수

(만 명) 700 600 500 0

관광객 수 / 연도 2018 2019 2020 2021 2022 (년)

관광 수입액

(만 달러) 900 850 800 0

수입액 / 연도 2018 2019 2020 2021 2022 (년)

풀이

❶ 전년에 비해 관광객 수가 가장 많이 늘어난 때를 왼쪽 그래프에서 찾으면 ☐년입니다.

❷ 2019년의 관광 수입액을 오른쪽 그래프에서 찾으면 ☐만 달러이고, 전년인 2018년의 관광 수입액은 ☐만 달러입니다.

❸ (전년에 비해 늘어난 관광 수입액)=☐−☐

=☐(만 달러)

답 ____________

>> 정답 및 풀이 41~42쪽

예제 수인이의 키와 몸무게를 각각 조사하여 나타낸 꺾은선그래프입니다. 전년에 비해 키가 가장 많이 큰 때의 몸무게는 전년에 비해 몇 kg 늘어났는지 구하세요.

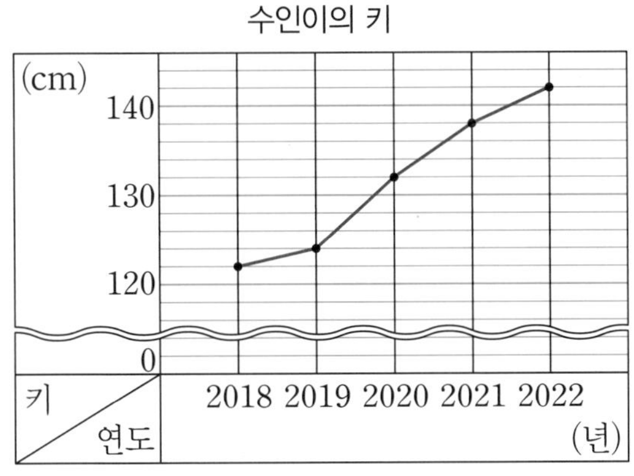

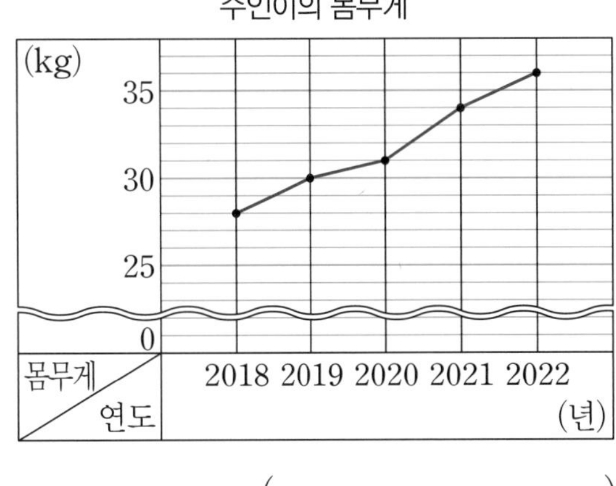

( )

06-1 변형

지난주 어느 도넛 가게에 방문한 사람 수와 도넛 판매량을 각각 조사하여 나타낸 꺾은선그래프입니다. 전날에 비해 방문한 사람 수가 두 번째로 많이 늘어난 때의 도넛 판매량은 전날에 비해 몇 개 늘어났는지 구하세요.

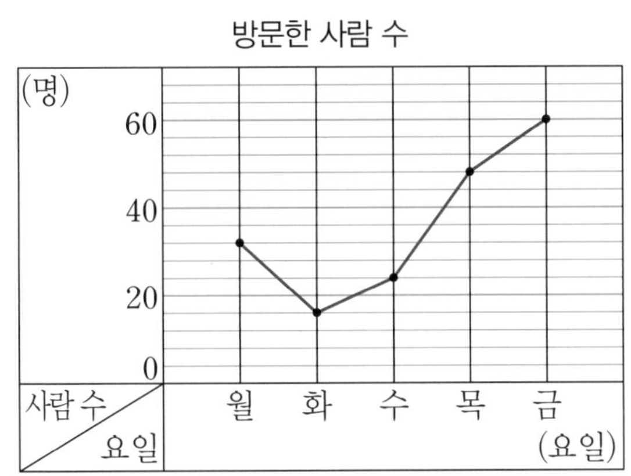

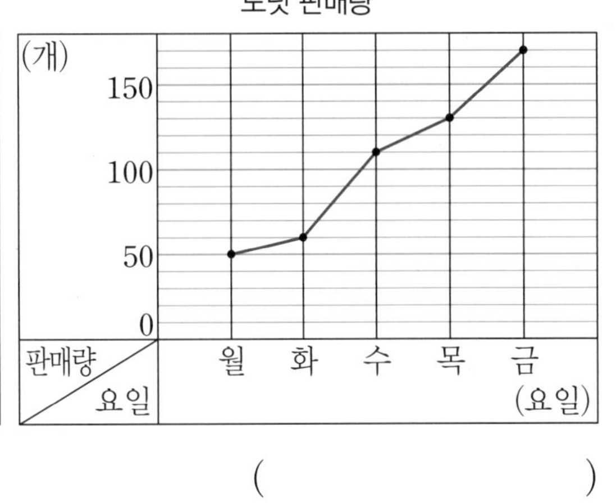

( )

06-2 발전

어느 해 월 최고 기온과 난로 판매량을 각각 조사하여 나타낸 꺾은선그래프입니다. 전월에 비해 월 최고 기온은 높아졌지만 난로 판매량은 줄어든 때의 난로 판매량은 전월에 비해 몇 개 줄어들었는지 구하세요.

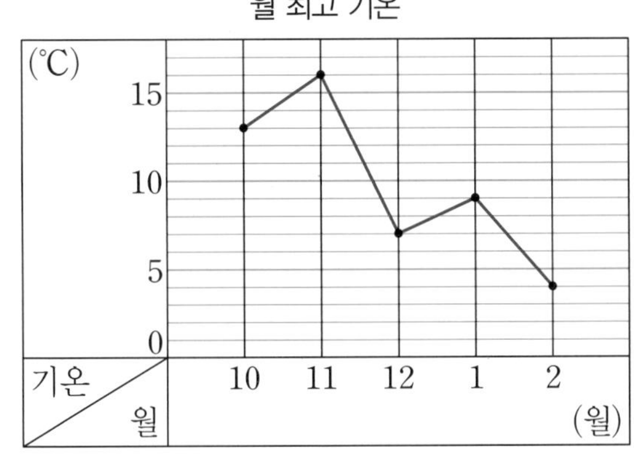

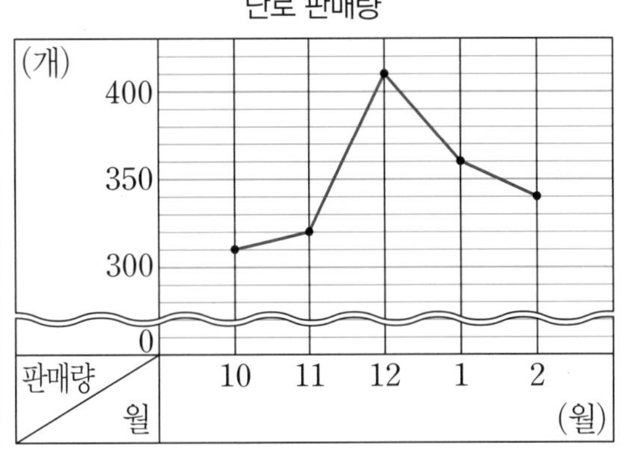

( )

5 꺾은선그래프

대표 유형 **01**

01 어느 공장의 모자 생산량을 조사하여 나타낸 것입니다. 2월과 4월의 모자 생산량이 같을 때 표와 꺾은선그래프를 완성해 보세요.

Tip 먼저 꺾은선그래프를 보고 표를 채웁니다.

모자 생산량

월(월)	1	2	3	4	5
생산량(개)	1300				2100

모자 생산량

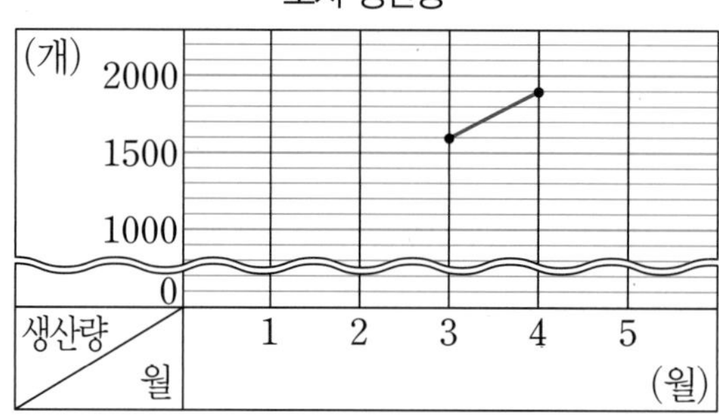

풀이

대표 유형 **02**

02 어느 지역에 살고 있는 외국인 수를 조사하여 나타낸 꺾은선그래프입니다. 2016년의 외국인 수가 280명일 때, 살고 있는 외국인 수가 가장 적은 해의 외국인 수는 몇 명인지 구하세요.

Tip (세로 눈금 한 칸)
=(항목의 자료값)
÷(항목의 눈금 수)

외국인 수

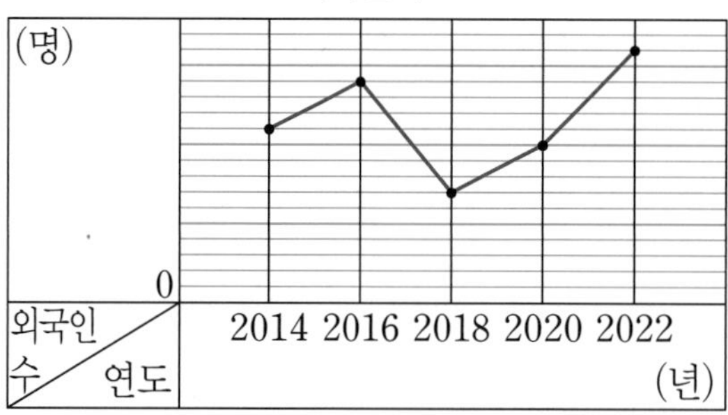

풀이

답 ______

>> 정답 및 풀이 42~43쪽

대표 유형 05

03 어느 회사에서 가 제품과 나 제품의 판매량을 조사하여 나타낸 꺾은선그래프입니다. 두 제품의 판매량의 차가 가장 작은 때의 두 제품의 판매량의 합은 몇 개인지 구하세요.

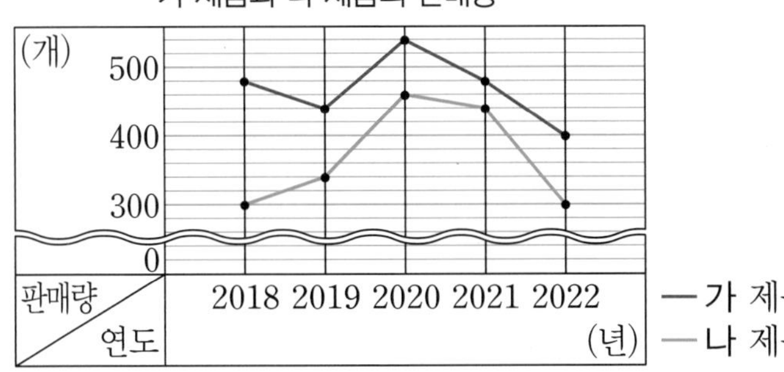

Tip
두 꺾은선 사이의 간격이 작을수록 두 제품의 판매량의 차가 작습니다.

풀이

답 ____________

대표 유형 04

04 어느 농장의 감자 수확량을 조사하여 나타낸 꺾은선그래프입니다. 이 꺾은선그래프의 세로 눈금 한 칸의 크기를 5 kg으로 하여 다시 그린다면 감자 수확량이 가장 많은 때와 가장 적은 때의 세로 눈금은 몇 칸 차이가 나는지 구하세요.

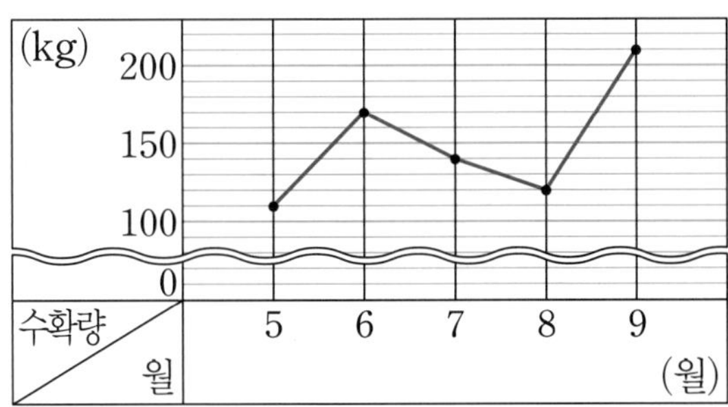

풀이

답 ____________

실전 적용

대표 유형 02

05 어느 과수원의 복숭아 생산량을 조사하여 나타낸 꺾은선그래프입니다. 조사한 기간 동안 생산한 복숭아가 모두 300상자일 때, ㉠과 ㉡에 알맞은 수를 각각 구하세요.

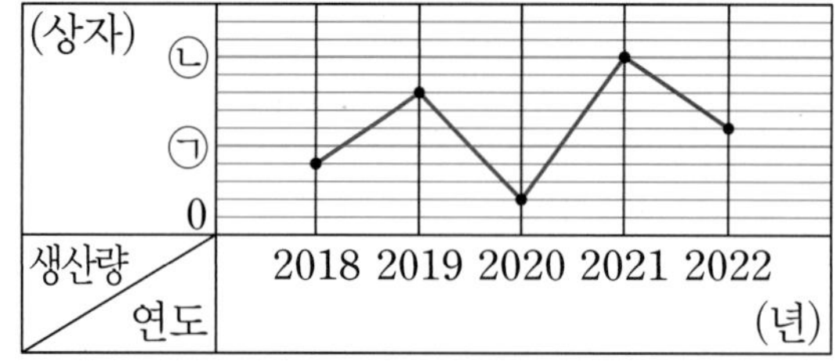

풀이

답 ㉠: ________, ㉡: ________

대표 유형 03

06 하윤이의 수학 점수와 과학 점수를 나타낸 꺾은선그래프입니다. 1차부터 5차 시험까지의 과학 점수의 합은 수학 점수의 합보다 30점 더 낮을 때 꺾은선그래프를 완성해 보세요.

Tip
수학 점수와 과학 점수의 합을 각각 구합니다.

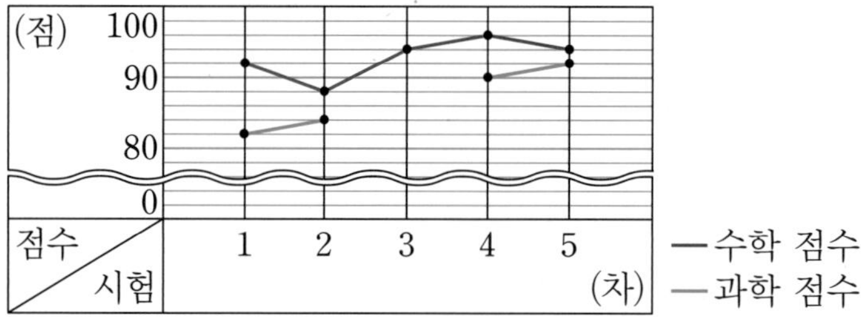

풀이

대표 유형 06

07 어느 해 7월의 최고 기온과 같은 기간에 어느 마트의 아이스크림 판매량을 각각 조사하여 나타낸 꺾은선그래프입니다. 이 마트에서 아이스크림 1개를 500원에 판매한다면 전날에 비해 최고 기온이 가장 많이 높아진 때의 아이스크림 판매 금액은 전날에 비해 얼마 늘어났는지 구하세요.

Tip

전날에 비해 최고 기온이 가장 많이 높아진 때를 왼쪽 그래프에서 먼저 찾습니다.

최고 기온

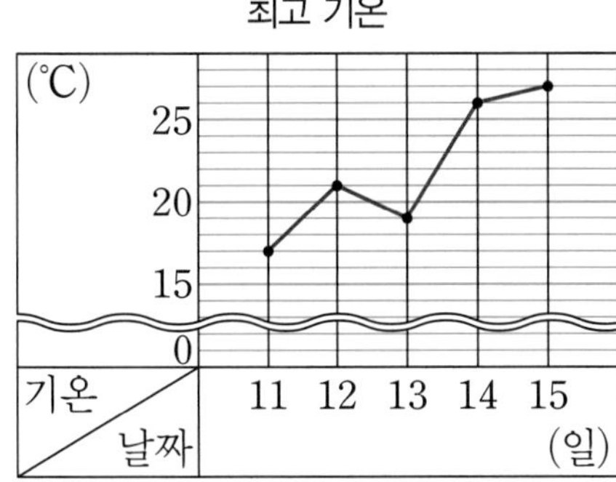

아이스크림 판매량

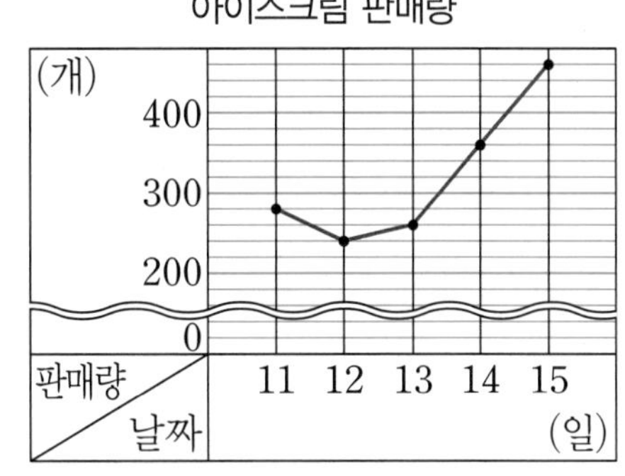

풀이

답 ____________

대표 유형 03

08 어느 건물의 재활용 쓰레기 배출량을 조사하여 나타낸 꺾은선그래프입니다. 월요일부터 금요일까지의 재활용 쓰레기 배출량은 모두 2016 kg이고 목요일의 재활용 쓰레기 배출량이 수요일보다 40 kg 더 적습니다. 꺾은선그래프를 완성해 보세요.

수요일의 재활용 쓰레기 배출량을 ■ kg이라 하여 식을 세웁니다.

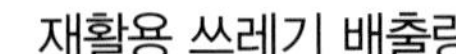

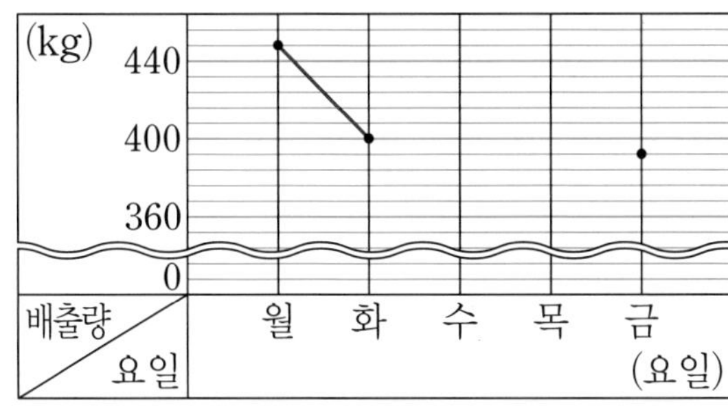

풀이

5 꺾은선그래프

다각형

유형 변형 대표 유형

01 길이가 같은 변의 수를 세어 보자.
이어 붙인 도형에서 변의 길이 구하기

02 (정다각형의 모든 변의 길이의 합) = (한 변의 길이) × (변의 수)
정다각형의 모든 변의 길이의 합을 이용하여 정다각형의 이름 구하기

03 다각형을 삼각형 또는 사각형으로 나누어 보자.
정다각형에서 각의 크기 구하기

04 직사각형의 한 대각선은 다른 대각선을 반으로 나눈다.
직사각형에서 대각선의 길이 구하기

05 모양 조각을 어떻게 놓은 것인지 나타내 보자.
만든 모양에서 각도 구하기

06 여러 가지 사각형의 성질을 이용하자.
여러 가지 사각형에서 대각선의 길이 구하기

07 바깥쪽 각의 크기는 직선(180°)에서 안쪽 각의 크기를 뺀 값이다.
정다각형에서 바깥쪽 각의 크기 구하기

08 모양 조각을 이어 붙여 직사각형을 만들자.
필요한 모양 조각의 수 구하기

다각형과 정다각형

교과서 개념

● 다각형: 선분으로만 둘러싸인 도형

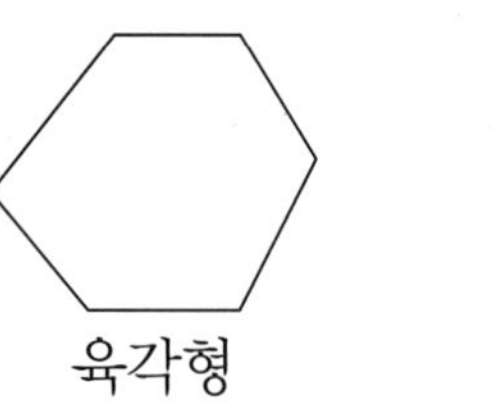
육각형

칠각형

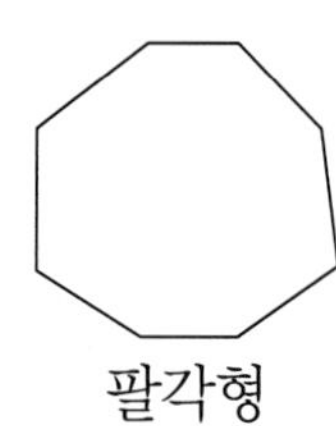
팔각형

변의 수에 따라 변이 ■개이면 ■각형이라고 부릅니다.

● 정다각형: 변의 길이가 모두 같고, 각의 크기가 모두 같은 다각형

정삼각형

정사각형

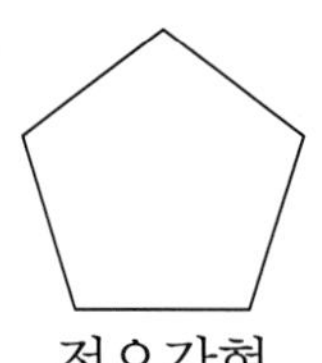
정오각형

정육각형

변의 수에 따라 변이 ▲개이면 정▲각형이라고 부릅니다.

[01~02] 도형을 보고 물음에 답하세요.

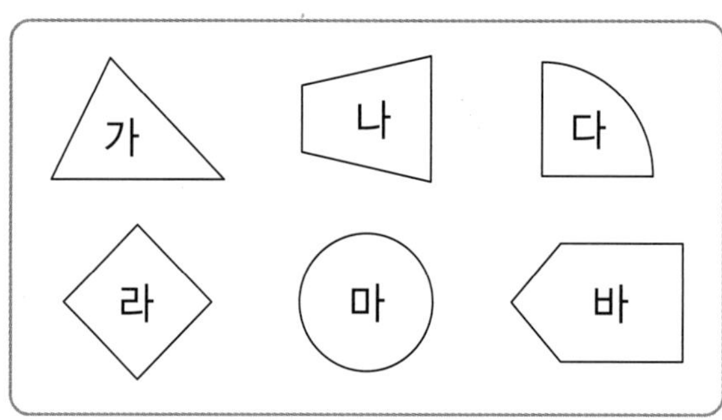

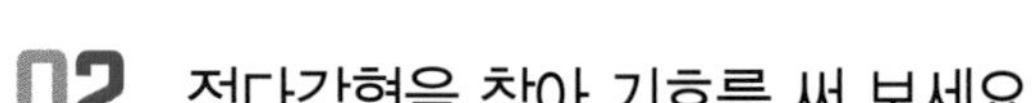

01 다각형을 모두 찾아 기호를 써 보세요.

(　　　　　　　　　　)

02 정다각형을 찾아 기호를 써 보세요.

(　　　　　　　　　　)

03 오른쪽은 한 변의 길이가 4 cm인 정육각형입니다. 이 정육각형의 모든 변의 길이의 합을 구하세요.

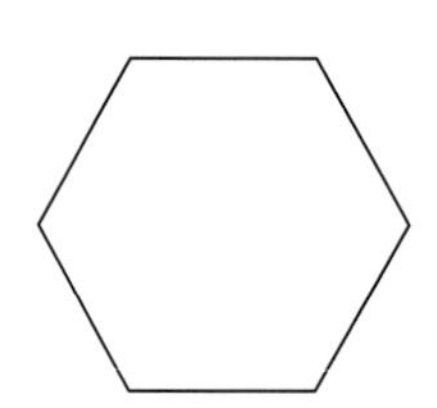

(　　　　　　　　　　)

>> 정답 및 풀이 44쪽

활용 개념 1 다각형의 모든 각의 크기의 합

다각형	삼각형	사각형	오각형	육각형
삼각형의 수(개)	1	$4-2=2$	$5-2=3$	$6-2=4$
모든 각의 크기의 합	180°	$180^\circ\times2=360^\circ$	$180^\circ\times3=540^\circ$	$180^\circ\times4=720^\circ$

04 칠각형의 모든 각의 크기의 합은 몇 도인지 구하세요.

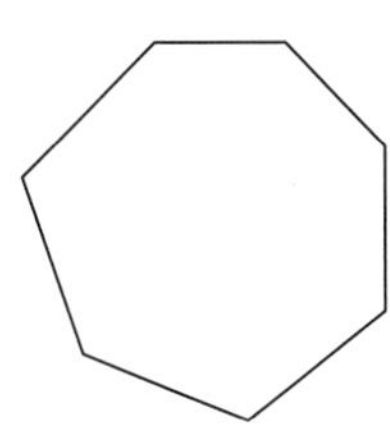

(　　　　　　　　)

05 정팔각형의 모든 각의 크기의 합은 1080°입니다. 정팔각형의 한 각의 크기는 몇 도인지 구하세요.

06 정십각형의 한 각의 크기는 몇 도인지 구하세요.

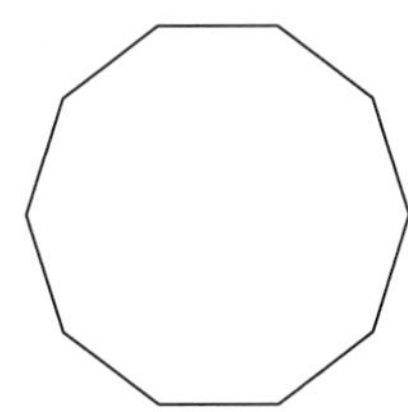

(　　　　　　　　)

6 다각형

대각선

교과서 개념

● **대각선**: 다각형에서 선분 ㄱㄷ, 선분 ㄴㄹ과 같이 서로 이웃하지 않는 두 꼭짓점을 이은 선분

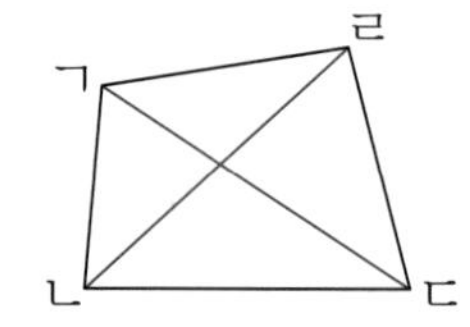

● **여러 가지 사각형의 대각선의 성질**

	사다리꼴	평행사변형	마름모	직사각형	정사각형
두 대각선의 길이가 같은 사각형	×	×	×	○	○
두 대각선이 서로 수직으로 만나는 사각형	×	×	○	×	○
한 대각선이 다른 대각선을 반으로 나누는 사각형	×	○	○	○	○
두 대각선이 서로 수직으로 만나고 길이가 같은 사각형	×	×	×	×	○

[01~02] 사각형을 보고 물음에 답하세요.

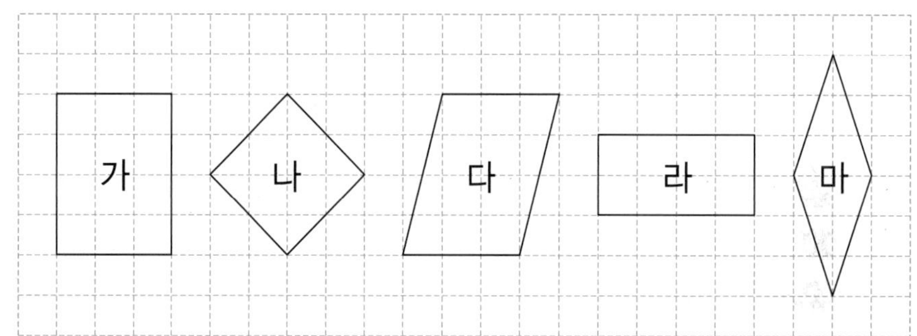

01 두 대각선이 서로 수직으로 만나는 사각형을 모두 찾아 기호를 써 보세요.

( )

02 두 대각선의 길이가 같은 사각형을 모두 찾아 기호를 써 보세요.

( )

>> 정답 및 풀이 44쪽

03 바르게 설명한 것을 찾아 기호를 써 보세요.

㉠ 직사각형의 대각선은 모두 4개입니다.
㉡ 마름모의 두 대각선은 길이가 같습니다.
㉢ 평행사변형의 한 대각선은 다른 대각선을 반으로 나눕니다.

( )

활용 개념 1 대각선의 수

예 육각형의 대각선의 수 구하기

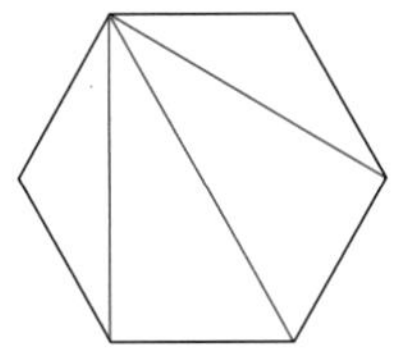

➜

① 한 꼭짓점에서 대각선을 $6-3=3$(개)씩 그을 수 있습니다.
➜ $3\times6=18$

② 각 꼭짓점에서 대각선을 그으면 2번씩 겹쳐지므로 2로 나눕니다.
➜ $18\div2=9$

➜ 대각선의 수: 9개

04 오른쪽 다각형에 그을 수 있는 대각선의 수를 구하세요.

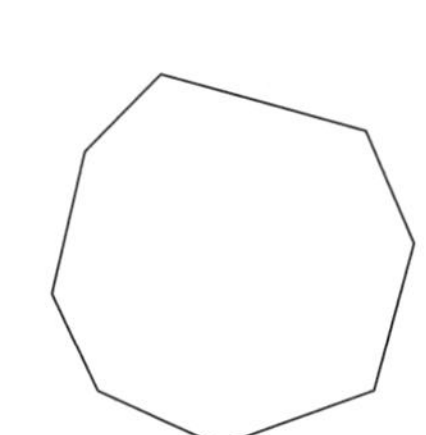

( )

05 십이각형에 그을 수 있는 대각선의 수를 구하세요.

( )

모양 만들기와 모양 채우기

교과서 개념

● 모양 조각의 이름 알아보기

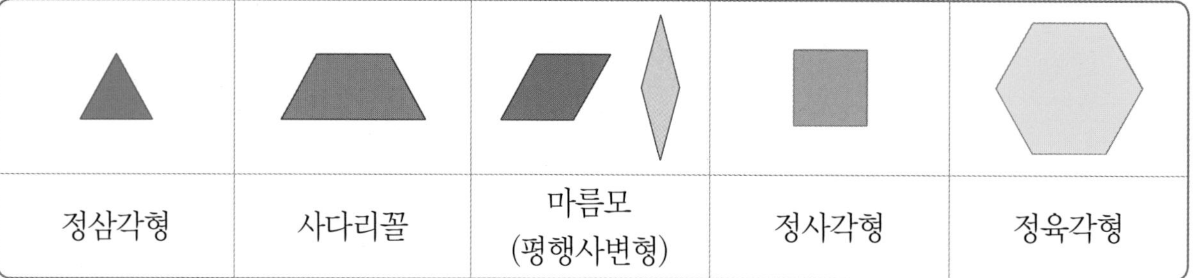

정삼각형	사다리꼴	마름모 (평행사변형)	정사각형	정육각형

● 모양 만들기

예

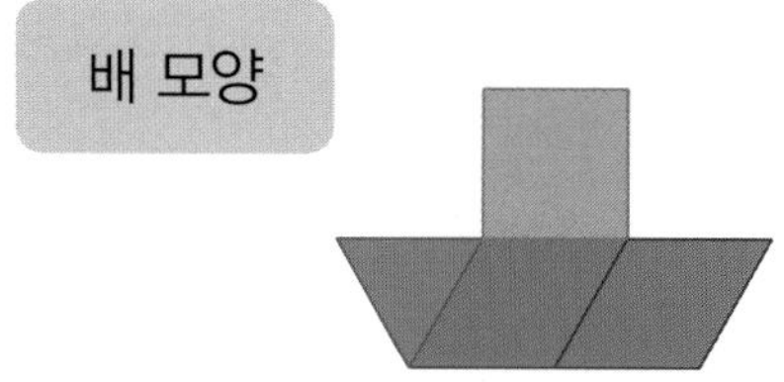

● 모양 채우기

예 정육각형을 다양한 방법으로 채우기

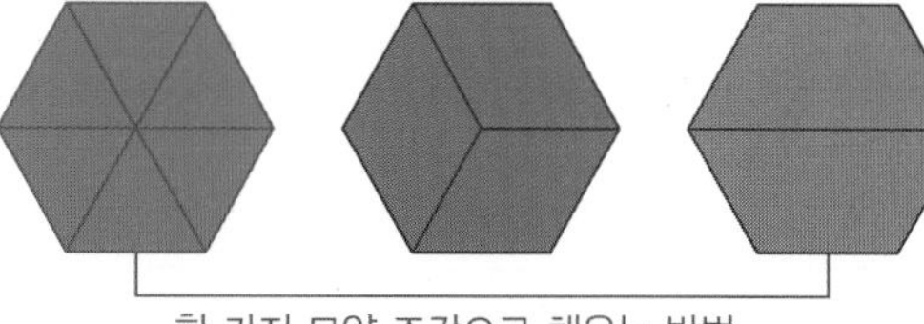

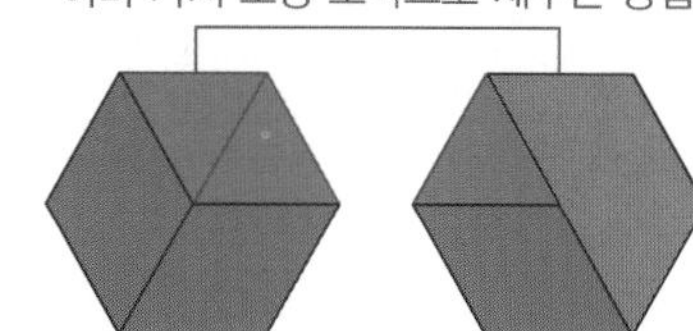

01 모양 조각을 보고 도형에 따라 분류해 보세요.

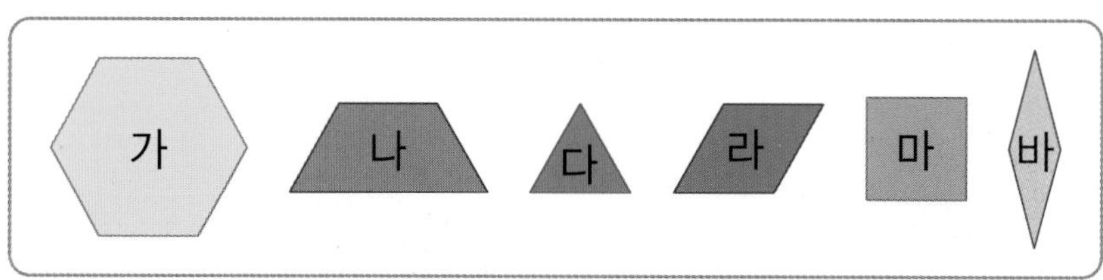

삼각형	사각형	육각형

>> 정답 및 풀이 44쪽

02 왼쪽의 2가지 모양 조각을 사용하여 오각형을 만들어 보세요.

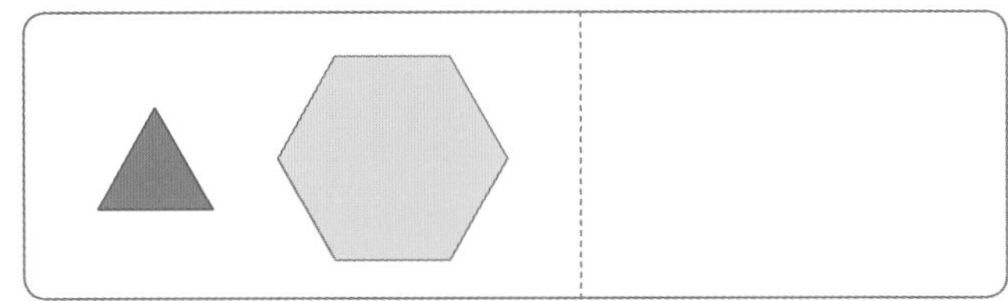

03 모양 조각을 사용하여 다음 모양을 채워 보세요. (단, 같은 모양 조각을 여러 번 사용할 수 있습니다.)

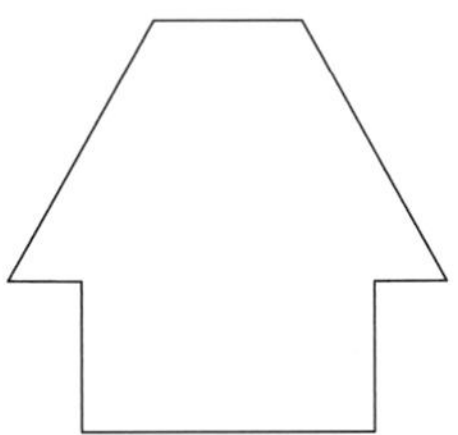

6 다각형

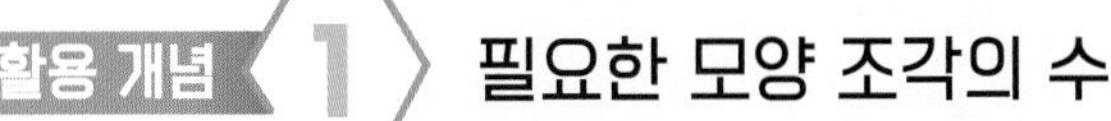

필요한 모양 조각의 수

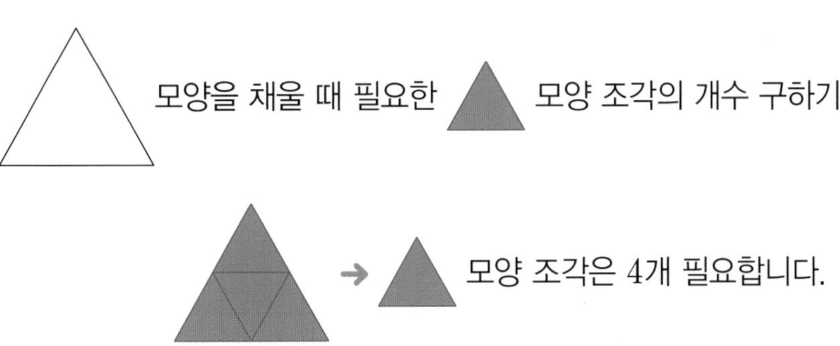

예
모양을 채울 때 필요한
모양 조각의 개수 구하기
모양 조각은 4개 필요합니다.

04 왼쪽 모양 조각으로 오른쪽 모양을 겹치지 않게 빈틈없이 채우려면 모양 조각이 모두 몇 개 필요할까요?

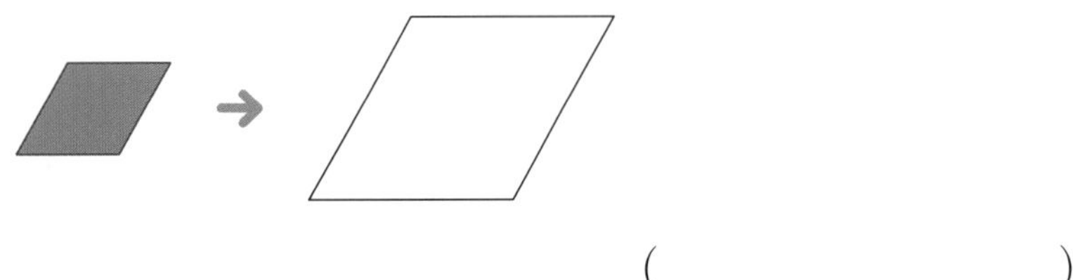

(   )

유형 변형

길이가 같은 변의 수를 세어 보자.

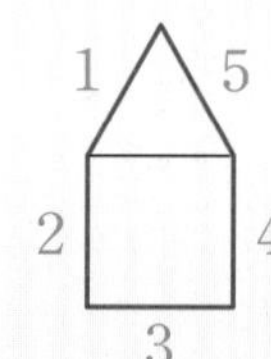

정삼각형의 한 변의 길이가 2 cm일 때
빨간색 선의 길이는 정삼각형의 한 변의 길이의 5배입니다.
➜ $2\times5=10$ (cm)

대표 유형 01

정사각형 한 개와 정삼각형 4개를 겹치지 않게 이어 붙인 도형입니다. 정사각형의 네 변의 길이의 합이 12 cm일 때 빨간색 선의 길이는 몇 cm인지 구하세요.

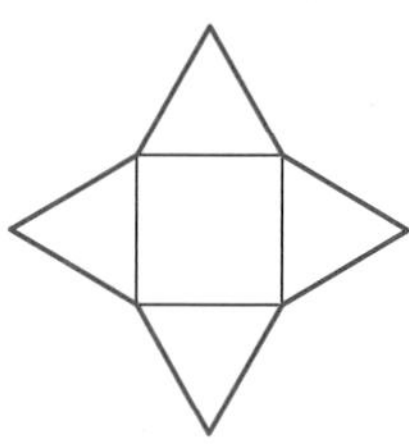

풀이

❶ (정사각형의 한 변의 길이)=☐÷☐=☐(cm)

❷ (정삼각형의 한 변의 길이)=(정사각형의 한 변의 길이)이므로
빨간색 선의 길이는 정사각형의 한 변의 길이의 ☐배입니다.

❸ (빨간색 선의 길이)=☐×☐=☐(cm)

답 ________________

예제 정삼각형과 정육각형을 겹치지 않게 이어 붙인 도형입니다. 정육각형의 모든 변의 길이의 합이 48 cm일 때 빨간색 선의 길이는 몇 cm인지 구하세요.

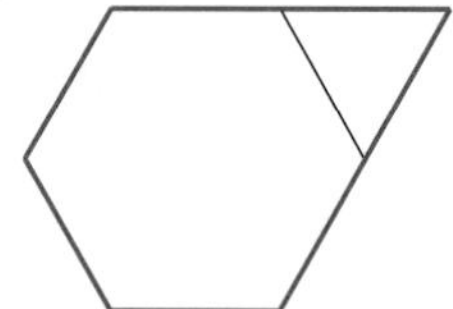

(　　　　　　　　)

01-1 변형

정삼각형 6개를 겹치지 않게 이어 붙여 정육각형을 만들었습니다. 정삼각형 한 개의 세 변의 길이의 합이 21 cm일 때 정육각형의 모든 변의 길이의 합은 몇 cm인지 구하세요.

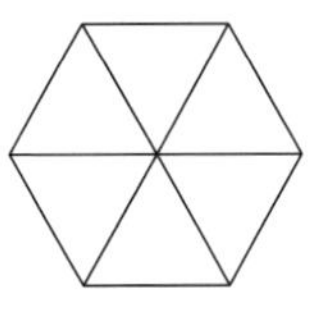

(　　　　　　　　)

01-2 변형

정오각형과 정사각형을 겹치지 않게 이어 붙인 도형입니다. 정오각형의 모든 변의 길이의 합이 40 cm일 때 빨간색 선의 길이는 몇 cm인지 구하세요.

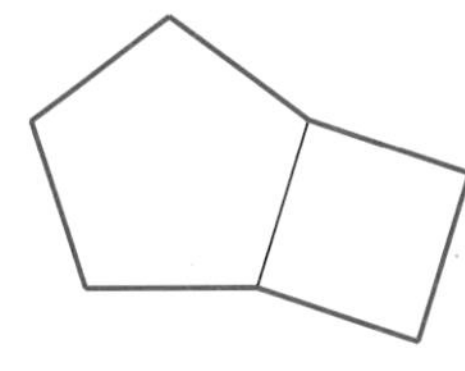

(　　　　　　　　)

01-3 발전

정오각형 2개와 정육각형 한 개를 겹치지 않게 이어 붙인 도형입니다. 정육각형의 모든 변의 길이의 합이 24 cm일 때 빨간색 선의 길이는 몇 cm인지 구하세요.

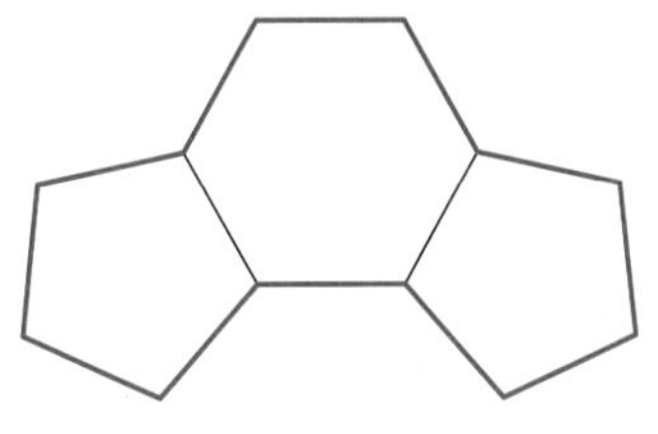

(　　　　　　　　)

(정다각형의 모든 변의 길이의 합)=(한 변의 길이)×(변의 수)

유형 솔루션

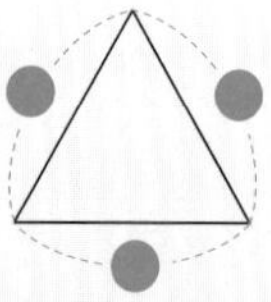

(정삼각형의 모든 변의 길이의 합)
=●×3

대표 유형 02

길이가 50 cm인 철사를 겹치지 않게 사용하여 한 변의 길이가 6 cm인 정다각형을 한 개 만들었습니다. 남은 철사가 20 cm일 때 만든 정다각형의 이름을 써 보세요.

풀이

❶ (사용한 철사의 길이)=(처음 철사의 길이)−(남은 철사의 길이)

=☐−☐=☐(cm)

❷ (정다각형의 변의 수)=(사용한 철사의 길이)÷(한 변의 길이)

=☐÷☐=☐(개)

❸ 만든 정다각형의 이름은 ☐입니다.

답 ______________

예제 길이가 74 cm인 끈을 겹치지 않게 사용하여 한 변의 길이가 8 cm인 정다각형을 한 개 만들었습니다. 남은 끈이 26 cm일 때 만든 정다각형의 이름을 써 보세요.

(　　　　　　　　)

» 정답 및 풀이 45~46쪽

02-1 변형

유영이는 한 변의 길이가 9 cm인 정다각형을 한 개 그렸습니다. 유영이가 그린 정다각형의 모든 변의 길이의 합이 다음 정삼각형의 세 변의 길이의 합과 같다면 유영이가 그린 정다각형의 이름은 무엇일까요?

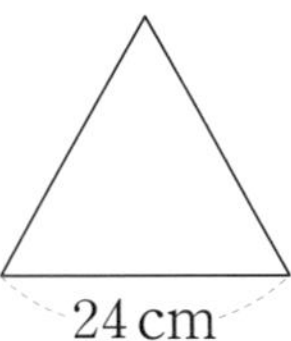

(　　　　　　　　　)

02-2 변형

철사를 겹치지 않게 모두 사용하여 한 변의 길이가 10 cm인 정칠각형을 만들었습니다. 이 철사와 같은 길이의 철사를 겹치지 않게 모두 사용하여 정오각형 한 개를 만들려고 합니다. 정오각형의 한 변의 길이는 몇 cm로 해야 할까요?

(　　　　　　　　　)

02-3 발전

길이가 246 cm인 끈을 겹치지 않게 모두 사용하여 한 변의 길이가 15 cm인 정팔각형과 한 변의 길이가 21 cm인 정다각형을 한 개씩 만들었습니다. 한 변의 길이가 21 cm인 정다각형의 이름을 써 보세요.

(　　　　　　　　　)

유형 변형

다각형을 삼각형 또는 사각형으로 나누어 보자.

• 정오각형의 모든 각의 크기의 합

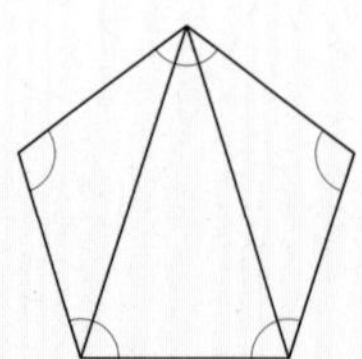

삼각형 3개로 나눌 수 있으므로
$180° \times 3 = 540°$

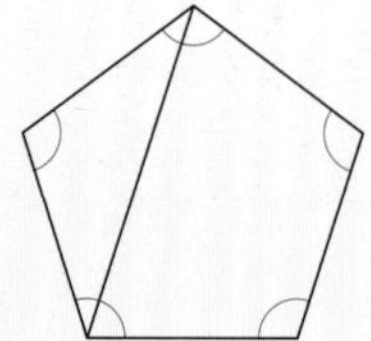

삼각형 1개와 사각형 1개로 나눌 수 있으므로
$180° + 360° = 540°$

대표 유형 03

정팔각형에서 ㉠의 각도를 구하세요.

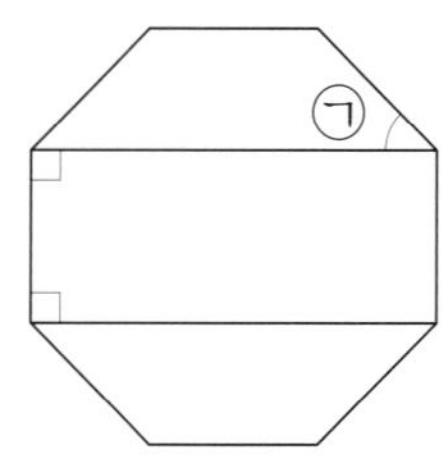

풀이

❶ 정팔각형은 그림과 같이 사각형 ☐개로 나눌 수 있으므로

(정팔각형의 모든 각의 크기의 합)$=360° \times$ ☐ $=$ ☐$°$

❷ (정팔각형의 한 각의 크기)$=$ ☐$° \div$ ☐ $=$ ☐$°$

❸ ㉠$=$ ☐$° - 90° =$ ☐$°$

답 ______________

예제 정육각형에서 ㉠의 각도를 구하세요.

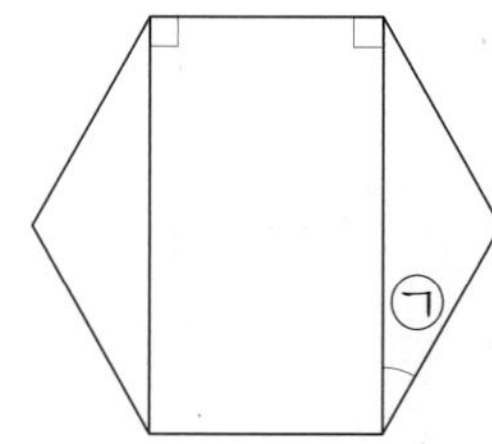

(　　　　　　　　)

>> 정답 및 풀이 46~47쪽

03-1 변형

정십이각형에서 ㉠의 각도를 구하세요.

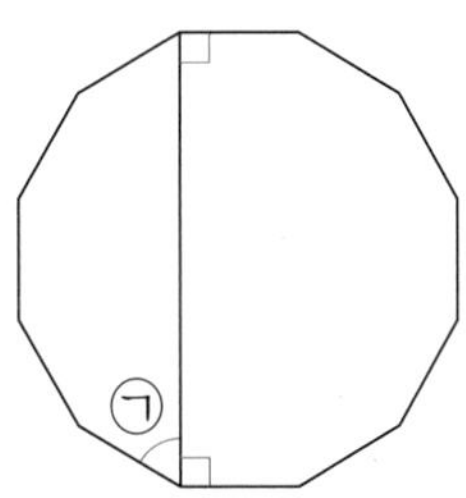

(　　　　　　　　)

03-2 변형

정십각형에서 각 ㄹㄷㅁ의 크기를 구하세요.

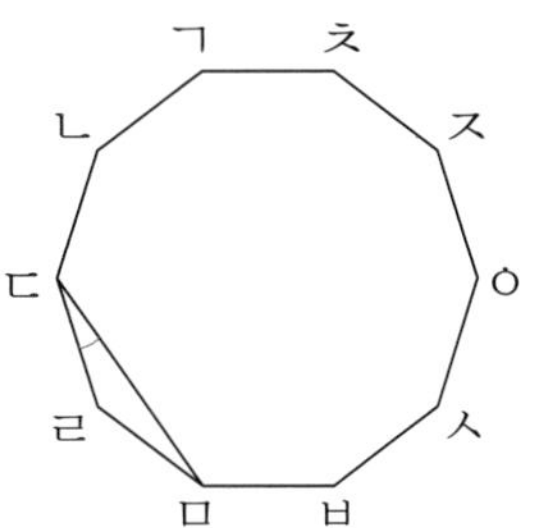

(　　　　　　　　)

03-3 발전

정구각형에서 각 ㅂㅊㅅ의 크기를 구하세요.

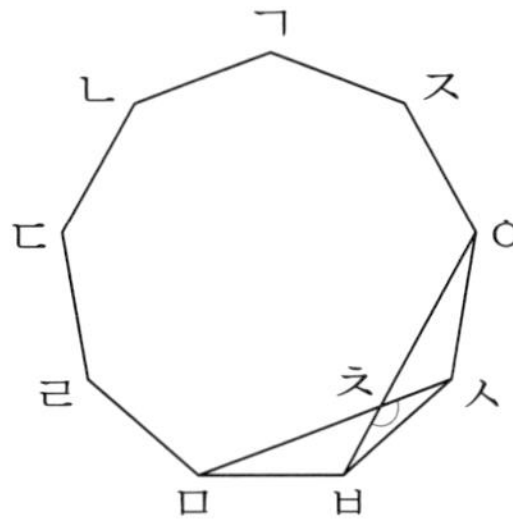

(　　　　　　　　)

6 다각형

유형 변형 직사각형의 한 대각선은 다른 대각선을 반으로 나눈다.

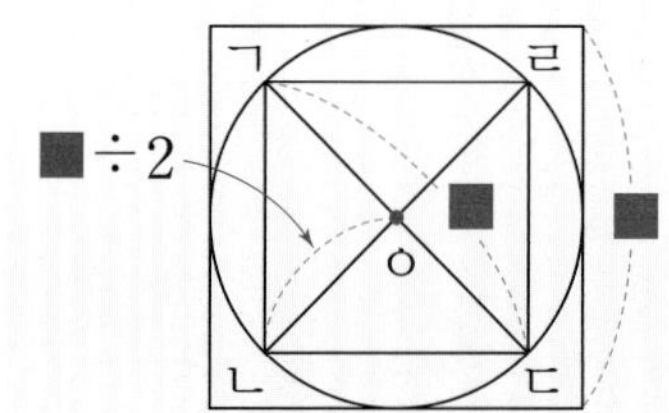

대표 유형 04

다음 그림은 한 변의 길이가 20 cm인 정사각형 안에 원을 그리고, 그 원 위의 네 점을 이어 다시 정사각형 ㄱㄴㄷㄹ을 그린 것입니다. 선분 ㄱㅇ의 길이는 몇 cm인지 구하세요.

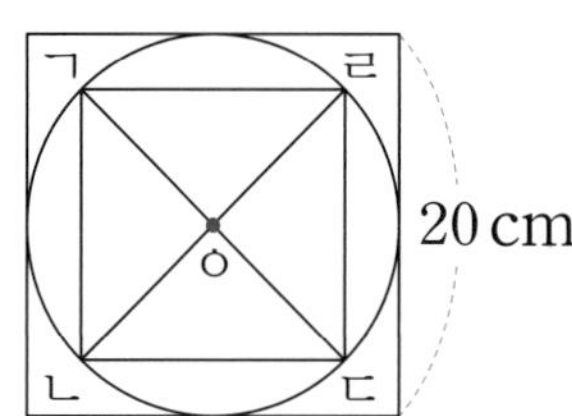

풀이

❶ (원의 지름)=(큰 정사각형의 한 변의 길이)=☐ cm

❷ 원의 지름과 선분 ㄱㄷ의 길이가 같고 선분 ㄱㄷ은 정사각형 ㄱㄴㄷㄹ의 대각선입니다.

❸ 정사각형은 한 대각선이 다른 대각선을 반으로 나누므로

(선분 ㄱㅇ)=(선분 ㄱㄷ)÷2=☐÷☐=☐(cm)입니다.

답 ______________

예제 다음 그림은 한 변의 길이가 36 cm인 정사각형 안에 원을 그리고, 그 원 위의 네 점을 이어 다시 정사각형 ㄱㄴㄷㄹ을 그린 것입니다. 선분 ㄴㅇ의 길이는 몇 cm인지 구하세요.

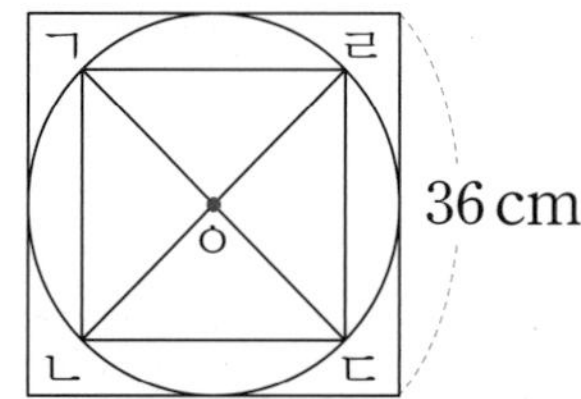

(   )

>> 정답 및 풀이 47쪽

04-1 변형

다음 그림은 한 변의 길이가 42 cm인 정사각형 안에 원을 그리고, 그 원 위의 네 점을 이어서 다시 직사각형 ㄱㄴㄷㄹ을 그린 것입니다. 선분 ㄱㅇ의 길이는 몇 cm인지 구하세요.

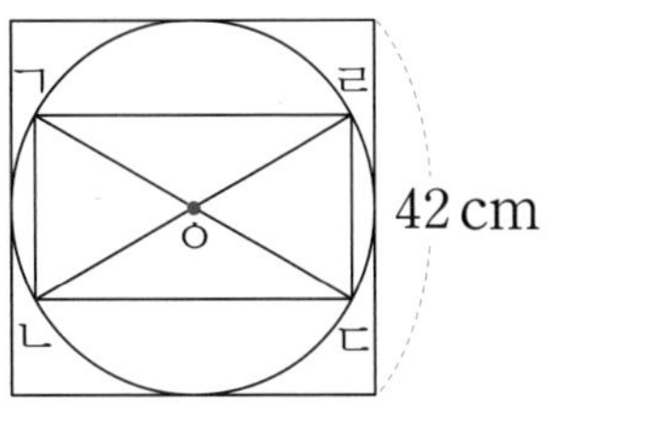

( )

04-2 변형

다음 그림은 점 ㅇ이 원의 중심이고 반지름이 14 cm인 원 안에 정사각형 ㄱㄴㄷㄹ을 그린 것입니다. 정사각형 ㄱㄴㄷㄹ의 두 대각선의 길이의 합은 몇 cm인지 구하세요.

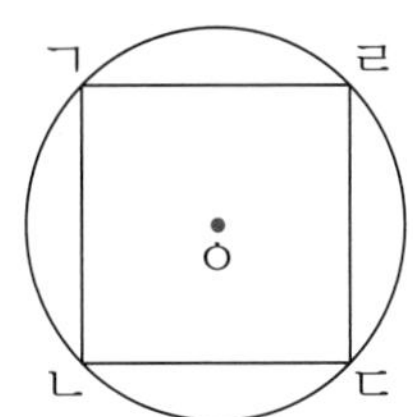

( )

04-3 발전

다음 그림은 한 변의 길이가 50 cm인 정사각형 안에 원을 그리고, 그 원 위의 네 점을 이어 다시 정사각형 ㄱㄴㄷㄹ을 그린 것입니다. 정사각형 ㄱㄴㄷㄹ의 대각선의 길이의 합은 몇 cm인지 구하세요.

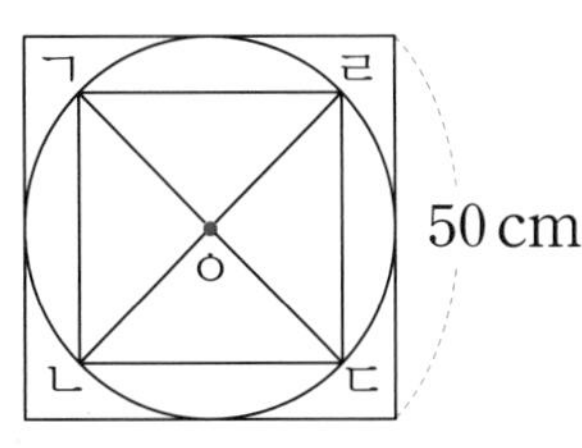

( )

유형 변형

모양 조각을 어떻게 놓은 것인지 나타내 보자.

유형 솔루션

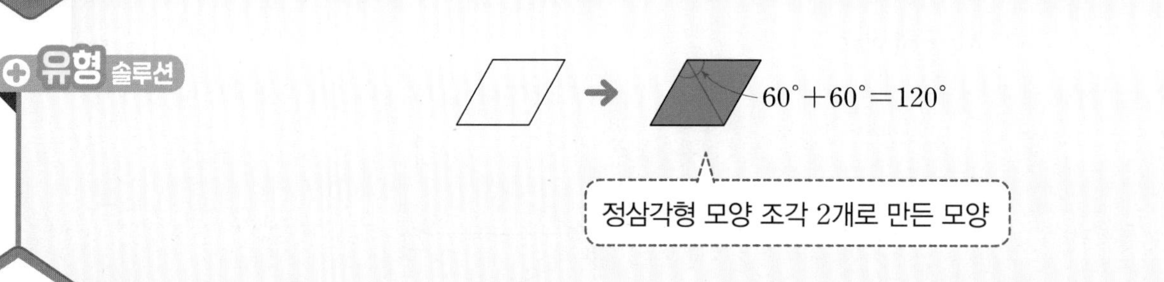

대표 유형 05

왼쪽 모양 조각을 사용하여 오른쪽 모양을 만들었습니다. ㉠과 ㉡의 각도의 합을 구하세요. (단, 같은 모양 조각을 여러 번 사용할 수 있습니다.)

풀이

❶ 주어진 모양을 만들려면 모양 조각을 어떻게 놓아야 하는지 오른쪽 그림에 선을 그어 나타내 봅니다.

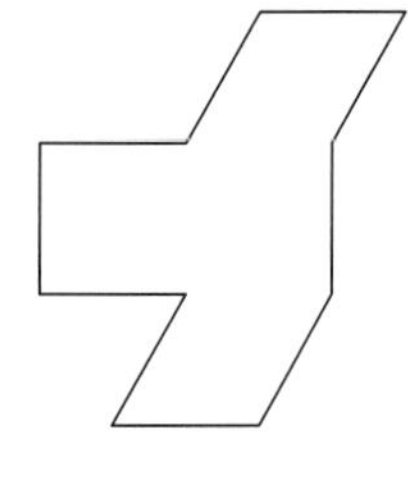

❷ ㉠은 정삼각형의 두 각의 크기의 합이므로

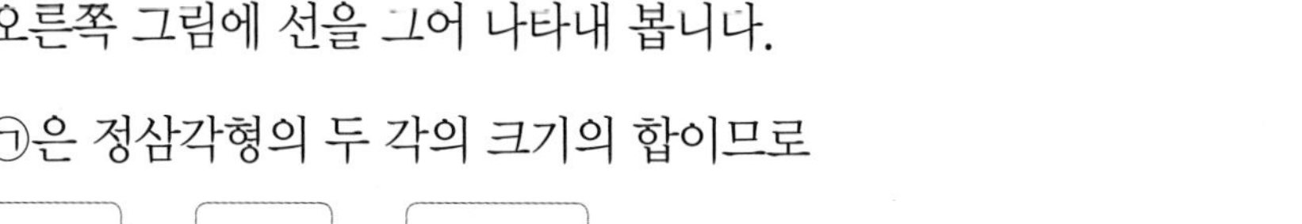

□°+□°=□°이고

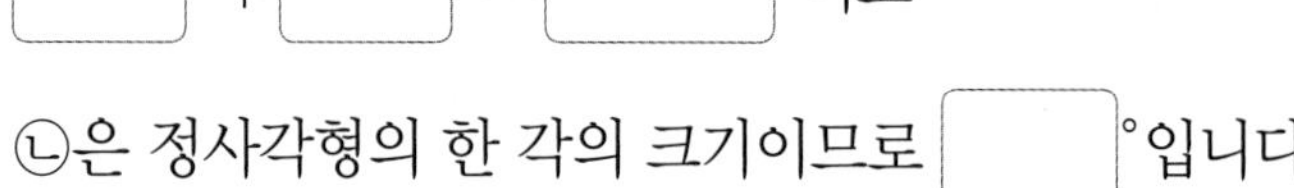

㉡은 정사각형의 한 각의 크기이므로 □°입니다.

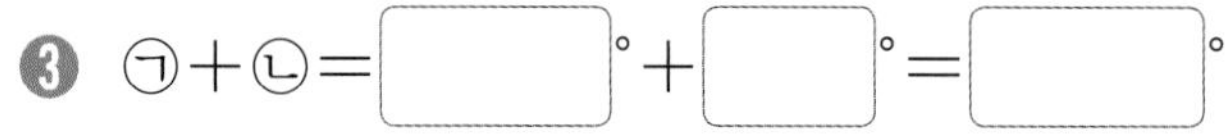

❸ ㉠+㉡=□°+□°=□°

답 ______

예제 왼쪽 모양 조각을 사용하여 오른쪽 모양을 만들었습니다. ㉠과 ㉡의 각도의 합을 구하세요. (단, 같은 모양 조각을 여러 번 사용할 수 있습니다.)

(　　　　　)

>> 정답 및 풀이 48쪽

05-1 변형

왼쪽 모양 조각을 사용하여 오른쪽 모양을 만들었습니다. ㉠과 ㉡의 각도를 각각 구하세요. (단, 같은 모양 조각을 여러 번 사용할 수 있습니다.)

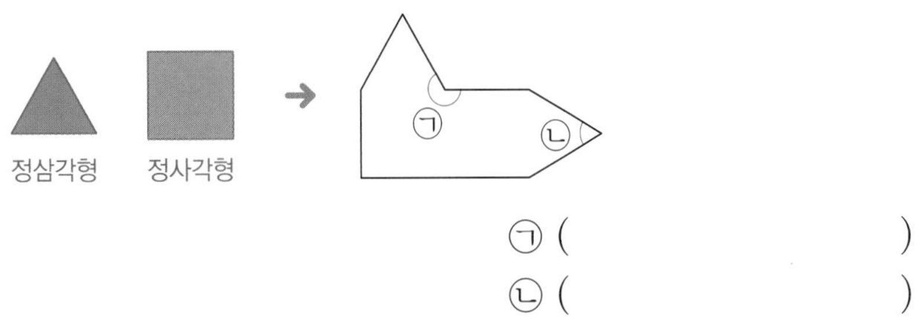

㉠ (   )

㉡ (   )

05-2 변형

왼쪽 모양 조각을 사용하여 오른쪽 모양을 만들었습니다. ㉠과 ㉡의 각도의 차를 구하세요. (단, 같은 모양 조각을 여러 번 사용할 수 있습니다.)

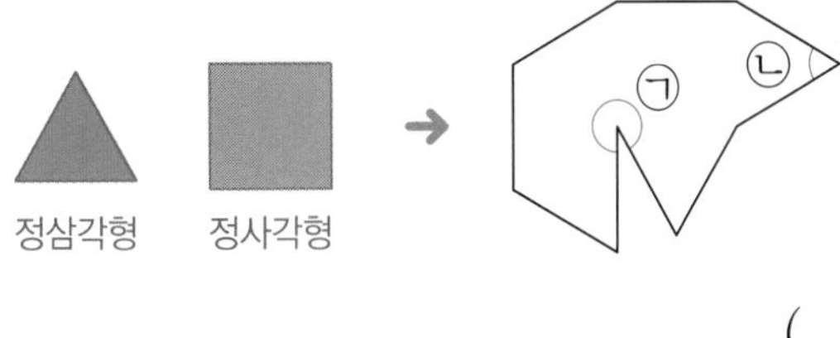

(   )

05-3 발전

왼쪽 모양 조각을 가장 적게 사용하여 오른쪽 모양을 만들었습니다. ㉠과 ㉡의 각도의 합을 구하세요. (단, 같은 모양 조각을 여러 번 사용할 수 있습니다.)

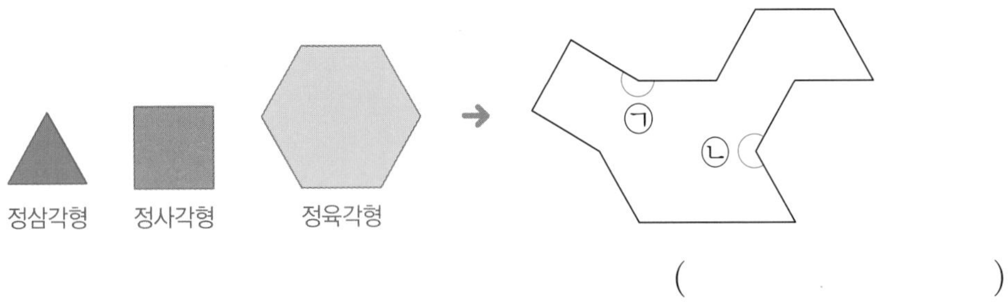

(   )

유형 변형

여러 가지 사각형의 성질을 이용하자.

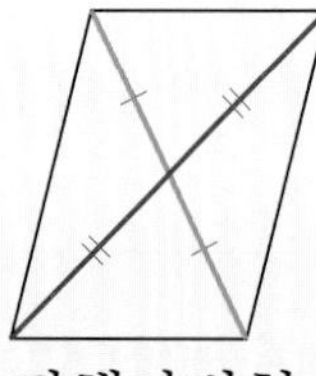

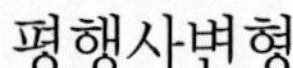

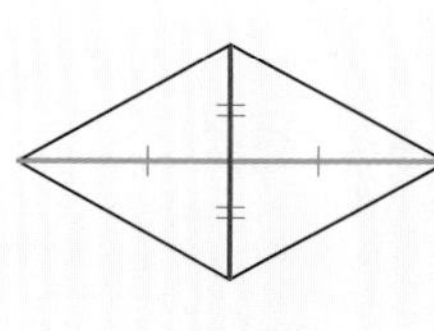

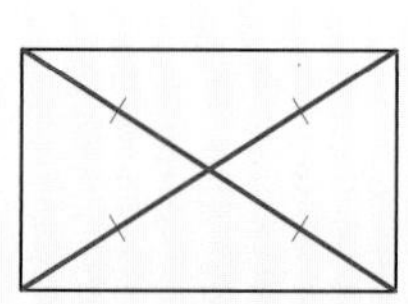

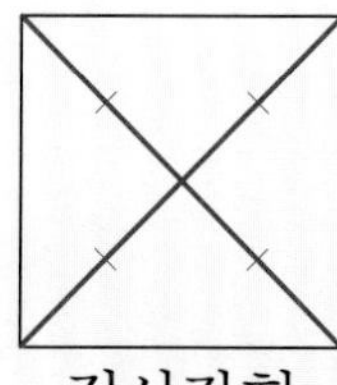

평행사변형　　마름모　　직사각형　　정사각형

대표 유형 06

평행사변형 ㄱㄴㄷㄹ에서 삼각형 ㄴㅁㄷ의 세 변의 길이의 합은 몇 cm인지 구하세요.

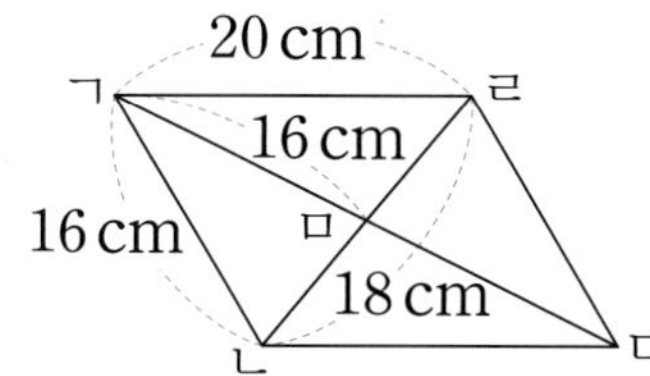

풀이

❶ 평행사변형에서 한 대각선이 다른 대각선을 반으로 나누므로

(선분 ㄷㅁ)=(선분 ㄱㅁ)=☐ cm

(선분 ㄴㅁ)=18÷2=☐ (cm)

❷ 평행사변형에서 마주 보는 변의 길이는 같으므로

(선분 ㄴㄷ)=(선분 ㄱㄹ)=☐ cm

❸ (삼각형 ㄴㅁㄷ의 세 변의 길이의 합)=☐+☐+20=☐ (cm)

답 

예제 평행사변형 ㄱㄴㄷㄹ에서 삼각형 ㄱㅁㄹ의 세 변의 길이의 합은 몇 cm인지 구하세요.

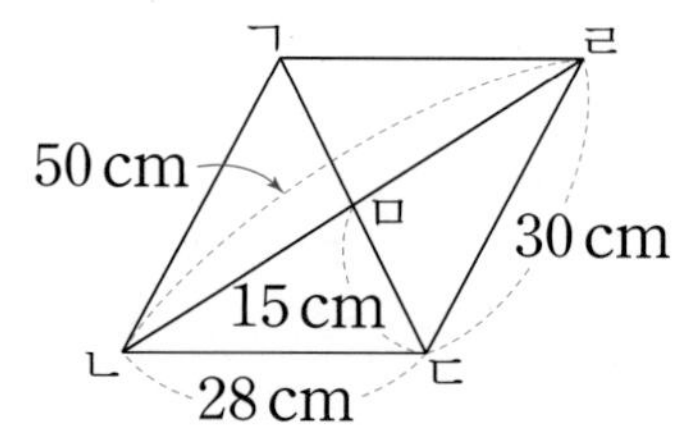

(　　　　　　　　)

>> 정답 및 풀이 48~49쪽

06-1 변형 직사각형 ㄱㄴㄷㄹ에서 색칠한 삼각형의 세 변의 길이의 합은 몇 cm인지 구하세요.

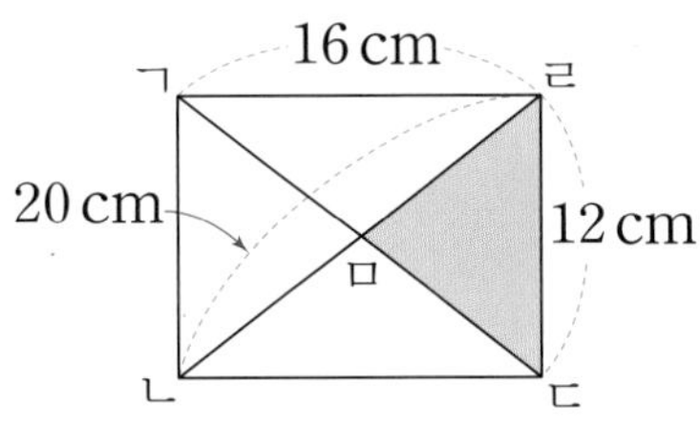

( )

06-2 변형 마름모 ㄱㄴㄷㄹ에서 선분 ㄱㅁ의 길이는 몇 cm인지 구하세요.

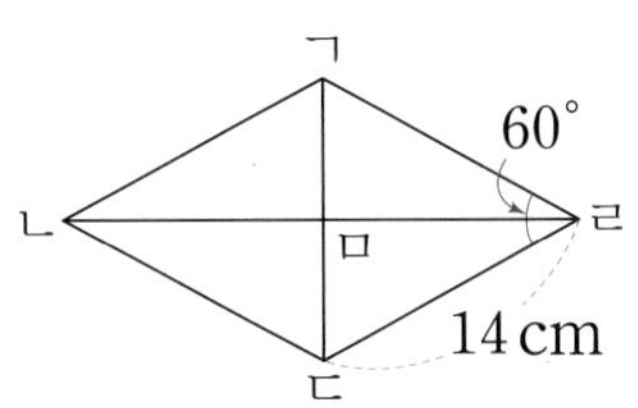

( )

06-3 발전 직사각형 ㄱㄴㄷㅂ의 한 대각선의 길이가 22 cm일 때, 정사각형 ㅂㄷㄹㅁ의 네 변의 길이의 합은 몇 cm인지 구하세요.

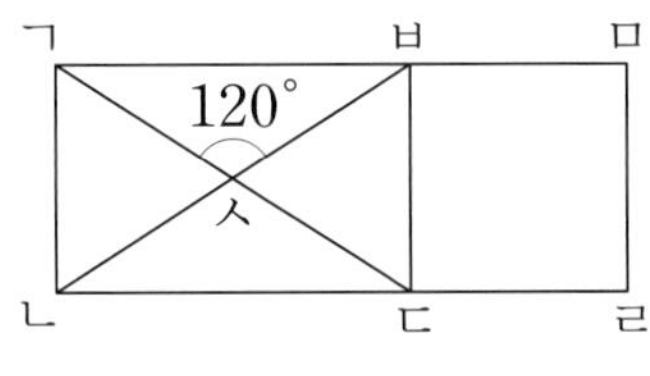

( )

6 다각형

유형변형 바깥쪽 각의 크기는 직선(180°)에서 안쪽 각의 크기를 뺀 값이다.

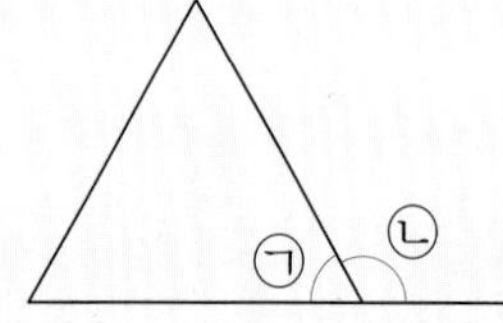

㉡=(직선이 이루는 각도)−㉠
=180°−㉠

대표 유형 07

오른쪽은 정육각형의 각 변의 연장선을 이어 그린 것입니다. ㉠, ㉡, ㉢, ㉣, ㉤, ㉥의 각도의 합을 구하세요.

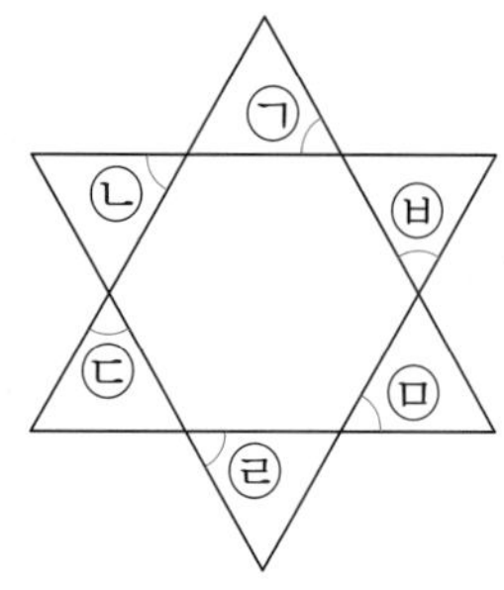

풀이

❶ 정육각형은 삼각형 4개로 나눌 수 있으므로

(정육각형의 모든 각의 크기의 합)=180°×☐=☐°

(정육각형의 한 각의 크기)=☐°÷6=☐°

❷ ㉠, ㉡, ㉢, ㉣, ㉤, ㉥은 각각 정육각형의 한 각의 바깥쪽 각이므로

㉠=㉡=㉢=㉣=㉤=㉥=☐°−☐°=☐°

❸ (㉠, ㉡, ㉢, ㉣, ㉤, ㉥의 각도의 합)=☐°×6=☐°

답 ________

예제 오른쪽은 정팔각형의 각 변의 연장선을 이어 그린 것입니다. ㉠, ㉡, ㉢, ㉣, ㉤, ㉥, ㉦, ㉧의 각도의 합을 구하세요.

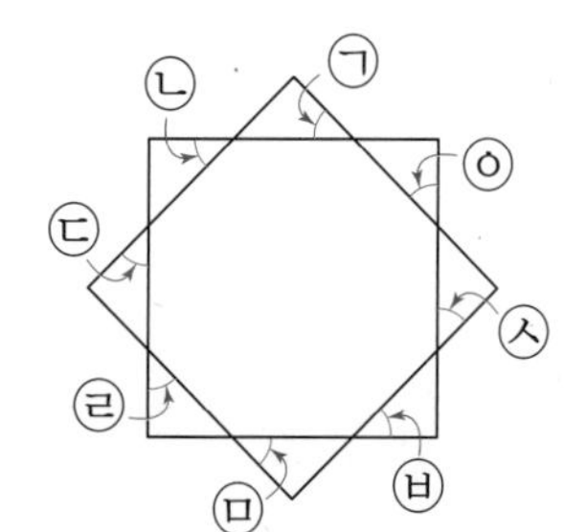

(   )

» 정답 및 풀이 49~50쪽

07-1 변형

정구각형과 직선이 만나서 이루는 ㉠의 각도를 구하세요.

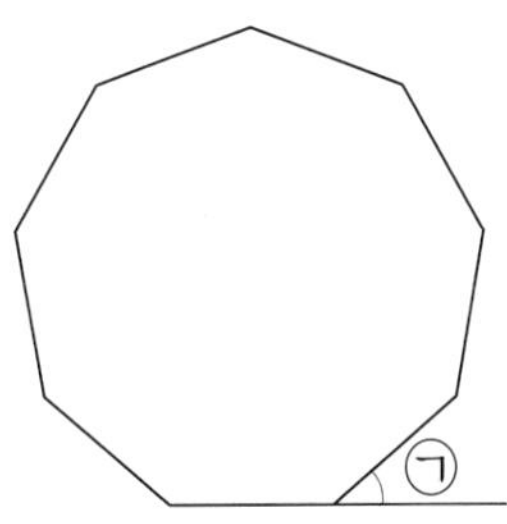

( )

07-2 변형

정오각형의 각 변의 연장선을 이어 그린 것입니다. ㉠의 각도를 구하세요.

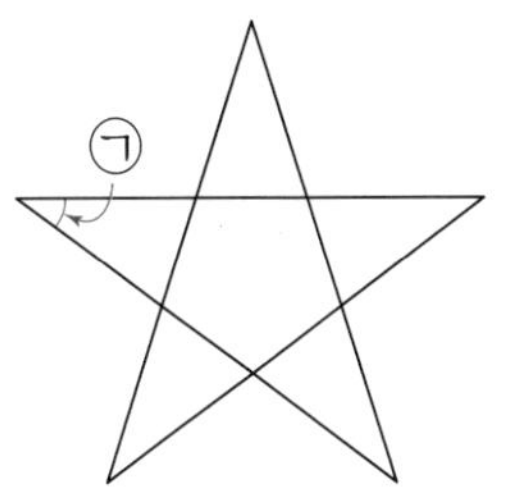

( )

07-3 발전

한 변의 길이가 같은 정오각형과 정육각형을 한 변이 맞닿게 이어 붙여 놓은 것입니다. ㉠의 각도를 구하세요.

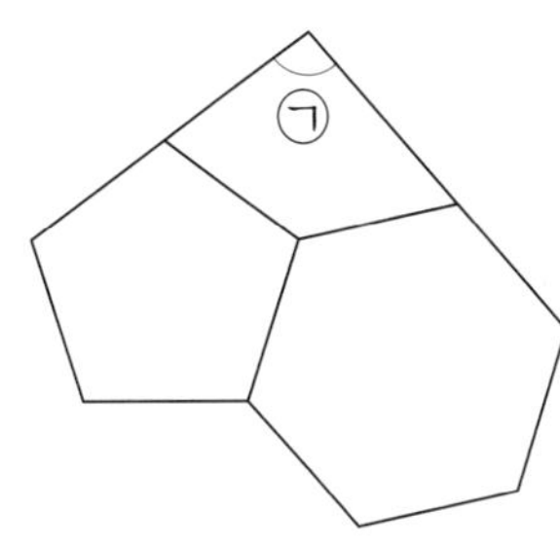

( )

유형 변형

모양 조각을 이어 붙여 직사각형을 만들자.

유형 솔루션

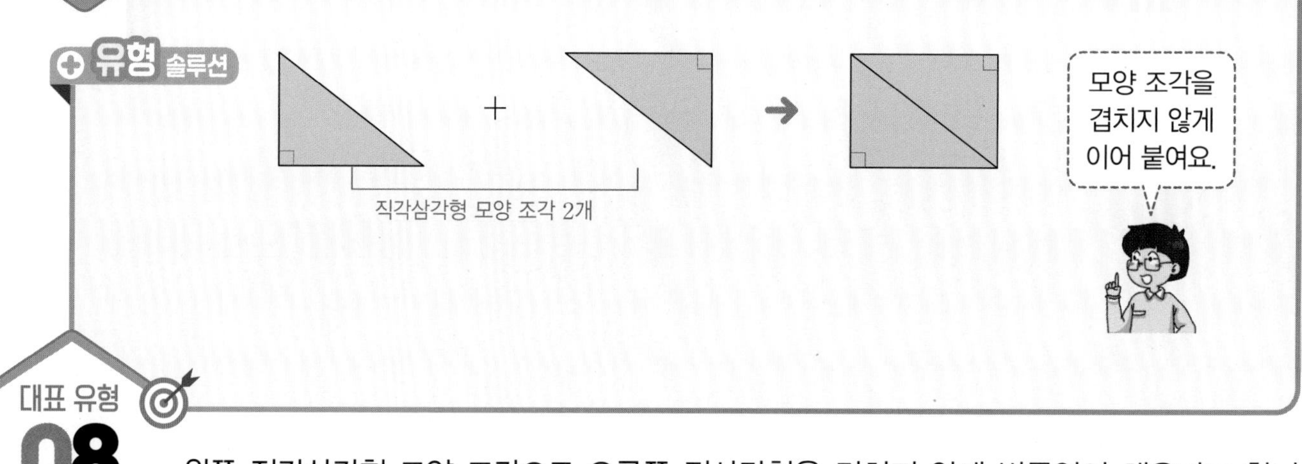

직각삼각형 모양 조각 2개
모양 조각을 겹치지 않게 이어 붙여요.

대표 유형 08

왼쪽 직각삼각형 모양 조각으로 오른쪽 직사각형을 겹치지 않게 빈틈없이 채우려고 합니다. 직각삼각형 모양 조각은 모두 몇 개 필요할까요?

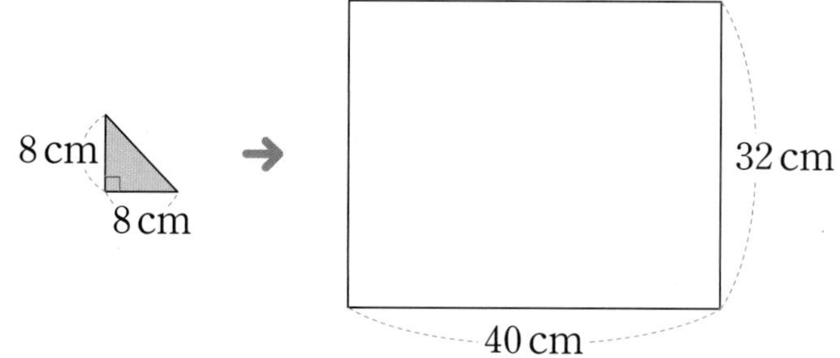

풀이

❶ 직각삼각형 모양 조각 2개를 이어 붙이면

한 변의 길이가 ☐ cm인 정사각형을 만들 수 있습니다.

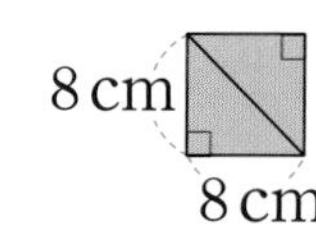

❷ 만든 정사각형으로 가로가 40 cm, 세로가 32 cm인 직사각형을 채우려면

가로에 $40 \div$ ☐ $=$ ☐(개)씩,

세로에 $32 \div$ ☐ $=$ ☐(개)씩 필요합니다.

❸ (필요한 정사각형의 수)$=$ ☐ $\times$ ☐ $=$ ☐(개)

❹ (필요한 직각삼각형 모양 조각의 수)$=$ ☐ $\times$ ☐ $=$ ☐(개)

답 ____________

>> 정답 및 풀이 50~51쪽

예제 왼쪽 직각삼각형 모양 조각으로 오른쪽 직사각형을 겹치지 않게 빈틈없이 채우려고 합니다. 직각삼각형 모양 조각은 모두 몇 개 필요할까요?

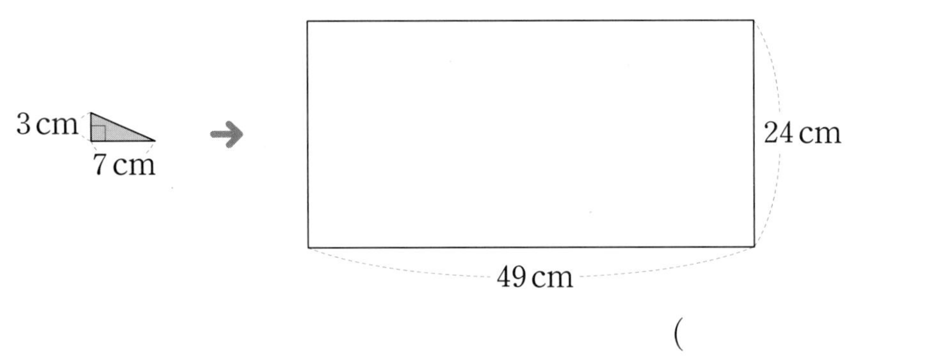

(　　　　　　　　)

08-1 변형 왼쪽 사다리꼴 모양 조각으로 오른쪽 직사각형을 겹치지 않게 빈틈없이 채우려고 합니다. 사다리꼴 모양 조각은 모두 몇 개 필요할까요?

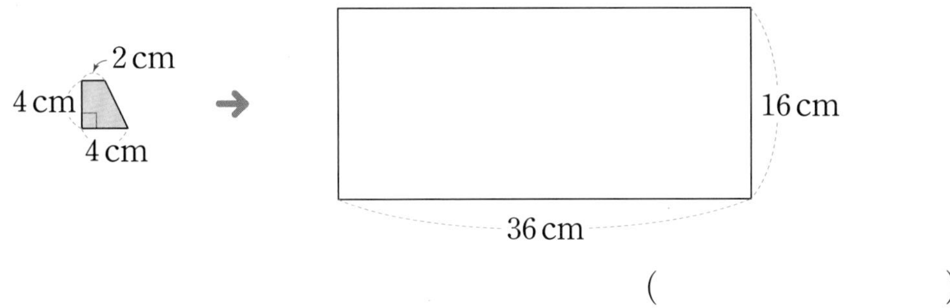

(　　　　　　　　)

08-2 발전 태우와 이진이가 타일을 겹치지 않게 이어 붙여서 한 변의 길이가 120 cm인 정사각형 모양의 벽면을 각각 채우려고 합니다. 필요한 타일은 몇 장인지 각각 구하세요.

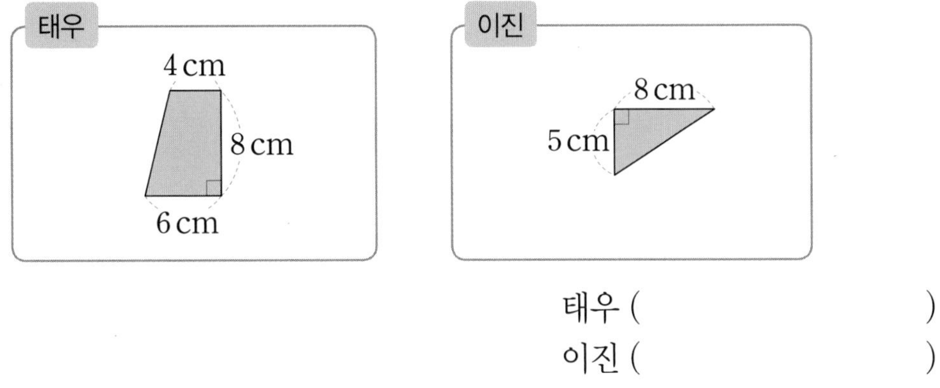

태우 (　　　　　　　　)

이진 (　　　　　　　　)

6 다각형

실전 적용

대표 유형 01

01 오른쪽은 정사각형 3개와 정육각형 한 개를 겹치지 않게 이어 붙인 도형입니다. 정사각형 3개의 모든 변의 길이의 합이 96 cm일 때 초록색 선의 길이는 몇 cm인지 구하세요.

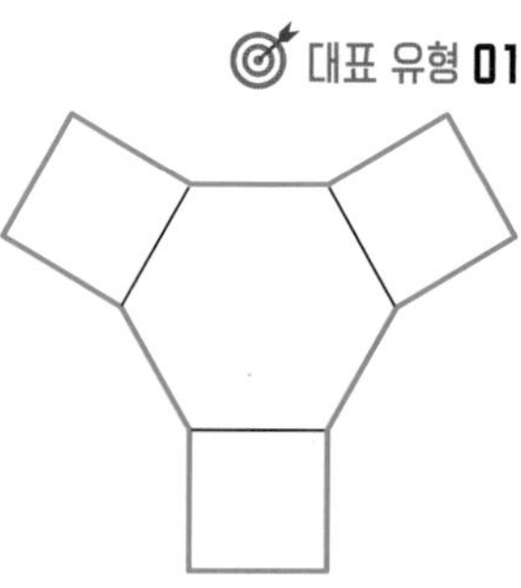

풀이

답 ____________

대표 유형 02

02 길이가 306 cm인 색 테이프를 겹치지 않게 모두 사용하여 한 변의 길이가 12 cm인 정십이각형과 한 변의 길이가 18 cm인 정다각형을 한 개씩 만들었습니다. 한 변의 길이가 18 cm인 정다각형의 이름을 써 보세요.

Tip
변이 ■개인 정다각형
→ 정■각형

풀이

답 ____________

대표 유형 04

03 오른쪽은 한 변의 길이가 72 cm인 정사각형 안에 원을 그리고, 그 원 위의 네 점을 이어 다시 정사각형 ㄱㄴㄷㄹ을 그린 것입니다. 정사각형 ㄱㄴㄷㄹ의 대각선의 길이의 합은 몇 cm인지 구하세요.

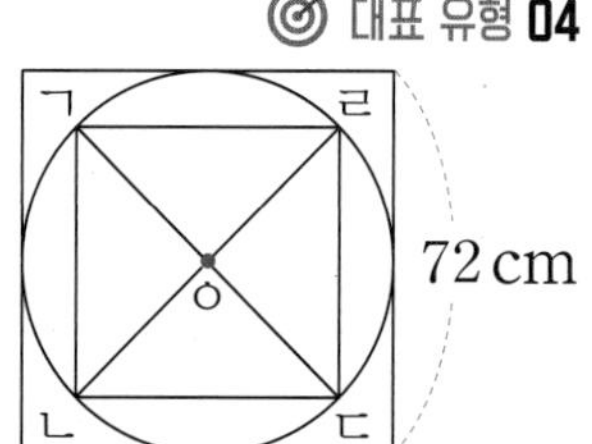

Tip
원의 지름은 큰 정사각형의 한 변의 길이와 같습니다.

풀이

답 ____________

>> 정답 및 풀이 51~52쪽

대표 유형 05

04 주어진 모양 조각을 한 번씩 모두 사용하여 여러 가지 모양을 만들려고 합니다. 변끼리 서로 맞닿게 이어 붙일 때 만들 수 있는 모양은 모두 몇 가지일까요? (단, 꼭짓점이 적어도 한 개는 서로 맞닿아야 하고, 뒤집거나 돌렸을 때 나오는 모양이 같으면 같은 모양으로 생각합니다.)

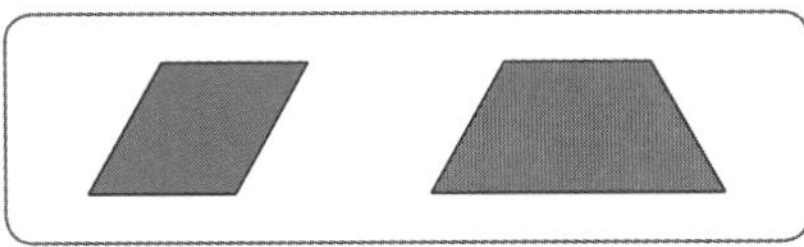

풀이

답 ____________

대표 유형 03

05 정오각형에서 각 ㄷㄱㄹ의 크기를 구하세요.

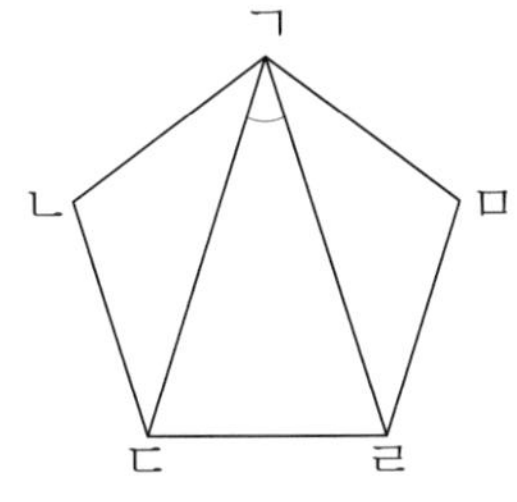

풀이

답 ____________

Tip

정오각형은 삼각형 3개로 나눌 수 있으므로 모든 각의 크기의 합은 $180° \times 3 = 540°$입니다.

6 다각형

실전 적용

대표 유형 06

06 사각형 ㄱㄴㄷㄹ은 정사각형이고, 사각형 ㄱㅅㅁㅂ은 직사각형입니다. 선분 ㅅㄹ과 선분 ㄹㅁ의 길이가 같을 때 사각형 ㄱㅅㅁㅂ의 네 변의 길이의 합은 몇 cm인지 구하세요.

정사각형은 두 대각선의 길이가 같고 서로 이등분합니다.

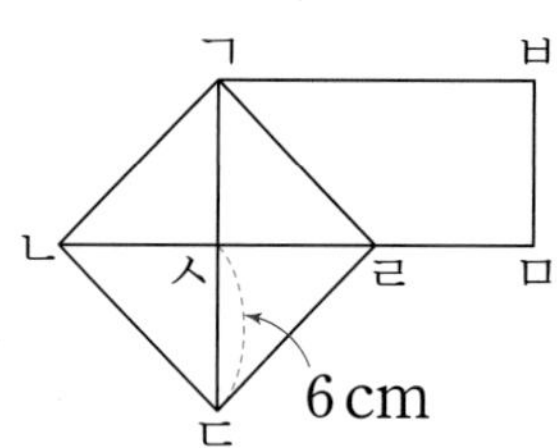

풀이

답 ________________

대표 유형 07

07 한 변의 길이가 같은 정사각형과 정팔각형을 한 변이 맞닿게 이어 붙여 놓은 것입니다. ㉠의 각도를 구하세요.

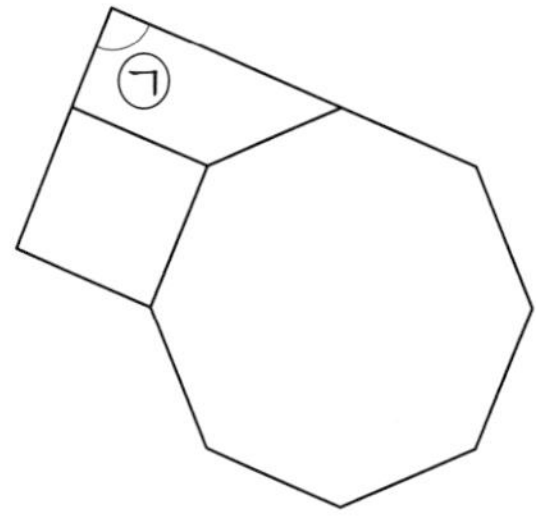

풀이

답 ________________

대표 유형 08

08 사다리꼴 모양의 타일을 겹치지 않게 이어 붙여서 가로가 150 cm, 세로가 100 cm인 직사각형 모양의 현관 바닥을 빈틈없이 덮으려고 합니다. 필요한 타일은 모두 몇 장일까요?

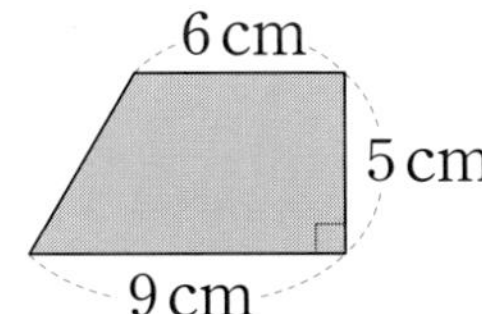

풀이

답 ____________

Tip
사다리꼴 모양 조각 2개를 이어 붙여 직사각형을 만들 수 있습니다.

대표 유형 05

09 왼쪽 모양 조각을 모두 사용하여 오른쪽 모양을 만들었습니다. ㉠과 ㉡의 각도의 차를 구하세요. (단, 같은 모양 조각을 여러 번 사용할 수 있습니다.)

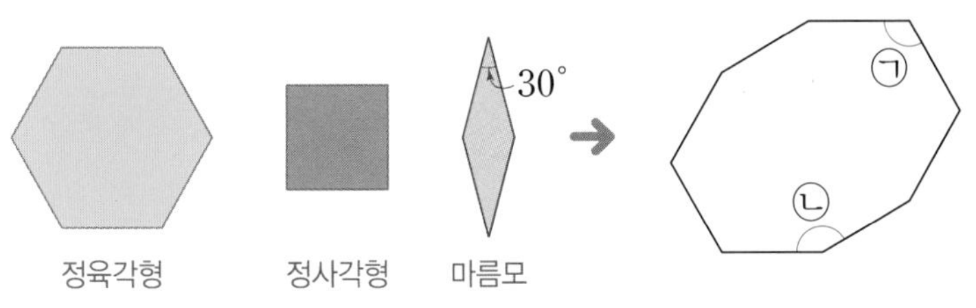

풀이

답 ____________

Tip
큰 모양 조각부터 놓아 봅니다.

6 다각형

천재교육

초등 4-2

BOOK 2

상위권 진입 비결
최고수준
S

상위권 진입 비결
최고 수준 S
복습책

4-2

1. 분수의 덧셈과 뺄셈

본문 '유형 변형'의 반복학습입니다.

대표 유형 01

1 ㉮▼㉯$=3\frac{3}{7}+$㉯$-$㉮라고 약속할 때 □ 안에 알맞은 분수를 구하세요.

$$2\frac{1}{7}▼\square=4\frac{3}{7}$$

( )

대표 유형 02

2 ㉮에서 ㉯까지의 거리는 ㉰에서 ㉱까지의 거리보다 $\frac{4}{6}$ km 더 멀다고 할 때 ㉮에서 ㉯까지의 거리는 몇 km일까요?

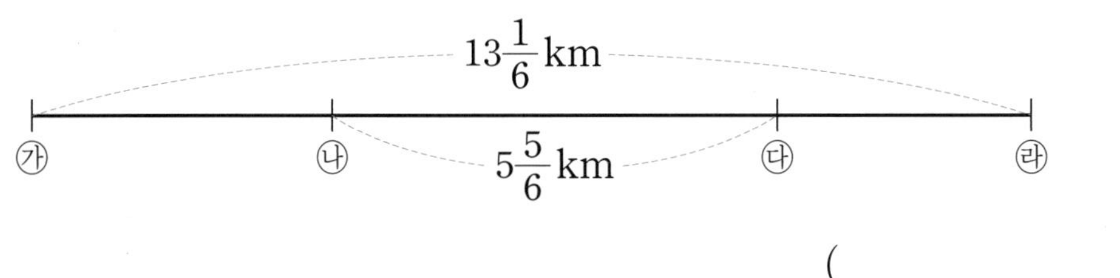

( )

대표 유형 03

3 ㉮는 분모와 분자의 합이 47이고 차가 1인 진분수입니다. ㉯는 분모와 분자의 합이 30이고 차가 18인 진분수입니다. ㉮$-$㉯의 값을 구하세요.

( )

대표 유형 04

4 길이가 17 cm인 양초에 불을 붙이고 10분 후 양초의 길이를 재었더니 $14\frac{3}{4}$ cm였습니다. 양초가 일정한 빠르기로 탈 때 불을 붙이고 50분 후 양초의 길이는 몇 cm가 될까요?

( )

대표 유형 05

5 2일 동안 $1\frac{2}{7}$분씩 늦어지는 시계를 어느 날 오후 2시에 정확히 맞추어 놓았습니다. 14일 뒤 오후 2시에 이 시계는 오후 몇 시 몇 분을 가리킬까요?

(　　　　　　　　　　)

대표 유형 06

6 규칙에 따라 분수를 늘어놓은 것입니다. 늘어놓은 분수들의 합을 구하세요.

$$1\frac{2}{13},\ 2\frac{4}{13},\ 3\frac{6}{13},\ \ldots,\ 6\frac{12}{13}$$

(　　　　　　　　　　)

대표 유형 07

7 어느 날 밤의 길이는 $12\frac{8}{60}$시간이었습니다. 다음 날 밤의 길이는 전날보다 $\frac{9}{60}$시간 길었습니다. 다음 날 낮의 길이는 다음 날 밤의 길이보다 몇 분 더 짧았을까요?

(　　　　　　　　　　)

대표 유형 08

8 어떤 일을 하루 동안 서아는 전체의 $\frac{2}{24}$를 할 수 있고, 해승이는 전체의 $\frac{4}{24}$를 할 수 있습니다. 두 사람이 함께 2일 동안 일을 하고 남은 일을 해승이가 혼자 끝내려면 며칠이 더 걸릴까요?

(　　　　　　　　　　)

실전 적용하기

1. 분수의 덧셈과 뺄셈

본문 '실전 적용'의 반복학습입니다.

1 규칙에 따라 분수를 늘어놓은 것입니다. □ 안에 알맞은 분수를 구하세요.

□, $2\frac{5}{23}$, $1\frac{21}{23}$, $1\frac{14}{23}$, $1\frac{7}{23}$, …

(　　　　　　　)

2 기호 ♥를 다음과 같이 약속할 때 $4\frac{2}{9}$♥$5\frac{6}{9}$은 얼마인지 구하세요.

㉮♥㉯=㉯$-2\frac{7}{9}+$㉮

(　　　　　　　)

3 ㉯에서 ㉰까지의 거리는 몇 km일까요?

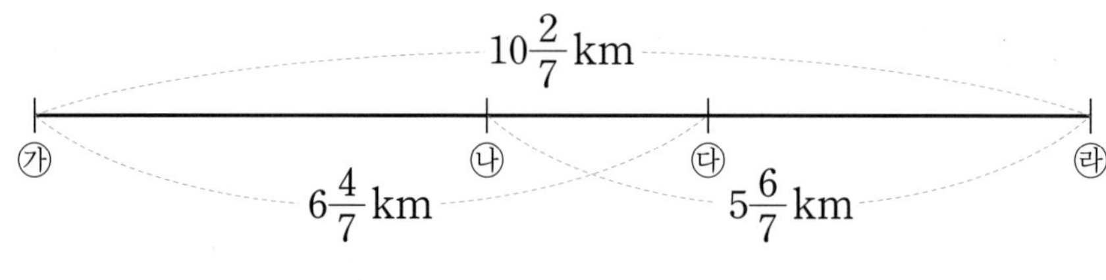

(　　　　　　　)

4 분모가 11인 진분수가 2개 있습니다. 합이 $1\frac{5}{11}$이고 차가 $\frac{4}{11}$인 두 진분수를 구하세요.

( )

5 길이가 23 cm인 색 테이프 3장을 그림과 같이 $2\frac{5}{8}$ cm씩 겹쳐서 이어 붙였습니다. 이어 붙인 색 테이프의 전체 길이는 몇 cm일까요?

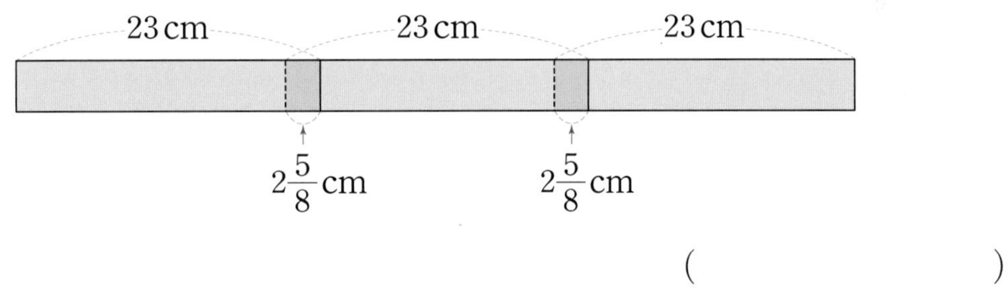

( )

6 ㉮★㉯=㉯−㉮+㉯로 약속할 때 ㉠에 알맞은 수를 구하세요.

$4\frac{2}{5}$★㉠$=2\frac{2}{5}$

( )

7 ㉮는 분모와 분자의 합이 31이고 차가 3인 진분수입니다. ㉯는 ㉮와 분모가 같고 분자가 2 큽니다. ㉮+㉯의 값을 구하세요.

(　　　　　　　　　　)

8 길이가 $24\frac{1}{7}$ cm인 양초가 있습니다. 이 양초는 일정한 빠르기로 20분 동안 $1\frac{3}{7}$ cm씩 타들어 갑니다. 양초에 불을 붙이고 한 시간 후 양초의 길이는 몇 cm가 될까요?

(　　　　　　　　　　)

9 하루 동안 $\frac{5}{6}$분씩 늦어지는 시계를 어느 날 오후 5시에 정확히 맞추어 놓았습니다. 12일 뒤 오후 5시에 이 시계는 오후 몇 시 몇 분을 가리킬까요?

(　　　　　　　　　　)

10 규칙에 따라 수를 늘어놓은 것입니다. 일곱째 수와 여덟째 수의 합을 구하세요.

$$\frac{8}{14}, \frac{13}{14}, 1\frac{4}{14}, 1\frac{9}{14}, 2, \ldots$$

( )

11 어느 날 낮의 길이는 $12\frac{48}{60}$시간이었습니다. 이날 밤의 길이는 낮의 길이보다 몇 시간 몇 분 더 짧았을까요?

( )

12 어떤 일을 하루 동안 유상이는 전체의 $\frac{2}{18}$를 할 수 있고, 민재는 전체의 $\frac{4}{18}$를 할 수 있습니다. 두 사람이 함께 2일 동안 일을 하고 남은 일을 유상이가 혼자 끝내려면 며칠이 더 걸릴까요?

( )

유형 변형하기

2. 삼각형

본문 '유형 변형'의 반복학습입니다.

대표 유형 01

1 오른쪽 그림에서 삼각형 ㄱㄴㄷ과 삼각형 ㄱㄹㅁ은 정삼각형입니다. 삼각형 ㄱㄴㄷ의 세 변의 길이의 합이 72 cm일 때 삼각형 ㄱㄹㅁ의 세 변의 길이의 합은 몇 cm일까요?

ㄱ, ㄹ, ㅁ, ㄴ, ㄷ, 5 cm

(　　　　　　　　)

대표 유형 02

2 오른쪽 그림과 같이 이등변삼각형 ㄹㄴㄷ과 이등변삼각형 ㄱㄴㄹ을 겹치지 않게 이어 붙여서 삼각형 ㄱㄴㄷ을 만들었습니다. 각 ㄱㄴㄷ의 크기는 60°이고 각 ㄷㄴㄹ의 크기는 각 ㄱㄴㄹ의 크기의 2배일 때 각 ㄹㄷㄴ의 크기는 몇 도일까요?

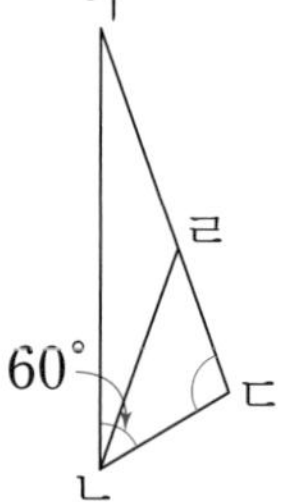

(　　　　　　　　)

대표 유형 03

3 오른쪽 그림에서 삼각형 ㄱㄴㄷ과 삼각형 ㄱㄴㄹ은 이등변삼각형입니다. 삼각형 ㄱㄴㄷ의 세 변의 길이의 합이 23 cm이고 삼각형 ㄱㄴㄹ의 세 변의 길이의 합이 17 cm입니다. 색칠한 부분의 모든 변의 길이의 합은 몇 cm일까요?

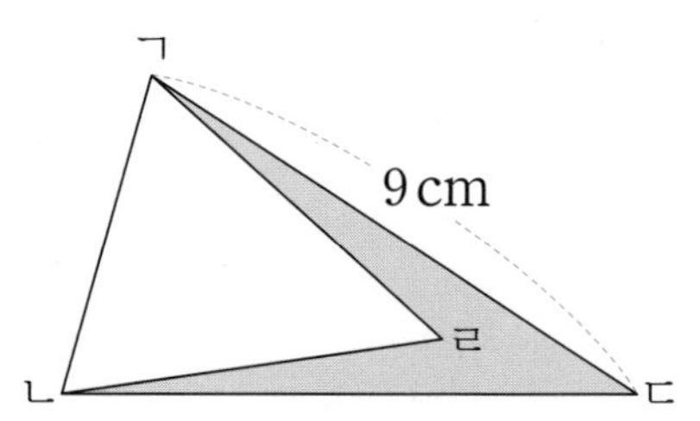

(　　　　　　　　)

대표 유형 04

4 오른쪽 그림은 정사각형 모양의 종이를 선분 ㄱㅁ을 접는 선으로 하여 접었을 때 생긴 점 ㅂ과 점 ㄹ을 연결한 것입니다. 각 ㄷㄹㅂ의 크기를 구하세요.

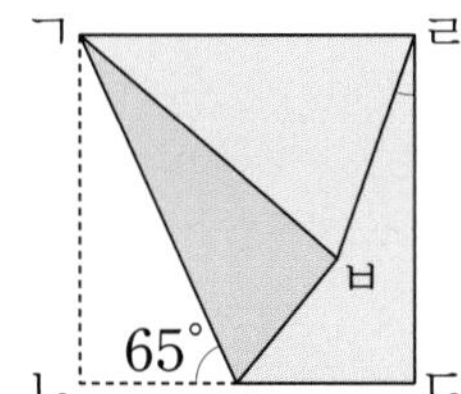

( )

대표 유형 05

5 오른쪽 그림과 같이 이등변삼각형 ㄱㄴㄷ을 점 ㄱ을 중심으로 하여 시계 방향으로 돌려서 삼각형 ㄱㄹㅁ을 만들었습니다. 삼각형 ㄱㄴㄷ을 시계 방향으로 몇 도만큼 돌린 것일까요?

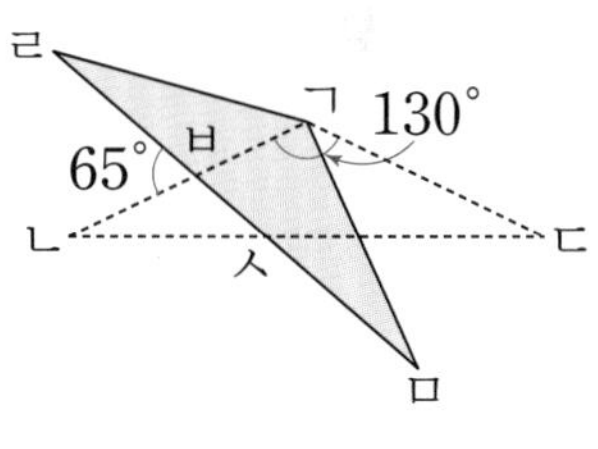

( )

대표 유형 06

6 오른쪽 그림에서 찾을 수 있는 크고 작은 이등변삼각형은 모두 몇 개일까요?

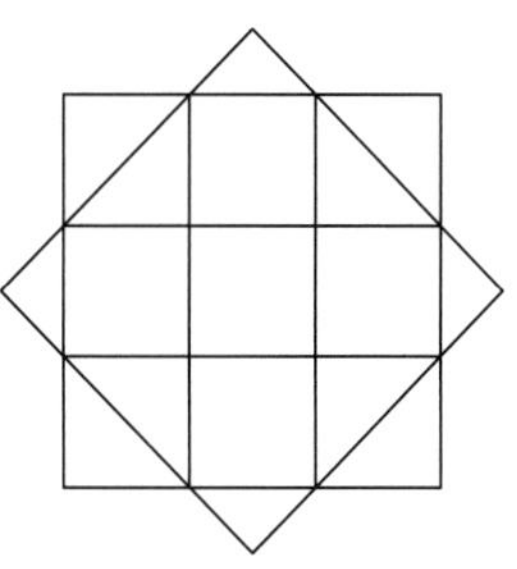

( )

대표 유형 07

7 정사각형 위에 같은 간격으로 16개의 점을 놓은 것입니다. 이 점들을 꼭짓점으로 하여 만들 수 있는 이등변삼각형이면서 예각삼각형은 모두 몇 개일까요?

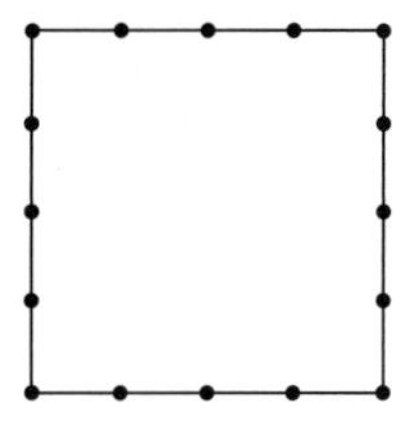

(　　　　　　　　)

대표 유형 08

8 그림과 같이 이등변삼각형의 각 변의 한가운데 점을 이어 이등변삼각형을 계속 그렸습니다. 셋째 모양에서 색칠한 삼각형의 모든 변의 길이의 합은 몇 cm일까요?

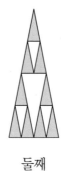

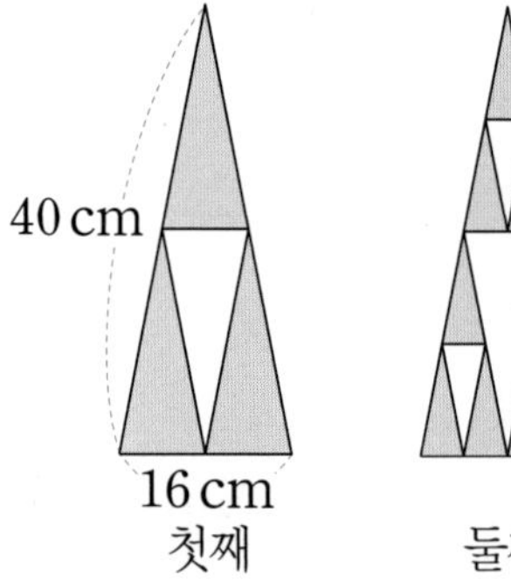

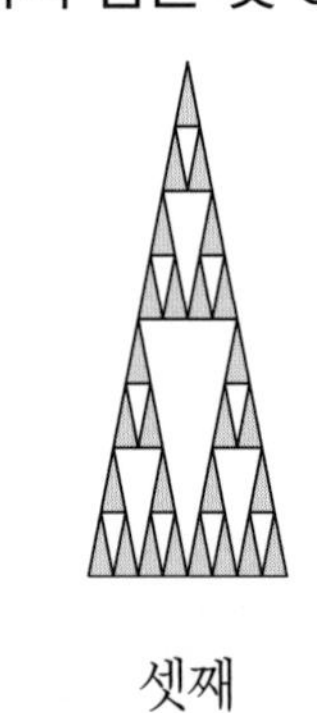

(　　　　　　　　)

2. 삼각형

>> 정답 및 풀이 56쪽

본문 '실전 적용'의 반복학습입니다.

1 오른쪽 그림에서 ㉠의 크기를 구하세요.

( )

2 오른쪽 그림은 정삼각형의 각 변의 한가운데 점을 이어 가면서 정삼각형을 만든 것입니다. 정삼각형 ㄱㄴㄷ의 한 변의 길이가 24 cm일 때 정삼각형 ㅅㅇㅈ의 세 변의 길이의 합은 몇 cm일까요?

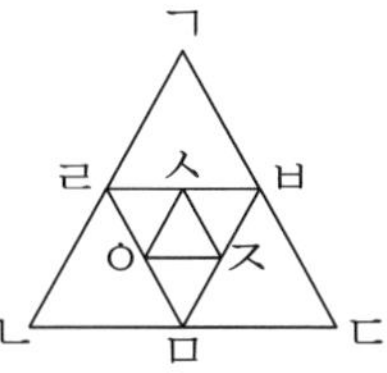

( )

3 오른쪽 그림은 원 위에 같은 간격으로 8개의 점을 놓은 것입니다. 이 점들을 꼭짓점으로 하여 만들 수 있는 이등변삼각형이면서 둔각삼각형은 모두 몇 개일까요?

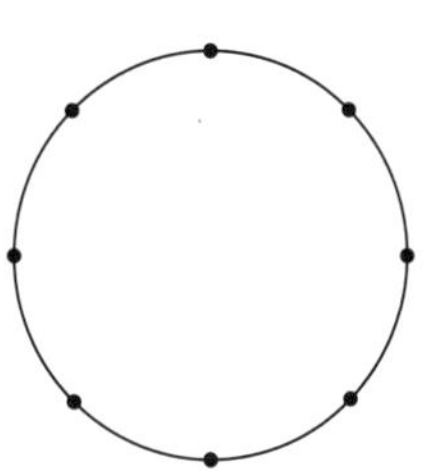

( )

4 오른쪽 그림에서 삼각형 ㄱㄴㄷ과 삼각형 ㄱㄹㅁ은 정삼각형입니다. 선분 ㄹㄴ의 길이는 변 ㄱㄹ의 길이의 3배일 때 사각형 ㄹㄴㄷㅁ의 네 변의 길이의 합은 몇 cm일까요?

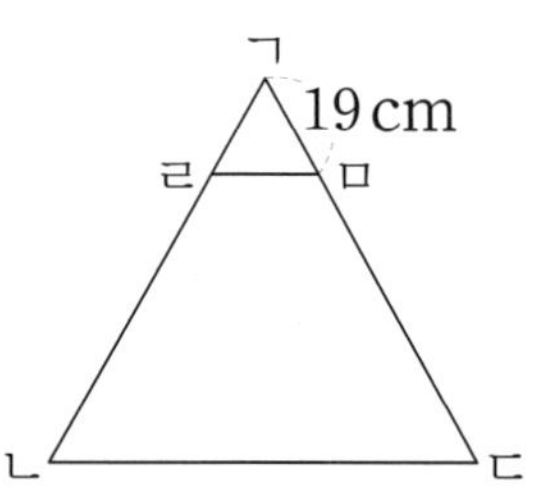

(　　　　　　)

5 오른쪽 그림과 같이 정삼각형 ㄱㄷㄹ과 이등변삼각형 ㄱㄴㄷ을 겹치지 않게 이어 붙여서 사각형 ㄱㄴㄷㄹ을 만들었습니다. 각 ㄴㄷㄹ의 크기를 구하세요.

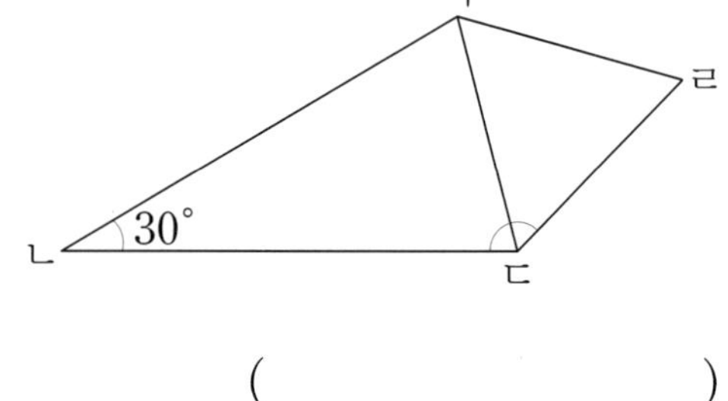

(　　　　　　)

6 오른쪽 그림에서 삼각형 ㄱㄴㄷ은 정삼각형이고 삼각형 ㄱㄹㄴ은 이등변삼각형입니다. 삼각형 ㄱㄴㄷ의 세 변의 길이의 합이 24 cm일 때 색칠한 부분의 모든 변의 길이의 합은 몇 cm일까요?

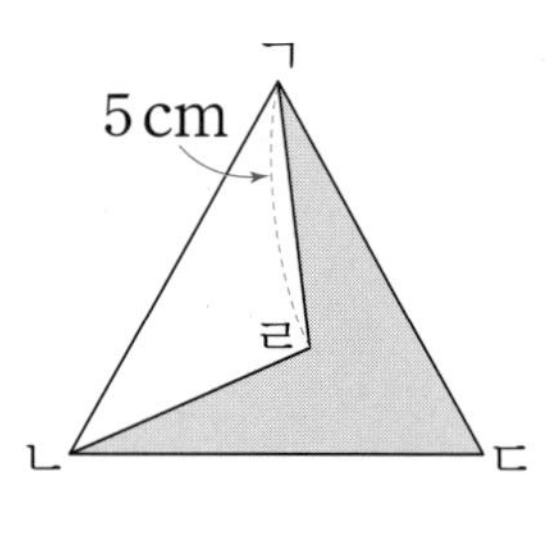

(　　　　　　)

7 오른쪽 그림과 같이 정삼각형 모양의 종이를 접었습니다. 각 ㅂㄹㅁ의 크기를 구하세요.

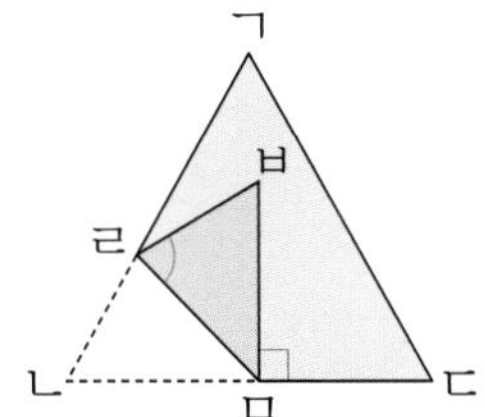

(   )

8 오른쪽 그림과 같이 이등변삼각형 ㄱㄴㄷ을 점 ㄱ을 중심으로 하여 시계 방향으로 70°만큼 돌려서 이등변삼각형 ㄱㄹㅁ을 만들었습니다. 각 ㄱㅂㄴ의 크기를 구하세요.

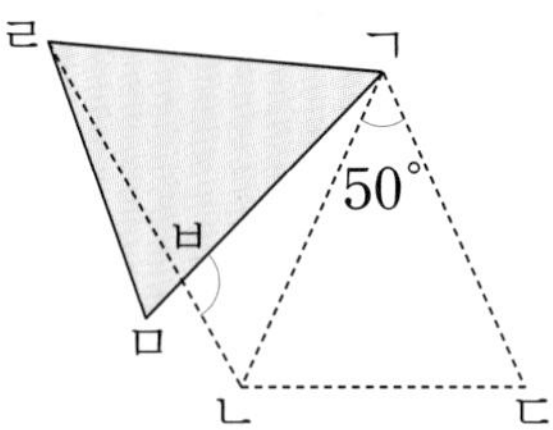

(   )

9 오른쪽 그림에서 찾을 수 있는 크고 작은 정삼각형은 모두 몇 개일까요?

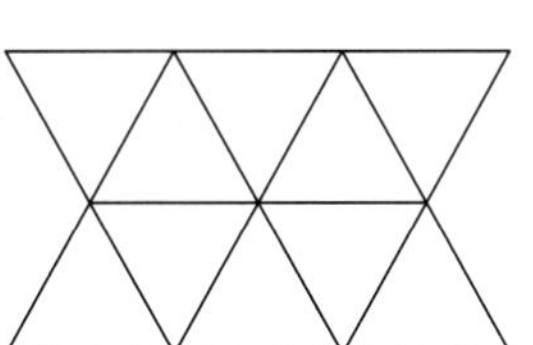

(   )

실전 적용하기

10 같은 간격으로 8개의 점을 놓은 것입니다. 이 점들을 꼭짓점으로 하여 만들 수 있는 이등변삼각형은 모두 몇 개일까요?

( )

11 그림과 같이 한 변의 길이가 16 cm인 정삼각형의 각 변의 한가운데 점을 이어 정삼각형을 그렸습니다. 같은 방법으로 계속 정삼각형을 그렸을 때 셋째 모양에서 색칠한 삼각형의 모든 변의 길이의 합은 몇 cm일까요?

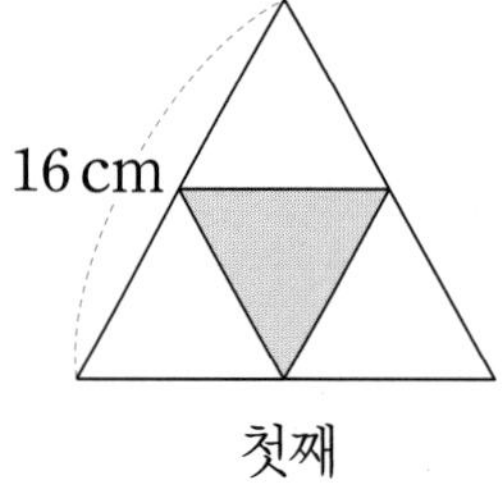

첫째

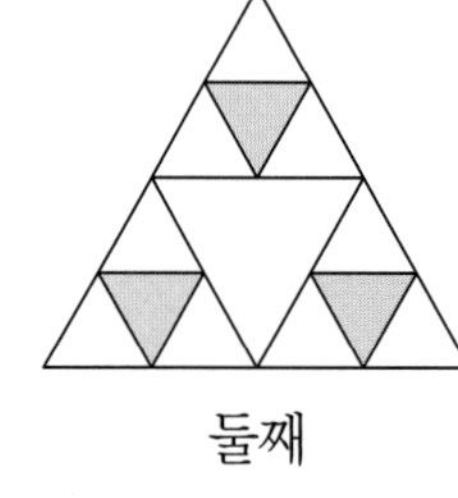
둘째

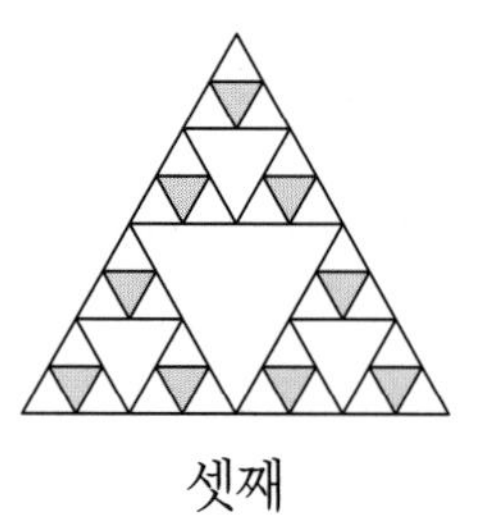
셋째

...

( )

3. 소수의 덧셈과 뺄셈

≫ 정답 및 풀이 57쪽

본문 '유형 변형'의 반복학습입니다.

대표 유형 01

1 ㉠과 ㉡의 차를 구하세요.

㉠ 0.01이 428개인 수
㉡ 3.7과 5.46의 합인 수

(　　　　　　　　　　)

대표 유형 02

2 6장의 카드를 모두 한 번씩 사용하여 만들 수 있는 수 중 두 번째로 큰 소수 두 자리 수와 두 번째로 작은 소수 두 자리 수의 합을 구하세요.

.	8	2	5	1	6

(　　　　　　　　　　)

대표 유형 03

3 어떤 수의 $\frac{1}{10}$을 구해야 하는데 잘못하여 어떤 수의 $\frac{1}{100}$을 구했더니 1이 12개, 0.1이 5개, 0.01이 78개인 수가 되었습니다. 바르게 구한 값을 구하세요.

(　　　　　　　　　　)

대표 유형 04

4 색 테이프 3장을 똑같은 길이만큼 겹쳐서 이어 붙였습니다. 몇 cm씩 겹쳐 붙였는지 구하세요.

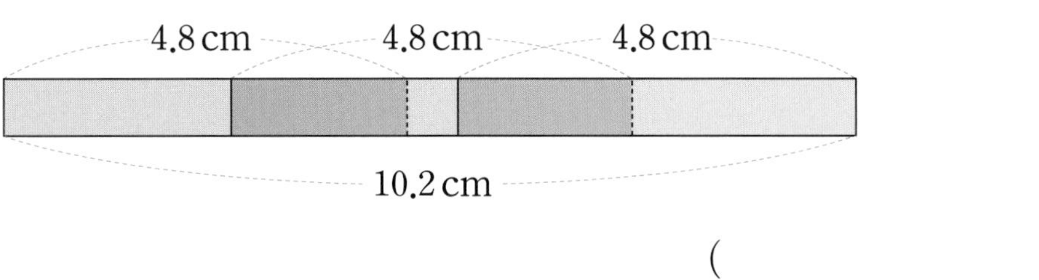

(　　　　　　　　　　)

대표 유형 05

5 떨어진 높이의 $\frac{1}{10}$만큼 튀어 오르는 공이 있습니다. 세 번째로 튀어 오른 공의 높이가 0.625 m라면 첫 번째로 튀어 오른 공의 높이는 몇 m일까요?

( )

대표 유형 06

6 보기의 수 중에서 4개씩 골라 소수 두 자리 수를 만들려고 합니다. 만들 수 있는 수 중 17에 가장 가까운 소수 두 자리 수와 64에 가장 가까운 소수 두 자리 수의 합을 구하세요.

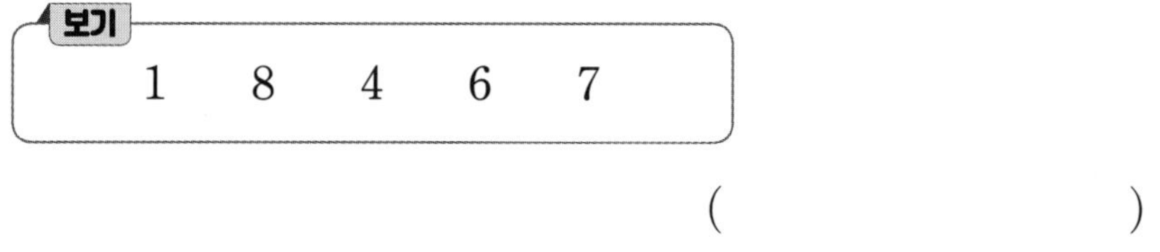

( )

대표 유형 07

7 ●, ▲, ■에 0부터 9까지의 수가 들어갈 수 있습니다. 큰 수부터 차례대로 기호를 써 보세요.

㉠ 20.0●3 ㉡ 29.14▲ ㉢ 2■.095

( )

대표 유형 08

8 □ 안에 공통으로 들어갈 수 있는 수 중 가장 큰 소수 세 자리 수를 구하세요.

- $\square < 8 - 3.25$
- $0.47 + 1.8 < 6.84 - \square$

( )

3. 소수의 덧셈과 뺄셈

>> 정답 및 풀이 58쪽

본문 '실전 적용'의 반복학습입니다.

1 1이 38개, $\frac{1}{10}$이 27개, $\frac{1}{100}$이 6개인 수의 $\frac{1}{10}$인 수를 구하세요.

( )

2 ㉠과 ㉡의 합을 구하세요.

㉠ 0.01이 3498개인 수
㉡ 0.1이 42개, 0.01이 567개인 수

( )

3 어떤 수의 $\frac{1}{10}$은 0.001이 6321개인 수입니다. 어떤 수의 10배인 수를 구하세요.

( )

실전 적용하기

4 떨어진 높이의 $\frac{1}{10}$만큼 튀어 오르는 공이 있습니다. 두 번째로 튀어 오른 공의 높이가 0.216 m라면 첫 번째로 튀어 오른 공의 높이는 몇 m일까요?

( )

5 어떤 수의 $\frac{1}{100}$을 구해야 하는데 잘못하여 어떤 수의 $\frac{1}{10}$을 구했더니 1이 3개, 0.1이 11개, 0.01이 9개인 수가 되었습니다. 바르게 구한 값을 구하세요.

( )

6 길이가 57.3 cm인 끈 2개를 묶어서 이었더니 전체 길이가 71.8 cm가 되었습니다. 매듭짓는 데 사용한 끈은 몇 cm일까요?

( )

7 소수 세 자리 수를 크기가 작은 것부터 차례대로 쓴 것입니다. 0부터 9까지의 수 중에서 □ 안에 알맞은 수를 써넣으세요.

29.□28　　29.02□　　2□.304

8 □ 안에 들어갈 수 있는 수 중 가장 작은 소수 세 자리 수를 구하세요.

$27.36-12.58<12+\square$

(　　　　　　　)

9 5장의 카드를 모두 한 번씩 사용하여 소수 두 자리 수를 만들려고 합니다. 만들 수 있는 두 소수의 합이 가장 작을 때의 값을 구하세요.

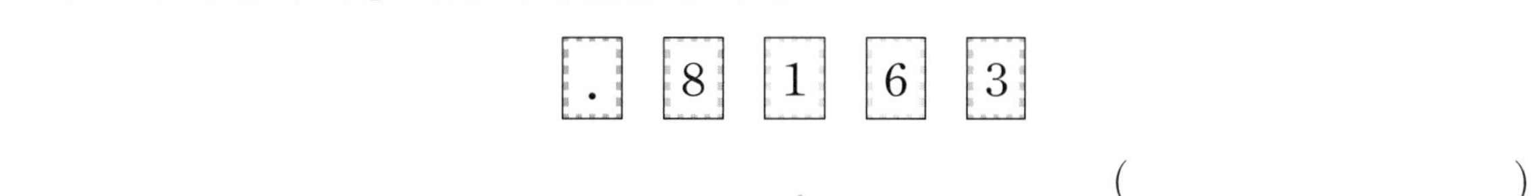

(　　　　　　　)

10 색 테이프 3장을 똑같은 길이만큼 겹쳐서 이어 붙였습니다. 몇 cm씩 겹쳐 붙였는지 구하세요.

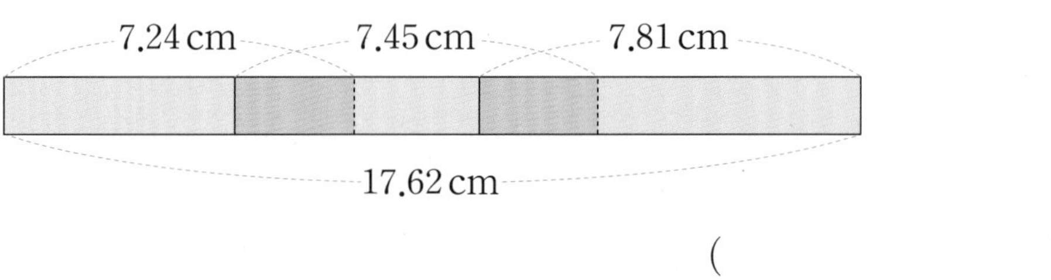

(　　　　　　　　)

11 5장의 수 카드 [4], [1], [6], [8], [9]를 모두 한 번씩 사용하여 □ 안을 채우려고 합니다. 차가 가장 크게 되도록 뺄셈식을 만들고 차를 구하세요.

□.□□ − □.□

(　　　　　　　　)

12 보기 의 수 중에서 4개씩 골라 소수 두 자리 수를 만들려고 합니다. 만들 수 있는 수 중 28에 가장 가까운 소수 두 자리 수와 두 번째로 가까운 소수 두 자리 수의 합을 구하세요.

보기
1　7　3　8　2　6

(　　　　　　　　)

4. 사각형

>> 정답 및 풀이 59쪽

본문 '유형 변형'의 반복학습입니다.

대표 유형 01

1 선분 ㄱㅇ은 직선 ㄹㅁ에 대한 수선입니다. ㉠과 ㉡의 각도를 각각 구하세요.

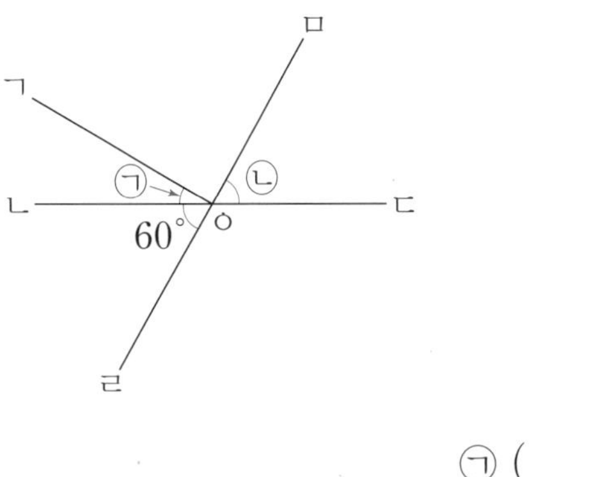

㉠ (　　　　　　　　)
㉡ (　　　　　　　　)

대표 유형 02

2 다음과 같이 정사각형 모양의 종이를 접어서 자른 후 빗금 친 부분을 펼쳤을 때 만들어지는 사각형의 네 변의 길이의 합은 몇 cm일까요?

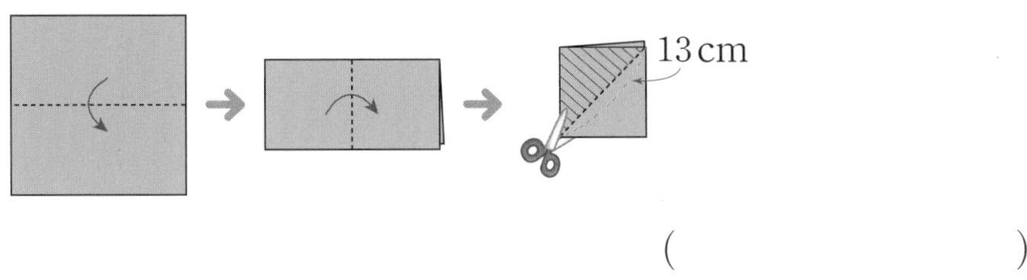

(　　　　　　　　)

대표 유형 03

3 크기가 같은 직사각형 4개를 그림과 같이 겹치지 않게 이어 붙였을 때 가장 먼 평행선 사이의 거리가 26 cm입니다. 직사각형의 긴 변의 길이가 짧은 변의 길이보다 1 cm만큼 더 길 때 직사각형의 짧은 변의 길이는 몇 cm인지 구하세요.

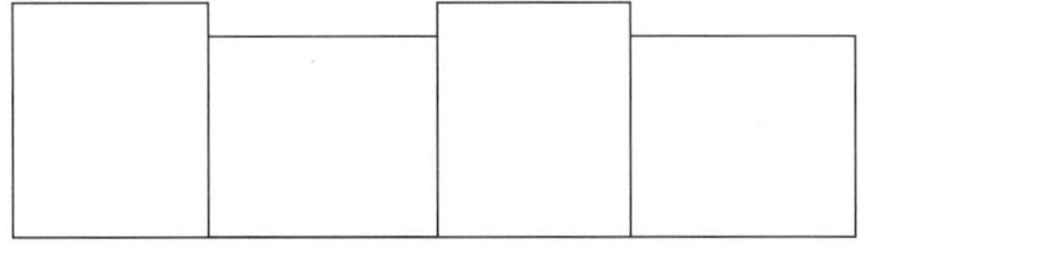

(　　　　　　　　)

대표 유형 04

4 직선 가와 직선 나는 서로 평행합니다. 각 ㄷㅁㄹ의 크기를 구하세요.

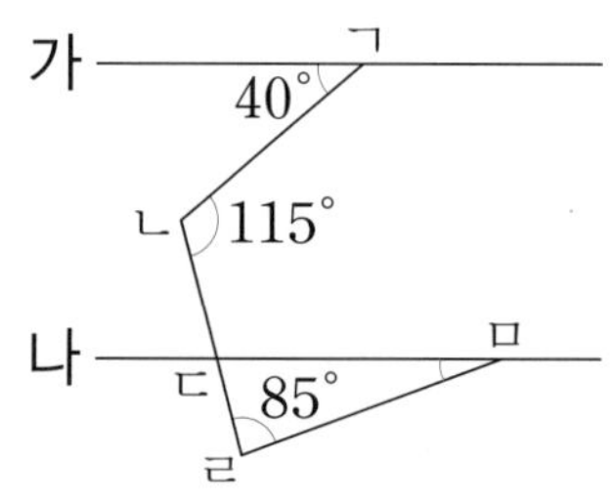

(   )

대표 유형 05

5 사각형 ㄱㄴㄷㄹ과 사각형 ㄷㅁㅂㄹ은 마름모입니다. 두 마름모를 겹치지 않게 이어 붙였을 때 각 ㄹㄱㅂ의 크기를 구하세요.

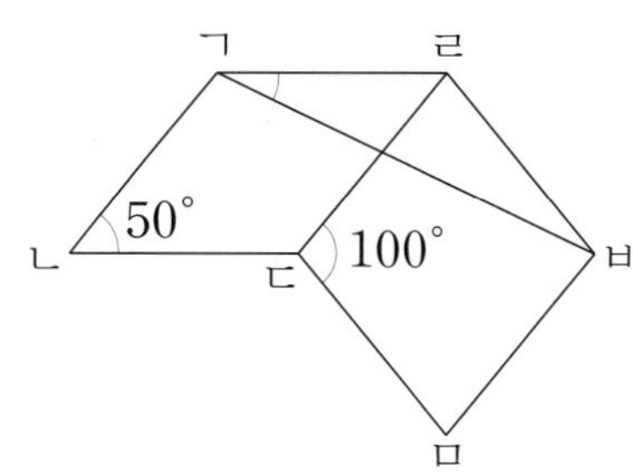

(   )

대표 유형 06

6 그림과 같이 평행사변형 모양의 종이를 접었습니다. 각 ㄴㅂㄹ의 크기를 구하세요.

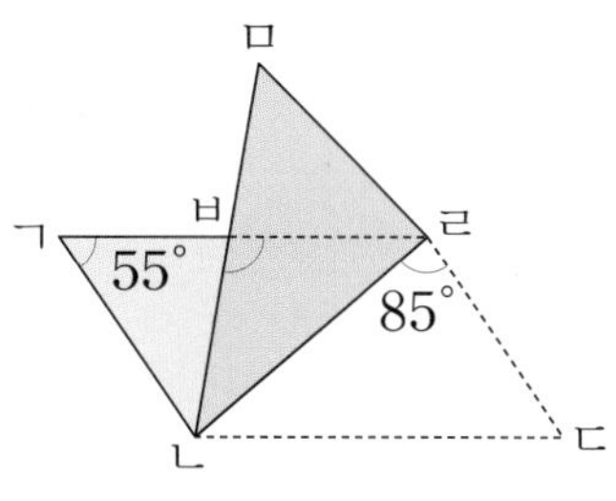

(   )

대표 유형 07

7 그림에서 찾을 수 있는 크고 작은 사각형 중에서 ●를 포함하는 사각형은 모두 몇 개일까요?

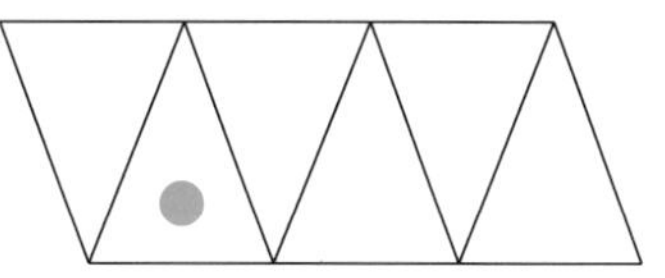

(   )

대표 유형 08

8 마름모를 모양과 크기가 같은 평행사변형 8개로 나눈 것입니다. 마름모의 네 변의 길이의 합이 192 cm일 때 가장 작은 평행사변형 한 개의 네 변의 길이의 합은 몇 cm일까요?

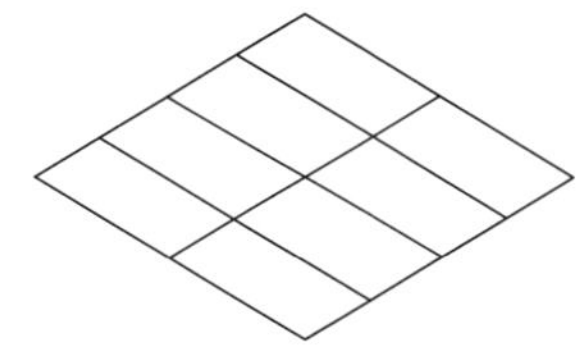

(   )

4. 사각형

본문 '실전 적용'의 반복학습입니다.

1 직선 ㄱㄴ과 직선 ㅁㅂ은 서로 수직입니다. 각 ㄹㅇㅂ의 크기를 구하세요.

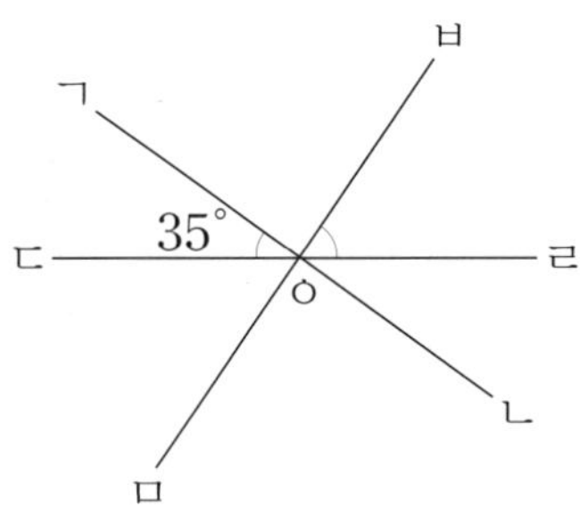

(　　　　　　　　)

2 크기가 다른 정사각형 4개를 그림과 같이 겹치지 않게 이어 붙였을 때 생기는 평행선 중 가장 먼 평행선 사이의 거리는 몇 cm인지 구하세요.

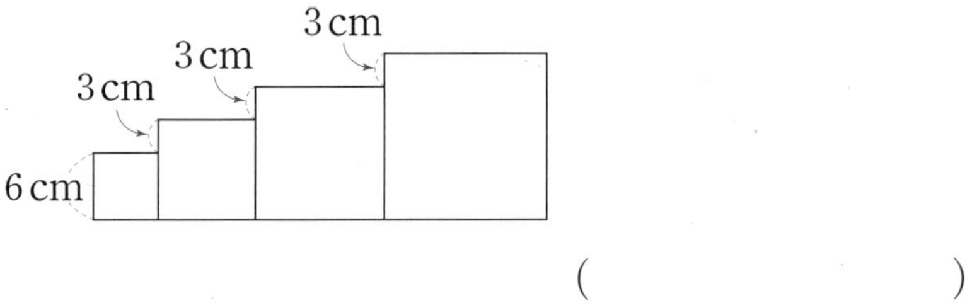

(　　　　　　　　)

3 다음과 같이 정사각형 모양의 종이를 접어서 자른 후 빗금 친 부분을 펼쳤을 때 만들어지는 사각형의 네 변의 길이의 합은 몇 cm일까요?

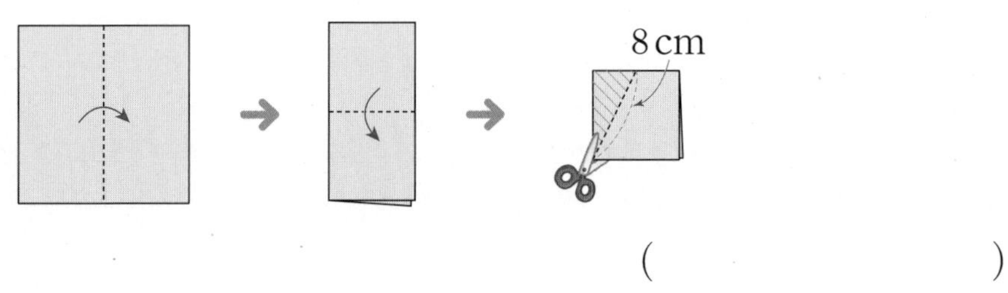

(　　　　　　　　)

4 그림과 같이 직사각형 모양의 종이를 접었습니다. 각 ㅁㄷㅅ의 크기를 구하세요.

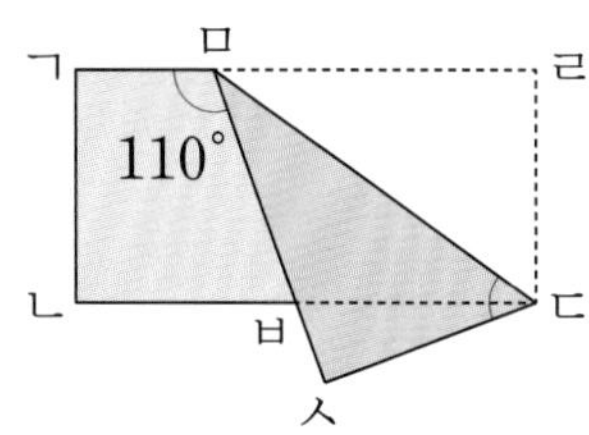

(   )

5 사다리꼴 ㄱㄴㄷㄹ과 삼각형 ㄱㄹㅁ을 겹치지 않게 이어 붙여서 평행사변형을 만들었습니다. 각 ㄴㄱㄹ과 각 ㄹㄱㅁ의 크기가 같을 때 각 ㄱㄹㄷ의 크기를 구하세요.

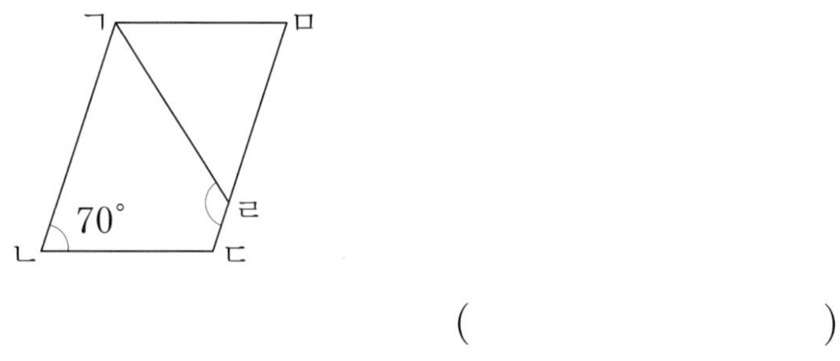

(   )

6 정사각형을 모양과 크기가 같은 직사각형 4개로 나눈 것입니다. 가장 작은 직사각형 한 개의 네 변의 길이의 합이 100 cm일 때 정사각형의 네 변의 길이의 합은 몇 cm일까요?

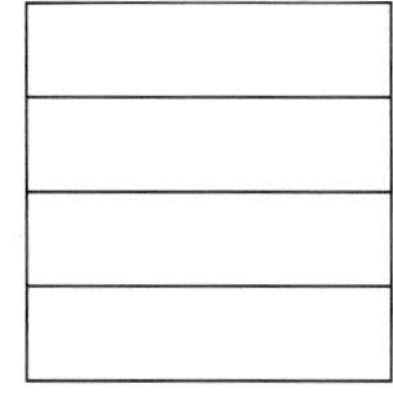

(   )

7 정삼각형 16개를 겹치지 않게 이어 붙인 것입니다. 그림에서 찾을 수 있는 크고 작은 마름모는 모두 몇 개일까요?

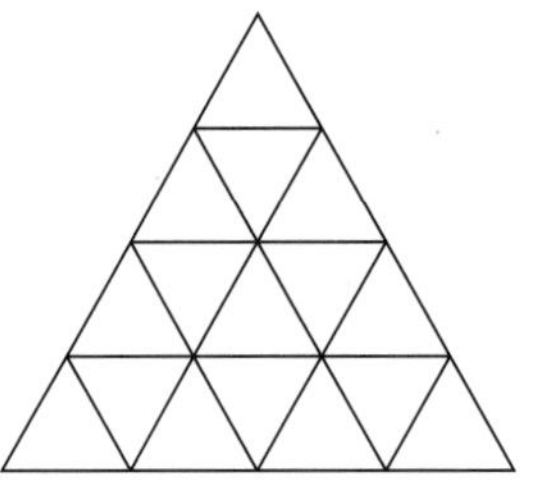

( )

8 선분 ㅂㅇ은 직선 ㄴㄹ에 대한 수선입니다. 각 ㄱㅇㅂ과 각 ㅂㅇㅁ의 크기가 같을 때, 각 ㄱㅇㄷ의 크기를 구하세요.

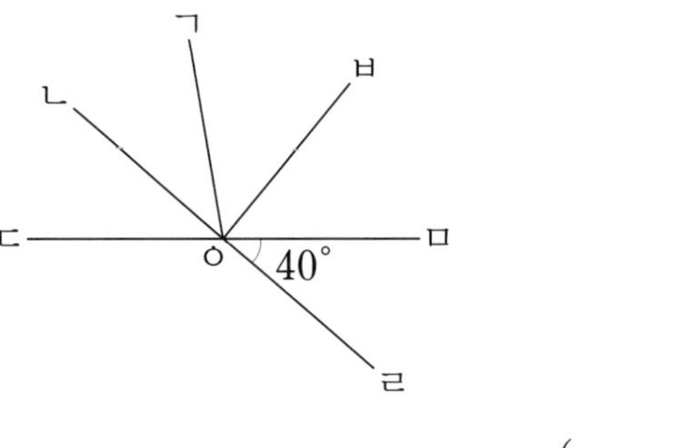

( )

9 사각형 ㄱㄴㄷㄹ은 정사각형이고 사각형 ㄷㄹㅂㅁ은 마름모입니다. 각 ㄷㄴㅁ의 크기를 구하세요.

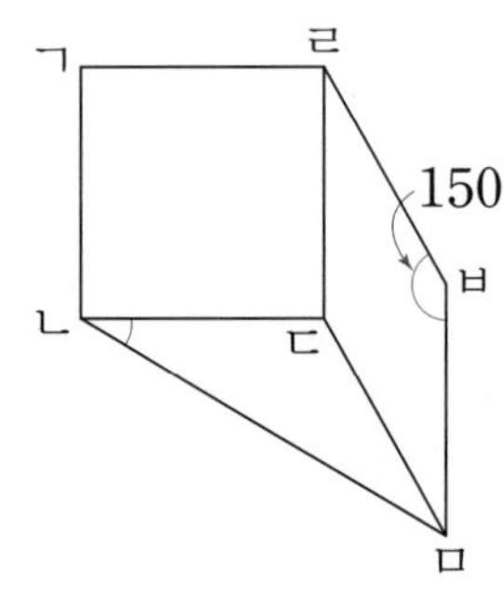

( )

10 그림과 같이 평행사변형 모양의 종이를 접었습니다. 각 ㄱㄴㅁ의 크기를 구하세요.

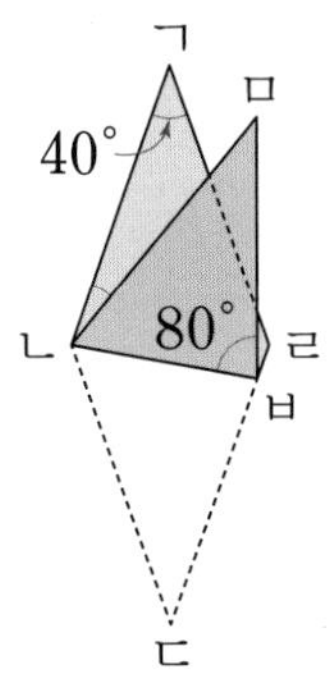

( )

11 직선 가와 직선 나는 서로 평행합니다. 각 ㄷㄹㅁ의 크기를 구하세요.

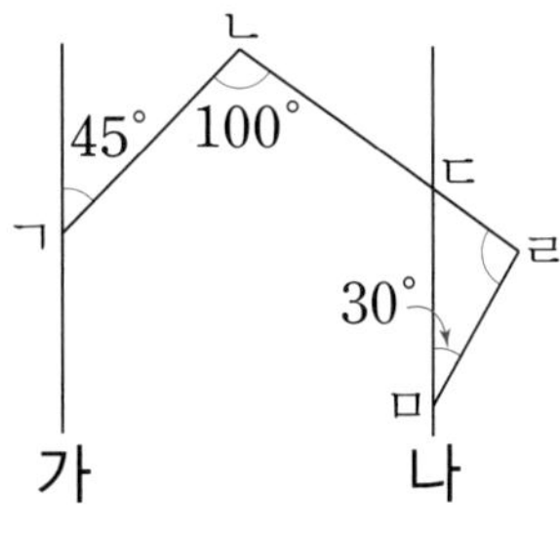

( )

5. 꺾은선그래프

본문 '유형 변형'의 반복학습입니다.

대표 유형 01

1 승희의 앉은키를 매년 3월에 조사하여 나타낸 것입니다. 9살 때 승희의 앉은키가 8살 때보다 2 cm 늘어났다고 할 때 표와 꺾은선그래프를 완성해 보세요.

승희의 앉은키

나이(살)	앉은키(cm)
7	
8	
9	
10	75
11	76

승희의 앉은키

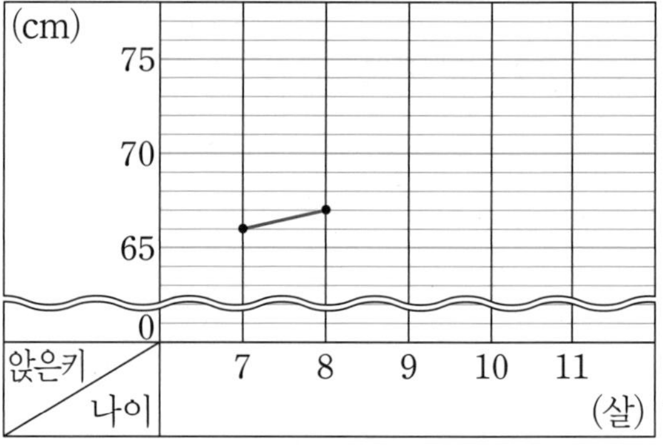

대표 유형 02

2 어느 문구점의 지우개 판매량을 조사하여 나타낸 꺾은선그래프입니다. 2월과 4월의 지우개 판매량의 합이 85개일 때 5월의 지우개 판매량은 몇 개일까요?

지우개 판매량

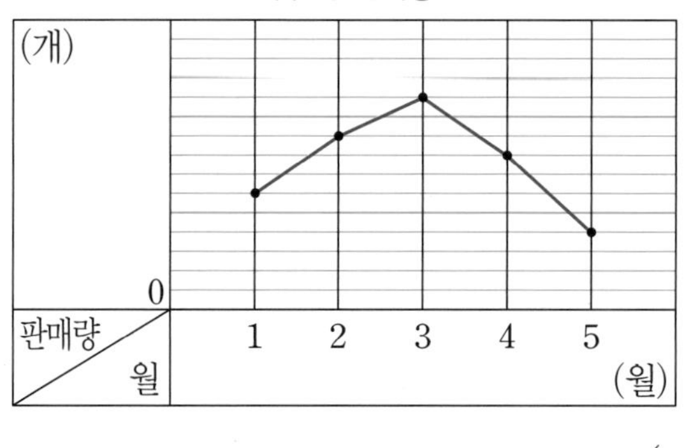

( )

대표 유형 03

3 민수네 집의 물 사용량을 조사하여 나타낸 꺾은선그래프입니다. 6일부터 9일까지 사용한 물의 양이 모두 640 L이고 9일에는 물을 6일의 3배만큼 사용했습니다. 꺾은선그래프를 완성해 보세요.

물 사용량

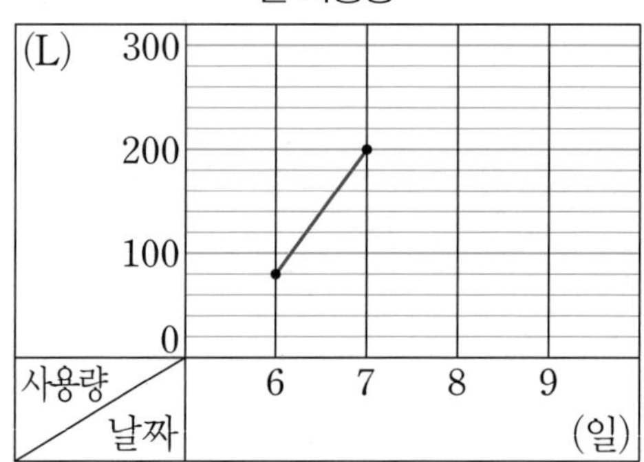

대표 유형 04

4 오른쪽은 어느 극장의 티켓 판매량을 조사하여 나타낸 꺾은선그래프입니다. 이 꺾은선그래프의 세로 눈금 한 칸의 크기를 다르게 하여 다시 그렸더니 티켓 판매량이 가장 많은 때와 가장 적은 때의 세로 눈금의 차가 15칸이었습니다. 다시 그린 그래프는 세로 눈금 한 칸의 크기를 몇 장으로 한 것인지 구하세요.

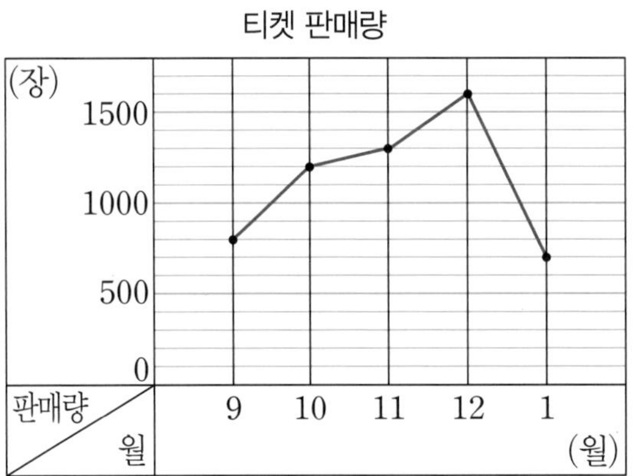

(　　　　　　　)

대표 유형 05

5 오른쪽은 주희와 인우의 키를 조사하여 나타낸 꺾은선그래프입니다. 두 사람의 키의 차가 가장 큰 때와 가장 작은 때의 인우의 키의 차는 몇 cm인지 구하세요.

주희와 인우의 키

(cm)					
140					
130					
120					
0					
키 / 나이	7	8	9	10	11
					(살)

— 주희 — 인우

(　　　　　　　)

대표 유형 06

6 어느 지역의 눈이 온 날수와 붕어빵 판매량을 각각 조사하여 나타낸 꺾은선그래프입니다. 전년에 비해 눈이 온 날수는 줄어들었지만 붕어빵 판매량은 늘어난 때의 붕어빵 판매량은 전년에 비해 몇 개 늘어났는지 구하세요.

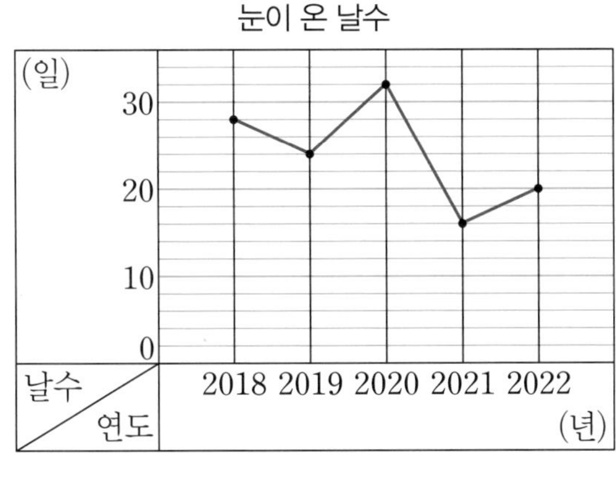

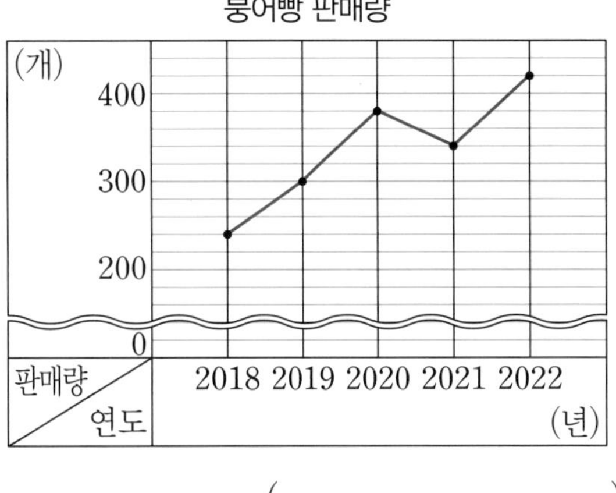

(　　　　　　　)

5. 꺾은선그래프

본문 '실전 적용'의 반복학습입니다.

1 어느 공장의 자동차 생산량을 조사하여 나타낸 것입니다. 3월과 5월의 자동차 생산량이 같을 때 표와 꺾은선그래프를 완성해 보세요.

자동차 생산량

월(월)	1	2	3	4	5
생산량(대)	1200			1300	

자동차 생산량

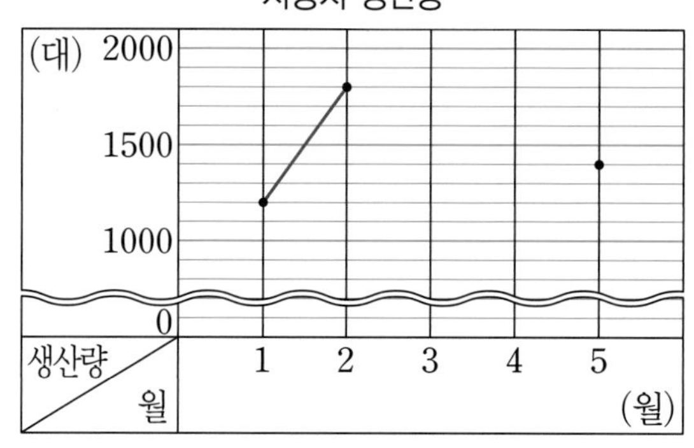

2 어느 지역의 관광객 수를 조사하여 나타낸 꺾은선그래프입니다. 2018년의 관광객 수가 260명일 때, 관광객 수가 가장 적은 해의 관광객 수는 몇 명인지 구하세요.

관광객 수

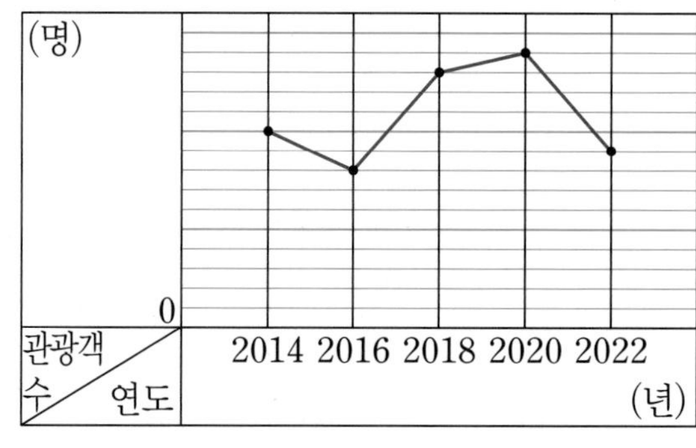

(　　　　　　　　)

3 어느 분식집에서 참치김밥과 치즈김밥의 판매량을 조사하여 나타낸 꺾은선그래프입니다. 두 김밥의 판매량의 차가 가장 작은 때의 두 김밥의 판매량의 합은 몇 줄인지 구하세요.

참치김밥과 치즈김밥의 판매량

(줄)
500
400
300
0
판매량
연도
2018 2019 2020 2021 2022
(년)
— 참치김밥
— 치즈김밥

( )

4 어느 농장의 고구마 수확량을 조사하여 나타낸 꺾은선그래프입니다. 이 꺾은선그래프의 세로 눈금 한 칸의 크기를 2 kg으로 하여 다시 그린다면 고구마 수확량이 가장 많은 때와 가장 적은 때의 세로 눈금은 몇 칸 차이가 나는지 구하세요.

고구마 수확량

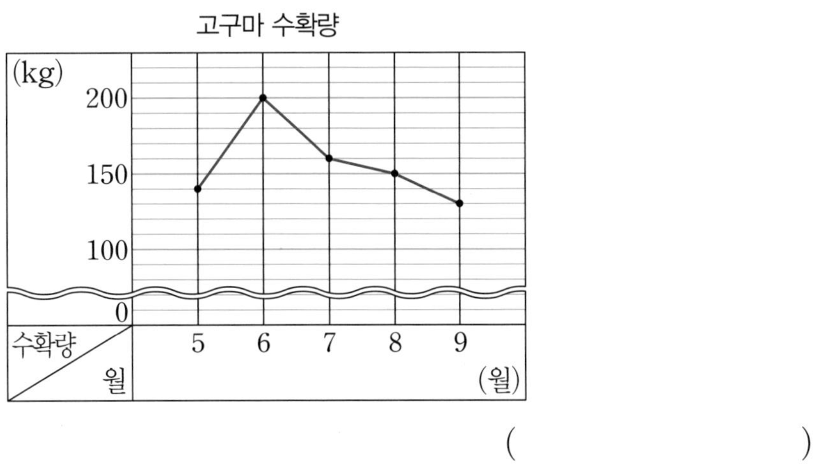

( )

5 어느 과수원의 포도 생산량을 조사하여 나타낸 꺾은선그래프입니다. 조사한 기간 동안 생산한 포도가 모두 640상자일 때, ㉠과 ㉡에 알맞은 수를 각각 구하세요.

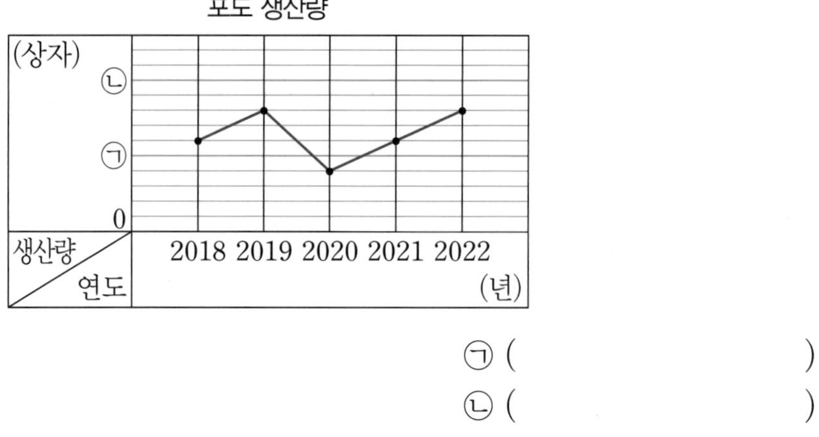

㉠ (　　　　　　　　)

㉡ (　　　　　　　　)

6 세윤이의 국어 점수와 영어 점수를 나타낸 꺾은선그래프입니다. 1차부터 5차 시험까지의 영어 점수의 합은 국어 점수의 합보다 30점 더 낮을 때 꺾은선그래프를 완성해 보세요.

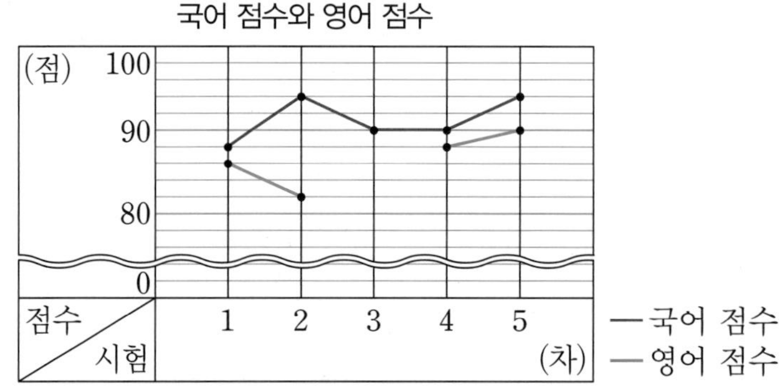

7 어느 해 8월의 최고 기온과 같은 기간에 어느 마트의 음료수 판매량을 각각 조사하여 나타낸 꺾은선그래프입니다. 이 마트에서 음료수 1병을 800원에 판매한다면 전날에 비해 최고 기온이 가장 많이 높아진 때의 음료수 판매 금액은 전날에 비해 얼마 늘어난 것인지 구하세요.

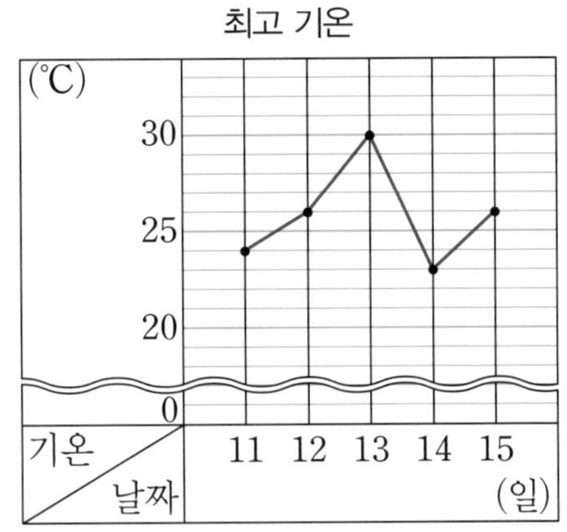

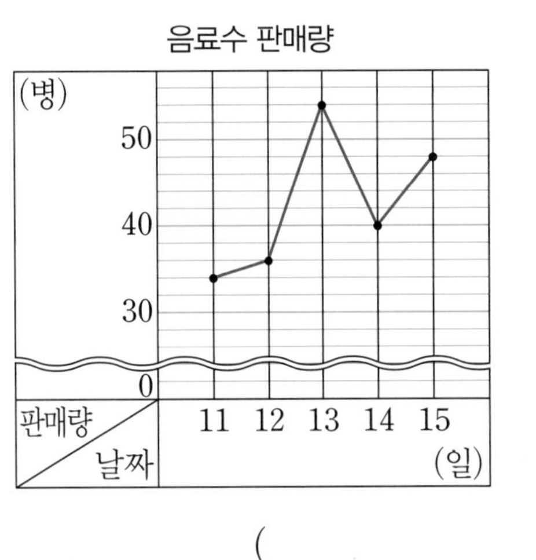

(　　　　　　　)

8 어느 편의점의 샌드위치 판매량을 조사하여 나타낸 꺾은선그래프입니다. 1월부터 5월까지의 샌드위치 판매량은 모두 780개이고 4월의 샌드위치 판매량이 3월보다 50개 더 적습니다. 꺾은선그래프를 완성해 보세요.

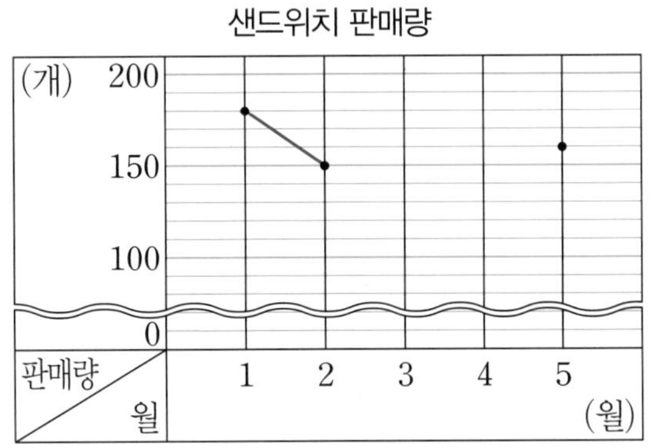

6. 다각형

본문 '유형 변형'의 반복학습입니다.

대표 유형 01

1 정사각형, 정오각형, 정육각형을 한 개씩 겹치지 않게 이어 붙인 도형입니다. 정육각형의 모든 변의 길이의 합이 48 cm일 때 빨간색 선의 길이는 몇 cm인지 구하세요.

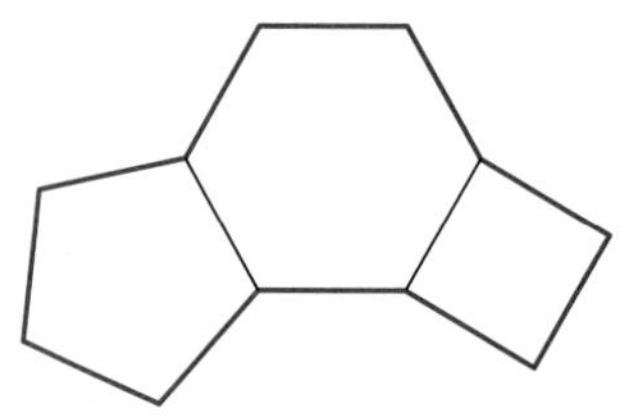

( )

대표 유형 02

2 길이가 390 cm인 끈을 겹치지 않게 모두 사용하여 한 변의 길이가 25 cm인 정팔각형과 한 변의 길이가 19 cm인 정다각형을 한 개씩 만들었습니다. 한 변의 길이가 19 cm인 정다각형의 이름을 써 보세요.

( )

대표 유형 03

3 정십각형에서 각 ㄷㅋㄹ의 크기를 구하세요.

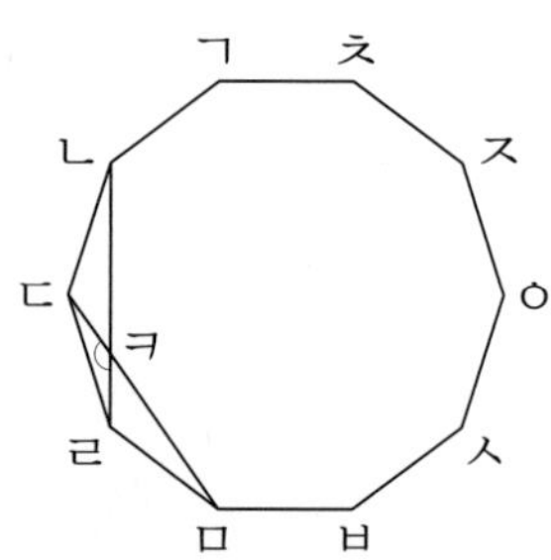

( )

대표 유형 04

4 다음 그림은 한 변의 길이가 28 cm인 정사각형 안에 원을 그리고, 그 원 위의 네 점을 이어 직사각형 ㄱㄴㄷㄹ을 그린 것입니다. 직사각형 ㄱㄴㄷㄹ의 대각선의 길이의 합은 몇 cm인지 구하세요.

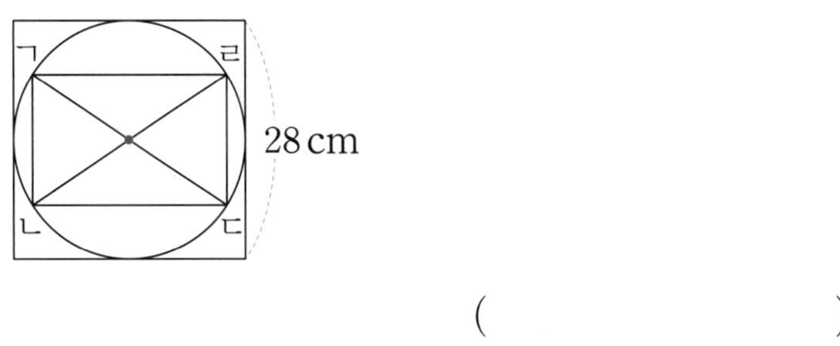

( )

대표 유형 05

5 왼쪽 모양 조각을 가장 적게 사용하여 오른쪽 모양을 만들었습니다. ㉠과 ㉡의 각도의 합을 구하세요. (단, 같은 모양 조각을 여러 번 사용할 수 있습니다.)

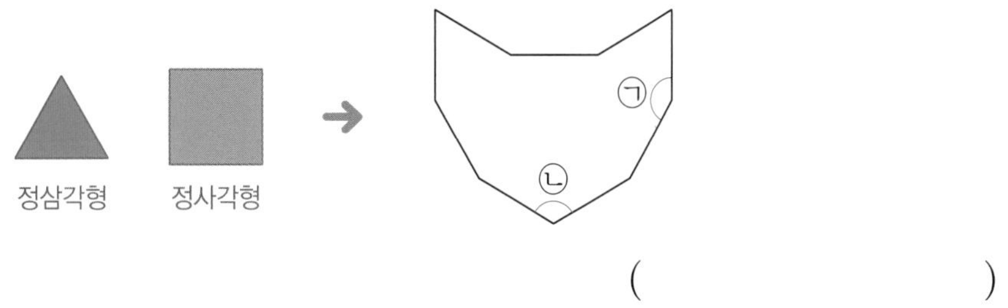

( )

대표 유형 06

6 직사각형 ㄱㄴㄷㅇ의 한 대각선의 길이가 14 cm일 때, 정육각형 ㄷㄹㅁㅂㅅㅇ의 모든 변의 길이의 합은 몇 cm인지 구하세요.

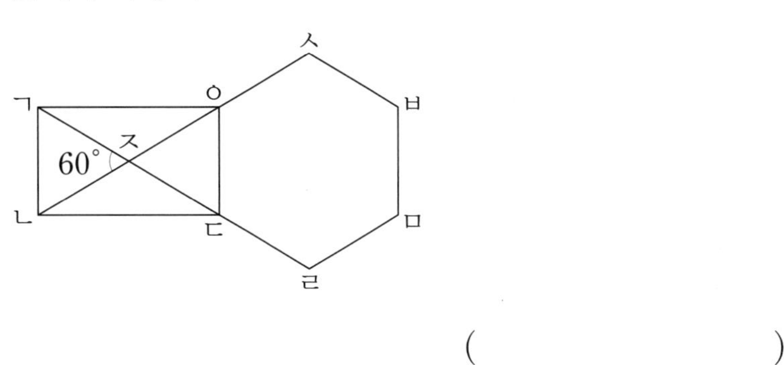

( )

대표 유형 07

7 한 변의 길이가 같은 정육각형과 정팔각형을 한 변이 맞닿게 이어 붙여 놓은 것입니다. ㉠의 각도를 구하세요.

(　　　　　　　　　　)

대표 유형 08

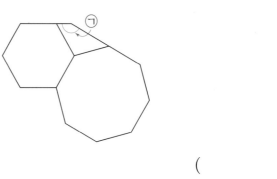

8 연우와 진서가 타일을 겹치지 않게 이어 붙여서 한 변의 길이가 240 cm인 정사각형 모양의 벽면을 각각 채우려고 합니다. 필요한 타일은 몇 장인지 각각 구하세요.

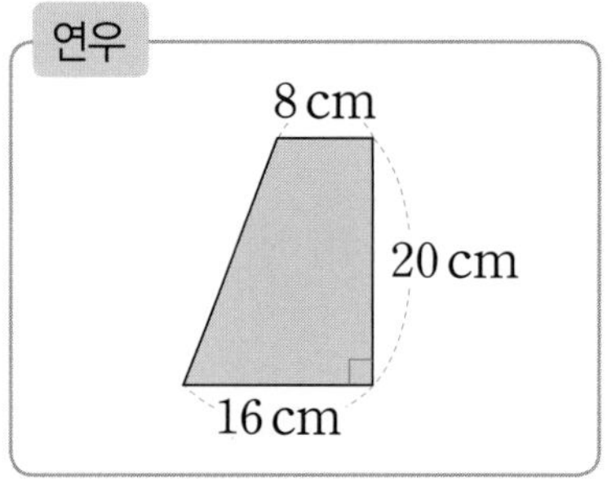

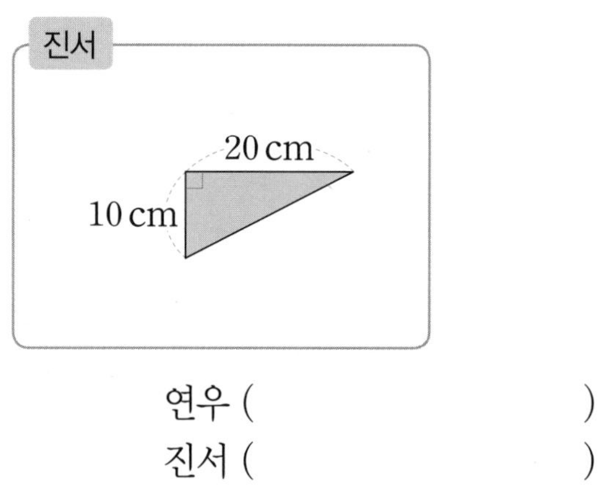

연우 (　　　　　　　　　　)

진서 (　　　　　　　　　　)

6. 다각형

» 정답 및 풀이 64쪽

본문 '실전 적용'의 반복학습입니다.

1 정사각형 3개와 정오각형 한 개를 겹치지 않게 이어 붙인 도형입니다. 정사각형 3개의 모든 변의 길이의 합이 84 cm일 때 초록색 선의 길이는 몇 cm인지 구하세요.

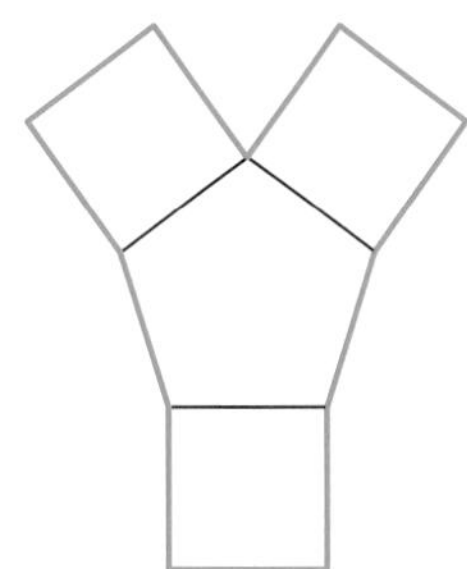

(　　　　　　　　)

2 길이가 340 cm인 색 테이프를 겹치지 않게 모두 사용하여 한 변의 길이가 14 cm인 정십각형과 한 변의 길이가 40 cm인 정다각형을 한 개씩 만들었습니다. 한 변의 길이가 40 cm인 정다각형의 이름을 써 보세요.

(　　　　　　　　)

3 다음 그림은 한 변의 길이가 57 cm인 정사각형 안에 원을 그리고, 그 원 위의 네 점을 이어 다시 정사각형 ㄱㄴㄷㄹ을 그린 것입니다. 사각형 ㄱㄴㄷㄹ의 대각선의 길이의 합은 몇 cm인지 구하세요.

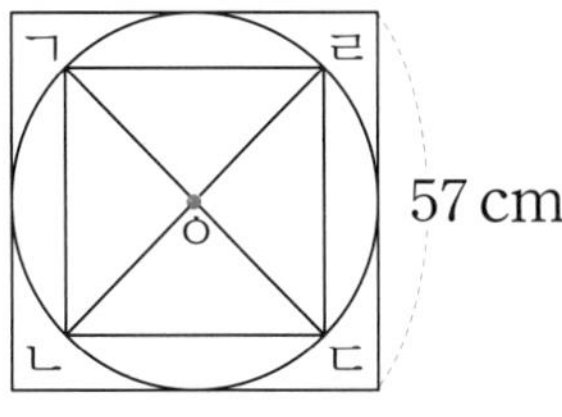

(　　　　　　　　)

4 주어진 모양 조각을 한 번씩 모두 사용하여 여러 가지 모양을 만들려고 합니다. 변끼리 서로 맞닿게 이어 붙일 때 만들 수 있는 모양은 모두 몇 가지일까요? (단, 꼭짓점이 적어도 한 개는 서로 맞닿아야 하고, 뒤집거나 돌렸을 때 나오는 모양은 같은 모양으로 생각합니다.)

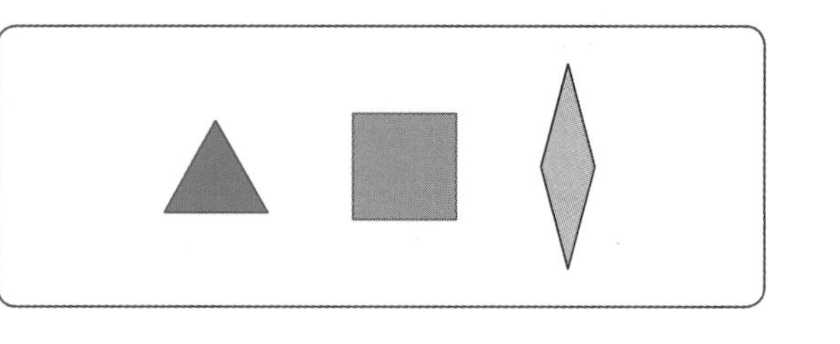

(　　　　　　　　)

5 정오각형에서 각 ㄱㄷㄹ의 크기를 구하세요.

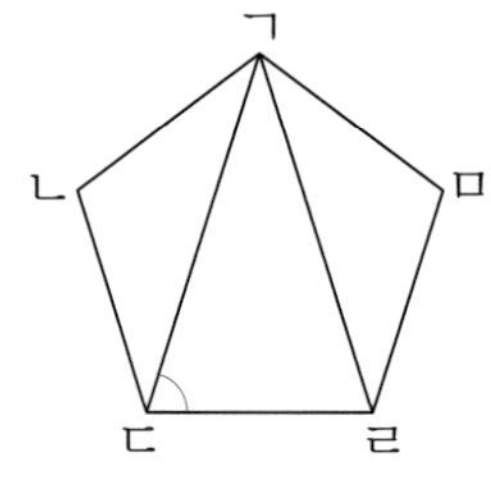

(　　　　　　　　)

6 사각형 ㄱㄴㄷㄹ은 정사각형이고, 사각형 ㄱㅅㅁㅂ은 직사각형입니다. 선분 ㅅㅁ의 길이는 선분 ㅅㄹ의 2배일 때 사각형 ㄱㅅㅁㅂ의 네 변의 길이의 합은 몇 cm인지 구하세요.

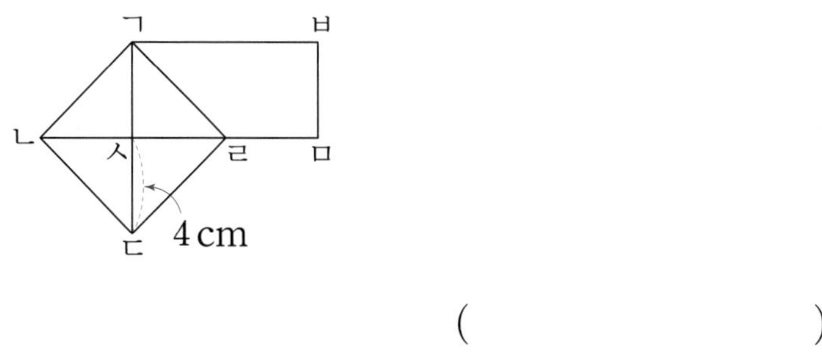

(　　　　　　　　)

7 한 변의 길이가 같은 정사각형과 정육각형을 한 변이 맞닿게 이어 붙여 놓은 것입니다. ㉠의 각도를 구하세요.

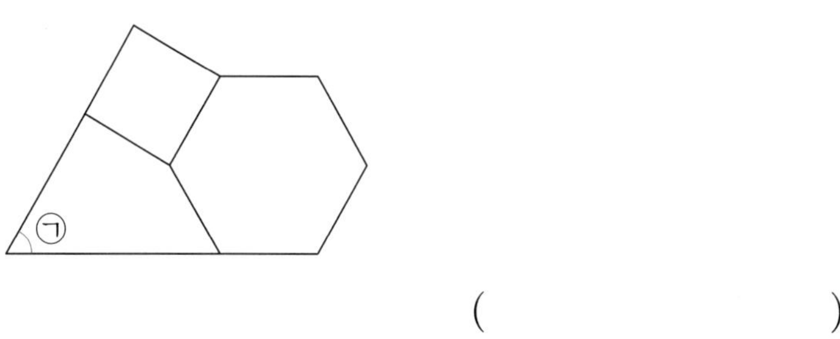

(　　　　　　　　)

8 사다리꼴 모양의 타일을 겹치지 않게 이어 붙여서 가로가 200 cm, 세로가 150 cm인 직사각형 모양의 현관 바닥을 빈틈없이 덮으려고 합니다. 필요한 타일은 모두 몇 장일까요?

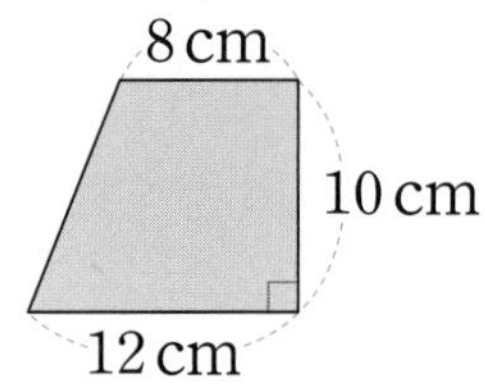

(　　　　　　　　　　)

9 왼쪽 모양 조각을 모두 사용하여 오른쪽 모양을 만들었습니다. ㉠과 ㉡의 각도의 차를 구하세요. (단, 같은 모양 조각을 여러 번 사용할 수 있습니다.)

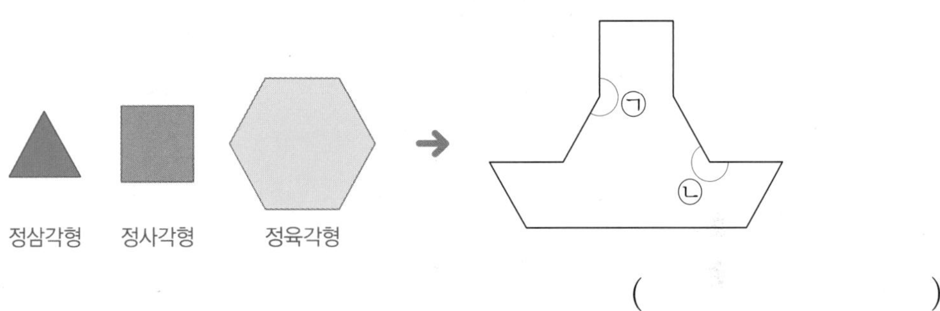

(　　　　　　　　　　)

복습은
이안에
있어!

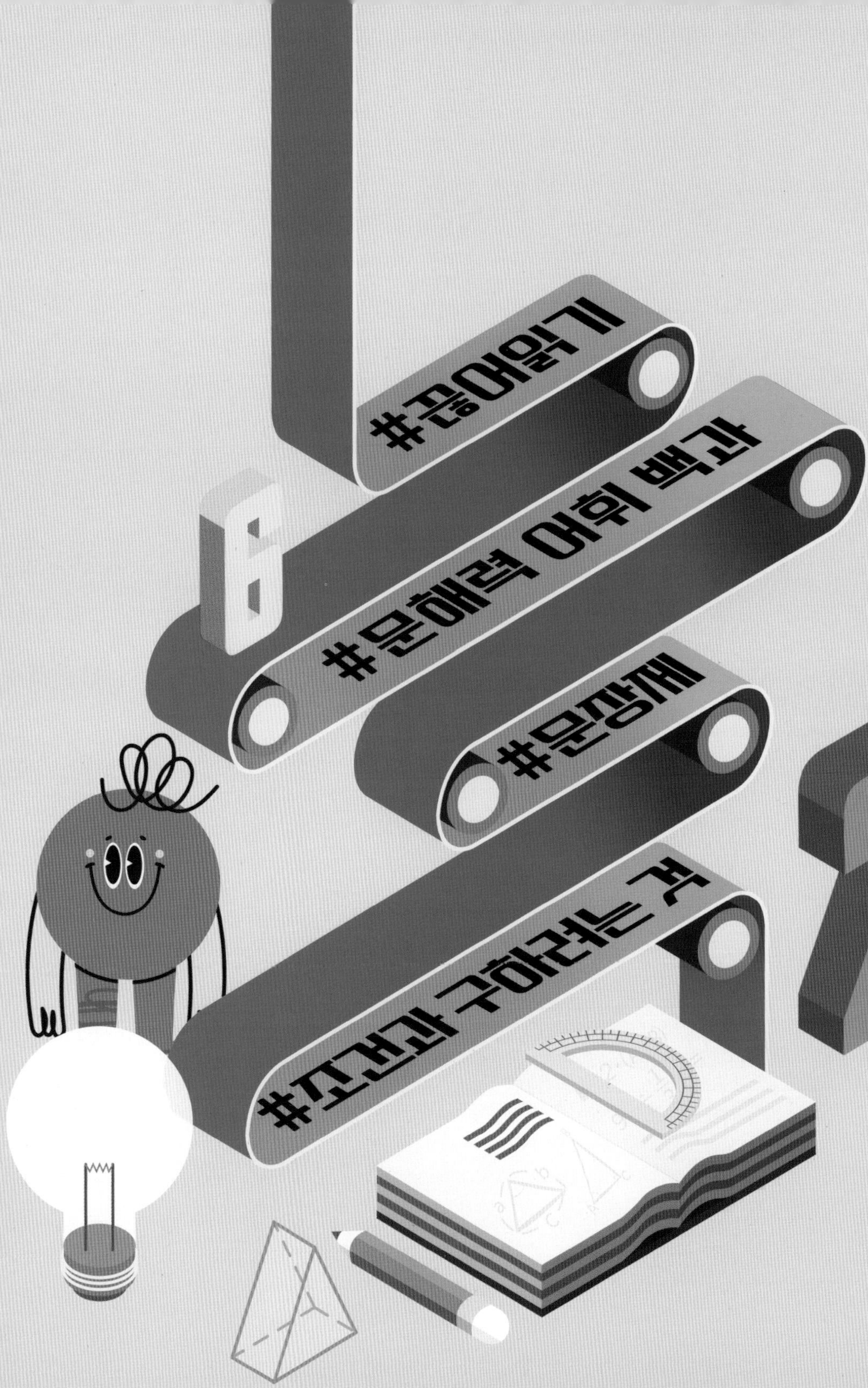
#문장읽기
#문해력 어휘 백과
#문장제
#조건과 구하려는 것

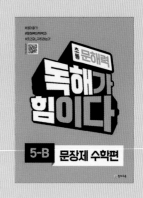

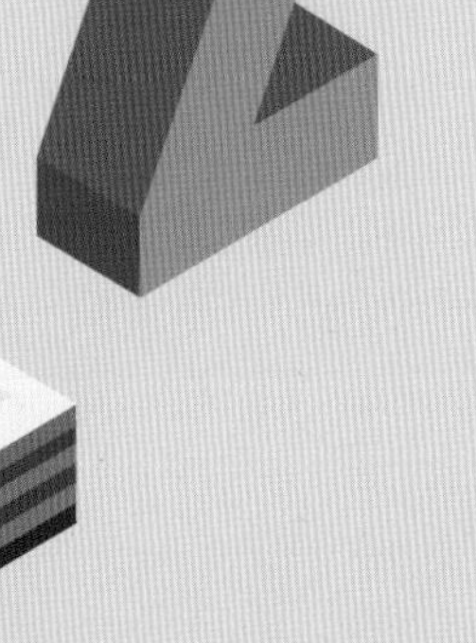
초등 문해력
독해가 힘이다
5-B
문장제 수학편

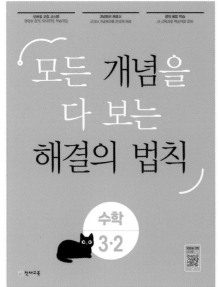

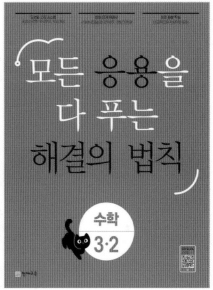

천재교육

상위권 진입 비결

최고 수준 S

정답 및 풀이

BOOK 3

초등 4-2

정답 및 풀이
포인트 3가지

- 혼자서도 이해할 수 있는 친절한 문제 풀이
- 참고, 주의 등 자세한 풀이 제시
- 다른 풀이를 제시하여 다양한 방법으로 문제 풀이 가능

본책
정답 및 풀이

1 분수의 덧셈과 뺄셈

활용 개념 6~11쪽

분모가 같은 진분수의 덧셈과 뺄셈

01 (1) $1\frac{1}{3}$ (2) $\frac{1}{5}$　02 (1) $\frac{7}{8}$ (2) $\frac{3}{7}$

03 $1\frac{1}{6}$ m, $\frac{3}{6}$ m　04 $1\frac{2}{5}$

05 1, 3, 2

03 • 합: $\frac{5}{6}+\frac{2}{6}=\frac{5+2}{6}=\frac{7}{6}=1\frac{1}{6}$(m)

• 차: $\frac{5}{6}-\frac{2}{6}=\frac{5-2}{6}=\frac{3}{6}$(m)

04 ㉠ $\frac{1}{5}$이 3개인 수 → $\frac{3}{5}$, ㉡ $\frac{1}{5}$이 4개인 수 → $\frac{4}{5}$

⇨ ㉠+㉡$=\frac{3}{5}+\frac{4}{5}=\frac{3+4}{5}=\frac{7}{5}=1\frac{2}{5}$

05 $\frac{7}{8}-\frac{2}{8}=\frac{7-2}{8}=\frac{5}{8}$, $\frac{4}{8}+\frac{3}{8}=\frac{4+3}{8}=\frac{7}{8}$,

$\frac{1}{8}+\frac{5}{8}=\frac{1+5}{8}=\frac{6}{8}$

⇨ $\frac{5}{8}<\frac{6}{8}<\frac{7}{8}$

분모가 같은 대분수의 덧셈과 뺄셈

01 (1) $6\frac{1}{4}$ (2) $3\frac{4}{9}$　02 (1) $6\frac{1}{5}$ (2) $4\frac{1}{3}$

03 ㉢　04 $4\frac{4}{9}$

05 $5\frac{1}{6}$

03 ㉠ $3\frac{2}{5}+2\frac{4}{5}=(3+2)+\left(\frac{2}{5}+\frac{4}{5}\right)=5+\frac{6}{5}$

$=5+1\frac{1}{5}=6\frac{1}{5}$

㉡ $8\frac{5}{8}-2\frac{3}{8}=(8-2)+\left(\frac{5}{8}-\frac{3}{8}\right)=6+\frac{2}{8}=6\frac{2}{8}$

㉢ $1\frac{6}{7}+3\frac{2}{7}=(1+3)+\left(\frac{6}{7}+\frac{2}{7}\right)=4+\frac{8}{7}$

$=4+1\frac{1}{7}=5\frac{1}{7}$

⇨ 계산 결과가 5와 6 사이에 있는 식은 ㉢입니다.

04 $7\frac{8}{9}>4\frac{2}{9}>4\frac{1}{9}>3\frac{4}{9}$이므로 가장 큰 수와 가장 작은 수의 차는 $7\frac{8}{9}-3\frac{4}{9}=4\frac{4}{9}$입니다.

05 수직선에서 작은 눈금 한 칸의 크기는 $\frac{1}{6}$이므로 ㉠이 나타내는 수는 $2\frac{3}{6}$, ㉡이 나타내는 수는 $2\frac{4}{6}$입니다.

⇨ ㉠+㉡$=2\frac{3}{6}+2\frac{4}{6}=4\frac{7}{6}=5\frac{1}{6}$

(자연수)−(분수), 받아내림이 있고 분모가 같은 대분수의 뺄셈

01 (1) $7\frac{1}{4}$ (2) $3\frac{2}{6}$　02 (1) $2\frac{7}{9}$ (2) $2\frac{2}{3}$

03 =　04 $1\frac{3}{5}$ cm

05 3, 7 / $4\frac{4}{8}$

04 $8\frac{2}{5}>7\frac{3}{5}>6\frac{4}{5}$

⇨ (가장 긴 변의 길이)−(가장 짧은 변의 길이)

$=8\frac{2}{5}-6\frac{4}{5}=7\frac{7}{5}-6\frac{4}{5}=1\frac{3}{5}$(cm)

05 3<5<7이므로 빼지는 분수의 분자에 3을, 빼는 분수의 분자에 7을 써넣어야 합니다.

⇨ $6\frac{3}{8}-1\frac{7}{8}=5\frac{11}{8}-1\frac{7}{8}=4\frac{4}{8}$

대표 유형 01 $5\frac{4}{5}$

❶ ㉮ 대신 $\boxed{2}\frac{\boxed{1}}{5}$을/를, ㉯ 대신 $\boxed{5}\frac{\boxed{2}}{5}$을/를 넣어 계산합니다.

❷ $2\frac{1}{5}◆5\frac{2}{5}=\boxed{5}\frac{\boxed{2}}{5}-1\frac{4}{5}+\boxed{2}\frac{\boxed{1}}{5}$

$=\boxed{3}\frac{\boxed{3}}{5}+\boxed{2}\frac{\boxed{1}}{5}=\boxed{5}\frac{\boxed{4}}{5}$

예제 $5\frac{2}{8}$

❶ ㉮ 대신 $3\frac{5}{8}$를, ㉯ 대신 $1\frac{7}{8}$을 넣어 계산합니다.

❷ $3\frac{5}{8}♥1\frac{7}{8}=7-3\frac{5}{8}+1\frac{7}{8}=3\frac{3}{8}+1\frac{7}{8}=4\frac{10}{8}=5\frac{2}{8}$

01-1 $\frac{5}{10}$

❶ ㉮ 대신 $\frac{7}{10}$을, ㉯ 대신 $1\frac{1}{10}$을 넣어 계산합니다.

❷ $\frac{7}{10}■1\frac{1}{10}=\frac{7}{10}+\frac{9}{10}-1\frac{1}{10}$

$=1\frac{6}{10}-1\frac{1}{10}=\frac{5}{10}$

01-2 2

❶ ㉮ 대신 $1\frac{1}{3}$을, ㉯ 대신 $8\frac{2}{3}$를 넣어 계산하면

$1\frac{1}{3}▲8\frac{2}{3}=8\frac{2}{3}-1\frac{1}{3}-2\frac{2}{3}=7\frac{1}{3}-2\frac{2}{3}=4\frac{2}{3}$입니다.

❷ ㉮ 대신 $4\frac{2}{3}$를, ㉯ 대신 $9\frac{1}{3}$을 넣어 계산하면

$4\frac{2}{3}▲9\frac{1}{3}=9\frac{1}{3}-4\frac{2}{3}-2\frac{2}{3}=4\frac{2}{3}-2\frac{2}{3}=2$입니다.

01-3 $6\frac{2}{6}$

❶ $2\frac{4}{6}●□=8\frac{1}{6}-□+2\frac{4}{6}=4\frac{3}{6}$

❷ $8\frac{1}{6}-□+2\frac{4}{6}=4\frac{3}{6}$, $8\frac{1}{6}-□=1\frac{5}{6}$, $□=8\frac{1}{6}-1\frac{5}{6}=6\frac{2}{6}$

대표 유형 02 $6\frac{6}{7}$ km

❶ (㉮에서 ㉯까지의 거리)$=4\frac{3}{7}-\frac{6}{7}=3\frac{\boxed{10}}{7}-\frac{6}{7}=3\frac{\boxed{4}}{7}$ (km)

❷ (㉮에서 ㉱까지의 거리)$=3\frac{\boxed{4}}{7}+3\frac{2}{7}$

$=(3+3)+\left(\frac{\boxed{4}}{7}+\frac{2}{7}\right)$

$=\boxed{6}+\frac{\boxed{6}}{7}=\boxed{6}\frac{\boxed{6}}{7}$ (km)

예제 $10\frac{4}{5}$ km

❶ (㉮에서 ㉯까지의 거리)$=5\frac{2}{5}-1\frac{1}{5}=4\frac{1}{5}$ (km)

❷ (㉮에서 ㉱까지의 거리)$=4\frac{1}{5}+6\frac{3}{5}=10\frac{4}{5}$ (km)

02-1 $12\frac{2}{6}$ km

❶ (학교에서 소방서까지의 거리)$=8\frac{4}{6}-5\frac{3}{6}=3\frac{1}{6}$ (km)

❷ (학교에서 공원까지의 거리)$=3\frac{1}{6}+9\frac{1}{6}=12\frac{2}{6}$ (km)

02-2 $9\frac{1}{9}$ km

❶ (㉮에서 ㉯까지의 거리)$=6\frac{5}{9}-4\frac{8}{9}=5\frac{14}{9}-4\frac{8}{9}=1\frac{6}{9}$ (km)

❷ (㉮에서 ㉱까지의 거리)$=1\frac{6}{9}+7\frac{4}{9}=8\frac{10}{9}=9\frac{1}{9}$ (km)

02-3 4 km

❶ ㉰에서 ㉱까지의 거리를 □ km라 하면

(㉮에서 ㉯까지의 거리)=(㉰에서 ㉱까지의 거리)$+\frac{5}{8}=$□$+\frac{5}{8}$입니다.

❷ (㉮에서 ㉱까지의 거리)=(㉮에서 ㉯까지의 거리)$+2\frac{7}{8}+$(㉰에서 ㉱까지의 거리)

=□$+\frac{5}{8}+2\frac{7}{8}+$□=□+□$+3\frac{4}{8}$

❸ □+□$+3\frac{4}{8}=10\frac{2}{8}$ ⇨ □+□$=10\frac{2}{8}-3\frac{4}{8}=6\frac{6}{8}$에서 $6\frac{6}{8}=3\frac{3}{8}+3\frac{3}{8}$이므로

□$=3\frac{3}{8}$입니다.

❹ (㉮에서 ㉯까지의 거리)=□$+\frac{5}{8}=3\frac{3}{8}+\frac{5}{8}=4$ (km)

대표 유형 03 $\frac{5}{6}$

❶ ㉮$=\frac{㉡}{㉠}$이라 할 때 ㉠>㉡이고 ㉠+㉡=9, ㉠−㉡=3이므로

㉠=6, ㉡=3입니다. ➜ ㉮$=\frac{3}{6}$

❷ ㉯는 분모가 ㉮와 같으므로 6이고 분자가 ㉮보다 1 작으므로 2입니다.

➜ ㉯$=\frac{2}{6}$

❸ ㉮+㉯$=\frac{3}{6}+\frac{2}{6}=\frac{5}{6}$

예제 $1\frac{2}{5}$

❶ ㉮$=\frac{㉡}{㉠}$이라 할 때 ㉠>㉡이고 ㉠+㉡=8, ㉠−㉡=2이므로 ㉠=5, ㉡=3입니다.

⇨ ㉮$=\frac{3}{5}$

❷ ㉯는 분모가 ㉮와 같으므로 5이고, 분자가 ㉮보다 1 크므로 4입니다. ⇨ ㉯$=\frac{4}{5}$

❸ ㉮+㉯$=\frac{3}{5}+\frac{4}{5}=\frac{7}{5}=1\frac{2}{5}$

03-1 $\frac{4}{7}$

❶ ㉠+㉡=8, ㉠−㉡=6이므로 ㉠=7, ㉡=1입니다.

❷ ㉮$=\frac{㉡}{㉠}=\frac{1}{7}$, ㉯$=\frac{㉡+2}{㉠}=\frac{1+2}{7}=\frac{3}{7}$

❸ ㉮+㉯$=\frac{1}{7}+\frac{3}{7}=\frac{4}{7}$

03-2 $1\frac{1}{8}$

❶ ㉮$=\frac{㉡}{㉠}$이라 할 때 ㉠>㉡이고 ㉠+㉡=11, ㉠−㉡=5이므로 ㉠=8, ㉡=3입니다.

⇨ ㉮$=\frac{3}{8}$

❷ ㉯는 분모가 ㉮와 같으므로 8이고, 분자가 ㉮의 2배이므로 6입니다. ⇨ ㉯$=\frac{6}{8}$

❸ ㉮+㉯$=\frac{3}{8}+\frac{6}{8}=\frac{9}{8}=1\frac{1}{8}$

03-3 $1\frac{4}{12}$

❶ ㉮$=\frac{㉡}{㉠}$이라 할 때 ㉠>㉡이고 ㉠+㉡=17, ㉠−㉡=7이므로 ㉠=12, ㉡=5입니다. ⇨ ㉮$=\frac{5}{12}$

❷ ㉯는 분모가 ㉮와 같으므로 12이고, 분자가 ㉮의 2배보다 1 크므로 11입니다.

⇨ ㉯$=\frac{11}{12}$

❸ ㉮+㉯$=\frac{5}{12}+\frac{11}{12}=\frac{16}{12}=1\frac{4}{12}$

03-4 $\frac{5}{18}$

❶ ㉮$=\frac{㉡}{㉠}$이라 할 때 ㉠>㉡이고 ㉠+㉡=35, ㉠−㉡=1이므로 ㉠=18, ㉡=17입니다. ⇨ ㉮$=\frac{17}{18}$

❷ ㉯$=\frac{㉣}{㉢}$이라 할 때 ㉢>㉣이고 ㉢+㉣=30, ㉢−㉣=6이므로 ㉢=18, ㉣=12입니다. ⇨ ㉯$=\frac{12}{18}$

❸ ㉮−㉯$=\frac{17}{18}-\frac{12}{18}=\frac{5}{18}$

대표 유형 04 $12\frac{1}{4}$ cm

❶ (한 시간 동안 타는 양초의 길이)$=3\frac{1}{4}+3\frac{1}{4}=\boxed{6}\frac{\boxed{2}}{\boxed{4}}$ (cm)

❷ (한 시간 후 양초의 길이)

=(처음 양초의 길이)−(한 시간 동안 타는 양초의 길이)

$=18\frac{3}{4}-\boxed{6}\frac{\boxed{2}}{\boxed{4}}=\boxed{12}\frac{\boxed{1}}{\boxed{4}}$ (cm)

예제 $16\frac{2}{5}$ cm

❶ (한 시간 동안 타는 양초의 길이)$=2\frac{1}{5}+2\frac{1}{5}=4\frac{2}{5}$ (cm)

❷ (한 시간 후 양초의 길이)

=(처음 양초의 길이)−(한 시간 동안 타는 양초의 길이)

$=20\frac{4}{5}-4\frac{2}{5}=16\frac{2}{5}$ (cm)

04-1 $10\frac{7}{8}$ cm

❶ (한 시간 동안 타는 양초의 길이)$=1\frac{3}{8}+1\frac{3}{8}+1\frac{3}{8}+1\frac{3}{8}+1\frac{3}{8}+1\frac{3}{8}=8\frac{2}{8}$(cm)

❷ (한 시간 후 양초의 길이)
=(처음 양초의 길이)−(한 시간 동안 타는 양초의 길이)
$=19\frac{1}{8}-8\frac{2}{8}=10\frac{7}{8}$(cm)

04-2 $14\frac{2}{3}$ cm

❶ (한 시간 동안 타는 양초의 길이)$=1\frac{1}{3}+1\frac{1}{3}+1\frac{1}{3}+1\frac{1}{3}+1\frac{1}{3}=6\frac{2}{3}$(cm)

❷ (한 시간 후 양초의 길이)
=(처음 양초의 길이)−(한 시간 동안 타는 양초의 길이)
$=21\frac{1}{3}-6\frac{2}{3}=14\frac{2}{3}$(cm)

04-3 $17\frac{2}{4}$ cm

❶ (2시간 동안 타는 양초의 길이)$=2\frac{3}{4}+2\frac{3}{4}+2\frac{3}{4}=8\frac{1}{4}$(cm)

❷ (2시간 후 양초의 길이)
=(처음 양초의 길이)−(2시간 동안 타는 양초의 길이)
$=25\frac{3}{4}-8\frac{1}{4}=17\frac{2}{4}$(cm)

04-4 $13\frac{2}{5}$ cm

❶ (15분 동안 탄 양초의 길이)$=23-20\frac{3}{5}=2\frac{2}{5}$(cm)

❷ 1시간=60분이고 60분=15분+15분+15분+15분이므로
(한 시간 동안 타는 양초의 길이)$=2\frac{2}{5}+2\frac{2}{5}+2\frac{2}{5}+2\frac{2}{5}=9\frac{3}{5}$(cm)입니다.

❸ (한 시간 후 양초의 길이)$=23-9\frac{3}{5}=13\frac{2}{5}$(cm)

대표 유형 05
오전 7시 59분

❶ (이틀 동안 늦어지는 시간)$=\frac{1}{2}+\frac{1}{\boxed{2}}=\frac{\boxed{2}}{2}=\boxed{1}$(분)

❷ (이틀 뒤 오전 8시에 이 시계가 가리키는 시각)
=오전 8시−$\boxed{1}$분=오전 $\boxed{7}$시 $\boxed{59}$분

예제 오후 2시 57분

❶ (이틀 동안 늦어지는 시간)$=1\frac{1}{2}+1\frac{1}{2}=3$(분)

❷ (이틀 뒤 오후 3시에 이 시계가 가리키는 시각)
=오후 3시−3분=오후 2시 57분

05-1 오후 7시 6분

❶ (8일 동안 빨라지는 시간)$=\frac{3}{4}+\frac{3}{4}+\frac{3}{4}+\frac{3}{4}+\frac{3}{4}+\frac{3}{4}+\frac{3}{4}+\frac{3}{4}=\frac{24}{4}=6$(분)

❷ (8일 뒤 오후 7시에 이 시계가 가리키는 시각)
=오후 7시+6분=오후 7시 6분

05-2 오전 9시 46분

❶ (6일 동안 늦어지는 시간)$=2\frac{1}{3}+2\frac{1}{3}+2\frac{1}{3}+2\frac{1}{3}+2\frac{1}{3}+2\frac{1}{3}=14$(분)

❷ (6일 뒤 오전 10시에 이 시계가 가리키는 시각)
=오전 10시−14분=오전 9시 46분

05-3 오후 2시 16분

❶ (10일 동안 빨라지는 시간)
$=1\frac{3}{5}+1\frac{3}{5}+1\frac{3}{5}+1\frac{3}{5}+1\frac{3}{5}+1\frac{3}{5}+1\frac{3}{5}+1\frac{3}{5}+1\frac{3}{5}+1\frac{3}{5}=16$(분)

❷ (10일 뒤 오후 2시에 이 시계가 가리키는 시각)
=오후 2시+16분=오후 2시 16분

05-4 오전 11시 47분

❶ (12일 동안 늦어지는 시간)$=2\frac{1}{6}+2\frac{1}{6}+2\frac{1}{6}+2\frac{1}{6}+2\frac{1}{6}+2\frac{1}{6}=13$(분)

❷ (12일 뒤 오후 12시에 이 시계가 가리키는 시각)
=오후 12시−13분=오전 11시 47분

대표 유형 06 $4\frac{4}{13}$

❶ 주어진 분수 중 대분수를 모두 가분수로 나타내면

$\frac{2}{13}, \frac{6}{13}, \frac{10}{13}, \frac{\boxed{14}}{13}, \frac{\boxed{18}}{13}$, ...이므로 $\frac{\boxed{4}}{13}$씩 커지는 규칙입니다.

❷ (여섯째 수)$=1\frac{5}{13}+\frac{\boxed{4}}{13}=1\frac{\boxed{9}}{13}$

(아홉째 수)$=1\frac{\boxed{9}}{13}+\frac{\boxed{4}}{13}+\frac{\boxed{4}}{13}+\frac{\boxed{4}}{13}=\boxed{2}\frac{\boxed{8}}{13}$

❸ (여섯째 수)+(아홉째 수)$=1\frac{\boxed{9}}{13}+\boxed{2}\frac{\boxed{8}}{13}=\boxed{4}\frac{\boxed{4}}{13}$

예제 $5\frac{4}{10}$

❶ 주어진 분수 중 대분수를 모두 가분수로 나타내면 $\frac{3}{10}, \frac{7}{10}, \frac{11}{10}, \frac{15}{10}, \frac{19}{10}$, ...이므로 $\frac{4}{10}$씩 커지는 규칙입니다.

❷ (여섯째 수)$=1\frac{9}{10}+\frac{4}{10}=2\frac{3}{10}$, (여덟째 수)$=2\frac{3}{10}+\frac{4}{10}+\frac{4}{10}=3\frac{1}{10}$

❸ (여섯째 수)+(여덟째 수)$=2\frac{3}{10}+3\frac{1}{10}=5\frac{4}{10}$

06-1 8

❶ 주어진 분수를 모두 가분수로 나타내면
$\frac{10}{7}, \frac{13}{7}, \frac{16}{7}, \frac{19}{7}, \frac{22}{7}$, ...이므로 $\frac{3}{7}$씩 커지는 규칙입니다.

❷ (여섯째 수)$=3\frac{1}{7}+\frac{3}{7}=3\frac{4}{7}$, (여덟째 수)$=3\frac{4}{7}+\frac{3}{7}+\frac{3}{7}=4\frac{3}{7}$

❸ (여섯째 수)+(여덟째 수)$=3\frac{4}{7}+4\frac{3}{7}=8$

06-2 $8\frac{5}{11}$

❶ 주어진 분수 중 대분수를 모두 가분수로 나타내면

$\frac{9}{11}, \frac{14}{11}, \frac{19}{11}, \frac{24}{11}, \frac{29}{11}, ...$이므로 $\frac{5}{11}$씩 커지는 규칙입니다.

❷ (일곱째 수)$=2\frac{7}{11}+\frac{5}{11}+\frac{5}{11}=3\frac{6}{11}$,

(열째 수)$=3\frac{6}{11}+\frac{5}{11}+\frac{5}{11}+\frac{5}{11}=4\frac{10}{11}$

❸ (일곱째 수)+(열째 수)$=3\frac{6}{11}+4\frac{10}{11}=8\frac{5}{11}$

06-3 $30\frac{15}{17}$

❶ 분모가 17인 대분수에서 자연수 부분은 1, 2, 3, ...이므로 1씩 커지고 분자 부분은 1, 3, 5, ...이므로 2씩 커지는 규칙입니다.

❷ (늘어놓은 분수들의 합)$=1\frac{1}{17}+2\frac{3}{17}+3\frac{5}{17}+4\frac{7}{17}+5\frac{9}{17}+6\frac{11}{17}+7\frac{13}{17}$

$=28\frac{49}{17}=30\frac{15}{17}$

대표 유형 07 4시간 14분

❶ (낮의 길이)$=24-14\frac{7}{60}=\boxed{9}\frac{\boxed{53}}{60}$(시간)

❷ (밤의 길이)−(낮의 길이)$=14\frac{7}{60}-\boxed{9}\frac{\boxed{53}}{60}=\boxed{4}\frac{\boxed{14}}{60}$(시간)

❸ $\boxed{4}\frac{\boxed{14}}{60}$시간$=\boxed{4}$시간 $\boxed{14}$분이므로

이날 낮의 길이는 밤의 길이보다 $\boxed{4}$시간 $\boxed{14}$분 더 짧았습니다.

예제 3시간 26분

❶ (낮의 길이)$=24-13\frac{43}{60}=10\frac{17}{60}$(시간)

❷ (밤의 길이)−(낮의 길이)$=13\frac{43}{60}-10\frac{17}{60}=3\frac{26}{60}$(시간)

❸ $3\frac{26}{60}$시간=3시간 26분이므로 이날 낮의 길이는 밤의 길이보다 3시간 26분 더 짧았습니다.

07-1 1시간 14분

❶ (밤의 길이)$=24-11\frac{23}{60}=12\frac{37}{60}$(시간)

❷ (밤의 길이)−(낮의 길이)$=12\frac{37}{60}-11\frac{23}{60}=1\frac{14}{60}$(시간)

❸ $1\frac{14}{60}$시간=1시간 14분이므로 이날 밤의 길이는 낮의 길이보다 1시간 14분 더 길었습니다.

07-2 2시간 2분

❶ (낮의 길이)$=24-10\frac{59}{60}=13\frac{1}{60}$(시간)

❷ (낮의 길이)−(밤의 길이)$=13\frac{1}{60}-10\frac{59}{60}=2\frac{2}{60}$(시간)

❸ $2\frac{2}{60}$시간=2시간 2분이므로 이날 낮의 길이는 밤의 길이보다 2시간 2분 더 길었습니다.

07-3 22분

❶ (낮의 길이)$=24-12\frac{11}{60}=11\frac{49}{60}$(시간)

❷ (밤의 길이)$-$(낮의 길이)$=12\frac{11}{60}-11\frac{49}{60}=\frac{22}{60}$(시간)

❸ $\frac{22}{60}$시간$=$22분이므로 이날 낮의 길이는 밤의 길이보다 22분 더 짧았습니다.

07-4 2시간 38분

❶ (다음 날 낮의 길이)$=13\frac{14}{60}+\frac{5}{60}=13\frac{19}{60}$(시간)

❷ (다음 날 밤의 길이)$=24-13\frac{19}{60}=10\frac{41}{60}$(시간)

❸ (다음 날 낮의 길이)$-$(다음 날 밤의 길이)$=13\frac{19}{60}-10\frac{41}{60}=2\frac{38}{60}$(시간)

❹ $2\frac{38}{60}$시간$=$2시간 38분이므로 다음 날 밤의 길이는 낮의 길이보다 2시간 38분 더 짧았습니다.

대표 유형 08 2일

❶ 전체 일의 양을 1이라 하면

(두 사람이 하루 동안 하는 일의 양)$=\frac{1}{8}+\frac{3}{8}=\frac{\boxed{4}}{8}$입니다.

❷ $1-\frac{\boxed{4}}{8}-\frac{\boxed{4}}{8}=0$이므로 두 사람이 함께 일을 하면 일을 모두 끝내는 데 $\boxed{2}$일이 걸립니다.

예제 3일

❶ 전체 일의 양을 1이라 하면

(두 사람이 하루 동안 하는 일의 양)$=\frac{2}{9}+\frac{1}{9}=\frac{3}{9}$입니다.

❷ $1-\frac{3}{9}-\frac{3}{9}-\frac{3}{9}=0$이므로 두 사람이 함께 일을 하면 일을 모두 끝내는 데 3일이 걸립니다.

08-1 5일

❶ 전체 일의 양을 1이라 하면

(두 사람이 하루 동안 하는 일의 양)$=\frac{2}{15}+\frac{1}{15}=\frac{3}{15}$입니다.

❷ $1-\frac{3}{15}-\frac{3}{15}-\frac{3}{15}-\frac{3}{15}-\frac{3}{15}=0$이므로 두 사람이 함께 일을 하면 일을 모두 끝내는 데 5일이 걸립니다.

08-2 5일

❶ 전체 일의 양을 1이라 하면

(두 사람이 하루 동안 하는 일의 양)$=\frac{1}{20}+\frac{3}{20}=\frac{4}{20}$입니다.

❷ $1-\frac{4}{20}-\frac{4}{20}-\frac{4}{20}-\frac{4}{20}-\frac{4}{20}=0$이므로 두 사람이 함께 일을 하면 일을 모두 끝내는 데 5일이 걸립니다.

08-3 4일

❶ 전체 일의 양을 1이라 하면

(두 사람이 하루 동안 하는 일의 양)$=\frac{2}{24}+\frac{4}{24}=\frac{6}{24}$입니다.

❷ $1-\frac{6}{24}-\frac{6}{24}-\frac{6}{24}-\frac{6}{24}=0$이므로 두 사람이 함께 일을 하면 일을 모두 끝내는 데 4일이 걸립니다.

08-4 3일

❶ 전체 일의 양을 1이라 하면

(두 사람이 2일 동안 하는 일의 양)$=\frac{3}{16}+\frac{2}{16}+\frac{3}{16}+\frac{2}{16}=\frac{10}{16}$입니다.

❷ (남은 일의 양)$=1-\frac{10}{16}=\frac{6}{16}$

❸ $\frac{6}{16}-\frac{2}{16}-\frac{2}{16}-\frac{2}{16}=0$이므로 남은 일을 민아가 혼자 끝내려면 3일이 더 걸립니다.

28~31쪽

01 $3\frac{3}{13}$

❶ 주어진 분수를 모두 가분수로 나타내면

$\frac{37}{13}, \frac{32}{13}, \frac{27}{13}, \frac{22}{13}, \dots$이므로 $\frac{5}{13}$씩 작아지는 규칙입니다.

❷ $\square-\frac{5}{13}=2\frac{11}{13}$, $\square=2\frac{11}{13}+\frac{5}{13}=2\frac{16}{13}=3\frac{3}{13}$

02 $3\frac{3}{7}$

❶ ㉮ 대신 $3\frac{6}{7}$을, ㉯ 대신 $2\frac{4}{7}$를 넣어 계산합니다.

❷ $3\frac{6}{7}\odot 2\frac{4}{7}=2\frac{4}{7}+4\frac{5}{7}-3\frac{6}{7}=6\frac{9}{7}-3\frac{6}{7}=3\frac{3}{7}$

03 $3\frac{1}{6}$ km

❶ (㉮에서 ㉰까지의 거리)+(㉯에서 ㉱까지의 거리)$=5\frac{4}{6}+6\frac{5}{6}=11\frac{9}{6}=12\frac{3}{6}$ (km)

❷ (㉯에서 ㉰까지의 거리)$=12\frac{3}{6}-9\frac{2}{6}=3\frac{1}{6}$ (km)

04 $\frac{13}{15}, \frac{7}{15}$

❶ 두 진분수 중 큰 진분수를 $\frac{㉠}{15}$, 작은 진분수를 $\frac{㉡}{15}$이라 하면

$\frac{㉠}{15}+\frac{㉡}{15}=1\frac{5}{15}=\frac{20}{15}$, $\frac{㉠}{15}-\frac{㉡}{15}=\frac{6}{15}$이므로 ㉠+㉡=20, ㉠−㉡=6입니다.

❷ ㉠+㉡+㉠−㉡=20+6=26, ㉠+㉠=26이므로 ㉠=13, ㉡=7입니다.

❸ 두 진분수의 분자는 13, 7이므로 두 진분수는 $\frac{13}{15}, \frac{7}{15}$입니다.

05 $39\frac{2}{10}$ cm

❶ (색 테이프 3장의 길이의 합)$=15\times3=45$ (cm)

❷ (겹쳐진 부분의 길이의 합)$=2\frac{9}{10}+2\frac{9}{10}=4\frac{18}{10}=5\frac{8}{10}$ (cm)

❸ (이어 붙인 색 테이프의 전체 길이)$=45-5\frac{8}{10}=44\frac{10}{10}-5\frac{8}{10}=39\frac{2}{10}$ (cm)

06 $1\frac{3}{4}$

❶ $7\frac{1}{4}$▼㉠$=7\frac{1}{4}-$㉠$-$㉠$=3\frac{3}{4}$

❷ ㉠$+$㉠$=7\frac{1}{4}-3\frac{3}{4}=6\frac{5}{4}-3\frac{3}{4}=3\frac{2}{4}$

❸ $1\frac{3}{4}+1\frac{3}{4}=3\frac{2}{4}$이므로 ㉠$=1\frac{3}{4}$입니다.

07 $\frac{3}{9}$

❶ ㉮$=\frac{㉡}{㉠}$이라 할 때 ㉠$>$㉡이고 ㉠$+$㉡$=13$, ㉠$-$㉡$=5$이므로 ㉠$=9$, ㉡$=4$입니다.

⇨ ㉮$=\frac{4}{9}$

❷ ㉯는 분모가 ㉮와 같으므로 9이고, 분자가 ㉮보다 3 크므로 7입니다. ⇨ ㉯$=\frac{7}{9}$

❸ ㉯$-$㉮$=\frac{7}{9}-\frac{4}{9}=\frac{3}{9}$

08 $11\frac{9}{10}$ cm

❶ (한 시간 동안 타는 양초의 길이)$=1\frac{3}{10}+1\frac{3}{10}+1\frac{3}{10}+1\frac{3}{10}=5\frac{2}{10}$(cm)

❷ (한 시간 후 양초의 길이)

$=$(처음 양초의 길이)$-$(한 시간 동안 타는 양초의 길이)

$=17\frac{1}{10}-5\frac{2}{10}=11\frac{9}{10}$(cm)

09 오후 3시 52분

❶ (10일 동안 늦어지는 시간)$=\frac{4}{5}+\frac{4}{5}+\frac{4}{5}+\frac{4}{5}+\frac{4}{5}+\frac{4}{5}+\frac{4}{5}+\frac{4}{5}+\frac{4}{5}+\frac{4}{5}$

$=8$(분)

❷ (10일 뒤 오후 4시에 이 시계가 가리키는 시각)

$=$오후 4시$-$8분$=$오후 3시 52분

10 $5\frac{11}{12}$

❶ 주어진 분수 중 대분수를 모두 가분수로 나타내면

$\frac{3}{12}, \frac{8}{12}, \frac{13}{12}, \frac{18}{12}, \frac{23}{12}, \ldots$이므로 $\frac{5}{12}$씩 커지는 규칙입니다.

❷ (여섯째 수)$=1\frac{11}{12}+\frac{5}{12}=1\frac{16}{12}=2\frac{4}{12}$

(아홉째 수)$=2\frac{4}{12}+\frac{5}{12}+\frac{5}{12}+\frac{5}{12}=3\frac{7}{12}$

❸ (여섯째 수)$+$(아홉째 수)$=2\frac{4}{12}+3\frac{7}{12}=5\frac{11}{12}$

11 2시간 58분

❶ (밤의 길이)$=24-13\frac{29}{60}=10\frac{31}{60}$(시간)

❷ (낮의 길이)$-$(밤의 길이)$=13\frac{29}{60}-10\frac{31}{60}=2\frac{58}{60}$(시간)

❸ $2\frac{58}{60}$시간$=$2시간 58분이므로 이날 밤의 길이는 낮의 길이보다 2시간 58분 더 짧았습니다.

12 3일

❶ 전체 일의 양을 1이라 하면

(두 사람이 3일 동안 하는 일의 양)$=\frac{1}{12}+\frac{2}{12}+\frac{1}{12}+\frac{2}{12}+\frac{1}{12}+\frac{2}{12}=\frac{9}{12}$입니다.

❷ (남은 일의 양)$=1-\frac{9}{12}=\frac{3}{12}$

❸ $\frac{3}{12}-\frac{1}{12}-\frac{1}{12}-\frac{1}{12}=0$이므로 남은 일을 가희가 혼자 끝내려면 3일이 더 걸립니다.

2 삼각형

34~39쪽

변의 길이에 따라 삼각형 분류하기

01 (1) 6 (2) 8　02 (1) 15 cm (2) 9 cm
03 4, 7　04 4
05 6　06 15

02 (1) $5\times3=15$ (cm) (2) $3\times3=9$ (cm)

03 이등변삼각형은 두 변의 길이가 같습니다. 이등변삼각형이 될 수 있는 세 변의 길이는 4 cm, 4 cm, 7 cm 또는 7 cm, 4 cm, 7 cm이므로 ♥가 될 수 있는 수는 4, 7입니다.

05 정삼각형은 세 변의 길이가 같습니다.
⇨ □$=18\div3=6$ (cm)

06 (가의 나머지 한 변의 길이)$=14$ cm
→ (가의 세 변의 길이의 합)$=14+17+14=45$ (cm)
⇨ (나의 한 변의 길이)$=45\div3=15$ (cm)

이등변삼각형의 성질, 정삼각형의 성질

01 (1) 40 (2) 45, 45　02 (1) 60 (2) 60
03 (1) 75 (2) 60　04 24 cm
05 135°

03 (1) 두 변의 길이가 같으므로 이등변삼각형입니다.
$180°-30°=150°$ ⇨ □$=150°\div2=75°$
(2) 세 변의 길이가 같으므로 정삼각형입니다.
⇨ □$=180°\div3=60°$

각의 크기에 따라 삼각형 분류하기, 삼각형을 두 가지 기준으로 분류하기

01 다, 마, 나, 바, 가, 라　02 1개, 2개
03 둔각삼각형에 ○표　04 직각삼각형에 ○표
05 

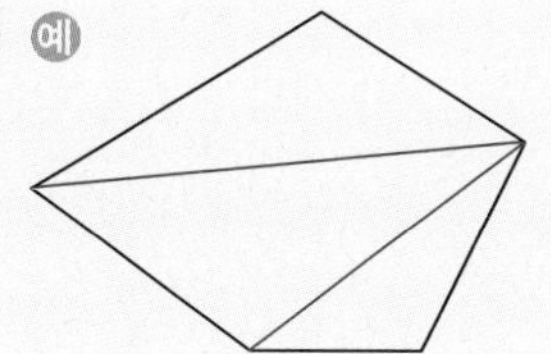

02

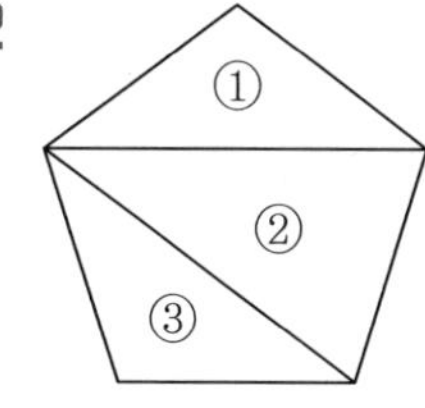

예각삼각형: ② ⇨ 1개
둔각삼각형: ①, ③ ⇨ 2개

03 (나머지 한 각의 크기)$=180°-45°-40°=95°$
⇨ 세 각의 크기가 각각 45°, 40°, 95°이므로 둔각삼각형입니다.

04 (나머지 한 각의 크기)$=180°-35°-55°=90°$
⇨ 세 각의 크기가 각각 35°, 55°, 90°이므로 직각삼각형입니다.

40~55쪽

대표 유형 01 66 cm

❶ 정삼각형은 세 변의 길이가 같으므로
(변 ㄹㅁ)=(변 ㄹㄴ)=(변 ㄴㅁ)= 6 cm입니다.

❷ (선분 ㅁㄷ)=(선분 ㄹㄱ)=(변 ㄴㅁ)$\times3=6\times3=$ 18 (cm)

❸ (변 ㄱㄷ)=(변 ㄱㄴ)=(변 ㄴㄷ)$=6+$ 18 $=$ 24 (cm)

❹ (사각형 ㄱㄹㅁㄷ의 네 변의 길이의 합)= 18 $+6+$ 18 $+$ 24
$=$ 66 (cm)

예제 80 cm

❶ 정삼각형은 세 변의 길이가 같으므로 (변 ㄹㅁ)=(변 ㄹㄴ)=(변 ㄴㅁ)=10 cm입니다.
❷ (선분 ㅁㄷ)=(선분 ㄹㄱ)=(변 ㄴㅁ)$\times$2=10$\times$2=20 (cm)
❸ (변 ㄱㄷ)=(변 ㄱㄴ)=(변 ㄴㄷ)=10+20=30 (cm)
❹ (사각형 ㄱㄹㅁㄷ의 네 변의 길이의 합)=20+10+20+30=80 (cm)

01-1 57 cm

❶ 정삼각형은 세 변의 길이가 같으므로 (변 ㄹㅁ)=(변 ㄹㄷ)=(변 ㅁㄷ)=15 cm, (변 ㄱㄴ)=(변 ㄴㄷ)=(변 ㄷㄱ)=9+15=24 (cm)입니다.
❷ (선분 ㄴㅁ)=(선분 ㄱㄹ)=9 cm
❸ (사각형 ㄱㄴㅁㄹ의 네 변의 길이의 합)=24+9+15+9=57 (cm)

01-2 46 cm

❶ 정삼각형은 세 변의 길이가 같으므로 (변 ㄹㅁ)=(변 ㄱㄹ)=(변 ㄱㅁ)=8 cm, (변 ㄴㄷ)=(변 ㄱㄴ)=(변 ㄱㄷ)=18 cm입니다.
❷ (선분 ㄹㄴ)=(선분 ㅁㄷ)=18−8=10 (cm)
❸ (사각형 ㄹㄴㄷㅁ의 네 변의 길이의 합)=10+18+10+8=46 (cm)

01-3 42 cm

❶ 삼각형 ㄱㄴㄷ은 정삼각형이고 세 변의 길이의 합이 108 cm이므로 (삼각형 ㄱㄴㄷ의 한 변의 길이)=108÷3=36 (cm)입니다.
❷ (변 ㄴㅁ)=(변 ㄴㄷ)−(선분 ㅁㄷ)=36−22=14 (cm)
❸ 삼각형 ㄹㄴㅁ은 한 변의 길이가 14 cm인 정삼각형이므로 (삼각형 ㄹㄴㅁ의 세 변의 길이의 합)=14$\times$3=42 (cm)입니다.

대표 유형 02 115°

❶ 삼각형 ㄱㄴㄷ은 정삼각형이므로
(각 ㄴㄱㄷ)=(각 ㄱㄴㄷ)=(각 ㄴㄷㄱ)=[60]°입니다.
❷ 삼각형 ㄱㄷㄹ은 이등변삼각형이므로
(각 ㄷㄱㄹ)+(각 ㄱㄷㄹ)=180°−70°=[110]°,
(각 ㄷㄱㄹ)=(각 ㄱㄷㄹ)=[110]°÷2=[55]°입니다.
❸ (각 ㄴㄱㄹ)=(각 ㄴㄱㄷ)+(각 ㄷㄱㄹ)=[60]°+[55]°=[115]°

예제 135°

❶ 삼각형 ㄱㄴㄷ은 이등변삼각형이므로 (각 ㄱㄴㄷ)+(각 ㄴㄷㄱ)=180°−30°=150°, (각 ㄱㄴㄷ)=(각 ㄴㄷㄱ)=150°÷2=75°입니다.
❷ 삼각형 ㄱㄷㄹ은 정삼각형이므로 (각 ㄱㄷㄹ)=(각 ㄱㄹㄷ)=(각 ㄹㄱㄷ)=60°입니다.
❸ (각 ㄴㄷㄹ)=(각 ㄴㄷㄱ)+(각 ㄱㄷㄹ)=75°+60°=135°

02-1 25°

❶ 삼각형 ㄱㄹㄷ은 이등변삼각형이므로 (각 ㄹㄷㄱ)=(각 ㄹㄱㄷ)=65°이고 (각 ㄱㄹㄷ) =180°−65°−65°=50°입니다.
❷ 한 직선이 이루는 각의 크기는 180°이므로 (각 ㄴㄹㄷ)=180°−50°=130°입니다.
❸ 삼각형 ㄹㄴㄷ은 이등변삼각형이므로 (각 ㄹㄴㄷ)+(각 ㄹㄷㄴ)=180°−130°=50°, (각 ㄹㄴㄷ)=(각 ㄹㄷㄴ)=50°÷2=25°입니다.

02-2 100°

❶ 삼각형 ㄱㄹㄷ은 이등변삼각형이므로 (각 ㄹㄱㄷ)=(각 ㄹㄷㄱ)=20°이고
(각 ㄱㄹㄷ)=180°−20°−20°=140°입니다.
❷ 한 직선이 이루는 각의 크기는 180°이므로 (각 ㄱㄹㄴ)=180°−140°=40°입니다.
❸ 삼각형 ㄱㄴㄹ은 이등변삼각형이므로
(각 ㄱㄴㄹ)=(각 ㄱㄹㄴ)=40°, (각 ㄴㄱㄹ)=180°−40°−40°=100°입니다.

02-3 80°

❶ 각 ㄴㄷㄹ의 크기는 각 ㄹㄷㄱ의 크기의 2배이므로 각 ㄹㄷㄱ의 크기를 □라 하면
(각 ㄴㄷㄹ)=□×2=□+□이고
(각 ㄱㄷㄴ)=(각 ㄴㄷㄹ)+(각 ㄹㄷㄱ)
=□+□+□=□×3=75° ⇨ □=75°÷3=25°입니다.
❷ (각 ㄹㄷㄱ)=25°, (각 ㄴㄷㄹ)=25°×2=50°이고
삼각형 ㄹㄴㄷ은 이등변삼각형이므로 (각 ㄴㄹㄷ)=(각 ㄴㄷㄹ)=50°입니다.
❸ (각 ㄹㄴㄷ)=180°−50°−50°=80°

대표 유형 03 26 cm

❶ 정삼각형은 세 변의 길이가 같으므로
(변 ㄱㄴ)=(변 ㄴㄷ)=(변 ㄷㄱ)=24÷3=[8](cm)입니다.
❷ 이등변삼각형은 두 변의 길이가 같으므로 (변 ㄹㄴ)=(변 ㄹㄷ)=[5]cm입니다.
❸ (색칠한 부분의 모든 변의 길이의 합)
=(변 ㄱㄴ)+(변 ㄴㄹ)+(변 ㄹㄷ)+(변 ㄷㄱ)
=[8]+5+5+[8]=[26](cm)

예제 22 cm

❶ 정삼각형은 세 변의 길이가 같으므로
(변 ㄱㄴ)=(변 ㄴㄷ)=(변 ㄷㄱ)=21÷3=7 (cm)입니다.
❷ 이등변삼각형은 두 변의 길이가 같으므로 (변 ㄹㄷ)=(변 ㄹㄱ)=4 cm입니다.
❸ (색칠한 부분의 모든 변의 길이의 합)=(변 ㄱㄴ)+(변 ㄴㄷ)+(변 ㄷㄹ)+(변 ㄹㄱ)
=7+7+4+4=22 (cm)

03-1 37 cm

❶ 정삼각형은 세 변의 길이가 같으므로 (변 ㄹㄴ)=(변 ㄹㄷ)=(변 ㄴㄷ)=8 cm입니다.
❷ (변 ㄱㄴ)+(변 ㄴㄷ)+(변 ㄷㄱ)=29 cm이므로
(변 ㄱㄴ)+(변 ㄷㄱ)=29−8=21 (cm)입니다.
❸ (색칠한 부분의 모든 변의 길이의 합)=(변 ㄱㄴ)+(변 ㄴㄹ)+(변 ㄹㄷ)+(변 ㄷㄱ)
=21+8+8=37 (cm)

03-2 31 cm

❶ 정삼각형은 세 변의 길이가 같으므로 (변 ㄱㄹ)=(변 ㄹㄴ)=(변 ㄱㄴ)=6 cm입니다.
❷ (변 ㄱㄴ)+(변 ㄴㄷ)+(변 ㄷㄱ)=25 cm이므로
(변 ㄴㄷ)+(변 ㄷㄱ)=25−6=19 (cm)입니다.
❸ (색칠한 부분의 모든 변의 길이의 합)=(변 ㄱㄹ)+(변 ㄹㄴ)+(변 ㄴㄷ)+(변 ㄷㄱ)
=6+6+19=31 (cm)

03-3 32 cm

❶ 삼각형 ㄱㄴㄷ에서 (변 ㄴㄷ)=(변 ㄴㄱ)=11 cm이므로
(변 ㄱㄷ)=26−11−11=4 (cm)입니다.
❷ 삼각형 ㄱㄹㄷ에서 (변 ㄱㄹ)+(변 ㄹㄷ)=14−4=10 (cm)이므로
(변 ㄱㄹ)=(변 ㄹㄷ)=10÷2=5 (cm)입니다.
❸ (색칠한 부분의 모든 변의 길이의 합)=(변 ㄱㄴ)+(변 ㄴㄷ)+(변 ㄷㄹ)+(변 ㄹㄱ)
=11+11+5+5=32 (cm)

대표 유형 04 55°

❶ 삼각형 ㄱㄴㄷ은 정삼각형이므로
(각 ㄹㅁㅂ)=(각 ㄹㄱㅂ)= 60 °입니다.
❷ (각 ㄱㄹㅂ)+(각 ㅁㄹㅂ)=180°−50°= 130 °이므로
(각 ㅁㄹㅂ)=(각 ㄱㄹㅂ)= 130 °÷2= 65 °입니다.
❸ (각 ㄹㅂㅁ)=180°−60°− 65 °= 55 °

예제 70°

❶ 삼각형 ㄱㄴㄷ은 정삼각형이므로 (각 ㅂㄹㅁ)=(각 ㅂㄷㅁ)=60°입니다.
❷ (각 ㄹㅂㅁ)+(각 ㄷㅂㅁ)=180°−80°=100°이므로
(각 ㄹㅂㅁ)=(각 ㄷㅂㅁ) =100°÷2=50°입니다.
❸ (각 ㄹㅁㅂ)=180°−60°−50°=70°

04-1 65°

❶ 삼각형 ㄹㅁㅂ에서 (각 ㄹㅂㅁ)=180°−35°−75°=70°입니다.
❷ (각 ㄷㅂㅁ)=(각 ㄹㅂㅁ)=70°이므로 (각 ㄱㅂㄹ)=180°−70°−70°=40°입니다.
❸ 삼각형 ㄱㄹㅂ에서 (각 ㄱㄹㅂ)=180°−75°−40°=65°입니다.

04-2 75°

❶ 삼각형 ㄱㄴㄷ은 이등변삼각형이므로 (각 ㄱㅁㅂ)=(각 ㄱㄷㅂ)=(각 ㄱㄴㄷ)=30°
입니다.
❷ 삼각형 ㄱㄴㄷ에서 (각 ㄴㄱㄷ)=180°−30°−30°=120°이므로
(각 ㅁㄱㅂ)+(각 ㅂㄱㄷ)=120°−30°=90°,
(각 ㅁㄱㅂ)=(각 ㅂㄱㄷ)=90°÷2 =45°입니다.
❸ 삼각형 ㄱㅂㄷ에서 (각 ㄱㅂㄷ)=180°−45°−30°=105°이므로
(각 ㄱㅂㄹ)=180°−105°=75°입니다.

04-3 10°

❶ 삼각형 ㄱㄴㅁ에서 (각 ㄴㄱㅁ)=180°−90°−55°=35°입니다.
❷ 종이를 접었을 때 접은 각과 접힌 각의 크기는 같으므로
(각 ㅂㄱㅁ)=(각 ㄴㄱㅁ)=35°이고 (각 ㄹㄱㅂ)=90°−35°−35°=20°입니다.
❸ (변 ㄱㄹ)=(변 ㄱㅂ)이므로 삼각형 ㄱㅂㄹ은 이등변삼각형입니다.
⇨ (각 ㄱㄹㅂ)+(각 ㄱㅂㄹ)=180°−20°=160°이고
(각 ㄱㄹㅂ)=(각 ㄱㅂㄹ)=160°÷2=80°이므로
(각 ㅂㄹㄷ)=90°−80°=10°입니다.

대표 유형 **05** 80°

❶ 삼각형 ㄱㄷㅁ에서 (변 ㄱㄷ)=(변 ㄱㅁ)이고 (각 ㄷㄱㅁ)= 60 °이므로

(각 ㄱㄷㅁ)=(각 ㄱㅁㄷ)= 60 °입니다.

❷ (각 ㄹㄱㅁ)=(각 ㄴㄱㄷ)=20°이므로

(각 ㄷㄱㅂ)= 60 °−20°= 40 °입니다.

❸ 삼각형 ㄱㄷㅂ에서 (각 ㄱㅂㄷ)=180°− 40 °−60°= 80 °

예제 75°

❶ 삼각형 ㄱㄹㄴ에서 (변 ㄱㄹ)=(변 ㄱㄴ)이고 (각 ㄹㄱㄴ)=90°이므로
(각 ㄱㄹㄴ)+(각 ㄱㄴㄹ)=180°−90°=90°,
(각 ㄱㄹㄴ)=(각 ㄱㄴㄹ)=90°÷2=45°입니다.

❷ (각 ㄹㄱㅁ)=(각 ㄴㄱㄷ)=30°이므로 (각 ㅂㄱㄴ)=90°−30°=60°입니다.

❸ 삼각형 ㄱㅂㄴ에서 (각 ㄱㅂㄴ)=180°−60°−45°=75°

05-1 75°

❶ 삼각형 ㄱㅁㄴ에서 (변 ㅁㄴ)=(변 ㄱㄴ)이고 (각 ㅁㄴㄱ)=90°이므로
(각 ㄱㅁㄴ)+(각 ㅁㄱㄴ)=180°−90°=90°,
(각 ㄱㅁㄴ)=(각 ㅁㄱㄴ)=90°÷2=45°입니다.

❷ 정삼각형 ㄹㅁㄴ에서 (각 ㅁㄴㄹ)=60°입니다.

❸ 삼각형 ㅂㅁㄴ에서 (각 ㅁㅂㄴ)=180°−45°−60°=75°입니다.

05-2 35°

❶ (변 ㄹㄴ)=(변 ㄱㄴ)이고 (각 ㄹㄴㄱ)=30°이므로
(각 ㄱㄹㄴ)+(각 ㄹㄱㄴ)=180°−30°=150°,
(각 ㄱㄹㄴ)=(각 ㄹㄱㄴ)=150°÷2=75°입니다.

❷ (각 ㄴㄱㄷ)=(각 ㄴㄹㅁ)=75°, (각 ㄹㅁㄴ)=(각 ㄱㄷㄴ)=40°입니다.

❸ 삼각형 ㄹㄴㅁ에서 (각 ㄱㄴㅂ)=180°−75°−30°−40°=35°입니다.

05-3 35°

❶ 삼각형 ㄱㄴㄷ에서 (각 ㄱㄷㄴ)+(각 ㄷㄱㄴ)=180°−110°=70°,
(각 ㄱㄷㄴ)=(각 ㄷㄱㄴ)=70°÷2=35°입니다.

❷ (각 ㄴㅅㅁ)=180°−70°=110°이고
(각 ㄹㅁㄴ)=(각 ㄱㄷㄴ)=35°입니다.

❸ 삼각형 ㅅㄴㅁ에서 (각 ㅅㄴㅁ)=180°−110°−35°=35°이므로
삼각형 ㄱㄴㄷ을 시계 방향으로 35°만큼 돌린 것입니다.

대표 유형 **06** 10개

❶ 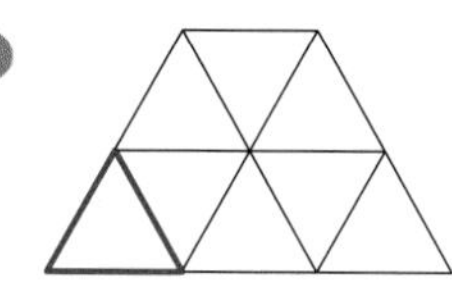

삼각형 1개짜리인 정삼각형의 개수는 8 개입니다.

❷ 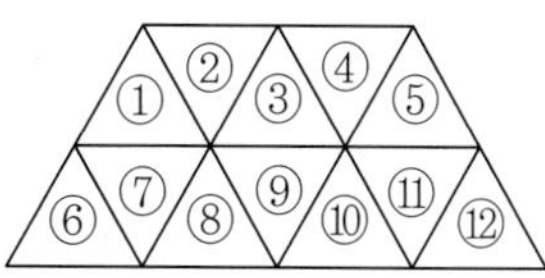

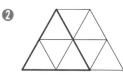

삼각형 4개짜리인 정삼각형의 개수는 2 개입니다.

❸ 크고 작은 정삼각형은 모두 8 + 2 = 10 (개)입니다.

예제 16개

❶ 삼각형 1개짜리: ①, ②, ③, ④, ⑤, ⑥, ⑦, ⑧, ⑨, ⑩, ⑪, ⑫ ⇨ 12개

❷ 삼각형 4개짜리: ①+⑥+⑦+⑧, ③+⑧+⑨+⑩, ⑤+⑩+⑪+⑫, ②+③+④+⑨ ⇨ 4개

❸ (크고 작은 정삼각형의 개수)=12+4=16(개)

06-1 6개

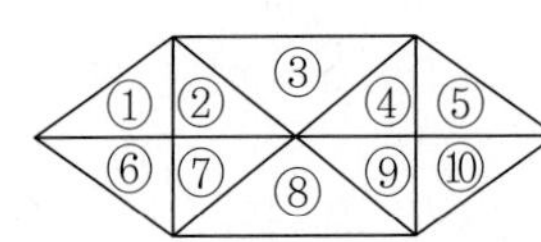

❶ 삼각형 1개짜리: ③, ⑧ ⇨ 2개
❷ 삼각형 2개짜리: ①+②, ④+⑤, ⑥+⑦, ⑨+⑩ ⇨ 4개
❸ (크고 작은 둔각삼각형의 개수)$=2+4=6$(개)

06-2 16개

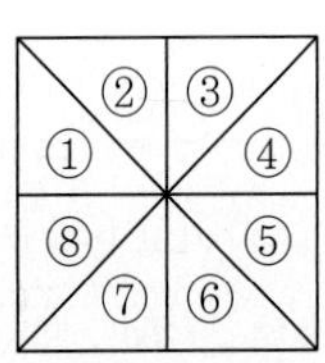

❶ 삼각형 1개짜리: ①, ②, ③, ④, ⑤, ⑥, ⑦, ⑧ ⇨ 8개
❷ 삼각형 2개짜리: ②+③, ④+⑤, ⑥+⑦, ①+⑧ ⇨ 4개
❸ 삼각형 4개짜리: ⑧+①+②+③, ②+③+④+⑤, ④+⑤+⑥+⑦, ⑥+⑦+⑧+① ⇨ 4개
❹ (크고 작은 이등변삼각형의 개수)$=8+4+4=16$(개)

06-3 10개

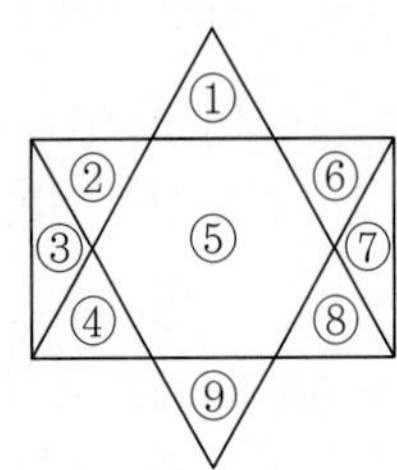
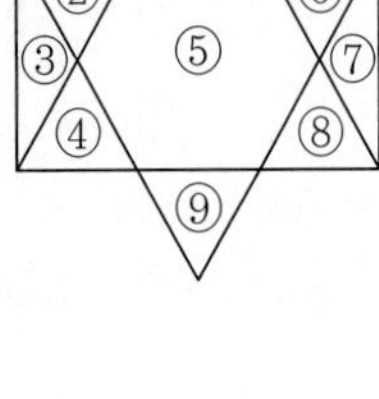

❶ 1칸짜리: ①, ②, ③, ④, ⑥, ⑦, ⑧, ⑨ ⇨ 8개
❷ 4칸짜리: ①+④+⑤+⑧, ②+⑤+⑥+⑨ ⇨ 2개
❸ (크고 작은 이등변삼각형의 개수)$=8+2=10$(개)

대표 유형 07 24개

❶

8개　　8개　　8개

❷ 만들 수 있는 이등변삼각형은 모두 $8+8+8=24$(개)입니다.

예제 52개

❶

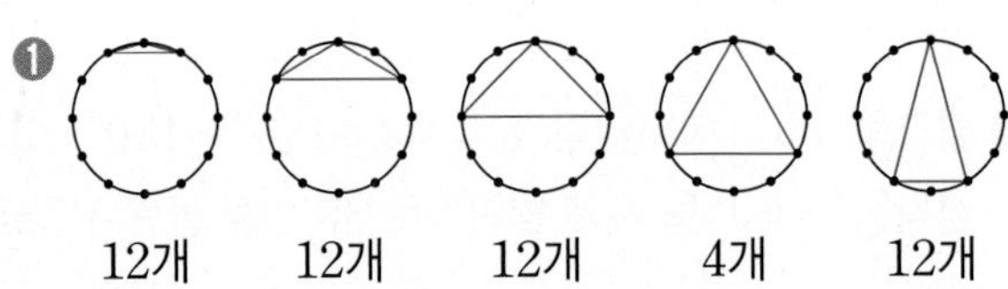

12개　12개　12개　4개　12개

❷ (만들 수 있는 이등변삼각형의 개수)$=12+12+12+4+12=52$(개)

07-1 15개

❶

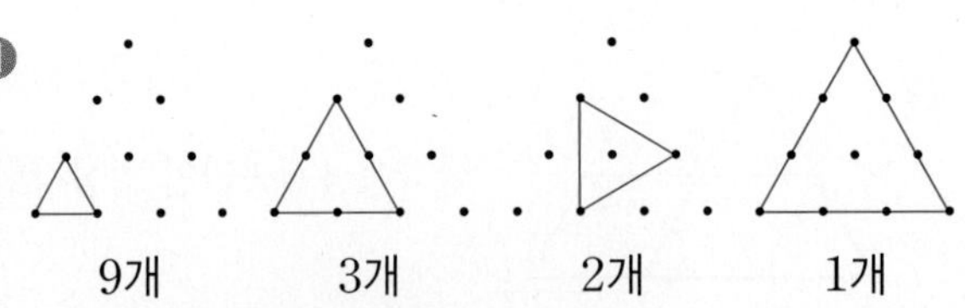

9개　3개　2개　1개

❷ (만들 수 있는 정삼각형의 개수)$=9+3+2+1=15$(개)

07-2 20개

❶

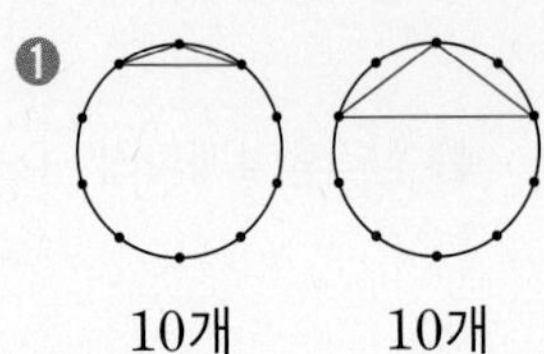

10개　10개

❷ (만들 수 있는 이등변삼각형이면서 둔각삼각형의 개수)$=10+10=20$(개)

07-3 16개

❶

8개 4개 4개

❷ (만들 수 있는 이등변삼각형이면서 예각삼각형의 개수)$=8+4+4=16$(개)

대표 유형 08 27 cm

❶ 셋째 모양에서

(색칠한 정삼각형의 한 변의 길이)$=24\div2\div2\div2=\boxed{3}$ (cm)이고

(색칠한 정삼각형의 수)$=\boxed{3}$개입니다.

❷ 셋째 모양에서 색칠한 삼각형의 모든 변의 길이의 합은

$\boxed{3}\times3\times\boxed{3}=\boxed{27}$ (cm)입니다.

예제 324 cm

❶ 셋째 모양에서
(색칠한 정삼각형의 한 변의 길이)$=32\div2\div2\div2=4$ (cm)이고
(색칠한 정삼각형의 수)$=3\times3\times3=27$(개)입니다.
❷ 셋째 모양에서 색칠한 삼각형의 모든 변의 길이의 합은 $4\times3\times27=324$ (cm)입니다.

08-1 243 cm

❶ 넷째 모양에서
(색칠한 정삼각형의 한 변의 길이)$=16\div2\div2\div2\div2=1$ (cm)이고
(색칠한 정삼각형의 수)$=3\times3\times3\times3=81$(개)입니다.
❷ 넷째 모양에서 색칠한 삼각형의 모든 변의 길이의 합은 $1\times3\times81=243$ (cm)입니다.

08-2 270 cm

❶ 셋째 모양에서 (색칠한 이등변삼각형의 한 변의 길이)$=24\div2\div2\div2=3$ (cm),
(다른 한 변의 길이)$=32\div2\div2\div2=4$ (cm)이므로
(색칠한 이등변삼각형 1개의 세 변의 길이의 합)$=3+3+4=10$ (cm)입니다.
❷ (색칠한 이등변삼각형의 수)$=3\times3\times3=27$(개)
❸ 셋째 모양에서 색칠한 삼각형의 모든 변의 길이의 합은 $10\times27=270$ (cm)입니다.

56~59쪽

01 95°

❶ 삼각형 ㄱㄴㄷ은 정삼각형이므로 (각 ㄱㄷㄴ)$=60^\circ$입니다.
❷ 삼각형 ㄷㄹㅁ은 이등변삼각형이므로 (각 ㅁㄷㄹ)+(각 ㄷㅁㄹ)$=180^\circ-130^\circ=50^\circ$,
(각 ㅁㄷㄹ)=(각 ㄷㅁㄹ)$=50^\circ\div2=25^\circ$입니다.
❸ (각 ㄱㄷㅁ)$=180^\circ-60^\circ-25^\circ=95^\circ$

02 15 cm

❶ 정삼각형 ㄹㅁㅂ의 한 변의 길이는 $20\div2=10$ (cm)이고,
정삼각형 ㅅㅇㅈ의 한 변의 길이는 $10\div2=5$ (cm)입니다.
❷ (정삼각형 ㅅㅇㅈ의 세 변의 길이의 합)$=5+5+5=15$ (cm)

03 8개

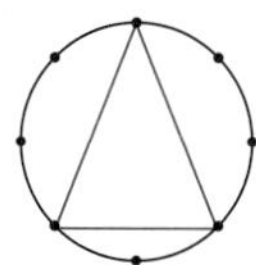

❶ 만들 수 있는 이등변삼각형이면서 예각삼각형은 왼쪽 모양밖에 없습니다.
❷ 모두 8개입니다.

04 182 cm

❶ 정삼각형은 세 변의 길이가 같으므로 (변 ㄹㅁ)=(변 ㄱㄹ)=(변 ㄱㅁ)=13 cm입니다.
❷ (변 ㄹㄴ)=(변 ㅁㄷ)=(변 ㄱㄹ)×4=13×4=52 (cm)
❸ (변 ㄴㄷ)=(변 ㄱㄴ)=(변 ㄱㄷ)=13+52=65 (cm)
❹ (사각형 ㄹㄴㄷㅁ의 네 변의 길이의 합)=52+65+52+13=182 (cm)

05 140°

❶ 삼각형 ㄱㄴㄷ은 정삼각형이므로 (각 ㄴㄷㄱ)=(각 ㄴㄱㄷ)=(각 ㄱㄴㄷ)=60°입니다.
❷ 삼각형 ㄱㄷㄹ은 이등변삼각형이므로 (각 ㄱㄷㄹ)+(각 ㄹㄱㄷ)=180°−20°=160°,
(각 ㄱㄷㄹ)=(각 ㄹㄱㄷ)=160°÷2=80°입니다.
❸ (각 ㄴㄷㄹ)=(각 ㄴㄷㄱ)+(각 ㄱㄷㄹ)=60°+80°=140°

06 32 cm

❶ 정삼각형은 세 변의 길이가 같으므로
(변 ㄱㄴ)=(변 ㄴㄷ)=(변 ㄷㄱ)=27÷3=9 (cm)입니다.
❷ 이등변삼각형은 두 변의 길이가 같으므로 (변 ㄴㄹ)=(변 ㄱㄹ)=7 cm입니다.
❸ (색칠한 부분의 모든 변의 길이의 합)
=(변 ㄱㄹ)+(변 ㄹㄴ)+(변 ㄴㄷ)+(변 ㄷㄱ)=7+7+9+9=32 (cm)

07 65°

❶ 삼각형 ㄱㄴㄷ은 정삼각형이므로
(각 ㄹㅂㅁ)=(각 ㄱㄴㄷ)=60°입니다.
❷ (각 ㄹㅁㄴ)+(각 ㄹㅁㅂ)=180°−70°=110°이므로
(각 ㄹㅁㅂ)=(각 ㄹㅁㄴ)=110°÷2=55°입니다.
❸ (각 ㅂㄹㅁ)=180°−60°−55°=65°

08 90°

❶ 삼각형 ㄱㄹㄴ에서 (변 ㄱㄹ)=(변 ㄱㄴ)이고 (각 ㄹㄱㄴ)=80°이므로
(각 ㄱㄹㄴ)+(각 ㄱㄴㄹ)=180°−80°=100°,
(각 ㄱㄹㄴ)=(각 ㄱㄴㄹ)=100°÷2=50°입니다.
❷ (각 ㄴㄱㄷ)=(각 ㄹㄱㅁ)=40°이므로 (각 ㅂㄱㄴ)=80°−40°=40°입니다.
❸ 삼각형 ㄱㅂㄴ에서 (각 ㄱㅂㄴ)=180°−40°−50°=90°

09 12개

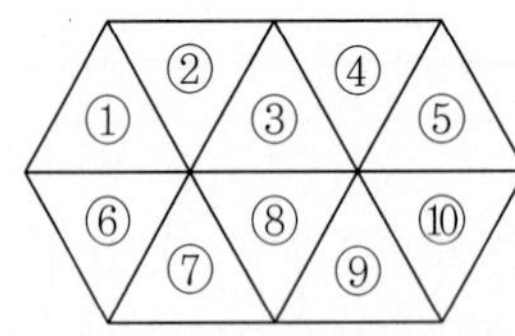

❶ 삼각형 1개짜리: ①, ②, ③, ④, ⑤, ⑥, ⑦, ⑧, ⑨, ⑩ ⇨ 10개
❷ 삼각형 4개짜리: ③+⑦+⑧+⑨, ②+③+④+⑧ ⇨ 2개
❸ (크고 작은 정삼각형의 개수)=10+2=12(개)

10 21개

❶
9개 3개 2개 3개 3개 1개
❷ (만들 수 있는 이등변삼각형의 개수)=9+3+2+3+3+1=21(개)

11 135 cm

❶ 셋째 모양에서
(색칠한 정삼각형의 한 변의 길이)=40÷2÷2÷2=5 (cm)이고
(색칠한 정삼각형의 수)=1×3×3=9(개)입니다.
❷ 셋째 모양에서 색칠한 삼각형의 모든 변의 길이의 합은 5×3×9=135 (cm)입니다.

3 소수의 덧셈과 뺄셈

62~69쪽

소수 두 자리 수와 소수 세 자리 수

01 2　　02 0.007
03 4.875　　04 ㉢, ㉡, ㉠
05 2.137, 0.874　　06 9개
07 2개

01 0.2는 0.1이 2개인 수입니다.

02 5.207에서 7이 나타내는 수는 0.007입니다.

03 소수 셋째 자리 숫자를 알아보면
2.546 → 6, 4.875 → 5, 9.523 → 3, 3.754 → 4
⇨ 소수 셋째 자리 숫자가 5인 소수는 4.875입니다.

04 ㉠ 0.253 → 0.003　㉡ 24.137 → 0.03　㉢ 8.362 → 0.3
⇨ 3이 나타내는 수가 큰 수부터 차례대로 쓰면 ㉢, ㉡, ㉠입니다.

05 • 1 g=0.001 kg ⇨ 2 kg 137 g=2.137 kg
• 1 mL=0.001 L ⇨ 874 mL=0.874 L

06 0.71, 0.72, 0.73, 0.74, 0.75, 0.76, 0.77, 0.78, 0.79 ⇨ 9개

07 0.88, 0.89 ⇨ 2개

소수의 크기 비교, 소수 사이의 관계

01 (1) 0.10에 ○표　(2) 6.70에 ○표
02 (1) 27.58, 275.8　(2) 0.35, 0.035
03 ㉢, ㉠, ㉡　　04 2.189
05 3.625에 ○표, 1.894에 △표
06 1000배

01 (1) 0.1과 0.10은 같은 수입니다.
(2) 6.7과 6.70은 같은 수입니다.

03 일의 자리 수는 모두 같고, 소수 첫째 자리 수를 비교하면 5.221>5.102>5.012이므로 ㉢>㉠>㉡입니다.

04 일의 자리 수와 소수 첫째 자리 수는 각각 같고, 소수 둘째 자리 수를 비교하면 8>7>6이므로 2.189가 가장 큽니다.

05 자연수 부분을 비교하면 1<3이므로 1.894가 가장 작습니다.
3.578과 3.625의 소수 첫째 자리 수를 비교하면 5<6이므로 3.625가 가장 큽니다.

06 ㉠은 일의 자리 숫자이므로 나타내는 수는 1이고, ㉡은 소수 셋째 자리 숫자이므로 나타내는 수는 0.001입니다.
⇨ ㉠은 ㉡의 1000배입니다.

소수 한 자리 수의 덧셈과 뺄셈

01 (1) 1.1　(2) 9.3　(3) 0.5　(4) 3.4
02 13.3　　03 2.8 m
04 1.5　　05 8.6
06 7.6　　07 1.8

02 ㉠은 29.8이고 ㉡은 16.5입니다.
⇨ ㉠−㉡=29.8−16.5=13.3

03 (남은 리본 끈의 길이)
=(가지고 있던 리본 끈의 길이)
−(친구에게 준 리본 끈의 길이)
=14.5−11.7=2.8 (m)

04 수직선에서 작은 눈금 한 칸의 크기는 0.1이므로 ㉠은 4.3, ㉡은 5.8입니다.
⇨ ㉡−㉠=5.8−4.3=1.5

05 수직선에서 작은 눈금 한 칸의 크기는 0.1이므로 ㉠은 3.7, ㉡은 4.9입니다.
⇨ ㉠+㉡=3.7+4.9=8.6

06 어떤 수를 □라 하면 □−2.9=4.7입니다.
⇨ □=4.7+2.9=7.6

07 어떤 수를 □라 하면 □+5.4=9.9입니다.
⇨ □=9.9−5.4=4.5
따라서 4.5−2.7=1.8입니다.

소수 두 자리 수의 덧셈과 뺄셈

01 851, 574, 277, 2.77
02 (1) 0.85 (2) 9.73 (3) 0.23 (4) 2.35
03 9.17 kg 04 1.33
05 6.22 06 9, 2

03 (공의 무게)
=(공이 들어 있는 바구니의 무게)−(빈 바구니의 무게)
=14.35−5.18=9.17 (kg)

04 0.49−0.21=0.28, 0.77−0.49=0.28,
1.05−0.77=0.28이므로 0.28씩 커지는 규칙입니다.
⇨ ★=1.05+0.28=1.33

05 9.46−8.65=0.81, 8.65−7.84=0.81이므로
0.81씩 작아지는 규칙입니다.
⇨ 네 번째: 7.84−0.81=7.03,
다섯 번째: 7.03−0.81=6.22

06 • 소수 둘째 자리: 5−3=㉡, ㉡=2
• 소수 첫째 자리: 6+10−8=8
• 일의 자리: ㉠−1−3=5, ㉠=9

유형 변형

70~85쪽

대표 유형 01 5456

❶ ◆는 50+4+ 0.3 + 0.26 = 54.56 입니다.
❷ 54.56 의 100배인 수는 5456 입니다.

예제 7.642

❶ ■는 70+1+5.4+0.02=76.42입니다.
❷ 76.42의 $\frac{1}{10}$인 수 ⇨ 7.642

01-1 2.884

❶ 20+2+6.8+0.04=28.84
❷ 28.84의 $\frac{1}{10}$인 수 ⇨ 2.884

01-2 720.5

❶ 60+7+4.1+0.95=72.05
❷ 72.05의 10배인 수 ⇨ 720.5

01-3 55.33

❶ ●는 45.81이고, ◎는 5+4.52=9.52입니다.
❷ ●+◎=45.81+9.52=55.33

01-4 4.68

❶ ㉠은 6.85이고, ㉡은 4.8+6.73=11.53입니다.
❷ ㉡−㉠=11.53−6.85=4.68

대표 유형 02 12.11

❶ 7>5>4이므로 가장 큰 소수 두 자리 수는 [7.54]이고,
가장 작은 소수 두 자리 수는 [4.57]입니다.
❷ (가장 큰 소수 두 자리 수)+(가장 작은 소수 두 자리 수)
=[7.54]+[4.57]=[12.11]

예제 10.7

❶ 9>3>1이므로 가장 큰 소수 두 자리 수는 9.31, 가장 작은 소수 두 자리 수는 1.39입니다.
❷ (가장 큰 소수 두 자리 수)+(가장 작은 소수 두 자리 수)=9.31+1.39=10.7

02-1 113.3

❶ 8>7>5>2이므로 가장 큰 소수 두 자리 수는 87.52, 가장 작은 소수 두 자리 수는 25.78입니다.
❷ (가장 큰 소수 두 자리 수)+(가장 작은 소수 두 자리 수)=87.52+25.78=113.3

02-2 519.75

❶ 7>5>4>3>2이므로 가장 큰 소수 두 자리 수는 754.32, 가장 작은 소수 두 자리 수는 234.57입니다.
❷ (가장 큰 소수 두 자리 수)−(가장 작은 소수 두 자리 수)=754.32−234.57=519.75

02-3 519.48

❶ 9>8>7>6>4이므로 가장 큰 소수 두 자리 수: 987.64,
두 번째로 큰 소수 두 자리 수: 987.46
가장 작은 소수 두 자리 수: 467.89,
두 번째로 작은 소수 두 자리 수: 467.98
❷ (두 번째로 큰 소수 두 자리 수)−(두 번째로 작은 소수 두 자리 수)
=987.46−467.98=519.48

대표 유형 03 76.8

❶ 1이 6개, 0.1이 16개, 0.01이 8개인 수는
[6]+[1.6]+[0.08]=[7.68]입니다.
❷ 어떤 수의 $\frac{1}{10}$은 [7.68]이므로
어떤 수는 [7.68]의 10배인 [76.8]입니다.

예제 91.9

❶ 1이 8개, 0.1이 7개, 0.01이 49개인 수는 8+0.7+0.49=9.19입니다.
❷ 어떤 수의 $\frac{1}{10}$은 9.19이므로 어떤 수는 9.19의 10배인 91.9입니다.

03-1 705.8

❶ 0.1이 69개, 0.01이 15개, 0.001이 8개인 수는

6.9+0.15+0.008=7.058입니다.

❷ 어떤 수의 $\frac{1}{10}$은 7.058이므로 어떤 수는 7.058의 10배인 70.58입니다.

❸ 70.58의 10배인 수는 705.8입니다.

03-2 7.743

❶ 1이 120개, 0.1이 85개, 0.01이 24개인 수는 120+8.5+0.24=128.74입니다.

❷ 어떤 수의 10배인 수는 128.74이므로 어떤 수는 128.74의 $\frac{1}{10}$인 12.874입니다.

❸ 12.874−5.131=7.743

03-3 69.1

❶ 잘못 구한 값: 어떤 수의 $\frac{1}{100}$ ⇨ 2+4.7+0.21=6.91

❷ 어떤 수는 6.91의 100배인 691입니다.

❸ 바르게 구한 값: 691의 $\frac{1}{10}$ ⇨ 69.1

03-4 0.713

❶ 잘못 구한 값: 어떤 수의 $\frac{1}{10}$ ⇨ 6+0.2+0.93=7.13

❷ 어떤 수는 7.13의 10배인 71.3입니다.

❸ 바르게 구한 값: 71.3의 $\frac{1}{100}$ ⇨ 0.713

대표 유형 04 1.96 cm

❶ (색 테이프 2장의 길이의 합)=5.73+5.73= 11.46 (cm)

❷ (겹쳐진 부분의 길이)

=(색 테이프 2 장의 길이의 합)−(이어 붙인 색 테이프의 전체 길이)

= 11.46 −9.5= 1.96 (cm)

예제 3.68 cm

❶ (색 테이프 2장의 길이의 합)=8.43+8.43=16.86 (cm)

❷ (겹쳐진 부분의 길이)=(색 테이프 2장의 길이의 합)−(이어 붙인 색 테이프의 전체 길이)

=16.86−13.18=3.68 (cm)

04-1 1.46 cm

❶ 선분 ㄱㄷ과 선분 ㄴㄹ에서 겹쳐진 부분은 선분 ㄴㄷ입니다.

❷ (선분 ㄴㄷ의 길이)=(선분 ㄱㄷ의 길이)+(선분 ㄴㄹ의 길이)−(선분 ㄱㄹ의 길이)

=5.42+4.84−8.8=10.26−8.8=1.46 (cm)

04-2 5.25 cm

❶ (색 테이프 2장의 길이의 합)=18.71+12.21=30.92 (cm)

❷ (겹쳐진 부분의 길이)=(색 테이프 2장의 길이의 합)−(이어 붙인 색 테이프의 전체 길이)

=30.92−25.67=5.25 (cm)

04-3 1.05 m

❶ (끈 2개의 길이의 합)$=8.67+8.67=17.34$ (m)
❷ (매듭짓는 데 사용한 끈의 길이)=(끈 2개의 길이의 합)−(이은 끈의 전체 길이)
$=17.34-16.29=1.05$ (m)

04-4 1.2 cm

❶ (색 테이프 3장의 길이의 합)$=6.4+6.4+6.4=19.2$ (cm)
❷ (겹쳐진 부분의 길이의 합)
=(색 테이프 3장의 길이의 합)−(이어 붙인 색 테이프의 전체 길이)
$=19.2-16.8=2.4$ (cm)
❸ $2.4=1.2+1.2$이므로 1.2 cm씩 겹쳐 붙였습니다.

대표 유형 05 0.3 m

❶ 첫 번째로 튀어 오른 공의 높이: 30 m의 $\frac{1}{10}$인 [3] m
❷ 두 번째로 튀어 오른 공의 높이: [3] m의 $\frac{1}{10}$인 [0.3] m

예제 0.45 m

❶ 첫 번째로 튀어 오른 공의 높이: 45 m의 $\frac{1}{10}$인 4.5 m
❷ 두 번째로 튀어 오른 공의 높이: 4.5 m의 $\frac{1}{10}$인 0.45 m

05-1 0.058 m

❶ 첫 번째로 튀어 오른 공의 높이: 58 m의 $\frac{1}{10}$인 5.8 m
❷ 두 번째로 튀어 오른 공의 높이: 5.8 m의 $\frac{1}{10}$인 0.58 m
❸ 세 번째로 튀어 오른 공의 높이: 0.58 m의 $\frac{1}{10}$인 0.058 m

05-2 0.071 m

❶ 첫 번째로 튀어 오른 공의 높이: 71 m의 $\frac{1}{10}$인 7.1 m
❷ 두 번째로 튀어 오른 공의 높이: 7.1 m의 $\frac{1}{10}$인 0.71 m
❸ 세 번째로 튀어 오른 공의 높이: 0.71 m의 $\frac{1}{10}$인 0.071 m

05-3 0.21 m

❶ 떨어진 높이의 $\frac{1}{10}$만큼 튀어 오르므로 첫 번째로 튀어 오른 공의 높이는 두 번째로 튀어 오른 공의 높이의 10배입니다.
❷ 첫 번째로 튀어 오른 공의 높이: 0.021 m의 10배인 0.21 m

05-4 97.3 m

❶ 두 번째로 튀어 오른 공의 높이는 세 번째로 튀어 오른 공의 높이의 10배입니다.
⇨ 0.973 m의 10배: 9.73 m
❷ 첫 번째로 튀어 오른 공의 높이는 두 번째로 튀어 오른 공의 높이의 10배입니다.
⇨ 9.73 m의 10배: 97.3 m

대표 유형 06 18.52

❶ 20보다 작으면서 20에 가장 가까운 소수 두 자리 수는 1[8].[5][2]

➔ 20−[18.52]=[1.48]···(1)

❷ 20보다 크면서 20에 가장 가까운 소수 두 자리 수는 2[1].[5][8]

➔ [21.58]−20=[1.58]···(2)

❸ (1) (<) (2)이므로 20에 가장 가까운 소수 두 자리 수는 [18.52]입니다.

예제 29.31

❶ 30보다 작으면서 30에 가장 가까운 소수 두 자리 수는 29.31 ⇨ 30−29.31=0.69
❷ 30보다 크면서 30에 가장 가까운 소수 두 자리 수는 31.29 ⇨ 31.29−30=1.29
❸ 0.69<1.29이므로 30에 가장 가까운 소수 두 자리 수는 29.31입니다.

06-1 41.37

❶ 40보다 작으면서 40에 가장 가까운 소수 두 자리 수는 37.41
⇨ 40−37.41=2.59
❷ 40보다 크면서 40에 가장 가까운 소수 두 자리 수는 41.37 ⇨ 41.37−40=1.37
❸ 2.59>1.37이므로 40에 가장 가까운 소수 두 자리 수는 41.37입니다.

06-2 14.65

❶ 15보다 작으면서 15에 가장 가까운 소수 두 자리 수는 14.65
⇨ 15−14.65=0.35
❷ 15보다 크면서 15에 가장 가까운 소수 두 자리 수는 15.46 ⇨ 15.46−15=0.46
❸ 0.35<0.46이므로 15에 가장 가까운 소수 두 자리 수는 14.65입니다.

06-3 93.85

❶ 94보다 작으면서 94에 가장 가까운 소수 두 자리 수는 93.85
⇨ 94−93.85=0.15
❷ 94보다 크면서 94에 가장 가까운 소수 두 자리 수는 94.35 ⇨ 94.35−94=0.35
❸ 0.15<0.35이므로 94에 가장 가까운 소수 두 자리 수는 93.85입니다.

06-4 61.02

❶ 16보다 작으면서 16에 가장 가까운 소수 두 자리 수는 15.86 ⇨ 16−15.86=0.14
16보다 크면서 16에 가장 가까운 소수 두 자리 수는 16.45 ⇨ 16.45−16=0.45
⇨ 0.14<0.45이므로 16에 가장 가까운 소수 두 자리 수는 15.86입니다.
❷ 45보다 작으면서 45에 가장 가까운 소수 두 자리 수는
41.86 ⇨ 45−41.86=3.14
45보다 크면서 45에 가장 가까운 소수 두 자리 수는
45.16 ⇨ 45.16−45=0.16
⇨ 3.14>0.16이므로 45에 가장 가까운 소수 두 자리 수는 45.16입니다.
❸ 15.86+45.16=61.02

대표 유형 07 0, 4, 9

❶ 양쪽의 두 수 모두 자연수 부분이 4이므로 ㉡= 4 입니다.

❷ 4.㉠9<㉡.18에서 4.㉠9<4.18이므로 ㉠= 0 입니다.

❸ ㉡.18<4.1㉢에서 4.18<4.1㉢이므로 ㉢= 9 입니다.

예제 0, 7, 9

❶ 양쪽의 두 수 모두 자연수 부분이 7이므로 ㉡=7입니다.
❷ 7.㉠2<㉡.08에서 7.㉠2<7.08이므로 ㉠=0입니다.
❸ ㉡.08<7.0㉢에서 7.08<7.0㉢이므로 ㉢=9입니다.

07-1 0, 9, 9

❶ 30.㉠88<30.08㉡에서 ㉠=0, ㉡=9입니다.
❷ 30.08㉡<30.0㉢2에서 30.089<30.0㉢2이므로 ㉢=9입니다.

07-2 18

❶ 8.5㉠8<8.50㉡에서 ㉠=0, ㉡=9입니다.
❷ 8.50㉡<㉢.298에서 8.509<㉢.298이므로 ㉢=9입니다.
❸ ㉠+㉡+㉢=0+9+9=18

07-3 18

❶ 19.㉠68<19.06㉡에서 ㉠=0, ㉡=9입니다.
❷ 19.06㉡<1㉢.264에서 19.069<1㉢.264이므로 ㉢=9입니다.
❸ ㉠+㉡+㉢=0+9+9=18

07-4 ㉢, ㉠, ㉡

❶ ■에 0을, ●, ▲에 9를 넣어도 19.095<19.120, 10.092<19.120이므로 ㉢이 가장 큽니다.
❷ ●에 0을, ▲에 9를 넣어도 10.095>10.092이므로 ㉠>㉡입니다.
❸ ㉢>㉠>㉡

대표 유형 08 0.61

❶ 0.24+0.28= 0.52 이므로 >를 =로 바꾸면

0.52 =■−0.1 ➔ ■= 0.62

❷ ■에 들어갈 수 있는 수는 0.62 보다 작아야 하므로

가장 큰 소수 두 자리 수는 0.61 입니다.

예제 1.36

❶ 1.76−0.18=1.58이므로 >를 =로 바꾸면 1.58=□+0.21 ⇨ □=1.37
❷ □ 안에 들어갈 수 있는 수는 1.37보다 작아야 하므로 가장 큰 소수 두 자리 수는 1.36입니다.

08-1 1.36

❶ 12.86+12.36=25.22이므로 <를 =로 바꾸면 26.57−□=25.22 ⇨ □=1.35
❷ □ 안에 들어갈 수 있는 수는 1.35보다 커야 하므로 가장 작은 소수 두 자리 수는 1.36입니다.

08-2 12.369

❶ [blot]에 들어갈 수 있는 수를 □라고 할 때 <를 =로 바꾸면 □−7.21=5.16 ⇨ □=12.37

❷ [blot]에 들어갈 수 있는 수는 12.37보다 작아야 하므로 가장 큰 소수 세 자리 수는 12.369입니다.

08-3 7.471

❶ [blot]에 들어갈 수 있는 수를 □라고 할 때 >를 =로 바꾸면 5.17+4.25=16.89−□, 9.42=16.89−□ ⇨ □=7.47

❷ [blot]에 들어갈 수 있는 수는 7.47보다 커야 하므로 가장 작은 소수 세 자리 수는 7.471입니다.

08-4 4.029

❶ 5−0.82=4.18이므로 □<4.18입니다.

❷ 0.2+2.18=2.38이므로 2.38<6.41−□입니다.
2.38=6.41−□, □=4.03이므로 □<4.03입니다.

❸ ❶, ❷에서 □<4.03이므로 □ 안에 공통으로 들어갈 수 있는 수 중 가장 큰 소수 세 자리 수는 4.029입니다.

실전 적용

86~89쪽

01 2.864

❶ 25+3.6+0.04=28.64

❷ 28.64의 $\frac{1}{10}$인 수 ⇨ 2.864

02 63.68

❶ ㉠은 51.97이고, ㉡은 7.1+4.61=11.71입니다.

❷ ㉠+㉡=51.97+11.71=63.68

03 4351

❶ 0.001이 4351개인 수는 4.351입니다.

❷ 어떤 수의 $\frac{1}{10}$은 4.351이므로 어떤 수는 4.351의 10배인 43.51입니다.

❸ 43.51의 100배인 수는 4351입니다.

04 0.5 m

❶ 떨어진 높이의 $\frac{1}{10}$만큼 튀어 오르므로 첫 번째로 튀어 오른 공의 높이는 두 번째로 튀어 오른 공의 높이의 10배입니다.

❷ 첫 번째로 튀어 오른 공의 높이: 0.05 m의 10배인 0.5 m

05 0.443

❶ 잘못 구한 값: 어떤 수의 $\frac{1}{10}$ ⇨ $4+0.2+0.23=4.43$
❷ 어떤 수는 4.43의 10배인 44.3입니다.
❸ 바르게 구한 값: 44.3의 $\frac{1}{100}$ ⇨ 0.443

06 26.2 cm

❶ (끈 2개의 길이의 합)$=34.4+34.4=68.8$ (cm)
❷ (매듭짓는 데 사용한 끈의 길이)=(끈 2개의 길이의 합)−(이은 끈의 전체 길이)
$=68.8-42.6=26.2$ (cm)

07 0, 9, 9

❶ □ 안에 들어갈 수 있는 수를 각각 ㉠, ㉡, ㉢이라 하면 89.2㉠8<89.20㉡<8㉢.899 입니다.
❷ 89.2㉠8<89.20㉡에서 ㉠=0, ㉡=9입니다.
❸ 89.20㉡<8㉢.899에서 89.209<8㉢.899이므로 ㉢=9입니다.

08 5.971

❶ $12.81+3.16=15.97$이므로 <를 =로 바꾸면 15.97=10+□ ⇨ □=5.97
❷ □ 안에 들어갈 수 있는 수는 5.97보다 커야 하므로 가장 작은 소수 세 자리 수는 5.971 입니다.

09 49.32

❶ 합이 가장 작으려면 가장 작은 소수 두 자리 수와 두 번째로 작은 소수 두 자리 수의 합을 구해야 합니다.
❷ $2<4<5<7$이므로 가장 작은 소수 두 자리 수는 24.57, 두 번째로 작은 소수 두 자리 수는 24.75입니다.
❸ $24.57+24.75=49.32$

10 2.21 cm

❶ (색 테이프 3장의 길이의 합)$=5.13+5.45+5.66=16.24$ (cm)
❷ (겹쳐진 부분의 길이의 합)
=(색 테이프 3장의 길이의 합)−(이어 붙인 색 테이프의 전체 길이)
$=16.24-11.82=4.42$ (cm)
❸ $4.42=2.21+2.21$이므로 2.21 cm씩 겹쳐 붙였습니다.

11 $9.75-2.3$ / 7.45

❶ $9>7>5>3>2$이므로
가장 큰 소수 두 자리 수는 9.75, 가장 작은 소수 한 자리 수는 2.3입니다.
❷ 차가 가장 큰 뺄셈식은 $9.75-2.3=7.45$입니다.

12 40.3

❶ 20보다 작으면서 20에 가장 가까운 소수 두 자리 수는 18.73 ⇨ $20-18.73=1.27$
두 번째로 가까운 소수 두 자리 수는 18.72 ⇨ $20-18.72=1.28$
❷ 20보다 크면서 20에 가장 가까운 소수 두 자리 수는 20.13 ⇨ $20.13-20=0.13$
두 번째로 가까운 소수 두 자리 수는 20.17 ⇨ $20.17-20=0.17$
❸ $0.13<0.17<1.27<1.28$이므로
(가장 가까운 소수 두 자리 수)+(두 번째로 가까운 소수 두 자리 수)
$=20.13+20.17=40.3$

4 사각형

92~97쪽

수직

01 직선 다　　02 다

03 2개　　04 ㉢

05 (1) 예

(2) 예

06

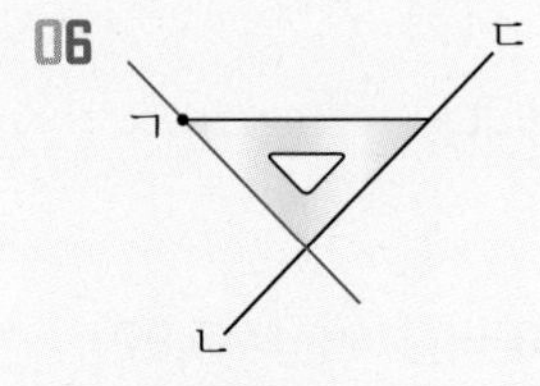

05 삼각자에서 직각을 낀 변 중 한 변을 주어진 직선에 맞추고 직각을 낀 다른 한 변을 따라 선을 긋습니다.

평행, 평행선 사이의 거리

01 직선 마　　02 (1) 4 cm　(2) 8 cm

03 2개

04 가

ㄱ

05 예

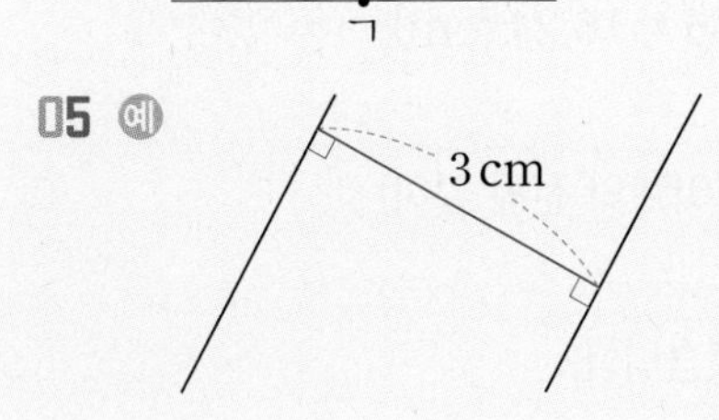

04

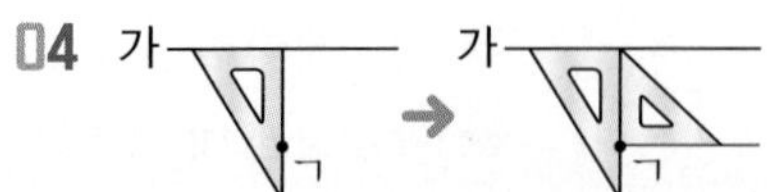

삼각자의 한 변을 직선 가에 맞추고 다른 한 변이 점 ㄱ을 지나도록 놓은 후 다른 삼각자를 사용하여 점 ㄱ을 지나고 직선 가와 평행한 직선을 긋습니다.

여러 가지 사각형

01 가, 다

02 (1) (위부터) 3, 9　(2) 110

03 (1) (위부터) 6, 60　(2) (위부터) 4, 35

04 나, 다, 라, 마　　05 2개

06 ㉢

02 (1) 평행사변형은 마주 보는 두 변의 길이가 같습니다.
(2) 평행사변형은 마주 보는 두 각의 크기가 같습니다.

03 마름모는 네 변의 길이가 모두 같고, 마주 보는 두 각의 크기가 같습니다.

06 ㉠ 직사각형은 네 변의 길이가 모두 같지 않을 수도 있으므로 마름모라고 할 수 없습니다.
㉡ 직사각형은 마주 보는 꼭짓점끼리 이은 선분이 서로 수직이 아닐 수도 있습니다.

98~113쪽

대표 유형 01 $15°$

❶ 선분 ㄷㅇ과 선분 ㄹㅇ이 서로 수직이므로
(각 ㄷㅇㄹ)$=\boxed{90}°$

❷ 한 직선이 이루는 각의 크기는 $180°$이므로
(각 ㄱㅇㄷ)$=180°-$(각 ㄷㅇㄹ)$-$(각 ㄹㅇㄴ)
$=180°-\boxed{90}°-\boxed{75}°=\boxed{15}°$

예제 60°

❶ 선분 ㄷㅇ과 선분 ㄹㅇ이 서로 수직이므로 (각 ㄷㅇㄹ)$=90°$
❷ 한 직선이 이루는 각의 크기는 $180°$이므로 (각 ㄹㅇㄴ)$=180°-30°-90°=60°$

01-1 35°

❶ 선분 ㄷㅇ과 선분 ㄹㅇ이 서로 수직이므로 (각 ㄷㅇㄹ)$=90°$
❷ 한 직선이 이루는 각의 크기는 $180°$이므로
(각 ㅁㅇㄴ)$=180°-45°-90°-10°=35°$

01-2 65°

❶ 직선 ㄱㄴ과 직선 ㅁㅂ이 서로 수직이므로 (각 ㄱㅇㅂ)$=90°$
❷ 한 직선이 이루는 각의 크기는 $180°$이므로 (각 ㅂㅇㄹ)$=180°-25°-90°=65°$

01-3 ㉠ 50°, ㉡ 40°

❶ 선분 ㅁㅇ과 직선 ㄱㄴ이 서로 수직이므로 (각 ㄱㅇㅁ)=(각 ㅁㅇㄴ)$=90°$이고
㉡$=90°-50°=40°$
❷ 한 직선이 이루는 각의 크기는 $180°$이므로
㉠$=180°-90°-$㉡$=180°-90°-40°=50°$

대표 유형 02 사다리꼴

❶ 종이를 접어서 자른 후 펼쳤을 때 만들어지는 사각형을 오른쪽에 그려 봅니다.
❷ 이 사각형은 한 쌍의 변이 평행하므로 [사다리꼴]입니다.

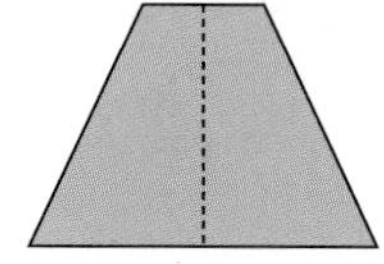

예제 사다리꼴

❶ 접어서 자른 종이의 빗금 친 부분을 펼쳐 보면 오른쪽과 같습니다.
❷ 이 사각형은 한 쌍의 변이 평행하므로 사다리꼴입니다.

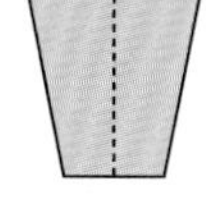

02-1 예 마름모

❶ 접어서 자른 종이의 빗금 친 부분을 펼쳐 보면 오른쪽과 같습니다.
❷ 이 사각형은 네 변의 길이가 모두 같으므로 마름모입니다.

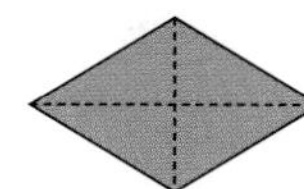

02-2 예 정사각형

❶ 접어서 자른 종이의 빗금 친 부분을 펼쳐 보면 오른쪽과 같습니다.
❷ 이 사각형은 네 변의 길이가 모두 같고 네 각이 모두 직각이므로 정사각형입니다.

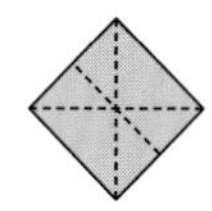

02-3 20 cm

❶ 접어서 자른 종이의 빗금 친 부분을 펼쳐 보면 오른쪽과 같은 정사각형입니다.
❷ 정사각형의 한 변의 길이가 5 cm이므로
(네 변의 길이의 합)$=5\times4=20$ (cm)

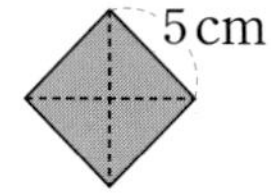

대표 유형 03 20 cm

❶ (직사각형의 짧은 변의 길이)$=6$ cm
(직사각형의 긴 변의 길이)$=6+[2]=[8]$(cm)
❷ (변 ㄱㄴ과 변 ㄹㄷ 사이의 거리)$=6+[8]+[6]=[20]$(cm)

예제 24 cm

❶ (직사각형의 짧은 변의 길이)=5 cm
(직사각형의 긴 변의 길이)=5+9=14 (cm)
❷ (변 ㄱㄴ과 변 ㄹㄷ 사이의 거리)=5+14+5=24 (cm)

03-1 50 cm

❶ (직사각형의 짧은 변의 길이)=7 cm
(직사각형의 긴 변의 길이)=7+11=18 (cm)
❷ (가장 먼 평행선 사이의 거리)=7+18+7+18=50 (cm)

03-2 48 cm

❶ (두 번째로 큰 정사각형의 한 변의 길이)=10+6=16 (cm)
(가장 큰 정사각형의 한 변의 길이)=16+6=22 (cm)
❷ (가장 먼 평행선 사이의 거리)=22+16+10=48 (cm)

03-3 8 cm

❶ 직사각형의 짧은 변의 길이를 □cm라 하면 직사각형의 긴 변의 길이는 (□+□) cm입니다.

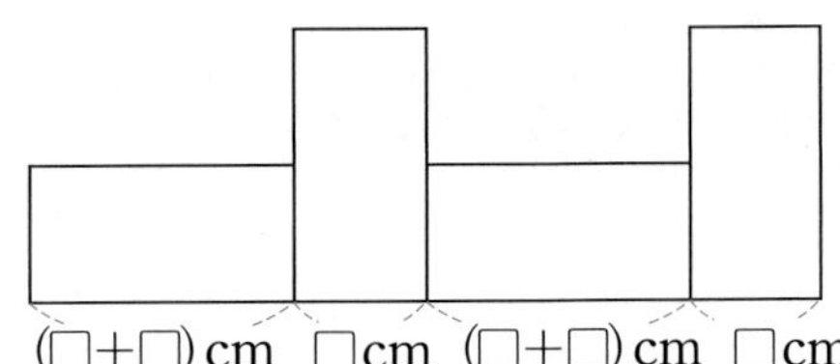

❷ (가장 먼 평행선 사이의 거리)
=(□+□)+□+(□+□)+□
=48 (cm)이므로
□×6=48, □=48÷6=8
❸ 직사각형의 짧은 변의 길이는 8 cm입니다.

대표 유형 04 85°

❶ 오른쪽 그림과 같이 점 ㄷ에서 직선 가에 수선을 그어 만나는 점을 점 ㄹ이라 합니다.

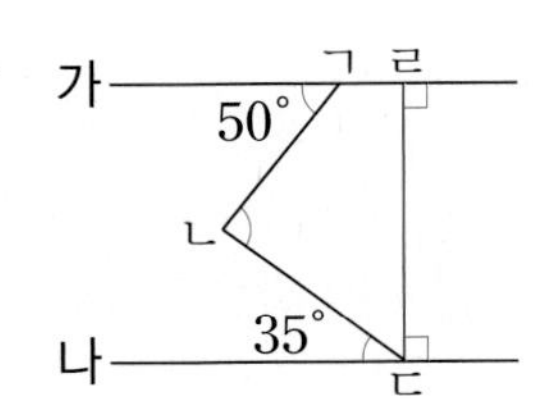

❷ (각 ㄴㄱㄹ)$=180°-\boxed{50}°=\boxed{130}°$
(각 ㄴㄷㄹ)$=90°-\boxed{35}°=\boxed{55}°$
❸ 사각형의 네 각의 크기의 합은 360°이므로
(각 ㄱㄴㄷ)=360°−(각 ㄴㄱㄹ)−(각 ㄴㄷㄹ)−90°
$=360°-\boxed{130}°-\boxed{55}°-90°=\boxed{85}°$

예제 85°

❶ 점 ㄷ에서 직선 가에 수선을 그어 만나는 점을 점 ㄹ이라 합니다.

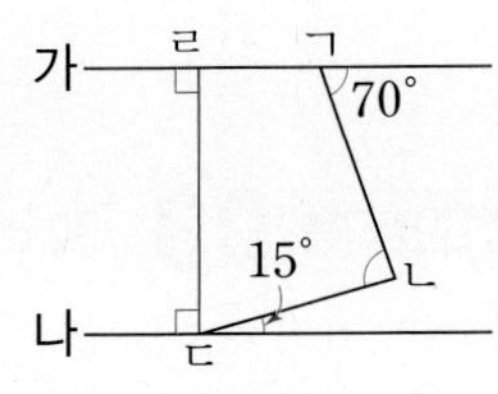

❷ (각 ㄹㄱㄴ)=180°−70°=110°
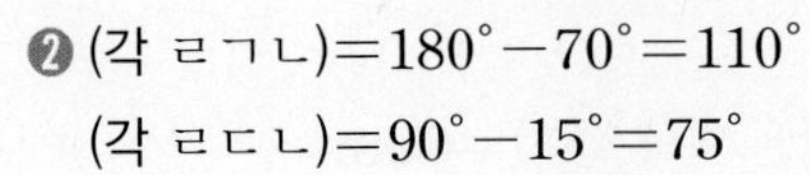
(각 ㄹㄷㄴ)=90°−15°=75°
❸ 사각형의 네 각의 크기의 합은 360°이므로
(각 ㄱㄴㄷ)=360°−90°−(각 ㄹㄷㄴ)−(각 ㄹㄱㄴ)
=360°−90°−75°−110°=85°

04-1 105°

❶ 점 ㄱ에서 직선 나에 수선을 그어 만나는 점을 점 ㄹ이라 합니다.
❷ (각 ㄴㄱㄹ)$=90°-60°=30°$
(각 ㄴㄷㄹ)$=180°-45°=135°$
❸ 사각형의 네 각의 크기의 합은 360°이므로
(각 ㄱㄴㄷ)$=360°-30°-90°-135°=105°$

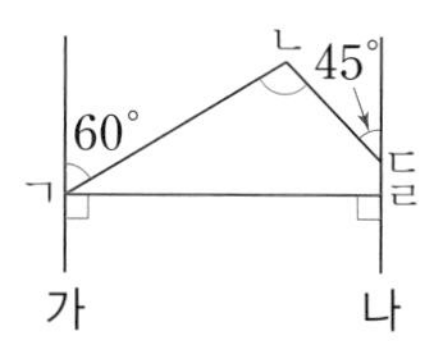

04-2 35°

❶ 점 ㄷ에서 직선 가에 수선을 그어 만나는 점을 점 ㄹ이라 합니다.
❷ (각 ㄹㄷㄴ)$=180°-40°-90°=50°$
❸ 사각형의 네 각의 크기의 합은 360°이므로
(각 ㄹㄱㄴ)$=360°-90°-50°-75°=145°$
❹ ㉠$=180°-145°=35°$

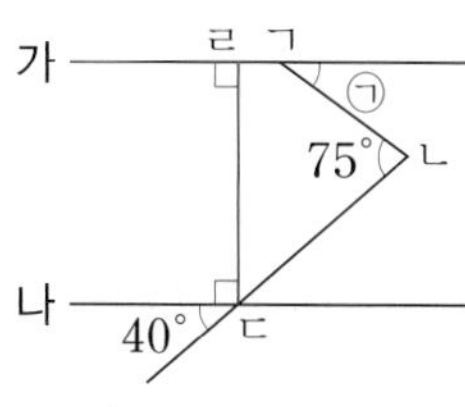

04-3 100°

❶ 점 ㄱ에서 직선 나에 수선을 그어 만나는 점을 점 ㅂ이라 합니다.
❷ (각 ㅁㄱㅂ)$=90°-35°=55°$
❸ 사각형의 네 각의 크기의 합은 360°이므로
(각 ㅂㄹㅁ)$=360°-55°-90°-100°=115°$
❹ (각 ㄴㄹㄷ)$=180°-115°=65°$
(각 ㄴㄷㄹ)$=180°-15°-65°=100°$

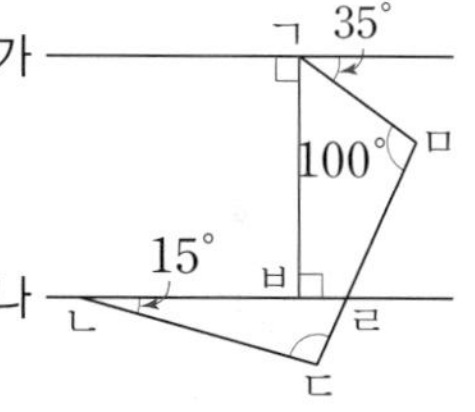

대표 유형 05 35°

❶ 마름모에서 이웃한 두 각의 크기의 합은 180°이므로
(각 ㄱㄹㄷ)$=180°-$ 105 $°=$ 75 °
➜ (각 ㄱㄹㅁ)$=220°-$ 75 $°=$ 145 °
❷ 평행사변형에서 이웃한 두 각의 크기의 합은 180°이므로
(각 ㄹㅁㅂ)$=180°-$ 145 $°=$ 35 °

예제 160°

❶ 평행사변형에서 이웃한 두 각의 크기의 합은 180°이므로
(각 ㄱㄴㅁ)$=180°-110°=70°$
❷ 직사각형의 한 각은 직각이므로 (각 ㅁㄴㄷ)$=90°$
❸ (각 ㄱㄴㄷ)$=70°+90°=160°$

05-1 25°

❶ 마름모에서 이웃한 두 각의 크기의 합은 180°이므로 (각 ㄷㄴㄹ)$=180°-130°=50°$
❷ 한 직선이 이루는 각의 크기는 180°이므로 (각 ㄱㄴㄷ)$=180°-50°=130°$
❸ 삼각형 ㄱㄴㄷ은 이등변삼각형이므로 (각 ㄷㄱㄴ)+(각 ㄱㄷㄴ)$=180°-130°=50°$
⇨ (각 ㄱㄷㄴ)$=50°\div2=25°$

05-2 130°

❶ 평행사변형은 마주 보는 두 각의 크기가 같고 이웃한 두 각의 크기의 합이 180°이므로
(각 ㄴㄱㄹ)=(각 ㄴㄷㅁ)=180°−80°=100°
❷ (각 ㄴㄷㄹ)=(각 ㄹㄷㅁ)이므로 (각 ㄴㄷㄹ)=100°÷2=50°
❸ 사각형 ㄱㄴㄷㄹ에서 (각 ㄱㄹㄷ)=360°−100°−80°−50°=130°

05-3 30°

❶ 마름모에서 이웃한 두 각의 크기의 합은 180°이므로 (각 ㅁㄱㄷ)=180°−120°=60°
❷ 삼각형 ㄱㄴㄷ은 정삼각형이므로 (각 ㄴㄱㄷ)=60°
❸ (각 ㄴㄱㅁ)=60°+60°=120°이고 삼각형 ㄱㄴㅁ은 이등변삼각형이므로
(각 ㄱㄴㅁ)+(각 ㄱㅁㄴ)=180°−120°=60°
⇨ (각 ㄱㅁㄴ)=60°÷2=30°

대표 유형 06 110°

❶ 사각형 ㅁㄴㅅㅇ과 사각형 ㄷㄴㅅㄹ은 모양과 크기가 같으므로
(각 ㅁㄴㅅ)=(각 ㄷㄴㅅ)=[35]°
❷ 사각형 ㅂㄴㄷㄹ에서 (각 ㅂㄹㄷ)=(각 ㄴㄷㄹ)=90°이므로
(각 ㄴㅂㅅ)=360°−35°−[35]°−90°−90°=[110]°

예제 60°

❶ 사각형 ㅁㅅㅇㅈ과 사각형 ㄷㅅㅇㄹ의 모양과 크기가 같으므로
(각 ㅁㅅㅇ)=(각 ㄷㅅㅇ)=60°
❷ 사각형 ㅂㅅㄷㄹ에서 (각 ㅂㄹㄷ)=(각 ㅅㄷㄹ)=90°이므로
(각 ㅇㅂㅅ)=360°−60°−60°−90°−90°=60°

06-1 65°

❶ (각 ㄴㅅㅁ)=180°−130°=50°이고,
삼각형 ㅁㄱㅅ과 삼각형 ㄴㄱㅅ의 모양과 크기가 같으므로
(각 ㄱㅅㅁ)=(각 ㄱㅅㄴ)=50°÷2=25°, (각 ㄱㅁㅅ)=(각 ㄱㄴㅅ)=90°
❷ (각 ㅁㄱㅅ)=180°−25°−90°=65°

06-2 120°

❶ 삼각형 ㅇㅅㄷ에서 (각 ㅇㅅㄷ)=180°−60°−90°=30°
❷ 삼각형 ㅁㅅㅇ과 삼각형 ㄷㅅㅇ의 모양과 크기가 같으므로
(각 ㅁㅅㅇ)=(각 ㅇㅅㄷ)=30°
❸ (각 ㄴㅅㅂ)=180°−30°−30°=120°

06-3 90°

❶ 평행사변형 ㄱㄴㄷㄹ에서
(각 ㄹㄱㄷ)=180°−70°−65°=45°, (각 ㄱㄴㄷ)=(각 ㄷㄹㄱ)=70°
❷ 삼각형 ㄱㄴㄷ에서 (각 ㄴㄷㄱ)=180°−65°−70°=45°이고
삼각형 ㄱㄴㄷ과 삼각형 ㄱㅁㄷ의 모양과 크기가 같으므로
(각 ㅁㄷㄱ)=(각 ㄴㄷㄱ)=45°
❸ (각 ㄱㅂㄷ)=180°−45°−45°=90°

대표 유형 07 9개

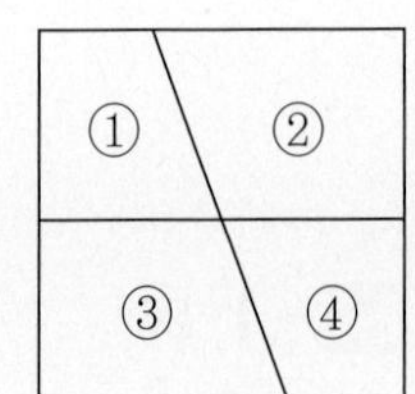

❶ 사각형 1개짜리: ①, ②, ③, ④ ➔ [4]개
사각형 2개짜리: ①+②, ③+④, ①+[③], ②+[④] ➔ [4]개
사각형 4개짜리: ①+②+[③]+[④] ➔ [1]개
❷ 그림에서 찾을 수 있는 크고 작은 사다리꼴은 모두
[4]+[4]+[1]=[9](개)입니다.

예제 7개

❶ 사각형 1개짜리: ①, ③, ④ ⇨ 3개
사각형 2개짜리: ①+②, ③+④, ①+③ ⇨ 3개
사각형 4개짜리: ①+②+③+④ ⇨ 1개
❷ 그림에서 찾을 수 있는 크고 작은 사다리꼴은 모두
3+3+1=7(개)입니다.

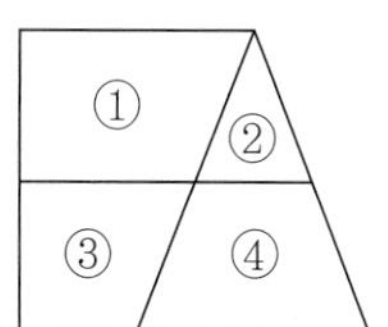

07-1 6개

❶ 삼각형 2개짜리: ③+⑤ ⇨ 1개
삼각형 4개짜리: ①+②+③+④, ⑤+⑥+⑦+⑧,
②+③+⑤+⑧, ③+④+⑤+⑥
⇨ 4개
삼각형 8개짜리: ①+②+③+④+⑤+⑥+⑦+⑧ ⇨ 1개
❷ 그림에서 찾을 수 있는 크고 작은 평행사변형은 모두 1+4+1=6(개)입니다.

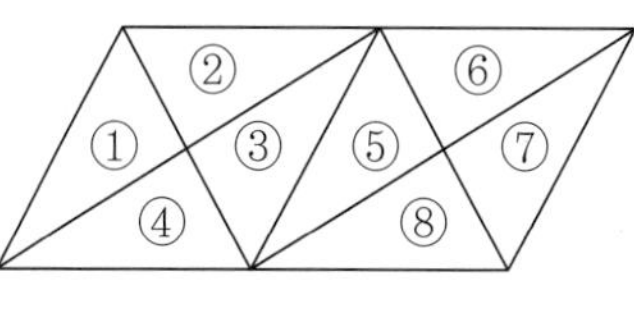

07-2 12개

❶ 삼각형 2개짜리: ①+②, ②+③, ③+④, ④+⑤, ⑥+⑦,
⑦+⑧, ⑧+⑨, ⑨+⑩, ②+⑦, ④+⑨
⇨ 10개
삼각형 8개짜리: ①+②+③+④+⑦+⑧+⑨+⑩,
②+③+④+⑤+⑥+⑦+⑧+⑨ ⇨ 2개
❷ 그림에서 찾을 수 있는 크고 작은 마름모는 모두 10+2=12(개)입니다.

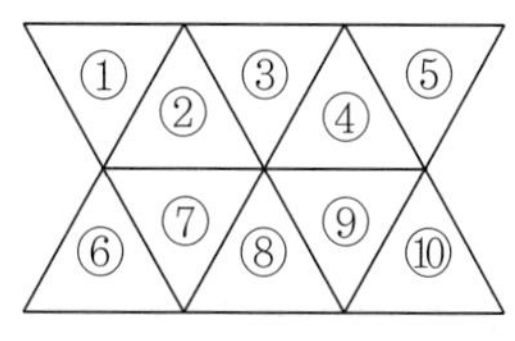

07-3 9개

❶
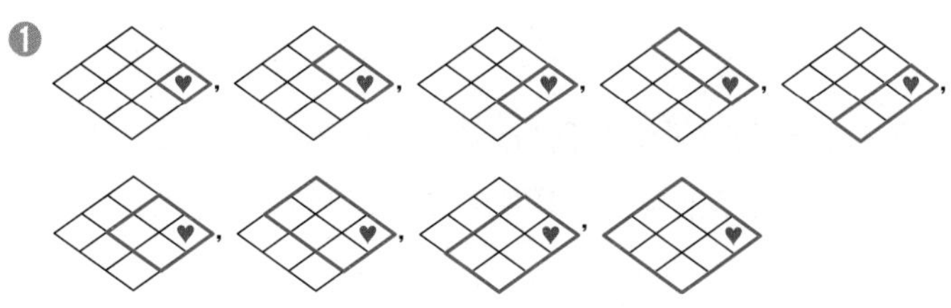

❷ ♥를 포함하는 크고 작은 사각형은 모두 9개입니다.

대표 유형 08 32 cm

❶ 작은 직사각형의 짧은 변의 길이를 ■ cm라 하면
긴 변의 길이는 (■+■) cm이므로
■+(■+■)+■+(■+■)=24, ■×6=24, ■=4
❷ (정사각형의 한 변의 길이)=4+4=8 (cm)
❸ (정사각형의 네 변의 길이의 합)=8×4=32 (cm)

예제 24 cm

❶ 가장 작은 직사각형의 짧은 변의 길이를 □ cm라 하면
긴 변의 길이는 (□+□+□) cm이므로
□+(□+□+□)+□+(□+□+□)=16, □×8=16, □=2
❷ (정사각형의 한 변의 길이)=2+2+2=6 (cm)
❸ (정사각형의 네 변의 길이의 합)=6×4=24 (cm)

08-1 80 cm

❶ 가장 작은 평행사변형의 짧은 변의 길이를 □ cm라 하면
긴 변의 길이는 (□+□+□+□) cm이므로
□+(□+□+□+□)+□+(□+□+□+□)=50, □×10=50, □=5
❷ (마름모의 한 변의 길이)=5+5+5+5=20 (cm)
❸ (마름모의 네 변의 길이의 합)=20×4=80 (cm)

08-2 108 cm

❶ 가장 작은 정사각형의 한 변의 길이를 □cm라 하면
□+□+□+□=36, □×4=36, □=9
❷ (가장 큰 정사각형의 한 변의 길이)=9+9+9=27 (cm)
❸ (가장 큰 정사각형의 네 변의 길이의 합)=27×4=108 (cm)

08-3 50 cm

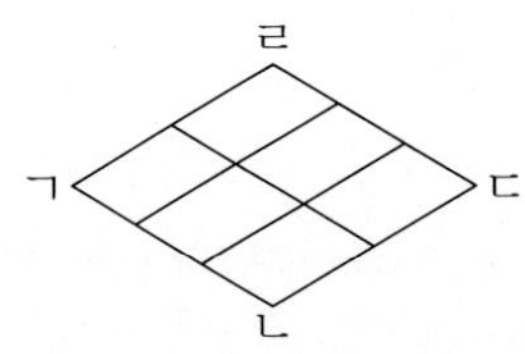

❶ (마름모의 한 변의 길이)=120÷4=30 (cm)
❷ 가장 작은 평행사변형의 긴 변의 길이를 ■ cm, 짧은 변의 길이를 ● cm라 하면
선분 ㄱㄹ에서 ■+■=30이므로 ■=15이고 선분 ㄱㄴ에서 ●+●+●=30이므로 ●=10입니다.
❸ (가장 작은 평행사변형 한 개의 네 변의 길이의 합)=15+10+15+10=50 (cm)

114~117쪽

01 50°

❶ 직선 ㄱㄴ과 직선 ㅁㅂ이 서로 수직이므로 (각 ㄱㅇㅂ)=90°
❷ 한 직선이 이루는 각의 크기는 180°이므로
(각 ㄱㅇㄷ)=180°−90°−40°=50°

02 61 cm

❶ (직사각형의 짧은 변의 길이)=8 cm
(직사각형의 긴 변의 길이)=8+7=15 (cm)
❷ (가장 먼 평행선 사이의 거리)=15+8+15+8+15=61 (cm)

03 48 cm

❶ 접어서 자른 종이의 빗금 친 부분을 펼쳐 보면 오른쪽과 같은 마름모입니다.

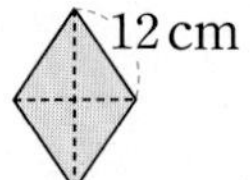

❷ 마름모의 한 변의 길이가 12 cm이므로
(네 변의 길이의 합)=12×4=48 (cm)

04 70°

❶ (각 ㅁㅅㄷ)=180°−140°=40°이고,
삼각형 ㅁㅅㄹ과 삼각형 ㄷㅅㄹ의 모양과 크기가 같으므로
(각 ㅁㅅㄹ)=(각 ㄷㅅㄹ)=40°÷2=20°
(각 ㅅㅁㄹ)=(각 ㅅㄷㄹ)=90°
❷ (각 ㅁㄹㅅ)=180°−90°−20°=70°

05 115°

❶ 평행사변형은 마주 보는 두 각의 크기가 같고 이웃한 두 각의 크기의 합이 180°이므로
(각 ㄷㅁㄹ)=(각 ㄱㄴㄹ)=180°−50°=130°
❷ (각 ㄱㄴㄷ)=(각 ㄷㄴㄹ)이므로 (각 ㄷㄴㄹ)=130°÷2=65°
❸ 사각형 ㄷㄴㄹㅁ에서 (각 ㄴㄷㅁ)=360°−65°−50°−130°=115°

06 96 cm

❶ 가장 작은 평행사변형의 짧은 변의 길이를 □cm라 하면
긴 변의 길이는 (□+□+□) cm이므로
□+(□+□+□)+□+(□+□+□)=64, □×8=64, □=8
❷ (마름모의 한 변의 길이)=8+8+8=24 (cm)
❸ (마름모의 네 변의 길이의 합)=24×4=96 (cm)

07 11개

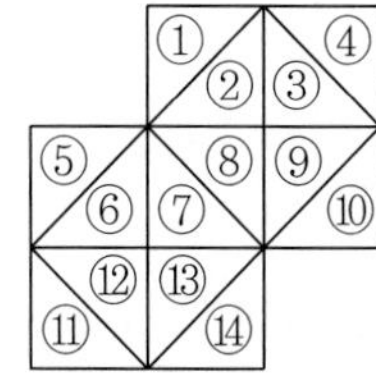

❶ 삼각형 2개짜리: ①+②, ③+④, ⑤+⑥, ⑦+⑧, ⑨+⑩,
⑪+⑫, ⑬+⑭ ⇨ 7개
삼각형 4개짜리: ②+③+⑧+⑨, ⑥+⑦+⑫+⑬ ⇨ 2개
삼각형 8개짜리: ①+②+③+④+⑦+⑧+⑨+⑩,
⑤+⑥+⑦+⑧+⑪+⑫+⑬+⑭ ⇨ 2개
❷ 그림에서 찾을 수 있는 크고 작은 정사각형은 모두 7+2+2=11(개)입니다.

08 30°

❶ 선분 ㄱㅇ과 직선 ㄷㅁ이 서로 수직이므로
(각 ㄱㅇㄷ)=(각 ㄱㅇㅁ)=90°, (각 ㄴㅇㄱ)=90°−15°=75°
❷ (각 ㄱㅇㅂ)=(각 ㄴㅇㄱ)=75°
❸ 한 직선이 이루는 각의 크기는 180°이므로 (각 ㅂㅇㄹ)=180°−75°−75°=30°

09 15°

❶ 마름모에서 이웃한 두 각의 크기의 합은 180°이므로 (각 ㄱㄹㄷ)=180°−120°=60°
❷ 정사각형은 네 각이 모두 직각이므로
(각 ㄱㄹㅂ)=(각 ㄱㄹㄷ)+(각 ㄷㄹㅂ)=60°+90°=150°
❸ 변 ㄱㄹ과 변 ㄹㅂ의 길이가 같으므로 삼각형 ㄹㄱㅂ은 이등변삼각형입니다.
(각 ㄹㄱㅂ)+(각 ㄹㅂㄱ)=180°−150°=30°
(각 ㄹㅂㄱ)=30°÷2=15°

10 25°

❶ 마름모 ㄱㄴㄷㄹ에서
(각 ㄱㅁㅂ)=(각 ㄱㄹㅂ)=(각 ㄱㄴㄷ)=65°
(각 ㄴㄱㄹ)=180°−65°=115°
❷ (각 ㅁㄱㅂ)=180°−65°−70°=45°
❸ 삼각형 ㄱㅁㅂ과 삼각형 ㄱㄹㅂ의 모양과 크기가 같으므로
(각 ㄹㄱㅂ)=(각 ㅁㄱㅂ)=45°
❹ (각 ㄴㄱㅁ)=115°−45°−45°=25°

11 100°

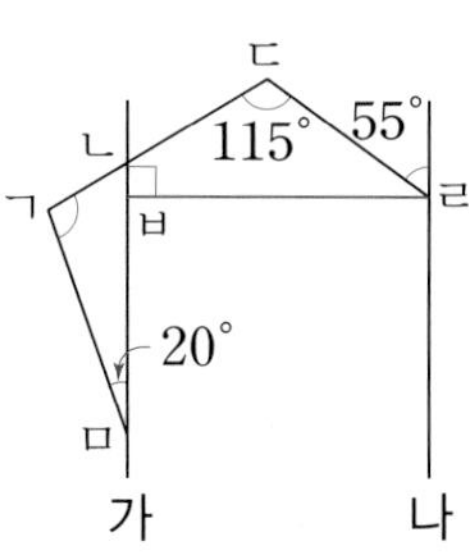

❶ 점 ㄹ에서 직선 가에 수선을 그어 만나는 점을 점 ㅂ이라 하면
(각 ㄹㅂㄴ)=90°, (각 ㄷㄹㅂ)=90°−55°=35°
❷ 사각형의 네 각의 크기의 합은 360°이므로
(각 ㄷㄴㅂ)=360°−90°−35°−115°=120°
❸ (각 ㄱㄴㅁ)=180°−120°=60°
❹ (각 ㄴㄱㅁ)=180°−60°−20°=100°

5 꺾은선그래프

120~123쪽

꺾은선그래프 알아보기

01 월, 강수량　　02 10 mm
03 8월　　04 4월과 5월 사이
05 3월과 4월 사이　　06 1000원

06 전월과 비교하여 저금액이 가장 적게 변한 때는 선이 가장 적게 기울어진 때이므로 5월입니다.
4월의 저금액은 27000원, 5월의 저금액은 26000원이므로 (저금액의 변화량)$=27000-26000=1000$(원)

꺾은선그래프 그리기

01 키
02

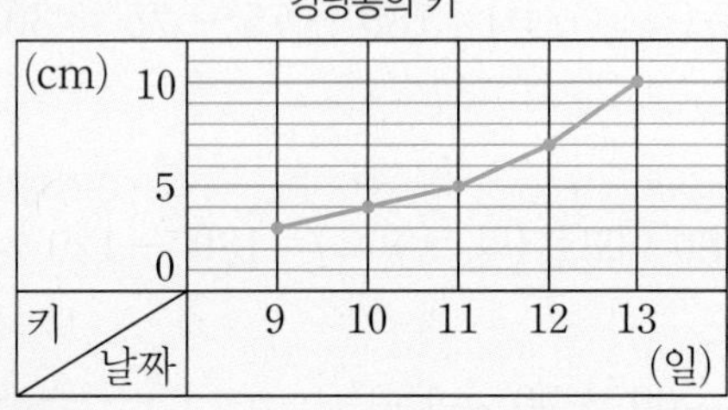

03

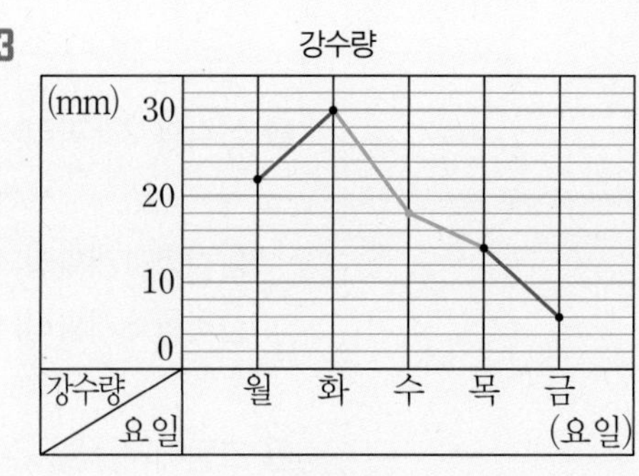

04

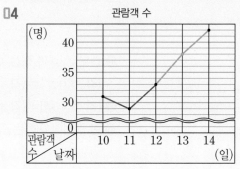

관람객 수
(명)
40
35
30
0
관람객 수
날짜
10
11
12
13
14
(일)

04 10일: 31명, 11일: 29명, 12일: 33명, 14일: 42명
⇨ (13일의 관람객 수)$=173-31-29-33-42$
$=38$(명)

유형 변형

124~135쪽

대표 유형 01 90, 80 / 풀이 참조

❶ 꺾은선그래프에서 세로 눈금 한 칸은 $50\div5=$ [10] (명)을 나타내므로
목요일의 방문객 수는 [90] 명,
금요일의 방문객 수는 [80] 명입니다.

❷ 표를 보고 수요일의 방문객 수인 120명은 [12] 칸인 곳에,
일요일의 방문객 수인 100명은 [10] 칸인 곳에 점을 찍고,
점들을 [선분] (으)로 잇습니다.

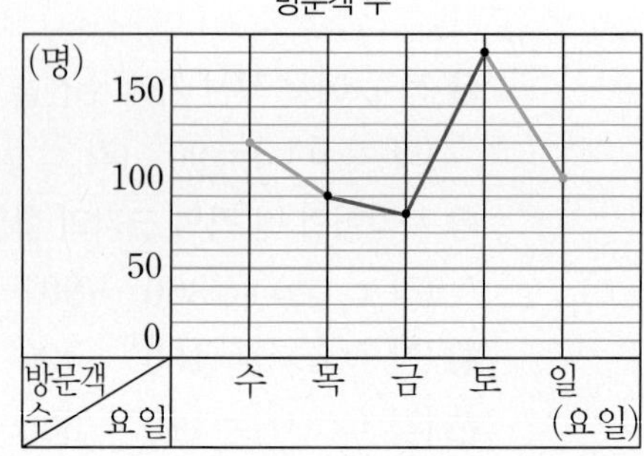

예제 34, 8 / 풀이 참조

❶ 꺾은선그래프에서 세로 눈금 한 칸은 10÷5=2(권)을 나타내므로 3월의 공책 판매량은 34권, 4월의 공책 판매량은 8권입니다.

❷ 표를 보고 5월의 판매량인 16권은 8칸인 곳에, 6월의 판매량인 28권은 14칸인 곳에, 7월의 판매량인 22권은 11칸인 곳에 점을 찍고, 점들을 선분으로 잇습니다.

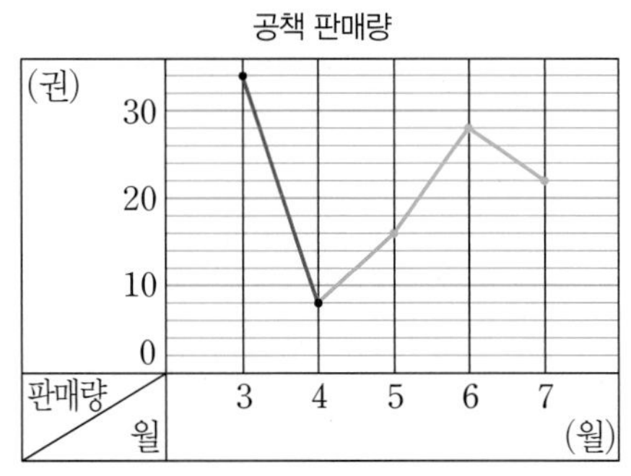

01-1 70, 64, 70 / 풀이 참조

❶ 꺾은선그래프에서 세로 눈금 한 칸은 10÷5=2(개)를 나타내므로 1월의 불량품 수는 70개, 2월의 불량품 수는 64개입니다.

❷ (5월의 불량품 수)=(1월의 불량품 수)=70개

❸ 표를 보고 가로 눈금과 세로 눈금이 만나는 자리에 점을 찍고, 점들을 선분으로 잇습니다.

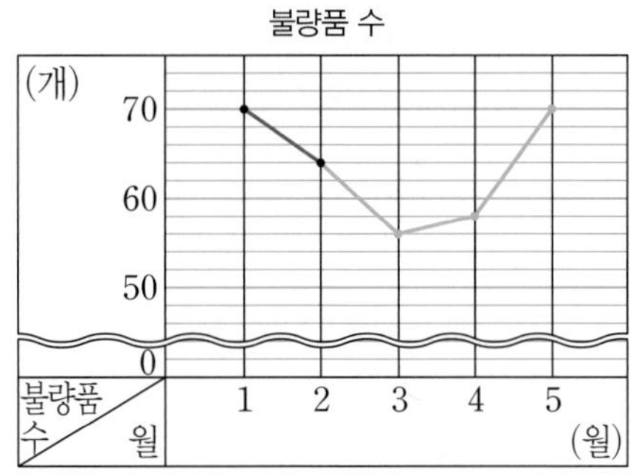

01-2 23, 24, 27 / 풀이 참조

❶ 꺾은선그래프에서 세로 눈금 한 칸은 5÷5=1(kg)을 나타내므로 8살 때 몸무게는 23 kg, 9살 때 몸무게는 24 kg입니다.

❷ (10살 때 몸무게)=(9살 때 몸무게)+3=24+3=27 (kg)

❸ 표를 보고 가로 눈금과 세로 눈금이 만나는 자리에 점을 찍고, 점들을 선분으로 잇습니다.

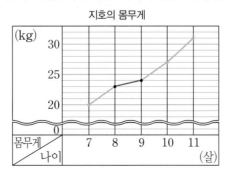

지호의 몸무게
(kg)
30
25
20
0
몸무게
나이
7 8 9 10 11
(살)

대표 유형 **02** 18권

❶ 9월의 세로 눈금 [6]칸이 12권을 나타내므로

세로 눈금 한 칸은 12÷[6]=[2](권)을 나타냅니다.

❷ 혜주가 책을 가장 많이 읽은 달은 [7]월이므로

(7월에 읽은 책 수)=2×[9]=[18](권)

예제 48줄

❶ 화요일의 세로 눈금 8칸이 32줄을 나타내므로 세로 눈금 한 칸은 32÷8=4(줄)을 나타냅니다.

❷ 김밥이 가장 많이 팔린 날은 목요일이므로
(목요일의 김밥 판매량)=4×12=48(줄)

02-1 22회

❶ 수요일의 세로 눈금 10칸이 20회를 나타내므로 세로 눈금 한 칸은 20÷10=2(회)를 나타냅니다.

❷ 팔 굽혀 펴기를 두 번째로 많이 한 날은 금요일이므로
(금요일의 팔 굽혀 펴기 횟수)=2×11=22(회)

02-2 200개

❶ 4월의 세로 눈금 7칸이 140개를 나타내므로 세로 눈금 한 칸은 140÷7=20(개)를 나타냅니다.

❷ 인형을 두 번째로 많이 생산한 달은 6월이므로
(6월의 인형 생산량)=20×10=200(개)

02-3 120개

❶ 6월의 세로 눈금은 3칸, 9월의 세로 눈금은 6칸이므로 세로 눈금 3+6=9(칸)은 90개를 나타냅니다.

❷ (세로 눈금 한 칸)=90÷9=10(개)

❸ 7월의 세로 눈금은 12칸이므로
(7월의 아이스크림 판매량)=10×12=120(개)

대표 유형 **03** 풀이 참조

❶ 세로 눈금 5칸이 10 kg을 나타내므로

세로 눈금 한 칸은 10÷[5]=[2](kg)을 나타냅니다.

❷ 사과를 8월에는 [16]kg, 9월에는 [24]kg 수확했습니다.

❸ (10월의 사과 수확량)=62−[16]−[24]=[22](kg)

❹ 10월의 세로 눈금이 [22]÷[2]=[11](칸)이 되도록 꺾은선그래프를 완성합니다.

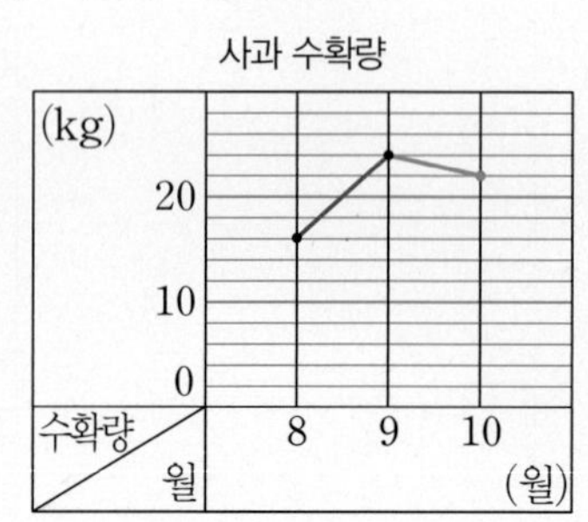

예제 풀이 참조

❶ 세로 눈금 5칸이 50명을 나타내므로 세로 눈금 한 칸은 $50 \div 5 = 10$(명)을 나타냅니다.
❷ 졸업생 수가 2020년에는 120명, 2022년에는 40명입니다.
❸ (2021년의 졸업생 수)$= 250 - 120 - 40 = 90$(명)
❹ 2021년의 세로 눈금이 $90 \div 10 = 9$(칸)이 되도록 꺾은선그래프를 완성합니다.

졸업생 수

(명)
100
50
0
졸업생 수 / 연도
2020 2021 2022
(년)

03-1 풀이 참조

❶ 세로 눈금 한 칸은 $10 \div 5 = 2$(일)을 나타내므로 비 온 날수가 9월은 20일, 10월은 10일입니다.
❷ (8월에 비 온 날수)$=$(9월에 비 온 날수)$+ 4 = 24$(일)
❸ (11월에 비 온 날수)$= 70 - 24 - 20 - 10 = 16$(일)
❹ 8월의 세로 눈금은 $24 \div 2 = 12$(칸), 11월의 세로 눈금은 $16 \div 2 = 8$(칸)이 되도록 꺾은선그래프를 완성합니다.

비 온 날수

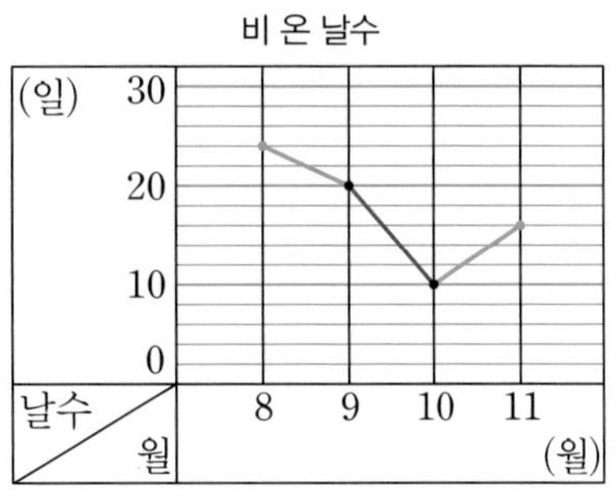

03-2 풀이 참조

❶ 세로 눈금 한 칸은 $5 \div 5 = 1$(권)을 나타내므로 책을 월요일에 8권, 목요일에 13권 판매했습니다.
❷ (수요일의 책 판매량)$=$(목요일의 책 판매량)$- 3 = 13 - 3 = 10$(권)
❸ (화요일의 책 판매량)$= 43 - 8 - 10 - 13 = 12$(권)
❹ 화요일의 세로 눈금은 $12 \div 1 = 12$(칸), 수요일의 세로 눈금은 $10 \div 1 = 10$(칸)이 되도록 꺾은선그래프를 완성합니다.

책 판매량

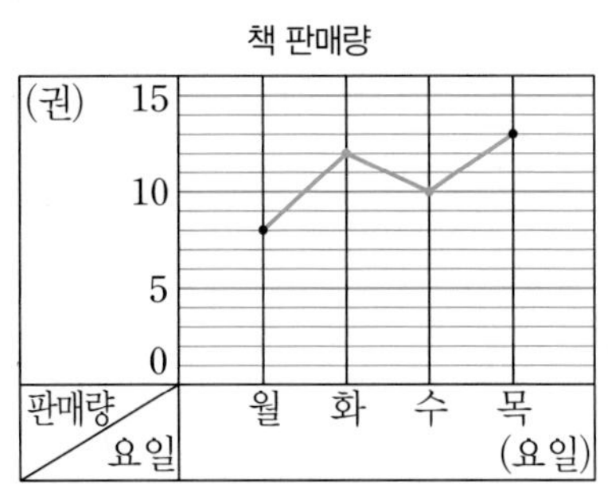

03-3 풀이 참조

❶ 세로 눈금 한 칸은 $250 \div 5 = 50$ (MB)를 나타내므로 데이터를 1월에 250 MB, 2월에 600 MB 사용했습니다.
❷ (3월의 데이터 사용량)=(1월의 데이터 사용량)$\times 2 = 250 \times 2 = 500$ (MB)
❸ (4월의 데이터 사용량)$= 1650 - 250 - 600 - 500 = 300$ (MB)
❹ 3월의 세로 눈금은 $500 \div 50 = 10$(칸), 4월의 세로 눈금은 $300 \div 50 = 6$(칸)이 되도록 꺾은선그래프를 완성합니다.

데이터 사용량

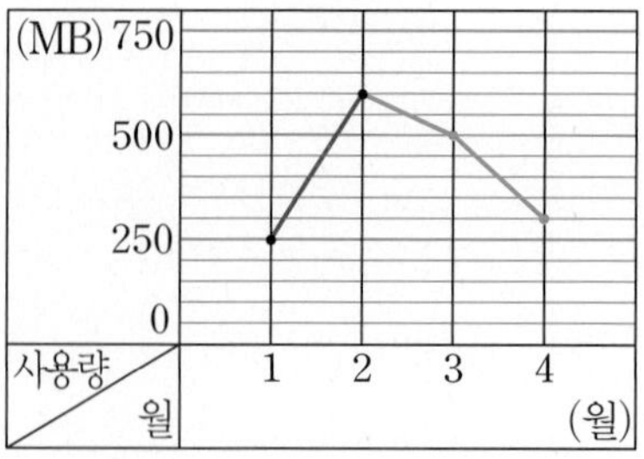

사용량 (MB) / 월	1	2	3	4 (월)
750				
500				
250				
0				

대표 유형 04 2칸

❶ 세로 눈금 5칸이 5 cm를 나타내므로 세로 눈금 한 칸은 $5 \div$ [5] = [1] (cm)를 나타냅니다.
❷ 콩나물의 키는 4일에 [10] cm, 5일에 [14] cm입니다.
❸ (콩나물의 키의 차)=(5일의 콩나물의 키)−(4일의 콩나물의 키)
= [14] − [10] = [4] (cm)
❹ 세로 눈금 한 칸의 크기를 2 cm로 하면
세로 눈금은 [4] $\div 2 =$ [2] (칸) 차이가 납니다.

예제 3칸

❶ 세로 눈금 5칸이 50곳을 나타내므로 세로 눈금 한 칸은 $50 \div 5 = 10$(곳)을 나타냅니다.
❷ 편의점 수는 2020년에 160곳, 2021년에 220곳입니다.
❸ (편의점 수의 차)=(2021년의 편의점 수)−(2020년의 편의점 수)
$= 220 - 160 = 60$(곳)
❹ 세로 눈금 한 칸의 크기를 20곳으로 하면 세로 눈금은 $60 \div 20 = 3$(칸) 차이가 납니다.

04-1 18칸

❶ 세로 눈금 한 칸은 $100 \div 5 = 20$(명)을 나타냅니다.
❷ 초등학생 수가 가장 많은 때는 2020년으로 420명, 가장 적은 때는 2019년으로 240명입니다.
❸ (초등학생 수의 차)$= 420 - 240 = 180$(명)
❹ 세로 눈금 한 칸의 크기를 10명으로 하면 세로 눈금은 $180 \div 10 = 18$(칸) 차이가 납니다.

04-2 20권

❶ 세로 눈금 한 칸은 $200 \div 5 = 40$(권)을 나타냅니다.
❷ 빌려 간 책 수가 가장 많은 때는 1월로 600권이고, 가장 적은 때는 4월로 240권입니다.
❸ (빌려 간 책 수의 차)$= 600 - 240 = 360$(권)
❹ 다시 그린 그래프는 360권이 18칸을 차지하므로
세로 눈금 한 칸의 크기를 $360 \div 18 = 20$(권)으로 한 것입니다.

대표 유형 **05** 10 cm

❶ 세로 눈금 5칸이 10 cm를 나타내므로
세로 눈금 한 칸은 10÷[5]=[2](cm)를 나타냅니다.
❷ 두 사람의 키의 차가 가장 큰 때는 두 꺾은선 사이의 간격이 가장 (큰(○), 작은)
[11]살 때입니다.
❸ 이때 소희의 키는 [144]cm, 영우의 키는 [134]cm이므로
(소희와 영우의 키의 차)=[144]−[134]=[10](cm)

예제 6 cm

❶ 두 사람의 키의 차가 두 번째로 큰 때는 두 꺾은선 사이의 간격이 두 번째로 큰 10살 때입니다.
❷ 이때 소희의 키는 136 cm, 영우의 키는 130 cm이므로
(소희와 영우의 키의 차)=136−130=6 (cm)

05-1 330 kg

❶ 세로 눈금 한 칸은 50÷5=10 (kg)을 나타냅니다.
❷ 두 마을의 자두 생산량의 차가 가장 큰 때는 두 꺾은선 사이의 간격이 가장 큰 5월입니다.
❸ 이때 가 마을의 자두 생산량은 200 kg, 나 마을의 자두 생산량은 130 kg이므로
(가 마을과 나 마을의 자두 생산량의 합)=200+130=330 (kg)

05-2 72회

❶ 세로 눈금 한 칸은 10÷5=2(회)를 나타냅니다.
❷ 두 사람의 윗몸 일으키기 기록의 차가 가장 큰 때는 두 꺾은선 사이의 간격이 가장 큰 목요일입니다.
❸ 이때 서우의 윗몸 일으키기 기록은 42회, 연준이의 윗몸 일으키기 기록은 30회이므로
(서우와 연준이의 윗몸 일으키기 기록의 합)=42+30=72(회)

05-3 200명

❶ 세로 눈금 한 칸은 1000÷5=200(명)을 나타냅니다.
❷ 두 도시의 인구수의 차가 가장 큰 때는 두 꺾은선 사이의 간격이 가장 큰 2021년이고, 가장 작은 때는 두 꺾은선 사이의 간격이 가장 작은 2019년입니다.
❸ 가 도시의 인구수는 2019년에 3000명, 2021년에 3200명이므로
(2019년과 2021년의 가 도시의 인구수의 차)=3200−3000=200(명)

대표 유형 **06** 70만 달러

❶ 전년에 비해 관광객 수가 가장 많이 늘어난 때를 왼쪽 그래프에서 찾으면
[2019]년입니다.
❷ 2019년의 관광 수입액을 오른쪽 그래프에서 찾으면 [880]만 달러이고,
전년인 2018년의 관광 수입액은 [810]만 달러입니다.
❸ (전년에 비해 늘어난 관광 수입액)=[880]−[810]
=[70](만 달러)

예제 1 kg

❶ 전년에 비해 키가 가장 많이 큰 때를 왼쪽 그래프에서 찾으면 2020년입니다.
❷ 2020년의 몸무게를 오른쪽 그래프에서 찾으면 31 kg이고, 2019년의 몸무게는 30 kg 입니다.
❸ (전년에 비해 늘어난 몸무게) $= 31 - 30 = 1$ (kg)

06-1 40개

❶ 전날에 비해 방문한 사람 수가 두 번째로 많이 늘어난 때는 금요일입니다.
❷ 금요일의 도넛 판매량은 170개, 목요일의 도넛 판매량은 130개입니다.
❸ (전날에 비해 늘어난 도넛 판매량) $= 170 - 130 = 40$(개)

06-2 50개

❶ 전월에 비해 월 최고 기온이 높아진 때는 11월, 1월이고,
이 중에서 전월에 비해 난로 판매량이 줄어든 때는 1월입니다.
❷ 1월의 난로 판매량은 360개, 12월의 난로 판매량은 410개입니다.
❸ (전월에 비해 줄어든 난로 판매량) $= 410 - 360 = 50$(개)

실전 적용

136~139쪽

01 1900, 1600, 1900 / 풀이 참조

❶ 꺾은선그래프에서 세로 눈금 한 칸은 $500 \div 5 = 100$(개)를 나타내므로
3월의 모자 생산량은 1600개, 4월의 모자 생산량은 1900개입니다.
❷ (2월의 모자 생산량) $=$ (4월의 모자 생산량) $= 1900$개
❸ 표를 보고 가로 눈금과 세로 눈금이 만나는 지점에 점을 찍고, 점들을 선분으로 잇습니다.

모자 생산량

(개) 2000, 1500, 1000, 0
생산량 / 월: 1, 2, 3, 4, 5 (월)

02 140명

❶ 2016년의 세로 눈금 14칸이 280명을 나타내므로
세로 눈금 한 칸은 $280 \div 14 = 20$(명)을 나타냅니다.
❷ 살고 있는 외국인 수가 가장 적은 해는 2018년이므로
(2018년의 외국인 수) $= 20 \times 7 = 140$(명)

03 920개

❶ 세로 눈금 한 칸은 $100 \div 5 = 20$(개)를 나타냅니다.
❷ 두 제품의 판매량의 차가 가장 작은 때는 두 꺾은선 사이의 간격이 가장 작은 2021년입니다.
❸ 이때 가 제품의 판매량은 480개, 나 제품의 판매량은 440개이므로
(두 제품의 판매량의 합) $= 480 + 440 = 920$(개)

04 20칸

❶ 세로 눈금 한 칸은 $50 \div 5 = 10$ (kg)을 나타냅니다.
❷ 감자 수확량이 가장 많은 때는 9월로 210 kg, 가장 적은 때는 5월로 110 kg입니다.
❸ (감자 수확량의 차) $= 210 - 110 = 100$ (kg)
❹ 세로 눈금 한 칸의 크기를 5 kg으로 하면 세로 눈금은 $100 \div 5 = 20$(칸) 차이가 납니다.

05 ㉠: 50, ㉡: 100

❶ 세로 눈금 $4 + 8 + 2 + 10 + 6 = 30$(칸)이 300상자를 나타내므로
세로 눈금 한 칸은 $300 \div 30 = 10$(상자)를 나타냅니다.
❷ ㉠ $= 10 \times 5 = 50$
㉡ $= 10 \times 10 = 100$

06 풀이 참조

❶ 세로 눈금 한 칸이 $10 \div 5 = 2$(점)을 나타내므로
(수학 점수의 합) $= 92 + 88 + 94 + 96 + 94 = 464$(점)
❷ 과학 점수의 합은 수학 점수의 합보다 30점 더 낮으므로
(과학 점수의 합) $= 464 - 30 = 434$(점)
❸ (3차 시험의 과학 점수) $= 434 - 82 - 84 - 90 - 92 = 86$(점)이 되도록 꺾은선그래프를 완성합니다.

수학 점수와 과학 점수

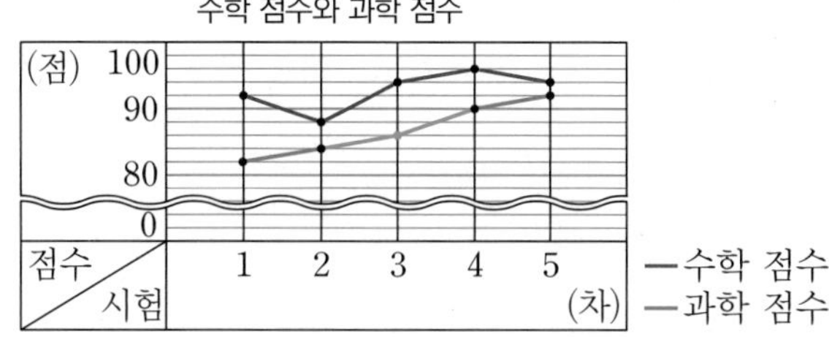

07 50000원

❶ 전날에 비해 최고 기온이 가장 많이 높아진 때는 14일입니다.
❷ 14일의 아이스크림 판매량은 360개, 13일의 아이스크림 판매량은 260개입니다.
❸ (전날에 비해 늘어난 아이스크림 판매량) $= 360 - 260 = 100$(개)
❹ (전날에 비해 늘어난 아이스크림 판매 금액) $= 500 \times 100 = 50000$(원)

08 풀이 참조

❶ 세로 눈금 한 칸은 $40 \div 5 = 8$ (kg)을 나타내므로 재활용 쓰레기를 월요일에 448 kg, 화요일에 400 kg, 금요일에 392 kg 배출했습니다.
❷ 수요일의 재활용 쓰레기 배출량을 □ kg이라 하면 목요일은 (□ − 40) kg이므로
$448 + 400 + □ + □ - 40 + 392 = 2016$, $848 + □ + □ + 352 = 2016$,
$□ + □ = 816$, $□ = 816 \div 2 = 408$
❸ 수요일의 재활용 쓰레기 배출량은 408 kg, 목요일의 재활용 쓰레기 배출량은
$408 - 40 = 368$ (kg)이 되도록 꺾은선그래프를 완성합니다.

재활용 쓰레기 배출량

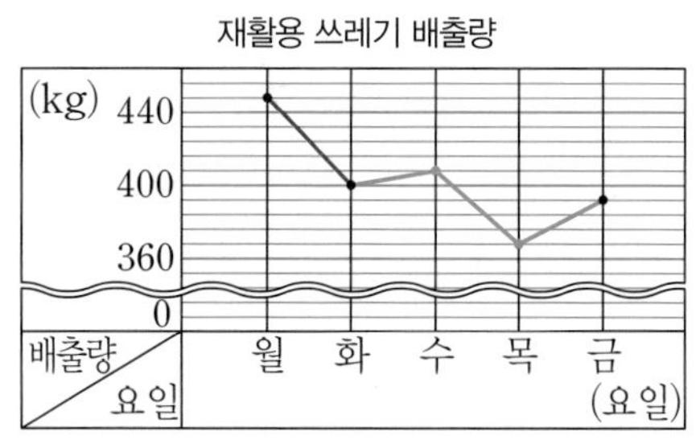

6 다각형

142~147쪽

다각형과 정다각형

01 가, 나, 라, 바　　02 라
03 24 cm　　04 900°
05 135°　　06 144°

01 선분으로만 둘러싸인 도형을 모두 찾으면 가, 나, 라, 바입니다.

02 변의 길이가 모두 같고, 각의 크기가 모두 같은 다각형을 찾으면 라입니다.

03 정육각형은 변이 6개이므로
(정육각형의 모든 변의 길이의 합) $=6\times4=24$ (cm)

04 칠각형은 삼각형 $7-2=5$(개)로 나눌 수 있으므로
(칠각형의 모든 각의 크기의 합) $=180^\circ\times5=900^\circ$

05 정팔각형은 8개의 각의 크기가 모두 같으므로
(정팔각형의 한 각의 크기) $=1080^\circ\div8=135^\circ$

06 정십각형은 삼각형 $10-2=8$(개)로 나눌 수 있으므로
(정십각형의 모든 각의 크기의 합) $=180^\circ\times8=1440^\circ$
⇨ (정십각형의 한 각의 크기) $=1440^\circ\div10=144^\circ$

대각선

01 나, 마　　02 가, 나, 라
03 ㉢　　04 20개
05 54개

03 ㉠ 직사각형의 대각선은 모두 2개입니다.
㉡ 마름모는 두 대각선의 길이가 항상 같지는 않습니다.

04 주어진 도형은 변이 8개이므로 팔각형입니다.
팔각형은 한 꼭짓점에서 대각선을 $8-3=5$(개)씩 그을 수 있습니다.
각 꼭짓점에서 대각선을 그으면 2번씩 겹쳐집니다.
⇨ $5\times8=40$, $40\div2=20$이므로 팔각형의 대각선의 수는 20개입니다.

05 십이각형은 한 꼭짓점에서 대각선을 $12-3=9$(개)씩 그을 수 있습니다.
각 꼭짓점에서 대각선을 그으면 2번씩 겹쳐집니다.
⇨ $9\times12=108$, $108\div2=54$이므로 십이각형의 대각선은 54개입니다.

모양 만들기와 모양 채우기

01 다 / 나, 라, 마, 바 / 가　　02 예

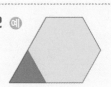

03 예

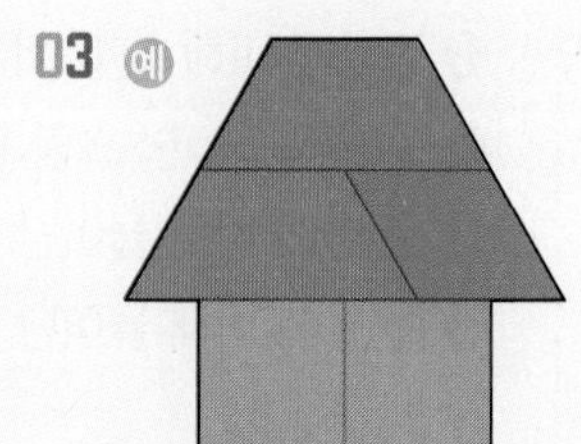

04 4개

04

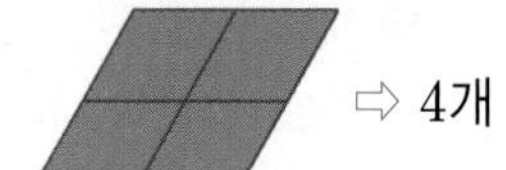

⇨ 4개

유형 변형

148~163쪽

대표 유형 01 24 cm

❶ (정사각형의 한 변의 길이) $=12\div4=3$ (cm)
❷ (정삼각형의 한 변의 길이) $=$ (정사각형의 한 변의 길이)이므로
빨간색 선의 길이는 정사각형의 한 변의 길이의 8배입니다.
❸ (빨간색 선의 길이) $=3\times8=24$ (cm)

예제 56 cm

❶ (정육각형의 한 변의 길이)$=48\div6=8$ (cm)
❷ (정삼각형의 한 변의 길이)=(정육각형의 한 변의 길이)이므로
빨간색 선의 길이는 정육각형의 한 변의 길이의 7배입니다.
❸ (빨간색 선의 길이)$=8\times7=56$ (cm)

01-1 42 cm

❶ (정삼각형의 한 변의 길이)$=21\div3=7$ (cm)
❷ (정육각형의 한 변의 길이)=(정삼각형의 한 변의 길이)이므로
정육각형의 모든 변의 길이의 합은 정삼각형의 한 변의 길이의 6배입니다.
❸ (정육각형의 모든 변의 길이의 합)$=7\times6=42$ (cm)

01-2 56 cm

❶ (정오각형의 한 변의 길이)$=40\div5=8$ (cm)
❷ (정사각형의 한 변의 길이)=(정오각형의 한 변의 길이)이므로
빨간색 선의 길이는 정오각형의 한 변의 길이의 7배입니다.
❸ (빨간색 선의 길이)$=8\times7=56$ (cm)

01-3 48 cm

❶ (정육각형의 한 변의 길이)$=24\div6=4$ (cm)
❷ (정오각형의 한 변의 길이)=(정육각형의 한 변의 길이)이므로
빨간색 선의 길이는 정육각형의 한 변의 길이의 12배입니다.
❸ (빨간색 선의 길이)$=4\times12=48$ (cm)

대표 유형 02 정오각형

❶ (사용한 철사의 길이)=(처음 철사의 길이)−(남은 철사의 길이)
$=50-20=30$ (cm)
❷ (정다각형의 변의 수)=(사용한 철사의 길이)÷(한 변의 길이)
$=30\div6=5$(개)
❸ 만든 정다각형의 이름은 정오각형입니다.

예제 정육각형

❶ (사용한 끈의 길이)=(처음 끈의 길이)−(남은 끈의 길이)
$=74-26=48$ (cm)
❷ (정다각형의 변의 수)=(사용한 끈의 길이)÷(한 변의 길이)
$=48\div8=6$(개)
❸ 만든 정다각형의 이름은 정육각형입니다.

02-1 정팔각형

❶ (정다각형의 모든 변의 길이의 합)=(정삼각형의 세 변의 길이의 합)$=24\times3=72$ (cm)
❷ (정다각형의 변의 수)$=72\div9=8$(개)
❸ 유영이가 그린 정다각형의 이름은 정팔각형입니다.

02-2 14 cm

❶ (사용한 철사의 길이)$=10\times7=70$ (cm)
❷ (정오각형의 한 변의 길이)$=70\div5=14$ (cm)

02-3 정육각형

❶ (정팔각형을 만드는 데 사용한 끈의 길이)$=15\times8=120$ (cm)
❷ (한 변의 길이가 21 cm인 정다각형을 만드는 데 사용한 끈의 길이)
$=246-120=126$ (cm)
❸ (한 변의 길이가 21 cm인 정다각형의 변의 수)$=126\div21=6$(개)
❹ 한 변의 길이가 21 cm인 정다각형의 이름은 정육각형입니다.

대표 유형 03 45°

❶ 정팔각형은 그림과 같이 사각형 [3]개로 나눌 수 있으므로
(정팔각형의 모든 각의 크기의 합)$=360°\times$[3]$=$[1080]°
❷ (정팔각형의 한 각의 크기)$=$[1080]°$\div$[8]$=$[135]°
❸ ㉠$=$[135]°$-90°=$[45]°

예제 30°

❶ 정육각형은 그림과 같이 사각형 1개와 삼각형 2개로 나눌 수 있으므로
(정육각형의 모든 각의 크기의 합)$=360°+180°+180°=720°$
❷ (정육각형의 한 각의 크기)$=720°\div6=120°$
❸ ㉠$=120°-90°=30°$

03-1 60°

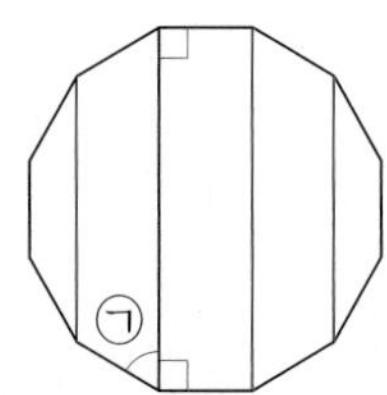

❶ 정십이각형은 사각형 5개로 나눌 수 있으므로
(정십이각형의 모든 각의 크기의 합)$=360°\times5=1800°$
❷ (정십이각형의 한 각의 크기)$=1800°\div12=150°$
❸ ㉠$=150°-90°=60°$

03-2 18°

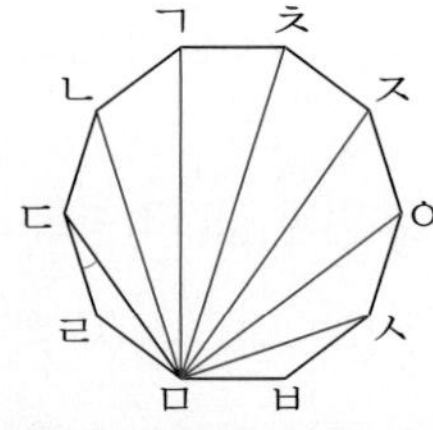

❶ 정십각형은 삼각형 8개로 나눌 수 있으므로
(정십각형의 모든 각의 크기의 합)$=180°\times8=1440°$
❷ (정십각형의 한 각의 크기)$=1440°\div10=144°$
❸ (변 ㄷㄹ)=(변 ㄹㅁ)이므로 삼각형 ㄷㄹㅁ은 이등변삼각형입니다.
❹ (각 ㄹㄷㅁ)+(각 ㄹㅁㄷ)$=180°-144°=36°$이므로
(각 ㄹㄷㅁ)=(각 ㄹㅁㄷ)$=36°\div2=18°$

03-3 $140°$

❶ 정구각형은 삼각형 7개로 나눌 수 있으므로
(정구각형의 모든 각의 크기의 합)$=180° \times 7=1260°$
❷ (정구각형의 한 각의 크기)$=1260° \div 9=140°$
❸ (변 ㅁㅂ)=(변 ㅂㅅ)=(변 ㅅㅇ)이므로 삼각형 ㅁㅂㅅ과 삼각형 ㅂㅅㅇ은 이등변삼각형입니다.
❹ (각 ㅁㅅㅂ)+(각 ㅅㅁㅂ)$=180°-140°=40°$이므로
(각 ㅁㅅㅂ)$=40° \div 2=20°$이고
(각 ㅇㅂㅅ)+(각 ㅂㅇㅅ)$=180°-140°=40°$이므로
(각 ㅇㅂㅅ)$=40° \div 2=20°$입니다.
❺ (각 ㅂㅊㅅ)$=180°-20°-20°=140°$

대표 유형 04 10 cm

❶ (원의 지름)=(큰 정사각형의 한 변의 길이)= [20] cm
❷ 원의 지름과 선분 ㄱㄷ의 길이가 같고 선분 ㄱㄷ은 정사각형 ㄱㄴㄷㄹ의 대각선입니다.
❸ 정사각형은 한 대각선이 다른 대각선을 반으로 나누므로
(선분 ㄱㅇ)=(선분 ㄱㄷ)÷2= [20] ÷ [2] = [10] (cm)입니다.

예제 18 cm

❶ (원의 지름)=(큰 정사각형의 한 변의 길이)=36 cm
❷ 원의 지름과 선분 ㄴㄹ의 길이가 같고 선분 ㄴㄹ은 정사각형 ㄱㄴㄷㄹ의 대각선입니다.
❸ 정사각형은 한 대각선이 다른 대각선을 반으로 나누므로
(선분 ㄴㅇ)=(선분 ㄴㄹ)÷2=36÷2=18 (cm)입니다.

04-1 21 cm

❶ (원의 지름)=(정사각형의 한 변의 길이)=42 cm
❷ 원의 지름과 선분 ㄱㄷ의 길이가 같고 선분 ㄱㄷ은 직사각형 ㄱㄴㄷㄹ의 대각선입니다.
❸ 직사각형은 한 대각선이 다른 대각선을 반으로 나누므로
(선분 ㄱㅇ)=(선분 ㄱㄷ)÷2=42÷2=21 (cm)입니다.

04-2 56 cm

❶ (원의 지름)$=14 \times 2=28$ (cm)
❷ 정사각형의 한 대각선의 길이는 원의 지름과 같고 두 대각선의 길이는 서로 같으므로
(두 대각선의 길이의 합)$=28+28=56$ (cm)입니다.

04-3 100 cm

❶ (원의 지름)=(큰 정사각형의 한 변의 길이)=50 cm
❷ (선분 ㄱㄷ)=(원의 지름)=50 cm
❸ 정사각형의 두 대각선의 길이는 서로 같으므로
정사각형 ㄱㄴㄷㄹ의 대각선의 길이의 합은 $50+50=100$ (cm)입니다.

대표 유형 **05** 210°

❶ 주어진 모양을 만들려면 모양 조각을 어떻게 놓아야 하는지 오른쪽 그림에 선을 그어 나타내 봅니다.

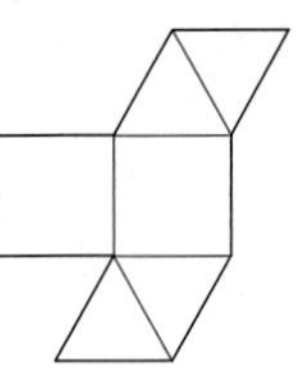

❷ ㉠은 정삼각형의 두 각의 크기의 합이므로

60°+60°=120°이고

㉡은 정사각형의 한 각의 크기이므로 90°입니다.

❸ ㉠+㉡=120°+90°=210°

예제 300°

❶ 주어진 모양을 만들려면 모양 조각을 오른쪽 그림과 같이 놓아야 합니다.

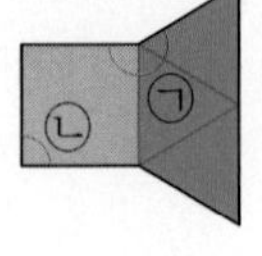

❷ ㉠은 정사각형의 한 각과 정삼각형의 두 각의 크기의 합이므로

90°+60°+60°=210°이고

㉡은 정사각형의 한 각의 크기이므로 90°입니다.

❸ ㉠+㉡=210°+90°=300°

05-1 ㉠ 240°, ㉡ 60°

❶ 주어진 모양을 만들려면 모양 조각을 오른쪽 그림과 같이 놓아야 합니다.

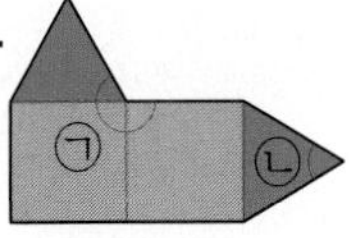

❷ ㉠은 정삼각형의 한 각과 정사각형의 두 각의 크기의 합이므로

60°+90°+90°=240°이고

㉡은 정삼각형의 한 각의 크기이므로 60°입니다.

05-2 270°

❶ 주어진 모양을 만들려면 모양 조각을 오른쪽 그림과 같이 놓아야 합니다.

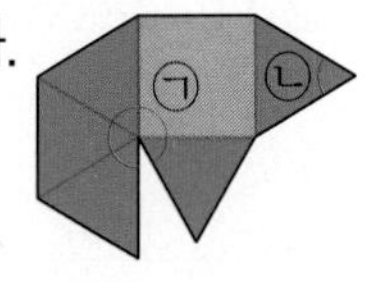

❷ ㉠은 정사각형의 한 각과 정삼각형의 네 각의 크기의 합이므로

90°+60°+60°+60°+60°=330°이고

㉡은 정삼각형의 한 각의 크기이므로 60°입니다.

❸ ㉠−㉡=330°−60°=270°

05-3 450°

❶ 주어진 모양 조각을 가장 적게 사용하여 주어진 모양을 만들려면 모양 조각을 오른쪽 그림과 같이 놓아야 합니다.

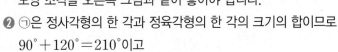

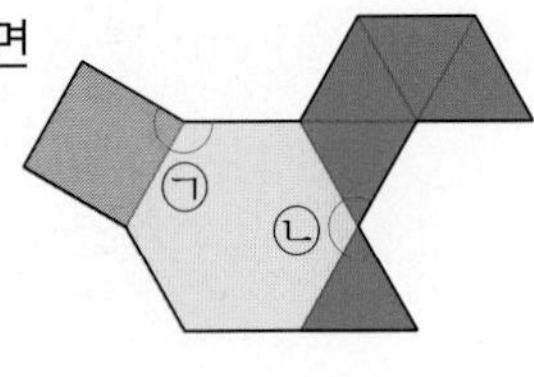

❷ ㉠은 정사각형의 한 각과 정육각형의 한 각의 크기의 합이므로

90°+120°=210°이고

㉡은 정육각형의 한 각과 정삼각형의 두 각의 크기의 합이므로

120°+60°+60°=240°입니다.

❸ ㉠+㉡=210°+240°=450°

대표 유형 **06** 45 cm

❶ 평행사변형에서 한 대각선이 다른 대각선을 반으로 나누므로

(선분 ㄷㅁ)=(선분 ㄱㅁ)=16 cm

(선분 ㄴㅁ)=18÷2=9 (cm)

❷ 평행사변형에서 마주 보는 변의 길이는 같으므로

(선분 ㄴㄷ)=(선분 ㄱㄹ)=20 cm

❸ (삼각형 ㄴㅁㄷ의 세 변의 길이의 합)=16+9+20=45 (cm)

예제 68 cm

❶ 평행사변형에서 한 대각선이 다른 대각선을 반으로 나누므로
(선분 ㄱㅁ)=(선분 ㄷㅁ)=15 cm
(선분 ㅁㄹ)=50÷2=25 (cm)
❷ 평행사변형에서 마주 보는 변의 길이는 같으므로
(선분 ㄱㄹ)=(선분 ㄴㄷ)=28 cm
❸ (삼각형 ㄱㅁㄹ의 세 변의 길이의 합)=15+25+28=68 (cm)

06-1 32 cm

❶ 직사각형의 두 대각선은 길이가 같고 한 대각선이 다른 대각선을 반으로 나누므로
(선분 ㄹㅁ)=(선분 ㄷㅁ)=20÷2=10 (cm)
❷ (색칠한 삼각형의 세 변의 길이의 합)=10+10+12=32 (cm)

06-2 7 cm

❶ 마름모는 네 변의 길이가 같으므로
(선분 ㄱㄹ)=(선분 ㄷㄹ)=14 cm
(각 ㄹㄱㄷ)+(각 ㄹㄷㄱ)=180°−60°=120°
(각 ㄹㄱㄷ)=(각 ㄹㄷㄱ)=120°÷2=60°
❷ 삼각형 ㄱㄷㄹ은 정삼각형이므로 (선분 ㄱㄷ)=14 cm
❸ 마름모의 한 대각선은 다른 대각선을 반으로 나누므로 (선분 ㄱㅁ)=14÷2=7 (cm)

06-3 44 cm

❶ (각 ㅂㅅㄷ)=180°−120°=60°
❷ 직사각형은 두 대각선의 길이가 같고 한 대각선이 다른 대각선을 반으로 나누므로
(선분 ㅅㅂ)=(선분 ㅅㄷ)=22÷2=11 (cm)
❸ 삼각형 ㅂㅅㄷ은 이등변삼각형이므로
(각 ㅅㅂㄷ)+(각 ㅅㄷㅂ)=180°−60°=120°
(각 ㅅㅂㄷ)=(각 ㅅㄷㅂ)=120°÷2=60°
❹ 삼각형 ㅂㅅㄷ은 정삼각형이고 한 변의 길이는 11 cm이므로
(정사각형 ㅂㄷㄹㅁ의 네 변의 길이의 합)=11×4=44 (cm)

대표 유형 07 360°

❶ 정육각형은 삼각형 4개로 나눌 수 있으므로
(정육각형의 모든 각의 크기의 합)=180°×[4]=[720]°
(정육각형의 한 각의 크기)=[720]°÷6=[120]°
❷ ㉠, ㉡, ㉢, ㉣, ㉤, ㉥은 각각 정육각형의 한 각의 바깥쪽 각이므로
㉠=㉡=㉢=㉣=㉤=㉥=[180]°−[120]°=[60]°
❸ (㉠, ㉡, ㉢, ㉣, ㉤, ㉥의 각도의 합)=[60]°×6=[360]°

예제 360°

❶ 정팔각형은 삼각형 6개로 나눌 수 있으므로
(정팔각형의 모든 각의 크기의 합)$=180^\circ\times6=1080^\circ$
(정팔각형의 한 각의 크기)$=1080^\circ\div8=135^\circ$
❷ ㉠, ㉡, ㉢, ㉣, ㉤, ㉥, ㉦, ㉧은 각각 정팔각형의 한 각의 바깥쪽 각이므로
㉠$=$㉡$=$㉢$=$㉣$=$㉤$=$㉥$=$㉦$=$㉧$=180^\circ-135^\circ=45^\circ$
❸ (㉠, ㉡, ㉢, ㉣, ㉤, ㉥, ㉦, ㉧의 각도의 합)$=45^\circ\times8=360^\circ$

07-1 40°

❶ 정구각형은 삼각형 7개로 나눌 수 있으므로
(정구각형의 모든 각의 크기의 합)$=180^\circ\times7=1260^\circ$
(정구각형의 한 각의 크기)$=1260^\circ\div9=140^\circ$
❷ ㉠은 정구각형의 한 각의 바깥쪽 각이므로
㉠$=180^\circ-140^\circ=40^\circ$

07-2 36°

❶ 정오각형은 삼각형 3개로 나눌 수 있으므로
(정오각형의 모든 각의 크기의 합)$=180^\circ\times3=540^\circ$
(정오각형의 한 각의 크기)$=540^\circ\div5=108^\circ$
❷ ㉡과 ㉢은 각각 정오각형의 한 각의 바깥쪽 각이므로
㉡$=$㉢$=180^\circ-108^\circ=72^\circ$
❸ ㉠$=180^\circ-72^\circ-72^\circ=36^\circ$

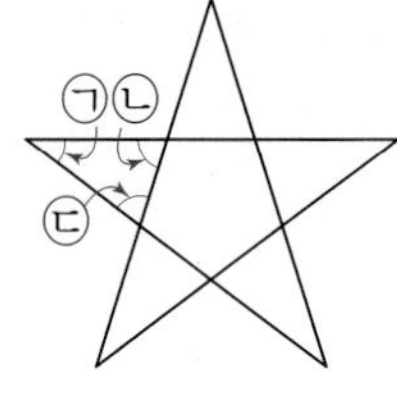

07-3 96°

❶ 정오각형의 한 각의 크기는 108°이고 정육각형의 한 각의 크기는 120°입니다.
❷ ㉡, ㉣은 각각 정오각형, 정육각형의 한 각의 바깥쪽 각이므로
㉡$=180^\circ-108^\circ=72^\circ$, ㉣$=180^\circ-120^\circ=60^\circ$
❸ ㉢은 정오각형의 한 각, 정육각형의 한 각과 한 바퀴를 이루고 있으므로
㉢$=360^\circ-108^\circ-120^\circ=132^\circ$
❹ 사각형의 네 각의 크기의 합은 360°이므로
㉠$=360^\circ-72^\circ-132^\circ-60^\circ=96^\circ$

대표 유형 08 40개

❶ 직각삼각형 모양 조각 2개를 이어 붙이면
한 변의 길이가 [8] cm인 정사각형을 만들 수 있습니다.
❷ 만든 정사각형으로 가로가 40 cm, 세로가 32 cm인 직사각형을 채우려면
가로에 40÷[8]=[5](개)씩,
세로에 32÷[8]=[4](개)씩 필요합니다.
❸ (필요한 정사각형의 수)=[5]×[4]=[20](개)
❹ (필요한 직각삼각형 모양 조각의 수)=[20]×[2]=[40](개)

예제 112개

❶ 직각삼각형 모양 조각 2개를 이어 붙이면 가로가 7 cm, 세로가 3 cm인 직사각형을 만들 수 있습니다.

3 cm 7 cm

❷ 만든 직사각형으로 가로가 49 cm, 세로가 24 cm인 직사각형을 채우려면 가로에 $49 \div 7 = 7$(개)씩, 세로에 $24 \div 3 = 8$(개)씩 필요합니다.

❸ (필요한 직사각형의 수)$= 7 \times 8 = 56$(개)

❹ (필요한 직각삼각형 모양 조각의 수)$= 56 \times 2 = 112$(개)

08-1 48개

❶ 사다리꼴 모양 조각 2개를 이어 붙이면 가로가 6 cm, 세로가 4 cm인 직사각형을 만들 수 있습니다.

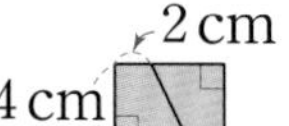

❷ 만든 직사각형으로 가로가 36 cm, 세로가 16 cm인 직사각형을 채우려면 가로에 $36 \div 6 = 6$(개)씩, 세로에 $16 \div 4 = 4$(개)씩 필요합니다.

❸ (필요한 직사각형의 수)$= 6 \times 4 = 24$(개)

❹ (필요한 사다리꼴 모양 조각의 수)$= 24 \times 2 = 48$(개)

08-2 360장, 720장

❶ 태우는 사다리꼴 모양 조각 2개를 이어 붙여 만든 직사각형을 가로에 $120 \div 10 = 12$(개)씩, 세로에 $120 \div 8 = 15$(개)씩 놓아야 합니다.

❷ 이진이는 직각삼각형 모양 조각 2개를 이어 붙여 만든 직사각형을 가로에 $120 \div 8 = 15$(개)씩, 세로에 $120 \div 5 = 24$(개)씩 놓아야 합니다.

❸ 각각 만든 직사각형으로 한 변의 길이가 120 cm인 정사각형 모양의 벽면을 채우려면
(태우가 필요한 직사각형의 수)$= 12 \times 15 = 180$(개)
(이진이가 필요한 직사각형의 수)$= 15 \times 24 = 360$(개)

❹ (태우가 필요한 타일의 수)$= 180 \times 2 = 360$(장)
(이진이가 필요한 타일의 수)$= 360 \times 2 = 720$(장)

164~167쪽

01 96 cm

❶ (정사각형 한 개의 모든 변의 길이의 합)$= 96 \div 3 = 32$ (cm)

❷ (정사각형의 한 변의 길이)$= 32 \div 4 = 8$ (cm)

❸ 초록색 선의 길이는 정사각형의 한 변의 길이의 12배이므로 $8 \times 12 = 96$ (cm)입니다.

02 정구각형

❶ (정십이각형을 만드는 데 사용한 색 테이프의 길이)$= 12 \times 12 = 144$ (cm)

❷ (한 변의 길이가 18 cm인 정다각형을 만드는 데 사용한 색 테이프의 길이)
$= 306 - 144 = 162$ (cm)

❸ $162 \div 18 = 9$이므로 한 변의 길이가 18 cm인 정다각형의 이름은 정구각형입니다.

03 144 cm

❶ (원의 지름)=(큰 정사각형의 한 변의 길이)=72 cm
❷ (선분 ㄱㄷ)=(원의 지름)=72 cm
❸ 정사각형의 두 대각선의 길이는 서로 같으므로
(정사각형 ㄱㄴㄷㄹ의 대각선의 길이의 합)=72+72=144 (cm)

04 5가지

만들 수 있는 모양을 모두 구하면 다음과 같습니다.

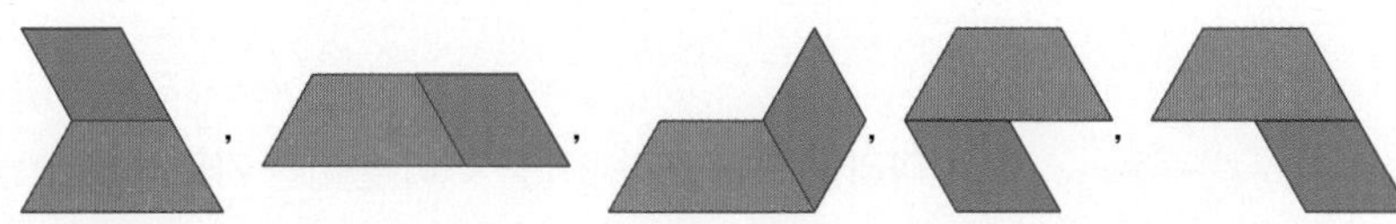

⇨ 5가지

05 36°

❶ (정오각형의 모든 각의 크기의 합)=180°×3=540°이므로
(각 ㄴㄱㅁ)=540°÷5=108°
❷ (변 ㄱㄴ)=(변 ㄴㄷ)이므로 삼각형 ㄱㄴㄷ은 이등변삼각형입니다.
❸ (각 ㄱㄴㄷ)=(각 ㄴㄱㅁ)=108°이므로
(각 ㄴㄱㄷ)+(각 ㄴㄷㄱ)=180°−108°=72°
(각 ㄴㄱㄷ)=72°÷2=36°
❹ 같은 방법으로 삼각형 ㄱㅁㄹ도 이등변삼각형이므로 (각 ㅁㄱㄹ)=36°
(각 ㄷㄱㄹ)=108°−36°−36°=36°

06 36 cm

❶ (선분 ㅅㄹ)=(선분 ㄱㅅ)=(선분 ㅅㄷ)=6 cm
❷ (선분 ㄹㅁ)=(선분 ㅅㄹ)=6 cm이므로 (선분 ㅅㅁ)=6+6=12 (cm)
❸ (사각형 ㄱㅅㅁㅂ의 네 변의 길이의 합)=6+12+6+12=36 (cm)

07 90°

❶ 정사각형의 한 각의 크기는 90°이고 정팔각형의 한 각의 크기는 135°입니다.
❷ ㉡=180°−90°=90°, ㉣=180°−135°=45°,
㉢=360°−90°−135°=135°
❸ 사각형의 네 각의 크기의 합은 360°이므로
㉠=360°−90°−135°−45°=90°

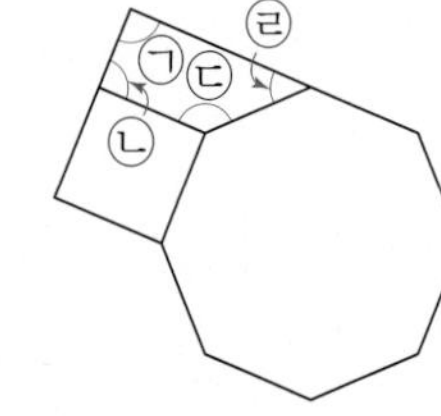

08 400장

❶ 사다리꼴 모양 타일 2개를 이어 붙이면 가로가 15 cm, 세로가 5 cm인 직사각형을 만들 수 있습니다.
❷ 만든 직사각형 모양으로 가로가 150 cm, 세로가 100 cm인 직사각형을 채우려면
가로에 150÷15=10(개)씩, 세로에 100÷5=20(개)씩 필요합니다.
❸ (필요한 직사각형의 수)=10×20=200(개)
❹ (필요한 타일의 수)=200×2=400(장)

09 30°

❶ 주어진 모양 조각을 모두 사용하여 주어진 모양을 만들려면 모양 조각을 오른쪽 그림과 같이 놓아야 합니다.
❷ ㉠=(마름모의 작은 각)+(정사각형의 한 각)=30°+90°=120°
㉡=(정육각형의 한 각)+(마름모의 작은 각)=120°+30°=150°
❸ ㉡−㉠=150°−120°=30°

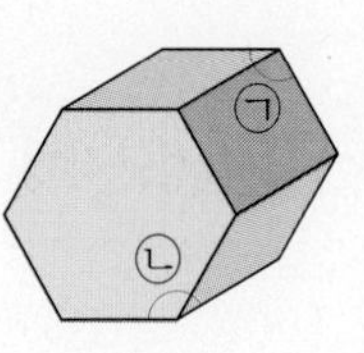

복습책 # 정답 및 풀이

1 분수의 덧셈과 뺄셈

유형 변형하기 2~3쪽

1 $3\frac{1}{7}$ 2 4 km 3 $\frac{17}{24}$
4 $5\frac{3}{4}$ cm 5 오후 1시 51분 6 $24\frac{3}{13}$
7 34분 8 3일

1 ❶ $2\frac{1}{7}$▼□$=3\frac{3}{7}+$□$-2\frac{1}{7}=4\frac{3}{7}$
❷ $3\frac{3}{7}+$□$-2\frac{1}{7}=4\frac{3}{7}$, $3\frac{3}{7}+$□$=6\frac{4}{7}$,
□$=6\frac{4}{7}-3\frac{3}{7}=3\frac{1}{7}$

2 ❶ ㉰에서 ㉱까지의 거리를 □km라 하면
(㉮~㉯)=(㉰~㉱)$+\frac{4}{6}=$□$+\frac{4}{6}$입니다.
❷ (㉮~㉱)=(㉮~㉯)$+5\frac{5}{6}+$(㉰~㉱)
$=$□$+\frac{4}{6}+5\frac{5}{6}+$□$=$□$+$□$+6\frac{3}{6}$
❸ □$+$□$+6\frac{3}{6}=13\frac{1}{6}$
⇨ □$+$□$=13\frac{1}{6}-6\frac{3}{6}=6\frac{4}{6}$에서
$6\frac{4}{6}=3\frac{2}{6}+3\frac{2}{6}$이므로 □$=3\frac{2}{6}$입니다.
❹ (㉮~㉯)=□$+\frac{4}{6}=3\frac{2}{6}+\frac{4}{6}=4$ (km)

3 ❶ ㉮$=\frac{㉡}{㉠}$이라 할 때 ㉠>㉡이고 ㉠+㉡=47,
㉠−㉡=1이므로 ㉠=24, ㉡=23입니다.
⇨ ㉮$=\frac{23}{24}$
❷ ㉯$=\frac{㉣}{㉢}$이라 할 때 ㉢>㉣이고 ㉢+㉣=30,
㉢−㉣=18이므로 ㉢=24, ㉣=6입니다.
⇨ ㉯$=\frac{6}{24}$
❸ ㉮−㉯$=\frac{23}{24}-\frac{6}{24}=\frac{17}{24}$

4 ❶ (10분 동안 탄 양초의 길이)$=17-14\frac{3}{4}$
$=2\frac{1}{4}$ (cm)
❷ 50분=10분+10분+10분+10분+10분이므로
(50분 동안 타는 양초의 길이)
$=2\frac{1}{4}+2\frac{1}{4}+2\frac{1}{4}+2\frac{1}{4}+2\frac{1}{4}$
$=11\frac{1}{4}$ (cm)입니다.
❸ (50분 후 양초의 길이)$=17-11\frac{1}{4}=5\frac{3}{4}$ (cm)

5 ❶ (14일 동안 늦어지는 시간)
$=1\frac{2}{7}+1\frac{2}{7}+1\frac{2}{7}+1\frac{2}{7}+1\frac{2}{7}+1\frac{2}{7}+1\frac{2}{7}$
=9(분)
❷ (14일 뒤 오후 2시에 이 시계가 가리키는 시각)
=오후 2시−9분=오후 1시 51분

6 ❶ 분모가 13인 대분수에서 자연수 부분은 1, 2, 3, ... 이므로 1씩 커지고 분자 부분은 2, 4, 6, ...이므로 2씩 커지는 규칙입니다.
❷ (늘어놓은 분수들의 합)
$=1\frac{2}{13}+2\frac{4}{13}+3\frac{6}{13}+4\frac{8}{13}+5\frac{10}{13}+6\frac{12}{13}$
$=21\frac{42}{13}=24\frac{3}{13}$

7 ❶ (다음 날 밤의 길이)$=12\frac{8}{60}+\frac{9}{60}=12\frac{17}{60}$(시간)
❷ (다음 날 낮의 길이)$=24-12\frac{17}{60}=11\frac{43}{60}$(시간)
❸ (다음 날 밤의 길이)−(다음 날 낮의 길이)
$=12\frac{17}{60}-11\frac{43}{60}=\frac{34}{60}$(시간)
❹ $\frac{34}{60}$시간=34분이므로 다음 날 낮의 길이는 밤의 길이보다 34분 더 짧았습니다.

8 ❶ 전체 일의 양을 1이라 하면
(두 사람이 2일 동안 하는 일의 양)
$=\frac{2}{24}+\frac{4}{24}+\frac{2}{24}+\frac{4}{24}=\frac{12}{24}$입니다.
❷ (남은 일의 양)$=1-\frac{12}{24}=\frac{12}{24}$
❸ $\frac{12}{24}-\frac{4}{24}-\frac{4}{24}-\frac{4}{24}=0$이므로 남은 일을 해승이가 혼자 끝내려면 3일이 더 걸립니다.

실전 적용하기 4~7쪽

1 $2\frac{12}{23}$	2 $7\frac{1}{9}$	3 $2\frac{1}{7}$ km
4 $\frac{10}{11}$, $\frac{6}{11}$	5 $63\frac{6}{8}$ cm	6 $3\frac{2}{5}$
7 $1\frac{13}{17}$	8 $19\frac{6}{7}$ cm	9 오후 4시 50분
10 $5\frac{11}{14}$	11 1시간 36분	12 3일

1 ❶ 주어진 분수를 모두 가분수로 나타내면 $\frac{51}{23}$, $\frac{44}{23}$, $\frac{37}{23}$, $\frac{30}{23}$, ...이므로 $\frac{7}{23}$씩 작아지는 규칙입니다.

❷ $\square-\frac{7}{23}=2\frac{5}{23}$, $\square=2\frac{5}{23}+\frac{7}{23}=2\frac{12}{23}$

2 ❶ ㉮ 대신 $4\frac{2}{9}$를, ㉯ 대신 $5\frac{6}{9}$을 넣어 식을 계산합니다.

❷ $4\frac{2}{9}♥5\frac{6}{9}=5\frac{6}{9}-2\frac{7}{9}+4\frac{2}{9}=2\frac{8}{9}+4\frac{2}{9}$
$=6\frac{10}{9}=7\frac{1}{9}$

3 ❶ (㉮~㉰)+(㉯~㉱)$=6\frac{4}{7}+5\frac{6}{7}=12\frac{3}{7}$ (km)

❷ (㉯~㉰)$=12\frac{3}{7}-10\frac{2}{7}=2\frac{1}{7}$ (km)

4 ❶ 두 진분수 중 큰 진분수를 $\frac{㉠}{11}$, 작은 진분수를 $\frac{㉡}{11}$이라 하면

$\frac{㉠}{11}+\frac{㉡}{11}=1\frac{5}{11}=\frac{16}{11}$, $\frac{㉠}{11}-\frac{㉡}{11}=\frac{4}{11}$이므로 ㉠+㉡=16, ㉠−㉡=4입니다.

❷ ㉠+㉡+㉠−㉡=16+4=20, ㉠+㉠=20이므로 ㉠=10, ㉡=6입니다.

❸ 두 진분수의 분자는 10, 6이므로 두 진분수는 $\frac{10}{11}$, $\frac{6}{11}$입니다.

5 ❶ (색 테이프 3장의 길이의 합)$=23\times3=69$ (cm)

❷ (겹쳐진 부분의 길이의 합)
$=2\frac{5}{8}+2\frac{5}{8}=4\frac{10}{8}=5\frac{2}{8}$ (cm)

❸ (이어 붙인 색 테이프의 전체 길이)
$=69-5\frac{2}{8}=68\frac{8}{8}-5\frac{2}{8}=63\frac{6}{8}$ (cm)

6 ❶ $4\frac{2}{5}$★㉠=㉠$-4\frac{2}{5}+$㉠$=2\frac{2}{5}$

❷ ㉠+㉠$=2\frac{2}{5}+4\frac{2}{5}=6\frac{4}{5}$

❸ $3\frac{2}{5}+3\frac{2}{5}=6\frac{4}{5}$이므로 ㉠$=3\frac{2}{5}$입니다.

7 ❶ ㉮$=\frac{㉡}{㉠}$이라 할 때 ㉠>㉡이고 ㉠+㉡=31, ㉠−㉡=3이므로 ㉠=17, ㉡=14입니다.

⇨ ㉮$=\frac{14}{17}$

❷ ㉯는 분모가 ㉮와 같으므로 17이고, 분자가 ㉮보다 2 크므로 16입니다. ⇨ ㉯$=\frac{16}{17}$

❸ ㉮+㉯$=\frac{14}{17}+\frac{16}{17}=\frac{30}{17}=1\frac{13}{17}$

8 ❶ (한 시간 동안 타는 양초의 길이)
$=1\frac{3}{7}+1\frac{3}{7}+1\frac{3}{7}=4\frac{2}{7}$ (cm)

❷ (한 시간 후 양초의 길이)
=(처음 양초의 길이)
−(한 시간 동안 타는 양초의 길이)
$=24\frac{1}{7}-4\frac{2}{7}=19\frac{6}{7}$ (cm)

9 ❶ (12일 동안 늦어지는 시간)
$=\frac{5}{6}+\frac{5}{6}+\frac{5}{6}+\frac{5}{6}+\frac{5}{6}+\frac{5}{6}+\frac{5}{6}+\frac{5}{6}+\frac{5}{6}$
$+\frac{5}{6}+\frac{5}{6}+\frac{5}{6}=10$(분)

❷ (12일 뒤 오후 5시에 이 시계가 가리키는 시각)
=오후 5시−10분=오후 4시 50분

10 ❶ 주어진 수 중 대분수와 자연수를 모두 가분수로 나타내면 $\frac{8}{14}$, $\frac{13}{14}$, $\frac{18}{14}$, $\frac{23}{14}$, $\frac{28}{14}$, ...이므로 $\frac{5}{14}$씩 커지는 규칙입니다.

❷ (일곱째 수)$=2+\frac{5}{14}+\frac{5}{14}=2\frac{10}{14}$

(여덟째 수)$=2\frac{10}{14}+\frac{5}{14}=3\frac{1}{14}$

❸ (일곱째 수)+(여덟째 수)$=2\frac{10}{14}+3\frac{1}{14}=5\frac{11}{14}$

11 ❶ (밤의 길이)$=24-12\frac{48}{60}=11\frac{12}{60}$ (시간)

❷ (낮의 길이)−(밤의 길이)$=12\frac{48}{60}-11\frac{12}{60}$
$=1\frac{36}{60}$ (시간)

❸ $1\frac{36}{60}$시간=1시간 36분이므로 이날 밤의 길이는 낮의 길이보다 1시간 36분 더 짧았습니다.

12 ❶ 전체 일의 양을 1이라 하면
(두 사람이 2일 동안 하는 일의 양)
$=\frac{2}{18}+\frac{4}{18}+\frac{2}{18}+\frac{4}{18}=\frac{12}{18}$입니다.

❷ (남은 일의 양)$=1-\frac{12}{18}=\frac{6}{18}$

❸ $\frac{6}{18}-\frac{2}{18}-\frac{2}{18}-\frac{2}{18}=0$이므로 남은 일을 유상이가 혼자 끝내려면 3일이 더 걸립니다.

2 삼각형

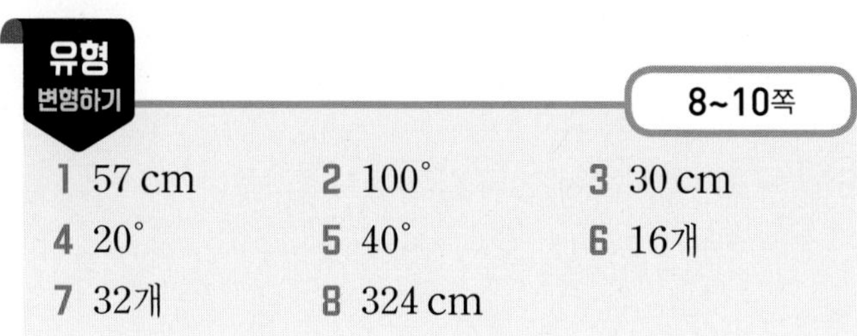
유형 변형하기 8~10쪽

1 57 cm	**2** 100°	**3** 30 cm
4 20°	**5** 40°	**6** 16개
7 32개	**8** 324 cm	

1 ❶ 삼각형 ㄱㄴㄷ은 정삼각형이고 세 변의 길이의 합이 72 cm이므로 (한 변의 길이)$=72\div3=24$ (cm)입니다.

❷ (변 ㄱㅁ)=(변 ㄱㄷ)−(선분 ㅁㄷ)$=24-5$
$=19$ (cm)

❸ 삼각형 ㄱㄹㅁ은 한 변의 길이가 19 cm인 정삼각형이므로 (삼각형 ㄱㄹㅁ의 세 변의 길이의 합)
$=19\times3=57$ (cm)입니다.

2 ❶ 각 ㄷㄴㄹ의 크기는 각 ㄱㄴㄹ의 크기의 2배이므로 각 ㄱㄴㄹ의 크기를 □라 하면
(각 ㄷㄴㄹ)=□×2=□+□이고
(각 ㄱㄴㄷ)=(각 ㄷㄴㄹ)+(각 ㄱㄴㄹ)
=□+□+□=□×3=60°
⇨ □=60°÷3=20°입니다.

❷ (각 ㄱㄴㄹ)=20°, (각 ㄹㄴㄷ)=20°×2=40°이고 삼각형 ㄹㄴㄷ은 이등변삼각형이므로
(각 ㄴㄹㄷ)=(각 ㄷㄴㄹ)=40°입니다.

❸ (각 ㄹㄷㄴ)=180°−40°−40°=100°

3 ❶ 삼각형 ㄱㄴㄷ에서 (변 ㄴㄷ)=(변 ㄱㄷ)=9 cm이므로 (변 ㄱㄴ)$=23-9-9=5$ (cm)입니다.

❷ 삼각형 ㄱㄴㄹ에서 (변 ㄱㄹ)+(변 ㄹㄴ)
$=17-5=12$ (cm)입니다.

❸ (색칠한 부분의 모든 변의 길이의 합)
=(변 ㄱㄹ)+(변 ㄹㄴ)+(변 ㄴㄷ)+(변 ㄷㄱ)
$=12+9+9=30$ (cm)

4 ❶ 삼각형 ㄱㄴㅁ에서 (각 ㄴㄱㅁ)
=180°−90°−65°=25°입니다.

❷ 종이를 접었을 때 접은 각과 접힌 각의 크기는 같으므로 (각 ㅂㄱㅁ)=(각 ㄴㄱㅁ)=25°이고
(각 ㄹㄱㅂ)=90°−25°−25°=40°입니다.

❸ (변 ㄱㄹ)=(변 ㄱㅂ)이므로 삼각형 ㄱㅂㄹ은 이등변삼각형입니다.
⇨ (각 ㄱㄹㅂ)+(각 ㄱㅂㄹ)
=180°−40°=140°이고
(각 ㄱㄹㅂ)=(각 ㄱㅂㄹ)=140°÷2
=70°이므로
(각 ㄷㄹㅂ)=90°−70°=20°입니다.

5 ❶ 삼각형 ㄱㄴㄷ에서
(각 ㄱㄴㄷ)+(각 ㄱㄷㄴ)=180°−130°=50°,
(각 ㄱㄴㄷ)=(각 ㄱㄷㄴ)=50°÷2=25°입니다.

❷ (각 ㄹㅂㄱ)=180°−65°=115°이고
(각 ㄱㄹㅁ)=(각 ㄱㄴㄷ)=25°입니다.

❸ 삼각형 ㄹㅂㄱ에서
(각 ㄹㄱㅂ)=180°−25°−115°=40°이므로
삼각형 ㄱㄴㄷ을 시계 방향으로 40°만큼 돌린 것입니다.

6

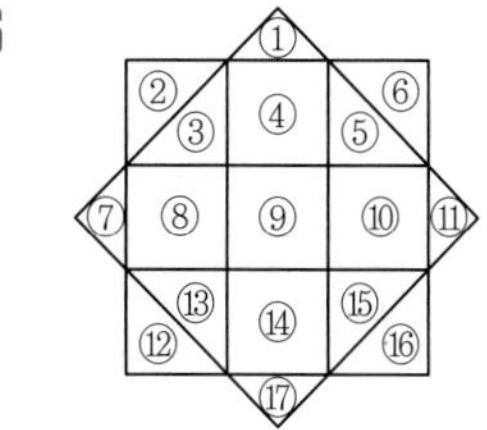

❶ 1칸짜리: ①, ②, ③, ⑤, ⑥, ⑦, ⑪, ⑫, ⑬, ⑮, ⑯, ⑰ ⇨ 12개

❷ 4칸짜리: ①+③+④+⑤, ⑪+⑤+⑩+⑮, ⑰+⑬+⑭+⑮, ⑦+③+⑧+⑬ ⇨ 4개

❸ (크고 작은 이등변삼각형의 개수)$=12+4=16$(개)

7 ❶ 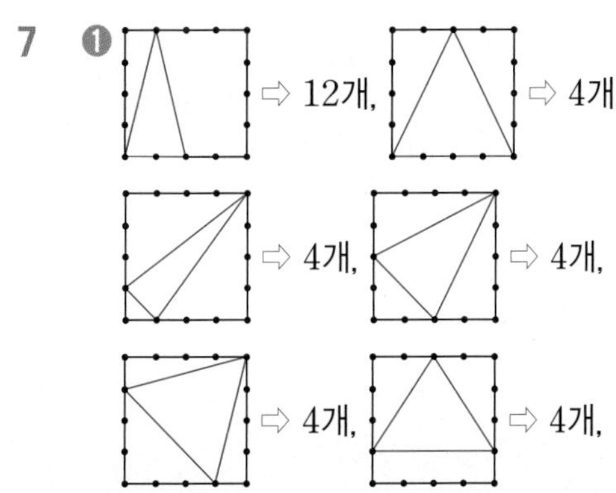

❷ (만들 수 있는 이등변삼각형이면서 예각삼각형의 개수)
$=12+4+4+4+4+4=32$(개)

8 ❶ 셋째 모양에서
(색칠한 이등변삼각형의 긴 변의 길이)
$=40\div2\div2\div2=5$ (cm)이고
(짧은 변의 길이)$=16\div2\div2\div2=2$ (cm)이므로
(색칠한 이등변삼각형의 세 변의 길이의 합)
$=5+5+2=12$ (cm)입니다.
❷ (색칠한 이등변삼각형의 수)$=3\times3\times3=27$(개)
❸ 셋째 모양에서 (색칠한 삼각형의 모든 변의 길이의 합)
$=12\times27=324$ (cm)

실전 적용하기 11~14쪽

1 85°	**2** 18 cm	**3** 8개
4 209 cm	**5** 135°	**6** 26 cm
7 75°	**8** 105°	**9** 14개
10 22개	**11** 54 cm	

1 ❶ 삼각형 ㄱㄴㄷ은 정삼각형이므로
(각 ㄱㄷㄴ)$=60°$입니다.
❷ 삼각형 ㄷㄹㅁ은 이등변삼각형이므로
(각 ㄷㅁㄹ)+(각 ㅁㄷㄹ)$=180°-110°=70°$,
(각 ㅁㄷㄹ)=(각 ㄷㅁㄹ)$=70°\div2=35°$입니다.
❸ ㉠$=180°-60°-35°=85°$

2 ❶ 정삼각형 ㄹㅁㅂ의 한 변의 길이는
$24\div2=12$ (cm)이고,
정삼각형 ㅅㅇㅈ의 한 변의 길이는
$12\div2=6$ (cm)입니다.
❷ (정삼각형 ㅅㅇㅈ의 세 변의 길이의 합)
$=6+6+6=18$ (cm)

3 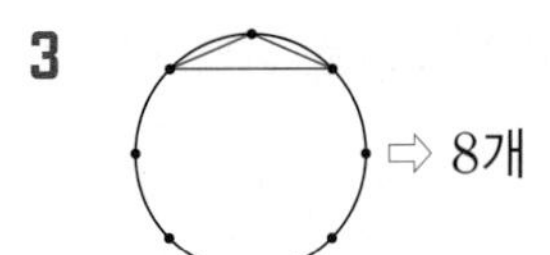

4 ❶ 정삼각형은 세 변의 길이가 같으므로
(변 ㄱㄹ)=(변 ㄹㅁ)=(변 ㅁㄱ)$=19$ cm입니다.
❷ (선분 ㄹㄴ)=(변 ㄱㄹ)$\times3=19\times3=57$ (cm)
❸ (변 ㄱㄴ)=(변 ㄴㄷ)=(변 ㄷㄱ)
$=19+57=76$ (cm)
❹ (사각형 ㄹㄴㄷㅁ의 네 변의 길이의 합)
$=57+76+57+19=209$ (cm)

5 ❶ 삼각형 ㄱㄷㄹ은 정삼각형이므로
(각 ㄱㄷㄹ)=(각 ㄷㄹㄱ)=(각 ㄹㄱㄷ)$=60°$입니다.
❷ 삼각형 ㄱㄴㄷ은 이등변삼각형이므로
(각 ㄴㄱㄷ)=(각 ㄴㄷㄱ)
$=(180°-30°)\div2=75°$입니다.
❸ (각 ㄴㄷㄹ)=(각 ㄴㄷㄱ)+(각 ㄱㄷㄹ)
$=75°+60°=135°$

6 ❶ 정삼각형은 세 변의 길이가 같으므로
(변 ㄱㄴ)=(변 ㄴㄷ)=(변 ㄷㄱ)
$=24\div3=8$ (cm)입니다.
❷ 이등변삼각형은 두 변의 길이가 같으므로
(변 ㄴㄹ)=(변 ㄱㄹ)$=5$ cm입니다.
❸ (색칠한 부분의 모든 변의 길이의 합)
=(변 ㄱㄹ)+(변 ㄹㄴ)+(변 ㄴㄷ)+(변 ㄷㄱ)
$=5+5+8+8=26$ (cm)

7 ❶ 삼각형 ㄱㄴㄷ은 정삼각형이므로
(각 ㄹㅂㅁ)=(각 ㄱㄴㄷ)$=60°$입니다.
❷ (각 ㄹㅁㄴ)+(각 ㄹㅁㅂ)$=180°-90°=90°$이므로 (각 ㄹㅁㄴ)=(각 ㄹㅁㅂ)$=90°\div2=45°$입니다.
❸ (각 ㅂㄹㅁ)$=180°-60°-45°=75°$

8 ❶ 삼각형 ㄱㄹㄴ에서 (변 ㄱㄹ)=(변 ㄱㄴ)이고
(각 ㄹㄱㄴ)$=70°$이므로
(각 ㄱㄹㄴ)+(각 ㄱㄴㄹ)$=180°-70°=110°$,
(각 ㄱㄹㄴ)=(각 ㄱㄴㄹ)$=110°\div2=55°$입니다.
❷ (각 ㄹㄱㅁ)=(각 ㄴㄱㄷ)$=50°$이므로
(각 ㅂㄱㄴ)$=70°-50°=20°$입니다.
❸ 삼각형 ㄱㅂㄴ에서
(각 ㄱㅂㄴ)$=180°-20°-55°=105°$입니다.

9 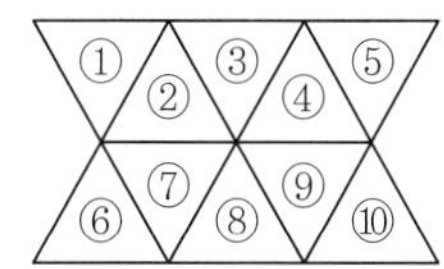

❶ 삼각형 1개짜리: ①, ②, ③, ④, ⑤, ⑥, ⑦, ⑧, ⑨, ⑩ ⇨ 10개
❷ 삼각형 4개짜리: ②+⑥+⑦+⑧, ④+⑧+⑨+⑩, ①+②+③+⑦, ③+④+⑤+⑨ ⇨ 4개
❸ (크고 작은 정삼각형의 개수)=10+4=14(개)

10 ❶ 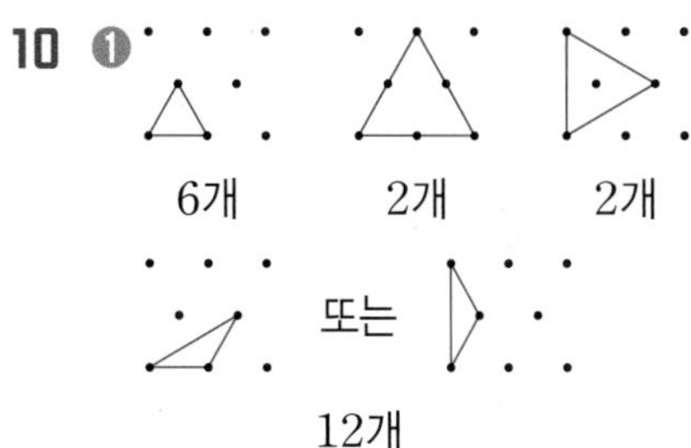

❷ (만들 수 있는 이등변삼각형의 개수)
=6+2+2+12=22(개)

11 ❶ 셋째 모양에서 (색칠한 정삼각형의 한 변의 길이)
=16÷2÷2÷2=2 (cm)이고
(색칠한 정삼각형의 수)=3×3=9(개)입니다.
❷ 셋째 모양에서 (색칠한 삼각형의 모든 변의 길이의 합)
=2×3×9=54 (cm)

3 소수의 덧셈과 뺄셈

유형 변형하기 15~16쪽

1 4.88 **2** 990.98 **3** 132.8 **4** 2.1 cm
5 62.5 m **6** 81.04 **7** ㉡, ㉢, ㉠ **8** 4.569

1 ❶ ㉠은 4.28이고, ㉡은 3.7+5.46=9.16입니다.
❷ ㉡−㉠=9.16−4.28=4.88

2 ❶ 8>6>5>2>1이므로
가장 큰 소수 두 자리 수: 865.21,
두 번째로 큰 소수 두 자리 수: 865.12
가장 작은 소수 두 자리 수: 125.68,
두 번째로 작은 소수 두 자리 수: 125.86
❷ (두 번째로 큰 소수 두 자리 수)
+(두 번째로 작은 소수 두 자리 수)
=865.12+125.86=990.98

3 ❶ 잘못 구한 값: 어떤 수의 $\frac{1}{100}$
⇨ 12+0.5+0.78=13.28
❷ 어떤 수는 13.28의 100배인 1328입니다.
❸ 바르게 구한 값: 1328의 $\frac{1}{10}$ ⇨ 132.8

4 ❶ (색 테이프 3장의 길이의 합)
=4.8+4.8+4.8=14.4 (cm)
❷ (겹쳐진 부분의 길이의 합)
=(색 테이프 3장의 길이의 합)
−(이어 붙인 색 테이프의 전체 길이)
=14.4−10.2=4.2 (cm)
❸ 4.2=2.1+2.1이므로 2.1 cm씩 겹쳐 붙였습니다.

5 ❶ 두 번째로 튀어 오른 공의 높이는 세 번째로 튀어 오른 공의 높이의 10배입니다.
⇨ 0.625 m의 10배: 6.25 m
❷ 첫 번째로 튀어 오른 공의 높이는 두 번째로 튀어 오른 공의 높이의 10배입니다.
⇨ 6.25 m의 10배: 62.5 m

6 ❶ 17보다 작으면서 17에 가장 가까운 소수 두 자리 수는 16.87 → 17−16.87=0.13
17보다 크면서 17에 가장 가까운 소수 두 자리 수는 17.46 → 17.46−17=0.46
⇨ 0.13<0.46이므로 17에 가장 가까운 소수 두 자리 수는 16.87입니다.
❷ 64보다 작으면서 64에 가장 가까운 소수 두 자리 수는 61.87 → 64−61.87=2.13
64보다 크면서 64에 가장 가까운 소수 두 자리 수는 64.17 → 64.17−64=0.17
⇨ 2.13>0.17이므로 64에 가장 가까운 소수 두 자리 수는 64.17입니다.
❸ 16.87+64.17=81.04

7 ❶ ▲에 0을, ●, ■에 9를 넣어도 20.093<29.140, 29.095<29.140이므로 ㉡이 가장 큽니다.
❷ ●에 9를, ■에 0을 넣어도 20.093<20.095이므로 ㉠<㉢입니다.
❸ ㉡>㉢>㉠

8 ❶ $8-3.25=4.75$이므로 $\square<4.75$입니다.
❷ $0.47+1.8=2.27$이므로 $2.27<6.84-\square$입니다.
$2.27=6.84-\square$, $\square=4.57$이므로 $\square<4.57$입니다.
❸ ❶, ❷에서 $\square<4.57$이므로 $\square$ 안에 공통으로 들어갈 수 있는 수 중 가장 큰 소수 세 자리 수는 4.569입니다.

실전 적용하기 17~20쪽

1 4.076	2 44.85	3 632.1	4 2.16 m
5 0.419	6 42.8 cm	7 0, 9, 9	8 2.781
9 27.54	10 2.44 cm	11 9.86−1.4 / 8.46	
12 55.99			

1 ❶ $38+2.7+0.06=40.76$
❷ 40.76의 $\frac{1}{10}$인 수 ⇨ 4.076

2 ❶ ㉠은 34.98이고, ㉡은 $4.2+5.67=9.87$입니다.
❷ $㉠+㉡=34.98+9.87=44.85$

3 ❶ 0.001이 6321개인 수는 6.321입니다.
❷ 어떤 수의 $\frac{1}{10}$은 6.321이므로 어떤 수는 6.321의 10배인 63.21입니다.
❸ 63.21의 10배인 수는 632.1입니다.

4 ❶ 떨어진 높이의 $\frac{1}{10}$만큼 튀어 오르므로 첫 번째로 튀어 오른 공의 높이는 두 번째로 튀어 오른 공의 높이의 10배입니다.
❷ 첫 번째로 튀어 오른 공의 높이: 0.216 m의 10배인 2.16 m

5 ❶ 잘못 구한 값: 어떤 수의 $\frac{1}{10}$
⇨ $3+1.1+0.09=4.19$
❷ 어떤 수는 4.19의 10배인 41.9입니다.
❸ 바르게 구한 값: 41.9의 $\frac{1}{100}$ ⇨ 0.419

6 ❶ (끈 2개의 길이의 합)$=57.3+57.3=114.6$ (cm)
❷ (매듭짓는 데 사용한 끈의 길이)
=(끈 2개의 길이의 합)−(이은 끈의 전체 길이)
$=114.6-71.8=42.8$ (cm)

7 ❶ $\square$ 안에 들어갈 수 있는 수를 각각 ㉠, ㉡, ㉢이라 하면 29.㉠28<29.02㉡<2㉢.304입니다.
❷ 29.㉠28<29.02㉡에서 ㉠=0, ㉡=9입니다.
❸ 29.02㉡<2㉢.304에서 29.029<2㉢.304이므로 ㉢=9입니다.

8 ❶ $27.36-12.58=14.78$이므로 <를 =로 바꾸면 $14.78=12+\square$ ⇨ $\square=2.78$
❷ $\square$ 안에 들어갈 수 있는 수는 2.78보다 커야 하므로 가장 작은 소수 세 자리 수는 2.781입니다.

9 ❶ 합이 가장 작으려면 가장 작은 소수 두 자리 수와 두 번째로 작은 소수 두 자리 수의 합을 구해야 합니다.
❷ $1<3<6<8$이므로 가장 작은 소수 두 자리 수는 13.68, 두 번째로 작은 소수 두 자리 수는 13.86입니다.
❸ $13.68+13.86=27.54$

10 ❶ (색 테이프 3장의 길이의 합)
$=7.24+7.45+7.81=22.5$ (cm)
❷ (겹쳐진 부분의 길이의 합)
=(색 테이프 3장의 길이의 합)
−(이어 붙인 색 테이프의 전체 길이)
$=22.5-17.62=4.88$ (cm)
❸ $4.88=2.44+2.44$이므로 2.44 cm씩 겹쳐 붙였습니다.

11 ❶ $9>8>6>4>1$이므로
가장 큰 소수 두 자리 수는 9.86, 가장 작은 소수 한 자리 수는 1.4입니다.
❷ 차가 가장 큰 뺄셈식은 $9.86-1.4=8.46$입니다.

12 ❶ 28보다 작으면서 28에 가장 가까운 소수 두 자리 수는 27.86 ⇨ $28-27.86=0.14$
두 번째로 가까운 소수 두 자리 수는
27.83 ⇨ $28-27.83=0.17$
❷ 28보다 크면서 28에 가까운 소수 두 자리 수는
28.13 ⇨ $28.13-28=0.13$
두 번째로 가까운 소수 두 자리 수는
28.16 ⇨ $28.16-28=0.16$
❸ $0.13<0.14<0.16<0.17$이므로
(가장 가까운 소수 두 자리 수)
+(두 번째로 가까운 소수 두 자리 수)
$=28.13+27.86=55.99$

4 사각형

유형 변형하기 21~23쪽

1 ㉠ 30°, ㉡ 60°	**2** 52 cm	**3** 6 cm
4 20°	**5** 25°	**6** 100°
7 9개	**8** 72 cm	

1 ❶ 선분 ㄱㅇ과 직선 ㄹㅁ이 서로 수직이므로
(각 ㄱㅇㅁ)=(각 ㄱㅇㄹ)=90°이고
㉠=90°−60°=30°
❷ 한 직선이 이루는 각의 크기는 180°이므로
㉡=180°−90°−㉠=180°−90°−30°=60°

2 ❶ 접어서 자른 종이의 빗금 친 부분을 펼쳐 보면 오른쪽과 같은 정사각형입니다.

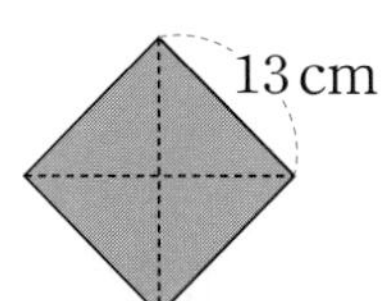

❷ 정사각형의 한 변의 길이가 13 cm이므로
(네 변의 길이의 합)=13×4=52 (cm)

3 ❶ 직사각형의 짧은 변의 길이를 □cm라 하면 직사각형의 긴 변의 길이는 (□+1) cm입니다.
❷ (가장 먼 평행선 사이의 거리)
=□+(□+1)+□+(□+1)=26 (cm)이므로
□×4=24, □=24÷4=6
❸ 직사각형의 짧은 변의 길이는 6 cm입니다.

4

❶ 점 ㄱ에서 직선 나에 수선을 그어 만나는 점을 점 ㅂ이라 합니다.
❷ (각 ㄴㄱㅂ)=90°−40°=50°
❸ 사각형의 네 각의 크기의 합은 360°이므로
(각 ㄴㄷㅂ)=360°−50°−115°−90°=105°
❹ (각 ㄹㄷㅁ)=180°−105°=75°
(각 ㄷㅁㄹ)=180°−75°−85°=20°

5 ❶ 마름모에서 마주 보는 두 각의 크기는 같으므로
(각 ㄱㄹㄷ)=(각 ㄱㄴㄷ)=50°
❷ 마름모에서 이웃한 두 각의 크기의 합은 180°이므로
(각 ㄷㄹㅂ)=180°−100°=80°
❸ (각 ㄱㄹㅂ)=50°+80°=130°이고
삼각형 ㄱㅂㄹ은 이등변삼각형이므로
(각 ㄹㄱㅂ)+(각 ㄹㅂㄱ)=180°−130°=50°
⇨ (각 ㄹㄱㅂ)=50°÷2=25°

6 ❶ 평행사변형 ㄱㄴㄷㄹ에서
(각 ㄱㄹㄴ)=180°−55°−85°=40°
(각 ㄴㄷㄹ)=(각 ㄹㄱㄴ)=55°
❷ 삼각형 ㄴㄷㄹ에서
(각 ㄹㄴㄷ)=180°−85°−55°=40°이고
삼각형 ㄴㄷㄹ과 삼각형 ㄴㅁㄹ의 모양과 크기가 같으므로
(각 ㅁㄴㄹ)=(각 ㄷㄴㄹ)=40°
❸ (각 ㄴㅂㄹ)=180°−40°−40°=100°

7 ❶

❷ ●를 포함하는 크고 작은 사각형은 모두 9개입니다.

8

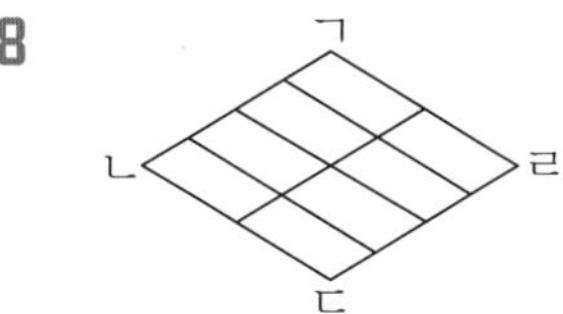

❶ (마름모의 한 변의 길이)=192÷4=48 (cm)
❷ 가장 작은 평행사변형의 긴 변의 길이를 ■ cm, 짧은 변의 길이를 ● cm라 하면
선분 ㄱㄹ에서 ■+■=48이므로 ■=24이고
선분 ㄱㄴ에서 ●+●+●+●=48이므로
●=12입니다.
❸ (가장 작은 평행사변형 한 개의 네 변의 길이의 합)
=24+12+24+12=72 (cm)

실전 적용하기 24~27쪽

1 55°	**2** 42 cm	**3** 32 cm	**4** 55°
5 125°	**6** 160 cm	**7** 21개	**8** 80°
9 30°	**10** 20°	**11** 95°	

1 ❶ 직선 ㄱㄴ과 직선 ㅁㅂ이 서로 수직이므로
(각 ㄱㅇㅂ)=90°
❷ 한 직선이 이루는 각의 크기는 180°이므로
(각 ㄹㅇㅂ)=180°−35°−90°=55°

2 ❶ (두 번째로 큰 정사각형의 한 변의 길이)
$=6+3=9$ (cm)
(세 번째로 큰 정사각형의 한 변의 길이)
$=9+3=12$ (cm)
(가장 큰 정사각형의 한 변의 길이)
$=12+3=15$ (cm)
❷ (가장 먼 평행선 사이의 거리)
$=15+12+9+6=42$ (cm)

3 ❶ 접어서 자른 종이의 빗금 친 부분을 펼쳐 보면 오른쪽과 같은 마름모입니다.

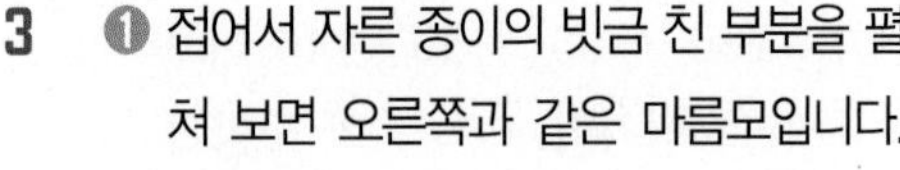

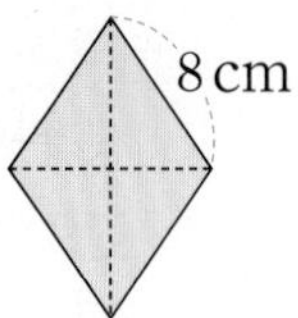

❷ 마름모의 한 변의 길이는 8 cm이므로
(네 변의 길이의 합)$=8\times4$
$=32$ (cm)

4 ❶ (각 ㅅㅁㄹ)$=180^\circ-110^\circ=70^\circ$이고 삼각형 ㅅㅁㄷ과 삼각형 ㄹㅁㄷ의 모양과 크기가 같으므로
(각 ㅅㅁㄷ)=(각 ㄹㅁㄷ)$=70^\circ\div2=35^\circ$
❷ (각 ㅁㄷㅅ)$=180^\circ-90^\circ-35^\circ=55^\circ$

5 ❶ 평행사변형은 마주 보는 두 각의 크기가 같고 이웃한 두 각의 크기의 합이 180°이므로
(각 ㄴㄷㄹ)=(각 ㄴㄱㅁ)$=180^\circ-70^\circ=110^\circ$
❷ (각 ㄴㄱㄹ)=(각 ㄹㄱㅁ)이므로
(각 ㄴㄱㄹ)$=110^\circ\div2=55^\circ$
❸ (각 ㄱㄹㄷ)$=360^\circ-55^\circ-70^\circ-110^\circ=125^\circ$

6 ❶ 가장 작은 직사각형의 짧은 변의 길이를 □cm라 하면 긴 변의 길이는 (□+□+□+□) cm이므로
□+(□+□+□+□)+□+(□+□+□+□)
=100, □×10=100, □=10
❷ (정사각형의 한 변의 길이)
$=10+10+10+10=40$ (cm)
❸ (정사각형의 네 변의 길이의 합)$=40\times4$
$=160$ (cm)

7

❶ 가장 작은 정삼각형 2개짜리:
①+③, ②+③, ③+④, ②+⑥, ④+⑧,
⑤+⑥, ⑥+⑦, ⑦+⑧, ⑧+⑨, ⑤+⑪,
⑦+⑬, ⑨+⑮, ⑩+⑪, ⑪+⑫, ⑫+⑬,
⑬+⑭, ⑭+⑮, ⑮+⑯ ⇨ 18개
가장 작은 정삼각형 8개짜리:
①+②+③+④+⑥+⑦+⑧+⑬,
⑤+⑥+⑦+⑧+⑩+⑪+⑫+⑬,
⑥+⑦+⑧+⑨+⑬+⑭+⑮+⑯ ⇨ 3개
❷ 그림에서 찾을 수 있는 크고 작은 마름모는 모두 18+3=21(개)입니다.

8 ❶ 선분 ㅂㅇ과 직선 ㄴㄹ이 수직이므로
(각 ㄴㅇㅂ)=(각 ㅂㅇㄹ)$=90^\circ$,
(각 ㅂㅇㅁ)$=90^\circ-40^\circ=50^\circ$
❷ (각 ㄱㅇㅂ)=(각 ㅂㅇㅁ)$=50^\circ$
❸ 한 직선이 이루는 각의 크기는 180°이므로
(각 ㄱㅇㄴ)$=180^\circ-50^\circ-50^\circ=80^\circ$

9 ❶ 마름모는 마주 보는 두 각의 크기가 같으므로
(각 ㄹㄷㅁ)$=150^\circ$
❷ 정사각형은 네 각이 모두 직각이고 한 바퀴는 360°이므로
(각 ㄴㄷㅁ)$=360^\circ-90^\circ-150^\circ=120^\circ$
❸ 변 ㄴㄷ과 변 ㄷㅁ의 길이가 같으므로 삼각형 ㄴㄷㅁ은 이등변삼각형입니다.
(각 ㄷㄴㅁ)+(각 ㄷㅁㄴ)$=180^\circ-120^\circ=60^\circ$
(각 ㄷㄴㅁ)$=60^\circ\div2=30^\circ$

10 ❶ 평행사변형 ㄱㄴㄷㄹ에서
(각 ㄴㅁㅂ)=(각 ㄴㄷㅂ)=(각 ㄴㄱㄹ)$=40^\circ$
(각 ㄱㄴㄷ)$=180^\circ-40^\circ=140^\circ$
❷ (각 ㅁㄴㅂ)$=180^\circ-80^\circ-40^\circ=60^\circ$
❸ 삼각형 ㅁㄴㅂ과 삼각형 ㄷㄴㅂ의 모양과 크기가 같으므로 (각 ㄷㄴㅂ)=(각 ㅁㄴㅂ)$=60^\circ$
❹ (각 ㄱㄴㅁ)$=140^\circ-60^\circ-60^\circ=20^\circ$

11

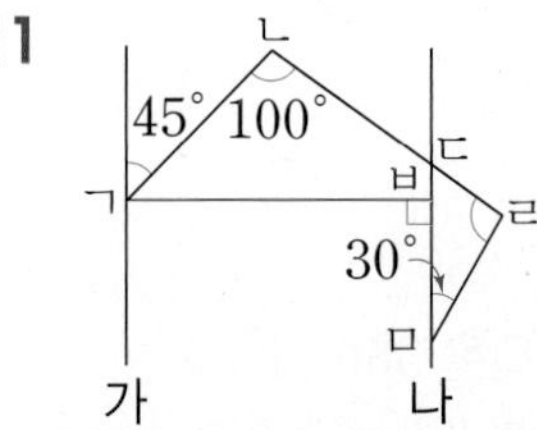

❶ 점 ㄱ에서 직선 나에 수선을 그어 만나는 점을 점 ㅂ이라 하면 (각 ㄱㅂㄷ)$=90^\circ$,
(각 ㄴㄱㅂ)$=90^\circ-45^\circ=45^\circ$
❷ 사각형의 네 각의 크기의 합은 360°이므로
(각 ㄴㄷㅂ)$=360^\circ-100^\circ-45^\circ-90^\circ=125^\circ$
❸ (각 ㄹㄷㅁ)$=180^\circ-125^\circ=55^\circ$
❹ (각 ㄷㄹㅁ)$=180^\circ-55^\circ-30^\circ=95^\circ$

5 꺾은선그래프

유형 변형하기 28~29쪽

1 66, 67, 69 / 풀이 참조 2 20개
3 풀이 참조 4 60장
5 14 cm 6 60개

1 ❶ 꺾은선그래프에서 세로 눈금 한 칸은 5÷5=1 (cm)를 나타내므로 7살 때 앉은키는 66 cm, 8살 때 앉은키는 67 cm입니다.
❷ (9살 때 앉은키)=(8살 때 앉은키)+2
=67+2=69 (cm)
❸ 표를 보고 가로 눈금과 세로 눈금이 만나는 자리에 점을 찍고, 점들을 선분으로 잇습니다.

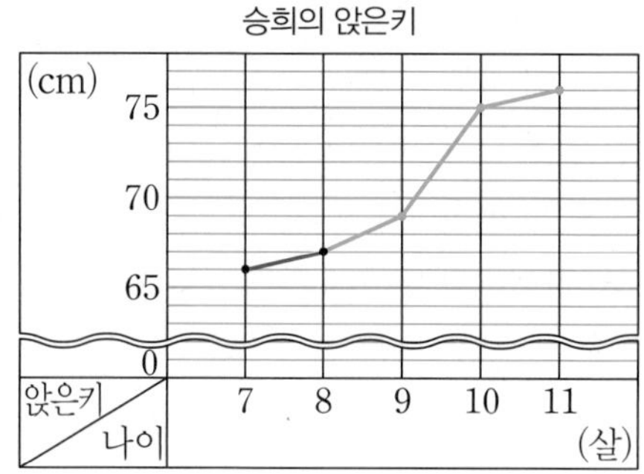

2 ❶ 2월의 세로 눈금은 9칸, 4월의 세로 눈금은 8칸이므로 세로 눈금 9+8=17(칸)은 85개를 나타냅니다.
❷ (세로 눈금 한 칸)=85÷17=5(개)
❸ 5월의 세로 눈금은 4칸이므로
(5월의 지우개 판매량)=5×4=20(개)

3 ❶ 세로 눈금 한 칸은 100÷5=20 (L)를 나타내므로 물을 6일에 80 L, 7일에 200 L 사용했습니다.
❷ (9일의 물 사용량)=(6일의 물 사용량)×3
=80×3=240 (L)
❸ (8일의 물 사용량)
=640−80−200−240=120 (L)
❹ 9일의 세로 눈금은 240÷20=12(칸),
8일의 세로 눈금은 120÷20=6(칸)이 되도록 꺾은선그래프를 완성합니다.

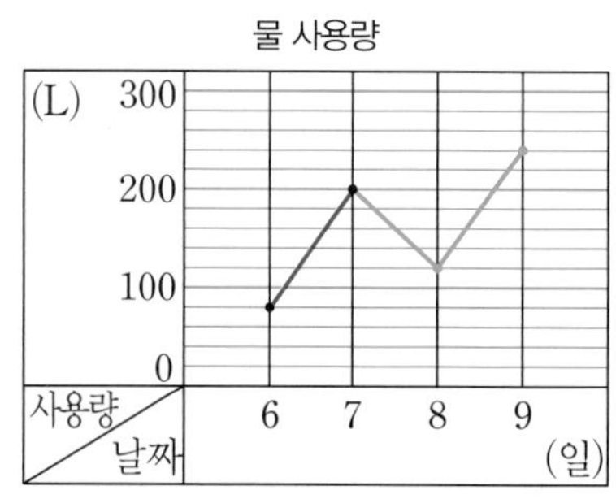

4 ❶ 세로 눈금 한 칸은 500÷5=100(장)을 나타냅니다.
❷ 티켓 판매량이 가장 많은 때는 12월로 1600장이고, 가장 적은 때는 1월로 700장입니다.
❸ (티켓 판매량의 차)=1600−700=900(장)
❹ 다시 그린 그래프는 900장이 15칸을 차지하므로 세로 눈금 한 칸의 크기를 900÷15=60(장)으로 한 것입니다.

5 ❶ 세로 눈금 한 칸은 10÷5=2 (cm)를 나타냅니다.
❷ 두 사람의 키의 차가 가장 큰 때는 두 꺾은선 사이의 간격이 가장 큰 8살 때이고, 가장 작은 때는 두 꺾은선 사이의 간격이 가장 작은 11살 때입니다.
❸ 인우의 키는 8살 때 124 cm, 11살 때 138 cm이므로
(8살 때와 11살 때의 인우의 키의 차)
=138−124=14 (cm)

6 ❶ 전년에 비해 눈이 온 날수가 줄어든 때는 2019년, 2021년이고, 이중에서 전년에 비해 붕어빵 판매량이 늘어난 때는 2019년입니다.
❷ 2019년의 붕어빵 판매량은 300개, 2018년의 붕어빵 판매량은 240개입니다.
❸ (전년에 비해 늘어난 붕어빵 판매량)
=300−240=60(개)

실전 적용하기 30~33쪽

1 1800, 1400, 1400 / 풀이 참조
2 160명 3 880줄
4 35칸 5 ㉠ 100, ㉡ 200
6 풀이 참조 7 14400원
8 풀이 참조

1 ❶ 꺾은선그래프에서 세로 눈금 한 칸은
$500 \div 5 = 100$(대)를 나타내므로
2월의 자동차 생산량은 1800대, 5월의 자동차 생산량은 1400대입니다.
❷ (3월의 자동차 생산량)=(5월의 자동차 생산량)
$= 1400$대
❸ 표를 완성한 후, 표를 보고 가로 눈금과 세로 눈금이 만나는 지점에 점을 찍고, 점들을 선분으로 잇습니다.

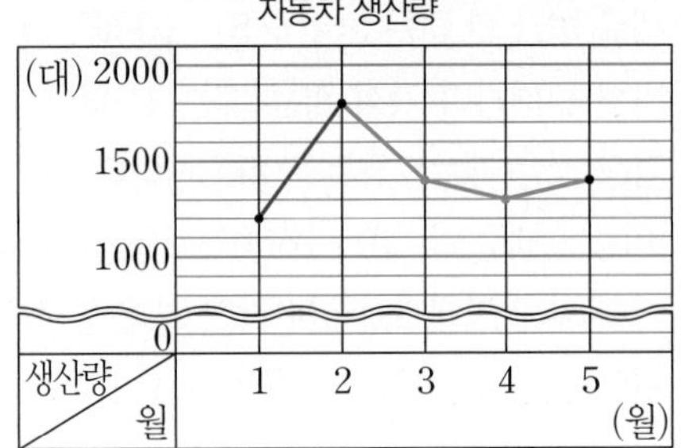

2 ❶ 2018년의 세로 눈금 13칸이 260명을 나타내므로 세로 눈금 한 칸은 $260 \div 13 = 20$(명)을 나타냅니다.
❷ 관광객 수가 가장 적은 해는 2016년이므로
(2016년의 관광객 수)$= 20 \times 8 = 160$(명)

3 ❶ 세로 눈금 한 칸은 $100 \div 5 = 20$(줄)을 나타냅니다.
❷ 두 김밥의 판매량의 차가 가장 작은 때는 두 꺾은선 사이의 간격이 가장 작은 2020년입니다.
❸ 이때 참치김밥의 판매량은 460줄, 치즈김밥의 판매량은 420줄이므로
(두 김밥의 판매량의 합)$= 460 + 420 = 880$(줄)

4 ❶ 세로 눈금 한 칸은 $50 \div 5 = 10$ (kg)을 나타냅니다.
❷ 고구마 수확량이 가장 많은 때는 6월로 200 kg, 가장 적은 때는 9월로 130 kg입니다.
❸ (고구마 수확량의 차)$= 200 - 130 = 70$ (kg)
❹ 세로 눈금 한 칸의 크기를 2 kg으로 하면 세로 눈금은 $70 \div 2 = 35$(칸) 차이가 납니다.

5 ❶ 세로 눈금 $6 + 8 + 4 + 6 + 8 = 32$(칸)이 640상자를 나타내므로 세로 눈금 한 칸은 $640 \div 32 = 20$(상자)를 나타냅니다.
❷ ㉠$= 20 \times 5 = 100$
㉡$= 20 \times 10 = 200$

6 ❶ 세로 눈금 한 칸이 $10 \div 5 = 2$(점)을 나타내므로
(국어 점수의 합)$= 88 + 94 + 90 + 90 + 94$
$= 456$(점)
❷ 영어 점수의 합은 국어 점수의 합보다 30점 더 낮으므로
(영어 점수의 합)$= 456 - 30 = 426$(점)
❸ (3차 시험의 영어 점수)
$= 426 - 86 - 82 - 88 - 90 = 80$(점)이 되도록 꺾은선그래프를 완성합니다.

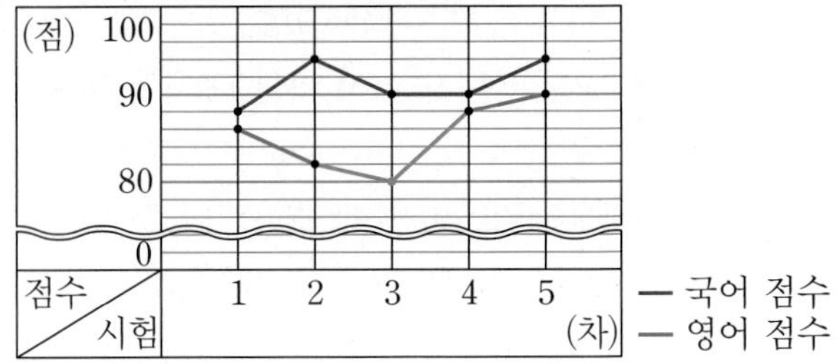

7 ❶ 전날에 비해 최고 기온이 가장 많이 높아진 때는 13일입니다.
❷ 13일의 음료수 판매량은 54병, 12일의 음료수 판매량은 36병입니다.
❸ (전날에 비해 늘어난 음료수 판매량)
$= 54 - 36 = 18$(병)
❹ (전날에 비해 늘어난 음료수 판매 금액)
$= 800 \times 18 = 14400$(원)

8 ❶ 세로 눈금 한 칸은 $50 \div 5 = 10$(개)를 나타내므로 샌드위치를 1월에 180개, 2월에 150개, 5월에 160개 판매했습니다.
❷ 3월의 샌드위치 판매량을 □개라 하면 4월은 (□$- 50$)개이므로
$180 + 150 + □ + □ - 50 + 160 = 780$,
$330 + □ + □ + 110 = 780$, $□ + □ = 340$,
$□ = 340 \div 2 = 170$
❸ 3월의 샌드위치 판매량은 170개, 4월의 샌드위치 판매량은 $170 - 50 = 120$(개)가 되도록 꺾은선그래프를 완성합니다.

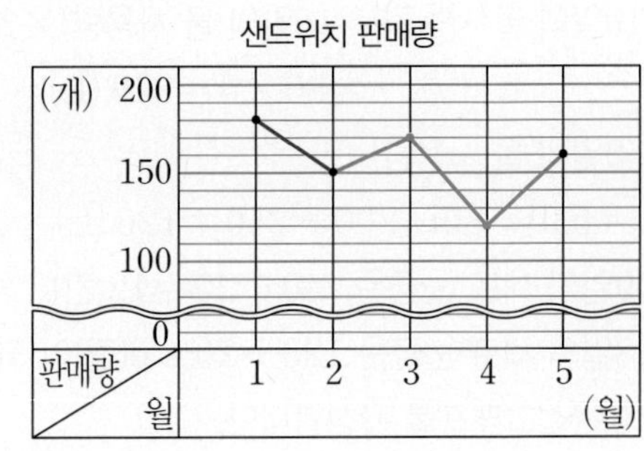

6 다각형

유형 변형하기 34~36쪽

1 88 cm	**2** 정십각형
3 144°	**4** 56 cm
5 270°	**6** 42 cm
7 150°	**8** 240장, 576장

1 ❶ (정육각형의 한 변의 길이)$=48\div6=8$ (cm)
❷ (정사각형의 한 변의 길이)=(정오각형의 한 변의 길이) =(정육각형의 한 변의 길이)이므로 빨간색 선의 길이는 정육각형의 한 변의 길이의 11배입니다.
❸ (빨간색 선의 길이)$=8\times11=88$ (cm)

2 ❶ (정팔각형을 만드는 데 사용한 끈의 길이)
$=25\times8=200$ (cm)
❷ (한 변의 길이가 19 cm인 정다각형을 만드는 데 사용한 끈의 길이)$=390-200=190$ (cm)
❸ (한 변의 길이가 19 cm인 정다각형의 변의 수)
$=190\div19=10$(개)
❹ 한 변의 길이가 19 cm인 정다각형의 이름은 정십각형입니다.

3 ❶ 정십각형은 삼각형 8개로 나눌 수 있으므로
(정십각형의 모든 각의 크기의 합)$=180^\circ\times8$
$=1440^\circ$
❷ (정십각형의 한 각의 크기)$=1440^\circ\div10=144^\circ$
❸ (변 ㄴㄷ)=(변 ㄷㄹ)=(변 ㄹㅁ)이므로
삼각형 ㄴㄷㄹ과 삼각형 ㄷㄹㅁ은 이등변삼각형입니다.
❹ (각 ㄴㄹㄷ)+(각 ㄹㄴㄷ)$=180^\circ-144^\circ=36^\circ$이므로 (각 ㄴㄹㄷ)$=36^\circ\div2=18^\circ$이고
(각 ㅁㄷㄹ)+(각 ㄷㅁㄹ)$=180^\circ-144^\circ=36^\circ$이므로 (각 ㅁㄷㄹ)$=36^\circ\div2=18^\circ$입니다.
❺ (각 ㄷㅋㄹ)$=180^\circ-18^\circ-18^\circ=144^\circ$

4 ❶ (원의 지름)=(큰 정사각형의 한 변의 길이)=28 cm
❷ (선분 ㄱㄷ)=(원의 지름)=28 cm
❸ 직사각형의 두 대각선의 길이는 서로 같으므로
직사각형 ㄱㄴㄷㄹ의 대각선의 길이의 합은
$28+28=56$ (cm)입니다.

5 ❶ 주어진 모양 조각을 가장 적게 사용하여 주어진 모양을 만들려면 모양 조각을 아래 그림과 같이 놓아야 합니다.

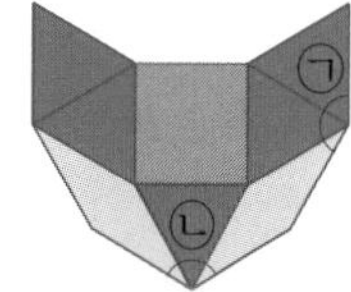

❷ ㉠은 정삼각형의 두 각과 마름모의 작은 각의 크기의 합이므로 $60^\circ+60^\circ+30^\circ=150^\circ$이고, ㉡은 정삼각형의 한 각과 마름모의 작은 두 각의 크기의 합이므로 $60^\circ+30^\circ+30^\circ=120^\circ$입니다.
❸ ㉠+㉡$=150^\circ+120^\circ=270^\circ$

6 ❶ (각 ㄱㅈㅇ)$=180^\circ-60^\circ=120^\circ$
(각 ㄷㅈㅇ)$=180^\circ-120^\circ=60^\circ$
❷ 직사각형은 두 대각선의 길이가 같고
한 대각선이 다른 대각선을 반으로 나누므로
(선분 ㅇㅈ)=(선분 ㅈㄷ)$=14\div2=7$ (cm)
❸ 삼각형 ㄷㅈㅇ은 이등변삼각형이므로
(각 ㅈㅇㄷ)+(각 ㅈㄷㅇ)$=180^\circ-60^\circ=120^\circ$
(각 ㅈㅇㄷ)=(각 ㅈㄷㅇ)$=120^\circ\div2=60^\circ$
❹ 삼각형 ㄷㅈㅇ은 정삼각형이고 한 변의 길이는
7 cm이므로
⇨ (정육각형 ㄷㄹㅁㅂㅅㅇ의 모든 변의 길이의 합)
$=7\times6=42$ (cm)

7

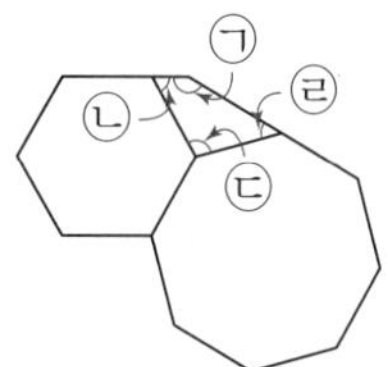

❶ 정육각형의 한 각의 크기는 120°이고 정팔각형의 한 각의 크기는 135°입니다.
❷ ㉡, ㉣은 각각 정육각형, 정팔각형의 한 각의 바깥쪽 각이므로
㉡$=180^\circ-120^\circ=60^\circ$
㉣$=180^\circ-135^\circ=45^\circ$
❸ ㉢은 정육각형의 한 각, 정팔각형의 한 각과 한 바퀴를 이루고 있으므로
㉢$=360^\circ-120^\circ-135^\circ=105^\circ$
❹ 사각형의 네 각의 크기의 합은 360°이므로
㉠$=360^\circ-60^\circ-45^\circ-105^\circ=150^\circ$

8 ❶ 연우는 사다리꼴 모양 조각 2개를 이어 붙여 만든 직사각형을 가로에 $240\div24=10$(개)씩,
세로에 $240\div20=12$(개)씩 놓아야 합니다.
❷ 진서는 직각삼각형 모양 조각 2개를 이어 붙여 만든 직사각형을 가로에 $240\div20=12$(개)씩,
세로에 $240\div10=24$(개)씩 놓아야 합니다.

❸ 각각 만든 직사각형으로 한 변의 길이가 240 cm인 정사각형 모양의 벽면을 채우려면
(연우가 필요한 직사각형의 수)$=10\times12=120$(개)
(진서가 필요한 직사각형의 수)$=12\times24=288$(개)
❹ (연우가 필요한 타일의 수)$=120\times2=240$(장)
(진서가 필요한 타일의 수)$=288\times2=576$(장)

실전 적용하기 37~40쪽

1 77 cm	2 정오각형
3 114 cm	4 8가지
5 72°	6 24 cm
7 60°	8 300장
9 30°	

1 ❶ (정사각형 한 개의 모든 변의 길이의 합)
$=84\div3=28$ (cm)
❷ (정사각형의 한 변의 길이)$=28\div4=7$ (cm)
❸ 초록색 선의 길이는 정사각형의 한 변의 길이의 11배이므로 $7\times11=77$ (cm)입니다.

2 ❶ (정십각형을 만드는 데 사용한 색 테이프의 길이)
$=14\times10=140$ (cm)
❷ (한 변의 길이가 40 cm인 정다각형을 만드는 데 사용한 색 테이프의 길이)$=340-140=200$ (cm)
❸ $200\div40=5$이므로 한 변의 길이가 40 cm인 정다각형의 이름은 정오각형입니다.

3 ❶ (원의 지름)=(큰 정사각형의 한 변의 길이)$=57$ cm
❷ (선분 ㄱㄷ)=(원의 지름)$=57$ cm
❸ 정사각형의 두 대각선의 길이는 서로 같으므로
(정사각형 ㄱㄴㄷㄹ의 대각선의 길이의 합)
$=57+57=114$ (cm)

4 만들 수 있는 모양을 모두 구하면 다음과 같습니다.

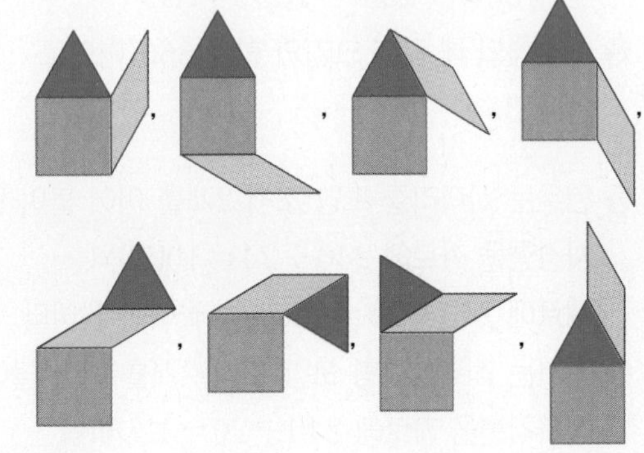

⇨ 8가지

5 ❶ (정오각형의 모든 각의 크기의 합)
$=180°\times3=540°$이므로
(각 ㄴㄱㅁ)$=540°\div5=108°$
❷ (변 ㄱㄴ)=(변 ㄴㄷ)이므로
삼각형 ㄱㄴㄷ은 이등변삼각형입니다.
❸ (각 ㄱㄴㄷ)=(각 ㄴㄱㅁ)$=108°$이므로
(각 ㄴㄱㄷ)+(각 ㄴㄷㄱ)$=180°-108°=72°$
(각 ㄴㄷㄱ)$=72°\div2=36°$
❹ (각 ㄱㄷㄹ)$=108°-36°=72°$

6 ❶ (선분 ㅅㄹ)=(선분 ㄱㅅ)=(선분 ㅅㄷ)$=4$ cm
❷ (선분 ㅅㅁ)=(선분 ㅅㄹ)$\times2=4\times2=8$ (cm)
❸ (사각형 ㄱㅅㅁㅂ의 네 변의 길이의 합)
$=8+4+8+4=24$ (cm)

7

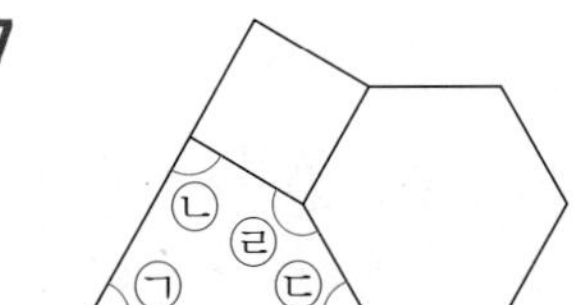

❶ 정사각형의 한 각의 크기는 90°이고 정육각형의 한 각의 크기는 120°입니다.
❷ ㉡$=180°-90°=90°$, ㉢$=180°-120°=60°$,
㉣$=360°-90°-120°=150°$
❸ 사각형의 네 각의 크기의 합은 360°이므로
㉠$=360°-90°-60°-150°=60°$

8 ❶ 사다리꼴 모양 타일 2개를 이어 붙이면 가로가 20 cm, 세로가 10 cm인 직사각형을 만들 수 있습니다.
❷ 직사각형 모양으로 가로가 200 cm, 세로가 150 cm인 직사각형을 채우려면 가로에 $200\div20=10$(개)씩, 세로에 $150\div10=15$(개)씩 필요합니다.
❸ (필요한 직사각형의 수)$=10\times15=150$(개)
❹ (필요한 타일의 수)$=150\times2=300$(장)

9 ❶ 주어진 모양 조각을 모두 사용하여 주어진 모양을 만들려면 모양 조각을 아래 그림과 같이 놓아야 합니다.

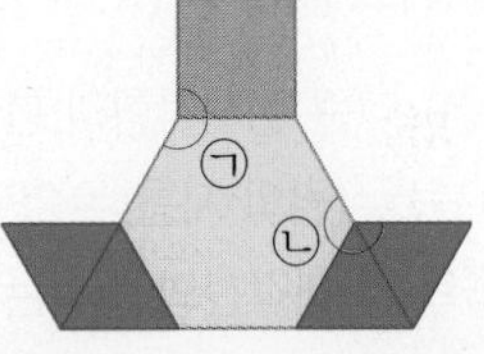

❷ ㉠=(정사각형의 한 각)+(정육각형의 한 각)
$=90°+120°=210°$
㉡=(정육각형의 한 각)+(정삼각형의 두 각)
$=120°+60°+60°=240°$
❸ ㉡$-$㉠$=240°-210°=30°$

정답은
이안에
있어!